村镇规划与环境基础设施配置丛书

绿色生态村镇
规划方法、理论与技术

刘 京 主编

中国建筑工业出版社

图书在版编目（CIP）数据

绿色生态村镇规划方法、理论与技术／刘京主编. —北京：中国
建筑工业出版社，2018.5
（村镇规划与环境基础设施配置丛书）
ISBN 978-7-112-22002-1

Ⅰ.①绿… Ⅱ.①刘… Ⅲ.①乡村规划－研究－中国 Ⅳ.①TU982.29

中国版本图书馆CIP数据核字（2018）第058500号

本书围绕我国村镇生态文明、绿色发展和环境的内在需求，从指导和规范绿色生态村镇建设，改善村镇人居环境、保护村镇自然资源和环境基础、引导村镇合理布局等角度出发，介绍了以下几个方面的最新研究成果：绿色生态村镇环境指标体系研究；村镇绿色基础设施与生态气候规划方法与技术研究；绿色生态村镇能源规划方法与技术研究；生态村镇生物燃气能源利用关键技术研究等内容。本书适合相关工程技术人员、科研人员参考使用。

责任编辑：石枫华　兰丽婷　王　磊
书籍设计：锋尚设计
责任校对：党　蕾

村镇规划与环境基础设施配置丛书
绿色生态村镇规划方法、理论与技术
刘　京　主编
＊
中国建筑工业出版社出版、发行（北京海淀三里河路9号）
各地新华书店、建筑书店经销
北京锋尚制版有限公司制版
北京中科印刷有限公司印刷
＊
开本：787×1092毫米　1/16　印张：21¼　插页：8　字数：524千字
2018年9月第一版　2018年9月第一次印刷
定价：98.00元
ISBN 978 - 7 - 112 - 22002 - 1
（31881）

《绿色生态村镇规划方法、理论与技术》编写组

主　　编：刘　京

副 主 编：林姚宇　袁　野

编著人员：（按姓氏笔画排序）

王　丹　王昭俊　王耀武　刘　林　刘　京　苏　醒

吴健敏　吴雪颖　张承虎　陈　月　林姚宇　赵加宁

侯玉梅　袁　野　曹昌盛　龚咏喜　程丹丹

前　言

在快速城镇化与工业化的发展背景下，我国村镇经济取得了蓬勃发展，同时对村镇自然生态环境也产生了不同程度的负面影响，主要表现为：村镇建成区用地面积不断扩大，造成了大量自然景观的人为阻断和基质破碎化，生物多样性减少，并导致村镇特有的自然风貌和乡土特色逐渐消失；村镇企业生产与居民生活产生的污染物总量不断增大，导致环境容量承载压力逐渐升高、村镇资源禀赋和生态服务功能逐渐弱化；能源利用方面不能因地制宜，一味向城市看齐，加大了整个社会的节能减排压力。总之，良好的村镇生态环境是经济社会发展的资源来源，更是农村、农业和农民发展的命脉所在。如何在新一轮村镇规划工作中实现经济与环境协调发展，改善村镇居民生活环境，促进村镇可持续发展，在当前显得十分重要和迫切。

加快推动绿色生态村镇建设，严格保护村镇生态环境资源，促进村镇节能减排和低碳发展，是我国社会主义新农村建设发展的重要引领方向。习近平总书记在中国共产党第十九次全国代表大会的报告中着重指出：要"加快生态文明体制改革，建设美丽中国。……我们要建设的现代化是人与自然和谐共生的现代化，既要创造更多物质财富和精神财富以满足人民日益增长的美好生活需要，也要提供更多优质生态产品以满足人民日益增长的优美生态环境需要。必须坚持节约优先、保护优先、自然恢复为主的方针，形成节约资源和保护环境的空间格局、产业结构、生产方式、生活方式，还自然以宁静、和谐、美丽"。然而，遗憾的是目前国内村镇规划技术理论相对滞后，现有村镇规划实践多套用城市规划方法，关于绿色生态村镇编制指标体系、技术导则和标准体系的研究很少，严重制约了绿色生态村镇建设实践的发展。

本书紧密结合"十二五"国家科技支撑计划项目之课题"绿色生态村镇环境指标体系与规划实施技术研究及示范"（2014BAL04B03）的研究进展，围绕村镇生态文明、绿色发展和环境的内在需求，开展绿色生态村镇的环境指标体系、生态气候和能源规划实施技术、清洁能源利用等多项关键技术研究，探索适应绿色生态村镇规划、建设、运行、监管的体制机制和政策制度以及参考评价体系，其内容涵盖了从理论到工程实际应用的最新成果，具有很大的创新性，为今后指导和规范我国绿色生态村镇建设、改善村镇人居环境、保护村镇自然资源和环境基础、引导村镇合理布局提供了理论支撑和技术引导。填补了国内在此方向出版书籍的空白。书稿中包括的主要创新性成果和内容如下：

（1）绿色生态村镇环境指标体系研究；

（2）村镇绿色基础设施与生态气候规划方法与技术研究；

（3）绿色生态村镇能源规划方法与技术研究；

（4）生态村镇生物燃气能源利用关键技术研究。

本书由哈尔滨工业大学刘京教授负责整体的策划和组织，拟定编写大纲和全书审稿，哈尔滨工业大学深圳研究生院林姚宇、袁野负责全书统稿和编写过程中的协调工作。具体分工为：

第1章由哈尔滨工业大学深圳研究生院龚咏喜、袁野、吴雪颖等编著；第2章由同济大学苏醒、曹昌盛、侯玉梅等编著；第3章由哈尔滨工业大学深圳研究生院林姚宇、王耀武、王丹、程丹丹等编著，第4章由哈尔滨工业大学王昭俊、刘京、张承虎、赵加宁及哈尔滨工业大学深圳研究生院袁野等编著，第5章由青岛天人环境股份有限公司陈月、吴健敏、刘林等编著。另外，李玉航、杜博文、汪祖芬、李岑、黄莺、张崇磊、王维、任玉莲、兰芸、张文敏、苏文航、柳柳、张银松、李响、曹彦芹、张雪、任梦瑶、李颖慧、刘思辰、宋凯林、孟凡炀、崔真榕、徐吉磊、王丽丽、钟慧、吕晓东等为本书的成稿提供了帮助，在此一并表示衷心的感谢。

本书的出版凝聚了中国建筑工业出版社石枫华等编审的辛勤工作，在此表示敬意和感谢。

本书可供从事该领域的工程技术和管理人员、科研人员等参考使用。

由于时间仓促，编者水平有限，本书中难免存在缺点和错误，恳请读者给予批评指正。

2017年12月

目 录

第1章

绪论

1.1　生态村概念的发展与界定

我国生态村的建设实践一直在逐步推进，生态村的概念也在不断拓展和完善。20世纪80年代初期，相关学者就开始对当时的生态村进行定义。随着生态村的建设实践发展，我国生态村的概念和内涵的演变可以分为以下三个阶段：

（1）雏形阶段。这个阶段的生态村没有明确的定义和标准，不同地区不同学者对生态村的内涵和目标的认识与理解存在一定的差异，其中阐述较清晰的有两种：蔡士魁1984年初步提出的生态村的概念为"在一个行政区域内，运用生态经济学原理和系统工程方法，通过合理调整各产业比例，最终实现经济、生态、社会的和谐发展"[1]；1986年范涡河将生态村定义为"在一定空间内，把各个产业从生产、加工到经营，以及相应的配套设施的建设作为一个完整的生态系统，达成系统地良性循环"[2]。前者所提出的生态村的内涵侧重于循环经济的构建，后者对村庄基础设施以及运输交通的建设都是服务于农业建设的，侧重于对生态农业系统的建构。

（2）拓展阶段。这个阶段出现了学者普遍认同的概念，即华永新于2000年提出的生态村概念："生态村是行政村范围内高效利用自然资源以加速物质循环，使生态、经济、社会效益和谐发展的农业生态系统"[3]。在阐释生态村建设主要内容时，节能环保技术等技术的推广利用开始被强调。翁伯奇从实践的角度提出在生态村建设中需要区域统筹和宏观调控。这个阶段的生态村建设逐渐向系统化发展。生态村从概念上看仍然依托于农业系统的建设，但从其内涵上看，生态村建设已包含了经济、社会、环境在内的生态系统统筹规划。

（3）完善阶段。现阶段，生态村的体系建构趋于完善，其概念内涵也随之进一步深化。生态村被普遍定义为"典型的开放性、具有多重性质的复合系统，强调各项现代科学技术和系统工程在生态村建设中的合理利用，最终到达经济、社会、自然的可持续发展"[4]。从概念上看，生态村建设已经逐步系统化，生态村被定义为多层次的复合系统，不强调具体的空间范围，生态农业系统成为生态村建设系统的一部分。

综合各个阶段生态村概念及内涵可以看出，生态村建设最终目标始终都是农村经济、生态、社会的可持续发展。从生态村内涵上看，各个时期生态村的具体内涵是由当时我国的农村建设实践状况和发展程度决定的。随着生态村的不断实践发展，生态村的概念和内涵也随之增加新的内容。

在国外，生态村（Eco-village）的概念最被广泛认可的是1991年美国学者Gilman在盖亚基金会（Gaia Trust）上的报告《生态村与可持续社区》（*Eco-villages and Sustainable Communities*）中提出的，具体为："生态村是以人类为尺度，把人类的活动结合到不损坏自然环境的居住地中，鼓励健康地开发利用资源，能够可持续地发展到未知的未来"[5]。1999年，吉尔曼在生态村的定义中增加了"复合中心"的含义，将生态村视为教育、技术研发和精神塑造为一体的创造性的中心[6]。全球生态网络给出的生态村定义为：生态村是一种整合当地生态、经济、社会、文化，并由当地人全程参与，以实现社会和自然环境可持续的社区。盖亚基金会官方网站中对于理想生态村的定义做了如下描述：理想的生态村是生活的文化、生态、精神维度等各个方面相互和谐的可持续的人居环境，盖亚基金在定义中特别说明这样理想的生态村是尚不存在的。

综合以上国内外对生态村的概念界定，本研究在现阶段学者普遍认同的概念的基础上，针对现阶段生态村建设存在的问题，将生态村的内涵深化为：在保持生态良好、经济发展的基础上，着重强调特色塑造和精神文化建设。本研究所提出的生态村，是基于农村发展现状而又面向未来生态文明的，是以和谐、可持续为理念，以生态文明为目标，通过能量流通、规划设计、生态技术利用、系统工程建设等手段，在经济、社会、生态方面统筹规划、低碳发展，使村庄逐渐建设成为一个整体和谐的"社会－经济－自然"复合生态系统。生态村实质上是一个行政村或者自然村的全面生态化，应包括生态经济、生态人居、生态环境、生态文化四方面。

1.2　生态村的系统架构和主导要素

生产、生活、生态是乡村固有的功能，而生态村作为一种追求可持续发展的理想模式还具备教育、示范和旅游的功能。生态村可从空间上划分为庭院、村落、农业三个自然生态系统，还可从基本属性上分为社会和经济生态系统[7]。自然生态系统中，庭院生态系统是构成村落的基本单元，我国早期生态村建设实践中的生态户建设就是对庭院生态系统的构建；村落生态系统是包含庭院、室外广场、道路等要素的空间实体组合，空间结构的演变是村落生态系统的重要内容[8]；农业生态系统则涉及生产、加工、运输的整个过程。经济生态系统是参与经济过程的所有要素的集合，包括参与人群、经济事件、经济环境等；社会生态系统主要指涉及生态村建设的人群的思想道德水平、生态环保意识、相互间的交流沟通所构成的人文环境[9]。

基于生态村的系统架构，结合生态村的内涵，可提炼出生态经济、生态人居、生态环境、生态文化四大主导要素。每种要素有其具体实践路径或表现形式。

（1）生态经济。生态经济是指在不对环境破坏的基础上，减少经济系统各部分能量的消耗并提高能源的有效转化率的经济模式[10]。我国绝大多数农村的生态建设都是通过发展循环可持续经济[11]，利用一定的生态技术手段，实现经济与自然的和谐发展的目的。本研究中的生态经济建设不包含宏观上的区域经济，仅是针对生态村内部的产业生态化发展展开探讨的，其具体途径主要为生态农业、工业"反哺"和生态旅游。

（2）生态人居。人居是指村民日常生活所居住的场所和环境[12]。而生态人居则是强调人与自然和谐共处的生活方式。生态人居应包括人工环境和自然环境两方面，房屋建筑和山水自然都是生态人居的一部分。而本研究中的生态人居主要指生态村的人工环境这部分，即生态村的农宅、房屋、公共空间等，还包括道路等基础设施建设。本研究对生态人居的探讨将主要针对农村的生态建筑和规划布局两方面加以分析。

（3）生态环境。生态环境是指影响人类活动所有自然力量的总和[13]。生态村的生态环境包括自然山、水、田地等自然要素，其建设内容主要包括林木种植与保护、基本农田水利建设与修复和水土保持治理工程建设等。生态农业也是生态环境的一部分，但生态农业同时还是生态村重要的经济产业。因此，生态农业的相关研究将不在此部分过多阐述。本研究对于生态环境的实践途径主要从景观的保护和修复两方面展开。

（4）生态文化。生态文化狭义上是以生态价值观为主流价值观的社会意识形态[14]，广义上是指一种生态文明。本研究中所论述的生态文化是从狭义上来讲的。在生态村的建设实践中，生态文化建设又可以划分为两个部分的内容，一部分是传统生态价值观的传承和保护，另一部分是对村民的生态意识进行有效的指导和培养。

1.3　我国生态村的类型划分

经过几十年的探索实践，生态村建设在我国已取得了较大成就，全国各省级行政区基本都创建了国家级、省级、市级等不同级别的生态村。2006年，中国环保部颁布国家级生态村评定标准，使各地的生态村建设实践达到高潮。目前，生态村建设已经达到了相当的规模，生态村建设部分技术已经趋于成熟，越来越多的专家学者开始投身于生态村建设。我国村庄城市化进程仍将继续推进，我国生态村在社会经济文化等方面也会随之快速发展。与此同时，生态村建设内容所涉及的领域也越来越宽泛，其类型也会越来越庞杂。本节对生态村进行类型划分，将未被各级政府部门评定但具有生态村实质内涵的生态村加以阐述，从而更加全面、整体、清晰地认知与评价我国生态村的建设实践。

1.3.1　根据建设组织形式划分的生态村类型

我国很多的生态村建设都是以政府提倡并领导村民执行的方式进行的，同时也逐渐开始出现不以政府部门设立的标准为目标的民间组织自主建设的生态村，也就是自组织型生态村。

1.3.1.1　政府推动型

一般来讲，最初的生态村建设实践大多不是政府下达公告和标准，然后地方去执行的，而是地方根据自身条件自发探索实践的。随着国家对生态村建设的重视，开始出台生态村评定标准及一系列相关政策，这些生态村大部分通过被评为国家级、省级或市级生态村，从而得到政府的政策帮扶，比如绿色产业优惠、示范推广等，以此来继续推动生态村的建设发展。自身条件优秀而未参与评定的生态村，也逐渐得到各级政府的资助，因此，我们把这类在发展过程中明显受到国家及当地政府帮扶和鼓励的生态村称为政府推动型生态村。

在国家各项农村政策和环保政策的推动下，我国各地涌现了大批的生态村建设实践，通过不同层级的评价标准，我国已评选出三批共238个国家级生态村、若干个省级生态村和市级生态村。总体来讲，国家级、省级、市级三个层级的生态村均是按照一定的程序向有关部门申请、审批、评定的，这些按照不同政府部门评价标准所建设的生态村都是在相关政策和法规引导下的国家政策导向型的生态村。

1.3.1.2　非政府组织型

近些年，随着我国环境危机的愈演愈烈，一些艺术家、环保主义者、生态学家、教育家开始有组织地对生态村建设展开探索[15]。这种由民间组织发起，由志愿者和组织者集资进行建设的生态村通常会在村内展开各项公益性活动，有大量真正的公众参与性设计实验在村中进行。这种自组织生态村是近十年才逐渐在我国发展起来的，其理念、发展模式、组织方式类似于国外的生态村建设。目前，我国已经有一些非政府组织的生态村建设实践被纳入全球生态村网络中，分别位于云南、山东、新疆、四川、台湾，其具体建设内容见表1-1所示。这些生态村建设实践主要隶属于"家园计划"（Another Land）和"生命新绿洲"（New Oasis For Life）两大组织，已经产生了一定的生态效益和社会效益。

我国自组织型生态村建设实践　　　　　　　　　表1-1

名称	年份	隶属组织	地点	状态	建设内容	目标
Another land	2008	Another land	山东	建设中	绿建与基础设施、人工湿地、公共活动空间	生态技术
Life Chanyuan	2009	New Oasis For Life	云南	建成	可持续发展、资源共享的生态村生活模式	理念社区
Qingema Eco-village	2014	New Oasis For Life	新疆	建成	房屋道路建设、果蔬种植、美化景观	生态旅游胜地

以"家园计划"（Another Land）为例。该组织试图利用开发低成本生态能源技术、循环经济、生态建筑、有机农业技术来建立一个自给自足的可持续社区。这样的生态村与我国大量的行政体制下评定出的生态村有较大差距，对于我国生态村建设整体水平而言显得过于理想化。我们将这种自组织型具有国外生态村理念与内涵的生态村称为理念生态村。在我国大部分农村地区，农民的思想水平、文化水平和整体素质还有待提高，农村的经济基础仍然比较薄弱，建设这种国际化的、先进的理念生态村仍然有很长的路要走。但这种探索性的创举对于我国未来生态村的建设实践提供了一种新的模式选择，在基础条件具备的条件下可以对其展开更多的探索研究。

1.3.2　根据位置分布划分的生态村类型

我国幅员广阔，不同的气候、土壤、水文等地理特征直接决定着生态村的自然资源条件，同时影响着生态村的产业发展方向与产业布局。除了宏观地理区位对生态村建设实践类型的影响，在我国城乡二元结构的体制下，生态村与城市中心的远近关系也是其发展的重要影响因素。

1.3.2.1　按地貌特征划分

总的来说，按地貌特征对生态村建设的影响程度，可将生态村分为平原型生态村、山地（含丘陵）型生态村、高原型生态村和滨水型生态村。

平原地区是我国主要的农业区，气候一般较为温和，同时大多土质良好，较适宜进行大范围的种植、养殖活动，平原型生态村较适宜建设大规模的生态农场和生态农业示范基地，多数以生态农业为产业主导的生态村都是平原型生态村。此外，便利的交通条件为平原型生态村带来了发展机遇。我国长江中下游平原、黄淮海平原大部分生态村都属于此类。这些生态村通常着力发展生态农业，以带动生态村整个产业链发展，并结合村庄环境整治进行较为全面的生态村建设。平原型生态村在我国的生态村建设中比较普遍。

高原型生态村以黄土高原地区为代表，黄土高原相较于其他地区缺乏作物种植，生态系统脆弱。以水土保持为主的生态修复是高原型生态村建设的重要内容。这种生态村一般注重种植技术、水土保持技术的利用以及乡土建筑的改造。早在1980年代初，陕西省研究所就出于水土保持和重塑生态环境的目的，开始了生态村建设工作。改革开放之后，陕西省开始展开林草（林地、草地）建设，经过一段时间的发展，取得了巨大成效。陕西省竹林关村是这类生态村的典型，在其中建设的桃花谷生态示范园为当地的水土保持提供了科普教育基地和实践基地[16]。

山地型生态村交通条件相对较差，城市扩张对山地生态村的侵蚀较小，其生态本底相对完整。山地型生态村的自然景观和优美环境是重要的旅游资源。江西省浮梁县瑶里村是这一类型的典型代表，凭借自身的环境优势形成了生态旅游为主的生态村建设模式。此外，山地型生态村还可利用自身的山地优势，合理调整林业、农业的产业比例和结构，发展立体农业。辽宁省王家村结合沈阳农业大学的先进科研技术成果，以发展山地生态农业为主，进行了环境综合治理。经过多年的生态村建设实践，完成了大面积的植树造林和以节水设施为主的生态农业基础设施的建设，利用沈阳农业大学研究出的优质品种进行种植和培育，成为绿色食品的生产基地和研发基地。湖北省宜都市袁家榜村也是山地型生态村的典范。

滨水型生态村主要分为两种：一种是内陆型，一种是沿海型。内陆型滨水生态村主要是滨湖生态村或水系发达有河流穿过的生态村。充沛的水资源有利于农业、林业、畜牧业的发展，同时丰富的水资源较容易营造多样的水体景观。我国长江中下游有许多依靠湖泊或长江支流丰富的水资源而发展起来的生态村。沿海型则可形成多样化产业发展，如海产养殖业、港口运输贸易等。我国海南省的生态村多数都是典型的沿海型生态村。上海崇明前卫村展开的生态村建设实践是我国东部沿海地区乃至全国的生态村建设典范。前卫村通过废物资源化利用，使环境得到了保护，在当地政府的支持下，逐渐达成了工业、农业、旅游业的协调发展。目前，前卫村已经建成了相对完善的集生态旅游、科普教育、农业研发等功能为一体的系统[17]。

1.3.2.2 按与城市关系划分

一般来讲，按照与城市的位置关系，可将村庄分为城中村、城边村、近郊村、远郊村和偏远村几种类型，见表1-2。按生态村受城市影响程度，可大致分为城中生态村、城郊生态村、偏远生态村。

按与城市关系远近的生态村类型划分[4]　　　　　　　　表1-2

村庄类型	到达城市难易程度	与城市距离	生态村类型	受城市影响程度
城中村	城市中	城市建设用地范围内	城中生态村	很大
城边村	极易到达	距离市中心10～30km	城郊生态村	较大
近郊村	易到达	距离市中心30～50km		
远郊村	方便达到	距离市中心50～100km	偏远生态村	较小
偏远村	难到达	距离市中心大于100 km		

　　城中村是在城市化的进程中逐步形成的。由于其性质上与我国广大农村地区有着很大区别,其利益关系更为复杂,城中村的生态建设困难也更大[18]。城中村相较于一般农村可以享受城市的基础设施,但环境条件一般较差,在城中村展开生态村建设实践存在诸多阻力。城中村生态建设的主要工作是环境污染治理,其中生活污染治理主要从水污染治理和垃圾处理两方面展开。随着城市的扩张和城市用地的蔓延,很多本来处于城郊的生态村也被纳入城市建设用地内,这样的城中村一般有较好的环境和生态基础。一部分城中村在城镇化的过程中较好地适应了城镇的发展模式,通过城市资源的产业带动或者自身文化历史资源的优势取得了较好的经济发展,而开始有余力对村庄的环境和污染进行改善和治理,如国家级生态村中的上海市闵行区旗忠村已发展成为上海市的著名参观、旅游景点。

　　城郊型生态村包括处于城边和城郊的生态村,是在空间上处于与城市邻近位置的生态村。空间的邻近与便捷的交通使城郊生态村容易获得城市的各种优势资源,易于与城市建立良性的互动,同时易于通过生态旅游的建设与城市产生有效的产业联动和资源交换。这类生态村在共享城市的资源和基础设施的同时,还具备优秀的自然环境优势,利于发展生态农业,既拥有相对较好的农业环境,又利于汲取城市的现代文明。“返乡”逐渐成为城市居民寻找乡愁、返璞归真的一种潮流。城郊生态村的产业发展中,最具鲜明特色和时代意义的模式是以“农家乐”为代表的生态旅游模式。村民自主完成了农产品的生产、加工到销售的全部过程,通过提供绿色产品、民宿、农家饭等附加服务业构建了一个绿色的生态经济系统。其中,四川省郫县农科村是“农家乐”的发源地,也是典型的城郊型生态村。

　　偏远生态村受到城市的经济辐射带动作用较小,在城市不断扩张中,这反而成为一种优势,更容易保留良好的生态本底。同时,生态村的传统习俗和生活习惯受到市场化的冲击较小,更容易保留保持原有的乡村生活和传统文化,利于传统建造技艺和乡土智慧的传承与保护。但偏远地区的经济水平、教育水平普遍偏低,要建设符合现代需求的生态复合系统,还需要村民具有一定的文化技术水平以及生态意识。要想在广大偏远生态村进行长期有效的生态村建设,还需要对当地村民进行长期的知识宣传和普及。偏远型生态村的建设主要以“度假村”的形式,以自然风光和乡村文化为主要特色。位于华山脚下的陕西省西安市上王村是该模式的典型代表。

1.3.3　根据主导要素划分的生态村类型

生态村建设实践类型及内容纷繁多样，本质上是受到不同的发展主导要素影响，产生了多样性的生态村建设目标与实践路径。因此，可根据生态村建设实践过程中的主导驱动要素类型分类，每一类的生态村再按照其主导要素的实践路径或表现形式细分，如图1-1所示。

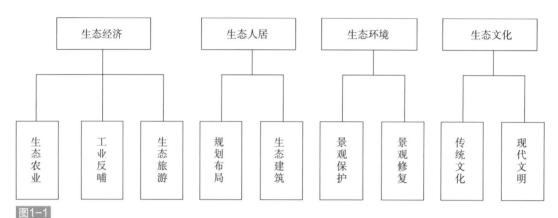

图1-1
生态村建设实践主导要素及其具体实践途径示意图

1.3.3.1　生态经济主导下的生态村

（1）以生态农业为支撑：生态农业是以生态经济为主导的生态村的主要建设形式，其中，林业、畜牧业、渔业的生态产业化都属于生态农业的范畴。尽管在农村城镇化过程中，农村的产业结构不断调整，但农业建设与农村发展始终保持着密不可分的关系。生态种植、设施生态农业是生态村的生态农业建设中普遍的建设方法，生态种植指轮作、间作与现代化农业相结合的种植方式，设施生态农业是指通过有机肥料替代化学肥料等技术构成的低污染的生态农业技术[19]。目前，沼气利用在我国生态农业建设时使用得最为广泛，发展得也最为稳步。以北京大兴区留民营村为代表的一批生态村，其生态建设已经形成稳定的发展状况。

典型农业模式及其配套技术　　　　　　　　　　　　　　表1-3

典型生态农业模式	典型生态村	具体技术手段
"四位一体"生态模式	北京市留民营村	太阳能、沼气为能源，以秸秆等有机废物为肥源，实现蔬菜种植和家畜养殖的循环系统
沼气循环利用农业模式	湖北省宜都市袁家榜村	"猪-沼气-果树"模式
观光生态农业模式	浙江省奉化市滕头村	有机肥施用技术、节水技术、污水处理技术、庭院生态经济技术
丘陵山区生态农业模式	辽宁省海城市王家村	生态经济沟、立体农业

（a）蒋巷村生态园苏青旅民宿　　　　　　　　（b）蒋巷村江南农家民俗博物馆

图1-2
典型工业反哺为特色的生态村示意图[18]

（2）以工业反哺为重点：工业"反哺"是指在生态村建设中，较早通过发展工业积攒经济资本，之后再进行生态建设的模式，这种生态村是城镇化进程中发展较快的那部分农村，一般位于经济较发达区域，在国家级生态村中这种生态村地处长江三角洲区域居多。山西省长治县永丰村、江苏省常熟市蒋巷村、安徽省马鞍山市三杨村均属于通过工业反哺途径进行建设的生态村。其中江苏省常熟市蒋巷村是以工业反哺为特色优秀典范，见图1-2。蒋巷村在工业快速发展并达到积累一定资本之后，开始对农业和农村实行"反哺"计划，具体建设措施包括：对房屋住宅进行立体化建设，对绿地、水系进行景观恢复建设，开展企业生态文化建设，积极举办各种类型的环保活动提升村民的生态意识，基于现有的土地利用性质进行适当调整和管控，对景观空间格局进行整合和合理引导以避免生态村的空间结构向无序化发展，创建民俗博物馆等逐渐调整产业结构等[18]。

（3）以生态旅游为依托：以生态旅游为特色主要指将旅游业同农村的生产、生活、环境融合在一起的产业经营方式，主要依靠自身优美的自然风光、特色的民俗文化、独特的生态农业产品和优越的地理位置。这类生态村建设具体内容主要包括：优化空间布局、塑造特色景观、土地集约利用、产业融合发展以形成旅游综合体系、倡导绿色消费等[20]。在城市居民到乡村旅游成为一种潮流的背景下，城郊型生态村依靠自身区位优势展开以生态旅游与生态农业相结合的生态村建设。一些村庄则依靠自身的文化资源、民俗风情等，策划出游客体验视角的特色景观及民俗活动，体现出自身更多元、更丰富的旅游产品供给能力，这类生态民俗旅游村中认知度较高的有吉林省安图县红旗村、江苏省昆山大唐村。

随着生态村的持续建设以及产业结构的不断调整，生态村的产业发展类型不断综合，生态村的产业发展形式已经不再是简单的某种类型，而是复合式的建设发展模式。现阶段，很多生态村都形成了良性的产业联动，逐渐朝向生态产业综合化的方向发展。

1.3.3.2 生态人居主导下的生态村

（1）规划布局层面

生态村空间构成要素是组成生态村的物质基础，包括村民住宅、耕地、果园、河塘、道

路、广场等，生态村是由这些空间构成要素共同围合而成的
实体。空间构成要素根据不同的功能组成可以分为生活空
间、生产空间和生态空间三大类，见图1-3所示，生态村的
三大空间要素之间应是相互支撑、相互依赖的。生态村空间
布局的合理性直接影响着村民的生活方式、生活质量以及生
态村的可持续发展程度。生态村主要空间要素规划原则如表
1-4所示。

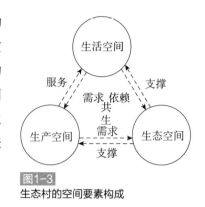

图1-3
生态村的空间要素构成

生态村空间布局规划原则[20]   表1-4

类型	空间要素	规划设计原则
生活空间	道路	外部：完善路网结构达到便利性；内部：组织慢行交通、完善景观
	建筑	建筑材料本土化、环保化；改善小气候
生产空间	农田用地、养殖用地	用地集中化；利于沼气利用模式构建；产业结构合理配置
生态空间	河流、树木	生态种植利用；河道治理；保持生态本底

　　随着生态村产业结构的多元化，生态村的空间结构布局呈现出复杂化的趋势，同时不同的
产业主导类型也直接影响着生态村的布局结构。上海崇明县前卫村是一个典型的以生态旅游为
特色的生态村。前卫村处于上海郊区的小岛上，生态环境良好，在生态建设实践中逐渐形成了
旅游为主导的产业发展模式。如图1-4所示，在前卫村的空间结构布局上，旅游产业占主导地
位，其他产业的功能布局处于从属地位，良好的资源得到了充分合理的利用，且带动了前卫生
态村的全面发展。因此，在前卫村的建设过程中，对生态村的空间布局进行科学系统的规划设
计，使其更好地适应与促进产业的发展[21]。

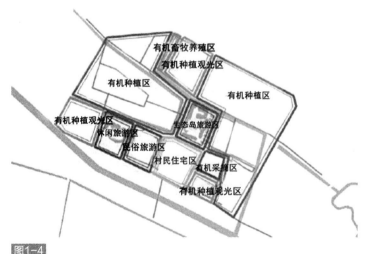

图1-4
上海市崇明前卫村功能分区图[21]

（2）生态建筑层面

一般认为，生态建筑是指能够提供给居住者健康、安全、舒服感受的房屋，满足循环经济原则，在建筑设计、建造以及后续拆解的全过程中高效利用资源，减少对周边环境的影响。在生态村范围内，生态建筑具体的建设形式可分为传统生态建筑及现代化建设、田园建筑的建设以及基本农宅的生态化改造建设。

1）传统生态建筑及现代化建设：在我国乡村，很多的传统民居建筑在地形选址、建筑朝向、建造材料等方面体现出人与自然的和谐共生关系，凝聚着先人们超前的生态理念与高超的生态技术方法，是很有代表性的乡村生态建筑，如北方严寒地区的厚重围护结构住宅和西北高原地区的窑洞能够衰减室外温度的波动等。在借鉴这些传统民居生态建筑建造经验的基础上，一些生态村通过现代化技术手段，改进及打造具有当地风情的现代生态建筑。云南省红河州原阳县福气庄村的哈尼族民居改造项目通过对当地传统建筑材料的创新利用，建造出具有哈尼族特色的现代生态建筑。

2）田园建筑建设："田园建筑"这个概念由来已久，在2014年，我国住房和城乡建设部开展了第一届"田园建筑优秀作品奖"评选活动，提出田园建筑是在乡村范围内满足合法合规，手续齐备；建筑安全，经济合理；建筑美观，功能合理；生态建设，传承文化；农民满意，使用方便等特点的住房、公共建筑和农业生产建筑[22]。由此可见，田园建筑代表了村庄建筑生态化的发展与追求，是实现生态村建设的主要物质路径之一。比较有代表性的有云南省保山市腾冲县界头乡新庄村的高黎贡手工造纸博物馆、福建省漳州市平和县下石村的桥上书屋等。如图1-5所示，桥上书屋是与当地特色建筑——土楼相配合建造的，功能上既是当地的小学教室，又是连接两个土楼的交通纽带，除建筑本身的生态价值外，有效地提高了当地农村的空间品质，改变了农村住民的生活方式，还可以为乡村带来一定的经济效益和社会效益。桥上书屋是以建造建筑实体的形式来提升乡村的人居环境建设水平，这为生态村的生态人居建设提供出一个新的思路和发展方向。

3）基本农宅生态化改造：在生态村进行生态人居建设的过程中，对现有基本农宅的生态化改造逐渐成为主流。典型案例是上海市崇明县瀛东村农宅生态化改造工程[23]，见图1-6。工程根据瀛东村的地理环境、居民的生活习惯以及绿色本地化等原则，从住房的物理环境因素角

（a）桥上书屋外部环境　　　　　　　　　　　　（b）桥上书屋内部空间

图1-5

田园建筑代表作品桥上书屋

图1-6
农宅生态化改造示意图[23]

度，对住宅的屋顶和外墙进行防水保温处理，对地面进行适当的抬高防潮处理、供水系统配置等，通过调整太阳能热水器的角度与屋面角度贴合以达到太阳能的高效利用。运用这些低成本的生态技术手段实现住宅生态化的改造设想，以达到有效的保温、防水、防潮、低耗等目的。在其他基础设施方面，村内还安装了风光互补路灯、太阳能路灯等设施。

总的来讲，我国生态村住房建设发展从开始的基本功能需求，发展到对美观品质的需求，未来则是生态化的住房建设需求。

1.3.3.3　生态环境主导下的生态村

（1）景观生态环境保护为主

景观生态环境保护为主的生态村是指村庄原有的自然资源良好、污染不严重，通过合理的景观规划而使村庄具有独特的景观风貌特色的一类生态村。在这类生态村建设过程中，景观规划是重要的实践手段，地形、植物、水体和建筑是景观规划与设计的四大要素，而这些景观要素都需要以地形为基础支撑[24]。山地型生态村和滨水型生态村均有优质的自然地形和地貌，能够为生态村的景观规划提供良好条件，而平原型生态村需利用好村中的微地形或塑造一定的微地形，表1-5是对生态村景观要素和基础设施规划原则的简要列举。

生态村景观要素规划原则[25]　　　　　　　　　　　　表1-5

景观要素	功能	规划设计原则
地形	塑造空间感；影响景观构图；引导视线；自然排水和小气候调节	利用与保护为主；功能与造景并重；整体性原则
植物	调节小气候；净化空气；防治水土流失；塑造空间；观赏；药用；食用	充分考虑季相变化；因地制宜原则；美观性原则；经济性原则；注重选种的生态效应
水体	灌溉功能；排水泄洪；观赏作用；生产养殖功能	整体性原则；生态性原则；文化性原则；经济性原则
建筑	居住功能；休憩功能；观赏功能；游览功能	尽量保持原有建筑风貌；与地形相结合

具体来讲，生态村的景观类型可以分为以下三类。

1）聚落性景观：作为生态村的基础性环境景观，聚落性景观是由乡村虚体的物质空间环境和实体的建筑房屋共同组成的，其中空间环境指的是生态村的街道、广场等公共活动空间，这些场地能够给村民或游客带来最直接的观感感受。生态村的聚落性景观规划主要集中在对整个生态村建筑风格的美化与公共空间的开合变化，以及对村庄入口景观、公共广场、景观小品的协调统一上[26]。规划设计中要充分考虑村庄原有的空间布局和平面肌理，减少对村庄自然原始形态的破坏，在此基础上进行村庄的风貌特色和基础设施规划，使村庄形成独具一格的特色景观。

2）生态性景观：生态村的生态性景观指的是水体、植被、绿色廊道及斑块等组成的村庄绿地系统，其中绿色廊道多是指村庄的绿化走廊，绿色斑块是指大面积的自然保护区、生态防护林区等。对待生态性景观应以保护为主，规划设计为辅，尽可能地保留原始的绿地、植被等生态资源，营造出健康低碳的开放空间与乡村宜居环境。在进行生态村经济建设时，要避免对生态性景观的破坏，秉承"绿水青山就是金山银山"的开发理念，使乡村成为人们乐于前往的家园和故乡。

3）生产性景观：相较聚落性和生态性景观，生产性景观是更为特殊的村庄景观类型，主要体现在农村进行农业生产和农作物生长的景象，是城市完全没有的、乡村独有的景观类型。乡村的生产性景观是一种自然的呈现，没有刻意的规划设计，充分体现出乡村不同于城市的产业模式、景观风貌与人文现象，是一笔宝贵的人类财富。从景观生态学的角度看，乡村的生产性景观同时具有美学价值和使用价值，包含着生命动态的"生老病死"过程，能够使人产生强烈的情感共鸣，拉近人与自然的距离，展示出乡村独特的景观生态魅力。

（2）景观生态环境修复为主

在景观生态环境保护型生态村之外，还有一些生态村的景观建设是缘于原有的粗放式发展带来的环境恶化现象，为有效修复当地的生态环境，开展一系列生态村景观环境建设工作。生态修复型为主的生态村主要从绿地系统建设、乡村环境清洁、水土治理三方面展开景观生态修复：

1）绿地系统的建设与生态环境保护型相似，对于生态本底较差的需要生态环境修复的生态村主要从提高乡村的绿化水平、基本的乡村景观风貌特色塑造两方面展开。

2）乡村环境清洁主要指的是能源的清洁化使用、污水处理以及村内垃圾的分类处理，同时结合改水、改厕等形式，从而改善村庄整体面貌[27]。具体在解决村庄污水时，遵循循环经济原则，大力推广沼气池建设，尽可能地将生活用水导向沼气池和自然水体，同时提高工业技艺，减少生产性污水的排放量和成分毒性，杜绝与生活用水的交叉。

3）水土治理主要是指根据本地的生态环境破坏程度，运用人工治理和自然修复相结合的方式。我国的高原地区是我国水土流失最严重、生态环境最敏感的地区之一，因此高原型生态村一般都会进行人工修复为主的相关建设实践，其中山西、陕西等省份较早开始了以小流域综合治理为主的生态村建设试验，经过多年的探索实践，取得了良好效果。陕西省在生态村建设实践过程中，探索出了一系列水土保持生态工程技术，如表1-6所示。

陕西省生态村生态工程技术手段列举[16]　　　　　　　表1-6

	主要工程	具体工程
科学治理示范	水土综合治理	拦沙坝筑建、坡面筑坎、污水治理、节水灌溉
生态园景观示范	水土保持种植工程	坡面生态林
生态农业示范	水土保持、土壤恢复	生态果园种植、优势植物引种试验、水土保持

1.3.3.4　生态文化主导下的生态村

在我国生态村建设实践过程中，生态文化主要体现在村落传统文化的生态价值观和现代社会村民的文化素质以及文明程度两方面。以下分别从传统村落文化的生态观和现代文明共享理念下的文化观进行阐述。

（1）传统村落文化的生态观

在城市化、现代化建设的背景下，部分村落虽然受到了一定的冲击，但仍然拥有较丰富的文化与自然资源。这种应予以保护的村落我们称之为传统村落。我国传统村落文化的生态观主要体现在与自然融合的生产生活方式和空间布局两方面。

目前，我国仍有少部分原始村落完全保留着旧时的生产方式和生活习俗。云南省翁丁佤族村是我国迄今为止保存最为完好的原始群居村落。该村落未被开发占用土地，保持着原有良好的生态环境。在这里，建筑材料都是就地取材，用草、竹、木搭建传统建筑，衣物原料是自种的棉麻，全套工艺都是由村民亲自完成。诸多古代村民的行为生活方式都是当今人们需要学习的，是一种可持续的生活模式。

传统村落的生活形态大多已经与现代文明高度融合，但其空间形态上大多保留着古代环山抱水的基本格局。古代人民总结出了"藏风聚气"的布局模式在传统村落中仍有明显的体现，这种布局模式有利于形成良好的局部气候。除了山水布局外，我国传统聚落非常重视绿化，早在宋、明时期就对某些树种的伐木行为有明确的处罚规定。

除了生活方式和空间物质层面，传统文化的生态观还体现在顺应自然的环保意识和村民的生产与生活方式层面。"和"的思想是我国古代劳动人民与大自然和谐共处的体现，其中蕴含了大量的生态思想。我国古代的种植养殖者遵从生态学的季节规律，对自然界万物平等的观念促使了我国古代村落长期以来与自然的和谐发展。传统村落传承着古代村落空间布局以及古代人民同自然和谐相处的智慧，是传统文化中的生态意识和生态伦理观的体现。

（2）现代文明共享理念下的文化观

生态文化更广泛的含义则包括了村庄的社会风气、村民的素质水平等。近些年来我国出现的非政府组织型生态村就以高度文明和绝对共享为我们提供了生态文明和可持续生活的新路径。这种理念生态村聚集了文化素质、道德水平和生态意识极高的一群理想主义者和环保主义者，其建设核心是基于共享理念下的精神文明建设[28]。其中，"生命新绿洲"（New Oasis for Life）建立了基于共同价值的理念社区，其主要通过可持续水资源管理、生态和传统的建设方法、永续农业耕作方式、可再生能源利用、生态卫生设施建设来实现理念社区的可持续发展。

在理念生态村里，所有的资源包括自然资源、土地资源和经济资源等都是共享的，并且在这个理念社区里不再有国家、政党、宗教和传统家庭的概念，村庄中的生活、住房、饮食、衣服、交通、衰老、疾病和死亡都是所有成员共同的责任。这种生态村建设的首要任务是净化和美化每个成员的灵魂，并达到高水平的自给自足和可持续性[29]。

此外，这类生态村的创建除了对自身产生了良好的生态效益外，还对全社会成员环保意识起到了良好的动员和号召，发挥了社会效益，越来越多不同身份的社会人士包括学生、工匠、艺术家、建筑师等开始关注到并参与到理念生态村的建设实践之中。对生态技术、生态建筑等的探索性实践成果可以为我国更多的生态村建设实践所用。共享资源自给自足的生活模式和新型社会制度值得我们反思和学习。理念生态村在我国创建并保持了一定的生命力并逐渐发展，说明我国在一定程度上具备了这种理想型生态村生长的"土壤"。现阶段理念生态村在我国的建设实践数量还较少，也很难在全国范围内大规模推广，但其建设实践过程中先进的生态技术、高效的生产模式、环保的生活模式都是值得我国生态村建设实践所学习的。

从生态村的建设特征、建设内容、发展模式进一步比较分析各类生态村，可以发现以生态经济为主导和以生态环境为主导的生态村主要侧重于乡村的物质建设层面，以循环经济入手，并通过对生态的保护和修复达成生态村的可持续发展。以生态人居和以生态文化为主导的生态村则主要侧重于乡村的社会建设和精神建设，以一定的规划手段、生态改造为村民打造舒适、宜人、便捷、低耗的和谐人居环境，以传统文化的传承、村民自治中生态责任的培养达到生态村的可持续。

综上所述，在我国生态村建设实践中，尽管各类生态村侧重的发展内容各异，实践路径或表现形式有所不同，但优化产业结构、实现循环经济、保护与恢复自然环境、合理规划布局空间、建设生态化的建筑、传承生态文化、和谐社区治理这些建设措施都是生态村建设实践的组成部分。较为理想的生态村建设模式应是生态经济、生态环境、生态人居、生态文化全面的建设发展并通过各自的建设措施最终达到经济、社会、环境的可持续发展，见图1-7。

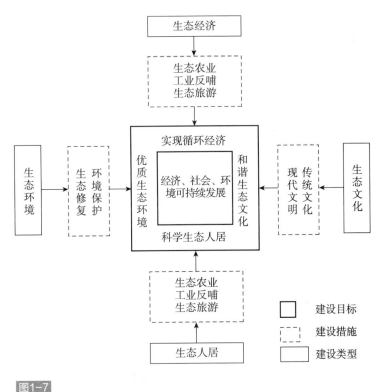

图1-7
生态村建设实践主导要素及建设措施示意图

1.4 我国生态村建设的发展历程

历史是未来最好的教科书。通过梳理我国三十余年的生态村建设历程，对其进行阶段划分，可以挖掘各个历史阶段的内在产生背景及演进规律，总结出整个过程的特征及其变化，从而对我国现阶段以及未来的生态村建设提供历史经验与理论支撑。

我国三十多年的生态村建设中有一些标志性的历史节点，将整个过程划分成几段特色鲜明的时期。具体包括三个阶段，分别是：1980～1993年的起步阶段，主要进行的是生态农业的推广与试验，在地方开始了探索和发展；1994～2004年的扩展阶段，由自发的地方探索转变为国家层面的统筹规划；2005年至今的全面实施阶段，在国家政策及标准的推动作用下得到了长足的发展，并呈现出一定的建设实践特征和规律。

1.4.1 我国生态村建设的起步

1980年，我国农业部和环保部联合召开农业生态经济学术讨论后，开始在农村推行生态农业的建设活动。这被学界视为我国生态村建设的开端，主要表现为调整农业产业结构，在提高农村经济水平的基础上实现村庄生态、经济和社会的协调发展。1984年党中央出台的"一号文件"写到"要把有效利用资源、保护生态环境以及控制人口数量作为农村建设的三大前提"。

这个时期已经开始有专家学者在生态农业的基础上对生态村的概念进行界定，并初步创建了生态村的建设标准。总的来讲，这些理论和实践上的创举都是各个地区根据自身的自然条件和经济条件展开的相关探索，缺乏相应的理论指导，没有明确的生态村建设标准，也没有统一的生态村概念，在国家层面上也没有相关部门进行有效的组织管理[30]。这个阶段的生态村建设多是以生态农业试点村的形式开展的，通过运用传统生态技术手段、建设生态农场等，使其成为我国生态村建设实践的雏形与开端。这个历史时期的生态村主要是与生态农业、农业生产、生态经济系统等相联系。

1.4.1.1 动因

政府部门对农村土地政策的改革以及为推动农业现代化所颁布的"一号文件"对生态村的产生起到了巨大的推动作用，大批农业生产者在经济利益的激发下，自主地运用生态技术方法发展农业生产，其本质上是受到生态经济和生态农业思想的影响[30]。这个时期建设形成的生态村实质是在发展生态农业的过程中，对农业产业结构进行调整的产物。

1.4.1.2 基本特征

在这个阶段，从单一的生态农业建设上升到整体生态村建设的案例还比较少。生态村建设缺乏系统的理论指导，各地方仅依据自身条件进行有限的实践探索。从空间位置分布上看，此时期的建设实践呈现散点状分布，主要分布在京郊、江苏北部平原、安徽淮北平原、黄土高原北部以及西南山地等地。这个阶段的生态村建设主要是以经济效益为目的的产业生态化建设，其类型划分相对简单，以生态经济主导为主，也有部分以修复环境为目的的生态环境主导下的生态村。

1.4.1.3　主要内容

这个阶段生态村建设内容较为单一，本质上都属于以集约化经营为基础的农业改良。具体形式表现在生态工程建设、生态农业建设和农业生态系统建设等几个方面。其中，京郊平原地区、安徽淮北平原地区以及江苏北部平原地区的生态村建设实践发展水平相对较高，建设重点是构建生产化生态农业技术体系；而陕西黄土高原地区农村处于生态脆弱地区，建设重点在于植被的恢复、基本农田的建设以及林、牧、农的综合发展；西南山地地区交通不便，生态村建设重点主要在于保护生态环境和自然资源，平衡林业和农业、畜牧业的关系。

1.4.1.4　典型实例

表1-7是对这一时期典型生态村技术应用的例举。1982年11月京郊大兴县留民营大队进行了生态农业定点试验，被誉为生态农业第一村，其对生态农业系统的构建是我国早期生态村建设技术利用的典范。留民营村围绕种植和养殖两大产业开展生态技术应用建设，形成了以沼气为中心，结合水资源和太阳能的能源循环利用体系，形成了完整的村庄能量循环系统，见图1-8。江苏省盐城市董徐村也是这一时期建设实践的典型代表。它通过运用生态系统工程的方法，对生态农业进行总体规划设计，取得了显著的成效。江苏省环保局以此为蓝本，从经济、社会和生态三方面提出了生态村的建设标准，见表1-8。

此外，安徽淮北平原地区的生态村建设提出了典型农田生态模式，分别是治水改土型、林粮间作型、肥粮轮作型。

起步阶段典型生态村建设实践技术利用[31]　　　　　　表1-7

村名	省市	主要技术手段
留民营村	北京市	庭院生态经济技术；种植、养殖技术；沼气利用技术
董徐村	江苏省	杂交稻繁殖与制种技术；庭院经济技术；沼气利用技术
杜楼村	安徽省	农作物的轮作、间作和套种；优良树种培育技术

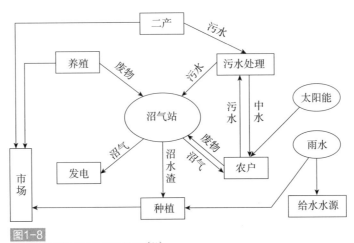

图1-8
留民营村能量循环系统示意图[31]

江苏省盐城市生态村标准[1]   表1-8

指标层面	分项指标	要求条件
经济指标 （在人均 资源可比 条件下）	人均农业净产值率	高于本地区10%
	人均年收入增长率	高于本地区10%
	人均提供农副产品商品率	高于本地区10%
	人均生活水平	高于本地区10%
社会指标	人口自然增长率	符合国家标准
	文化科技水平	学龄儿童全部入学；建立一支相当技术人员水平劳动力占5%的科技队伍
	医疗基础设施	具有基本医疗卫生设施；一套完善的防疫保护制度
	生活保障	老弱病残生活有所安排
生态指标	土壤、水利	土壤肥力不断提高；控制水土流失
	林木覆盖率	达到国家标准
	生物资源	增多并达到可持续水平
	动植物	动植物良种化；栽培饲养科学化
	农业废弃物	废弃物循环利用并实现废弃物无害化
	饮水、空气	符合国家标准
	农产品	品质优良；污染物残留不超国家标准

1.4.2　我国生态村建设的扩展

1994年12月9日，国务院批准农业部联合国家计划委员会（现国家发展和改革委员会）、林业部和环境保护局（现环境保护部）等7部委共同召开全国生态农业县建设工作会议，选出50个不同经济发展水平的县作为生态农业的典型试点。这标志着生态农业建设已经从地方层面上升至国家层面。同年，国家环保局出台了《全国生态示范区建设规划》，次年又颁布了《全国生态示范区建设规划纲要》。以此为指导，全国在随后的几年间先后评出上百个国家级生态示范区建设试点。作为生态建设示范区中不可或缺的一部分，生态村得到了很大程度的发展。此外，2002年农业部开始出台生态农业的建设模式与技术手段。

在国家政策的推动下，各地的生态村建设逐渐趋向规范化与多元化，并开始对当地的生态村典型模式进行总结，制定一系列指标体系。但各地区的评价指标没有统一的标准，理论研究相对滞后。此外，受国家宏观发展战略影响，这一时期的生态村建设开始由简单的经济建设向生态环境友好的可持续发展转变。除生态农业、经济发展外，生态文化、生态文明等开始更多地与生态村建设相关联，成为生态村建设的重要方面。

1.4.2.1　动因

在这一时期，生态农业思想和生态经济思想仍然是生态村建设的主要动因。同时，20世纪

90年代出现的"生态危机"使可持续的生态文明思想开始受到关注。同时，各地区开始依据自身资源和环境条件进行本土化的生态村建设。此外，国际上对人与自然关系的反思以及对"深生态学"[32]的探讨所引发的全球生态村运动开始对我国生态村建设产生影响。

1.4.2.2 基本特征

在这一阶段，我国的生态村建设开始取得显著成效并得到国际认可。全国有7个生态村、乡先后被联合国环境规划署授予环境保护"全球500佳"。生态村建设的数量较上一阶段大幅度增加，空间范围也拓展到新疆、内蒙古、宁夏等偏远省份地区，并且呈现一定的向城郊聚集的现象。这个时期的生态村建设呈现出多元化的系统特征，主要表现在生态村的类型越来越丰富，除了生态经济和生态环境主导的生态村，生态人居和生态文化主导的生态村在这个阶段开始出现。生态村建设的主体也逐渐多样化，除地方政府主导外，开始出现多方合作的管理机制。有些生态村成为依托高校教育资源的附属试验基地，展现了更多的生态教育、示范功能。

1.4.2.3 主要内容

在这一阶段，经过此前十多年探索发展，各地区的生态村建设不再简单围绕生态农业系统展开，开始出现系统规划的意识，建设内容涉及生态农业建构、产业结构调整、文化历史保护与重塑、新能源利用、资源利用与环境修复、空间布局、建筑设计等多个方面。各地区对先进经验进行总结归纳，提出多种生态村建设发展模式，如以地域特色生态旅游为主的生态民俗村模式；四川省成都市红砂村发明的依托城郊区位发展的乡村农家乐模式，生态实验研发与示范教育一体化的模式等。

1.4.2.4 典型实例

这个阶段典型生态村的技术利用总结见表1-9。浙江省宁波市滕头村依托自身的环境资源发展生态技术手段与可持续产业，被联合国环境署授予"全球500佳"，其环境保护和污染处理工作在2001年通过了国际环境管理体系认证，在诸多方面都是这个时期生态村建设实践的典范。滕头村率先实行旧房改造工作，在产业布局和空间布局上具备先进的规划意识，坚持"统一规划、保护耕地"的理念；在引入企业时，注重清洁能源的利用，跨越先污染后治理的老路，坚持从源头上控制污染；大力开展环保教育工作，注重生态文化建设。北京市怀柔区的北郎中村是典型的城郊旅游生态村，是以发展生态农业为主导、综合规划发展乡村旅游业的生态村。北郎中村综合发展农业种植、畜牧养殖等产业，从2002年开始分期建成了污水处理和沼气系统，改善了全村的用能结构，形成了以沼气工程和水循环工程为主的生态环境建设体系。图1-9为郎中村的沼气工程生态系统示意图。同时，北郎中村建立了较为完整的水资源循环利用工程系统，通过生态护坡、蓄水池修整、甬道铺设进行雨水收集利用。村内建设有地埋式污水处理站，可回收利用工业污水和生活用水，已实现水资源的高效循环利用。深圳碧岭示范生态村集生态体验、旅游观光及科研教育于一体，是由深圳政府部门、高校以及社会组织共同建设的，其在新型农业技术方面的研究有较大的成就，包括有机蔬菜种植技术、种群系统控制技术等，也是这个时期生态村的典型案例之一。

扩展阶段典型生态村技术利用[32]   表1-9

村名	省市	主要技术手段
滕头村	浙江省	污水处理技术；废物回收利用技术；太阳能、沼气等能源利用技术；高新农业技术
北郎中村	北京市	沼气工程技术；太阳能光电板技术；水利工程技术
碧岭村	广东省	水利改造技术；新型农业技术；可再生能源开发利用技术

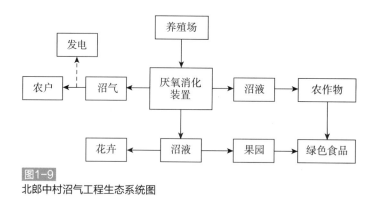

图1-9
北郎中村沼气工程生态系统图

1.4.3 我国生态村建设的全面实施

2005年，中共十六届五中全会提出"新农村"建设的国家战略。2006年，国家环保局颁发《国家级生态村创建标准（试行）》，涵盖了经济水平、环境卫生、污染控制、资源保护与利用、可持续发展、公众参与6个方面[33]。"新农村"建设口号和国家级生态村标准的提出，标志着生态村建设进入全面实施的新历史阶段。生态村建设正式成为国家乡村发展的基础战略。我国在2008、2010、2011三个年份颁布了国家级生态村名单，分别为24、83、131个村。这三批生态村均是按照环保部的标准进行建设和评定的。为打造生态村升级版，2014年环保部在《标准》基础上进行修正和补充，颁布了新的标准。

同时，更多政府部门加入乡村建设阵营，比如住房和城乡建设部提出的绿色村庄建设、国家发展改革委员会提出的美丽乡村建设等，与生态村建设达成了相互促进、共同推进的良好局面。这个阶段几乎所有省份都开始了生态村的建设，各地区纷纷制定符合地区发展要求的省、市级生态村标准。在生态村的大规模建设中，"政绩工程"、"面子工程"等问题开始逐渐显露，但总体而言开始从注重"量"的增长向注重"质"的提升转变。

1.4.3.1 动因

这个时期，生态文明被写入党的十七大报告，生态村建设的理论上升到新的高度。生态文明思想开始在生态村建设中发挥力量。我国传统文化中的生态思想也越来越多的在生态村建设中得到体现。村民的文化素质和生态环保意识在这个阶段有一定的提高，但在市场经济冲击和城乡差距加大的背景下，很多村民响应生态村建设号召的主要动力仍是经济因素。

1.4.3.2　基本特征

这一阶段，由政府主导的生态村建设实践开发模式成为绝对主流，也有部分村落在长期的自治管理下形成了生态村建设实践的有效机制，同时由艺术家、教育家、环保主义者等发起的非政府组织建设的生态村也在开始发展。这个时期还出现了国家级、省级、市级等不同层级设定的生态村评定标准。目前已评定国家级生态村238个，省级生态村达到数千个，市级生态村更是不计其数。其中，第一批国家级生态村各具特色，并成为后来生态村建设的典型示范，第二批和第三批国家级生态村数量相较第一批明显增多，其位置分布也逐渐显现出一定的聚集现象，在空间位置上呈现东密西疏的空间格局，华东和华中地区是生态村建设实践的主要地区，其次是华北和西南地区，再次是华南以及西北地区。

1.4.3.3　主要内容

这个阶段的生态村建设内容几乎涵盖了生态经济、生态环境、生态人居、生态文化等各个方面。生态经济和生态环境为主导的生态村建设已经较为成熟，而生态人居和生态文化建设开始得到政府部门以及专家学者们越来越多的关注和倡导。整体上看，生态村建设的理论体系已经较为完善，可概括为：在经济建设上，促进产业结构和产业布局的合理化，提倡环保资源高效利用，加强生态工程技术利用，以形成循环经济；在人居环境建设上，通过一定的生态技术进行环境治理，对景观、规划布局等进行优化设计，以改进人们的生产生活方式；在文化建设上，通过公益活动等教育方式提升村民的生态意识。从各项建设内容的落实情况看，循环经济中的生态农业系统建设取得了良好的发展，人居环境和文化建设方面仍需要体系化的具体建设措施来加以落实。

1.4.3.4　典型实例

这一阶段的生态村建设内容相对全面，有众多的生态村典范。其中，以生态文化为主导的生态村建设受到人们的普遍关注。海南省琼海市文屯村是以书法闻名的华侨村，具有悠久的历史和浓郁的乡土文化氛围，古井、古凳等文物得到很好的保留和利用，家家都像开放的博物馆和展览馆。该村对文化教育极其重视，较高的文明程度使其成为生态文化主导下的生态村可持续发展的典范。

此阶段的生态村建设开始更多的将村民放在主体地位，增强村民的参与性。江苏省昆山市绰墩村是保护原有生态景观、传承乡土文化的典范。在绰墩村的建设实践中，规划师采取与村民对话的形式，实现了村民的全程参与式设计，极大地调动了村民建设的积极性。绰墩村的生态建设没有过多的使用生态技术，其生态理念主要体现在生态环境的保护、交通体系的构建和合理的社区规划。上海崇明前卫村是多年来不断进行探索实践，一直在创新发展的典型生态村，现如今基本形成"研发—生产—销售—旅游—示范教育—技术推广"的完整体系，成为生态有机农业为主导，多价值叠加发展的可自主运行的生态示范村。

1.4.4　我国生态村建设的现状特征

我国的生态村建设已由起步时的生态村"雏形"状态逐渐发展成为较为成熟的"社会—经

济—自然"复合系统。通过以上对生态村建设发展历程的梳理，能够总结出我国生态村建设的现状特征，从而指导今后的生态村建设活动。

1.4.4.1 面临问题复杂化

目前我国生态村建设整体上呈现"百花齐放"的局面，各省市均已全面开展生态村建设。然而随着实践的深入以及经济社会环境的变化，各地区的生态村建设面临着不同的现实状况。针对这些多样性的问题，如何提出相对应的解决对策成为关键。

（1）建设进程存在较大差异

建设进程的差异缘于村庄不同的地理区位、自然资源、环境质量、经济社会发展水平等因素。生态村建设应当依据自身条件，遵循因地制宜的原则，宜农则农，宜商则商，宜工则工，宜游则游。然而自国家级生态村标准颁布以来，不少村庄为达到指标而展开建设，忽略了自身客观条件与发展阶段。

目前我国已经被各级政府评定的"生态村"数以千计，遍布我国广袤的国土内，发展阶段存在很大的差异。一般来讲，生态村的建设包括环境治理、田园风光保护以及生态文化发展这三个依次提升的阶段。其中，环境治理阶段从垃圾处理、污水治理、工业污染治理、生态修复、环境绿化等方面展开建设，田园风光保护阶段与生态文化发展阶段则以改善自身人居环境为重点打造和谐宜居的村庄，主要通过农房的生态化改造、基础设施的现代化建设、田园景观的美化设计、乡土文化的传承等方式展开建设。现今大多数生态村仍处于环境治理阶段，应根据村庄现状有针对性地制定建设策略和发展方向。处于后两个阶段的生态村同样需要适宜自身条件的建设策略。

（2）由物质层面向精神层面提升

在生态文明的时代背景下，生态村建设已经由物质层面的生态化向农民文化素质和生态意识的塑造转变，这种转变是非常艰难的，但也是必然的。以经济效益为目的的生态村建设终将被摒弃，而生态建设和文化建设又不是可以立竿见影得到经济收益的工作。尽管现阶段已经出现以高度文明和高度共享为核心精神的理念生态村，但这种生态村的参与人群本身文化素质和生态意识水平较高，而对我国绝大多数的生态村而言，精神层面的生态建设仍是一项艰难但必不可少的工程。

生态村建设应当是村民追求自身利益和文明发展的事业，在实践过程中必须给予村民良好的心理感受，发挥村民的主人翁意识。在生态村的建设中，要想真正实现生态文明和可持续发展的目标，村民的思想意识、生活方式、行为方式需要更多地被关注。生态村建设的长期有效机制有赖于具有生态素质的村民，一方面需要对村民进行生态知识和技能的教育和培训，另一方面还需要在思想观念和行动上处理好政府与农民、市场与农民的关系。

（3）标准化与特色化存在矛盾

目前的生态村建设在具体的实施环节存在一定程度的同质化发展倾向，很多地区的生态村出现了"千村一面"的现象，并有愈演愈烈之势。这一方面是由于这些生态村发展的主观盲目性，没有认清自身特色的价值与潜力，另一方面则是由于标准化与特色化二者本身的矛盾。国家在制定标准化的生态村指标体系时，很难因地制宜地对各地区的生态村建设标准做出差异化调整，地方政府（主要指市级）又往往无法顾及国家层面到地方层面的政策延伸性，对本地生态村的建设缺乏特色保护或创新的理念与意识，导致大家在争取生态村"牌照"的同时忽略了村庄特色的营造。此外，忽略村庄特色也与目前生态村所追求的经济性与技术性的目标直接相关，村庄风貌特色这一隐性的价值还没有得到普遍的认识与发掘。

在生态村的建设过程中，村庄已有的生态本底、地形地貌等自然资源与条件是建设生态村的"基石"，要予以充分的保护，以此为基础营造出人与自然的和谐共生关系。在推进生态村建设时，应抵制追求政绩的思维，减少大规模的"农民上楼"模式，谨慎对待"规模化"的农作物种植计划，推行机械化、电气化时要避免简单粗暴的"工厂化"方式，减少对村庄、农田和周围自然环境有机共生关系的破坏。生态村的建设不是要对农民的生活方式、文化风俗进行"城市化"改造，而是要在保持村民原有生活形态、传承农村特色文化和保留自然本底的基础上进行。简而言之，生态村的建设不是要让村镇变成外界想要它成为的"榜样"，而是要让它成为永葆活力的更好的"自己"。

1.4.4.2　理论研究系统化

我国对生态村相关理论的研究最开始仅是在生态农业方面，后来逐渐偏重于生态环境、生态技术及系统工程的研究，现阶段则为政策分析、发展模式、规划布局等的全方位研究。总体上，我国生态村相关理论的研究已形成了多层级、多学科、多视角的系统化综合体系。

如图1-10所示，涉及生态村的期刊和报纸等文献在2006年达到明显高峰，此后也一直维持在较高的水平上，说明当时国家级生态村标准发布的巨大影响力。如图1-11所示，生态村理念的关键词中，生态农业和经济发展理论的研究始终贯穿整个过程，而生态文化和生态旅游自20世纪90年代以来也得到越来越多的关注。如图1-12所示，目前与生态村密切关联的研究热点有可持续发展、新农村建设、生态文明、生态农业、生态环境等概念。

综上所述，与生态村相关的理论已从最初的农业产业领域拓展到生态环境保护、精神文明建立乃至可持续发展的国家战略层面，从单一的经济要素延伸到经济、社会、环境、文化等全方位要素，体现出生态村的理论朝着系统化方向发展的趋势，建设目标也从单一的经济维度向可持续发展的更广泛维度演化。

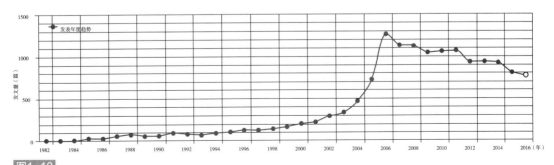

图1-10
生态村相关论文学术期刊发文量走势变化图

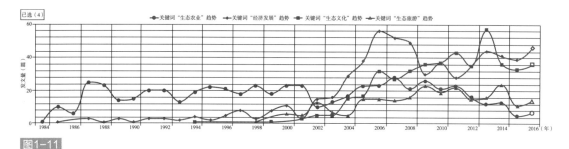

图1-11
生态村研究相关关键词走势变化图

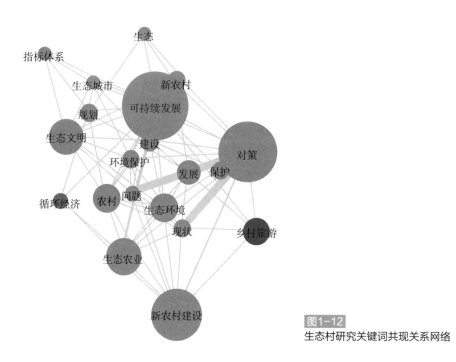

图1-12
生态村研究关键词共现关系网络

1.4.4.3　建设机制规范化

通过生态村相关理论研究的归纳总结可以看到，我国生态村的建设进程同政府颁布的政策密切相关。随着对人与自然关系认识的不断深化，党和国家相继出台了一系列解决资源、环境问题的战略思想，见图1-13。不同阶段政策的制定与落实情况有很大差异，政府的参与度直接影响了生态村建设的作用机制。环保政策是生态村建设实践过程中的风向标文件，因此以下结合环保政策的颁布和落实情况，阐述不同阶段生态村建设的运作机制。

在生态村建设的起步阶段，1983年的中央"一号文件"明确把合理利用资源、保持良好生态环境与严格控制人口增长比例作为我国发展农业和进行农村改革的三大前提条件。但政策提出一段时间后，却没有部门提出相关的合理利用自然资源的文件，也没有部门对一号文件的环保政策进行落实。国家对农村的环保政策虽然未得到很好贯彻，但在一定程度上对生态农业以及生态村的建设起到了推动作用。在这一阶段，生态村建设的运作机制是由地方政府发起，相关环保部门参与并组织村民执行。

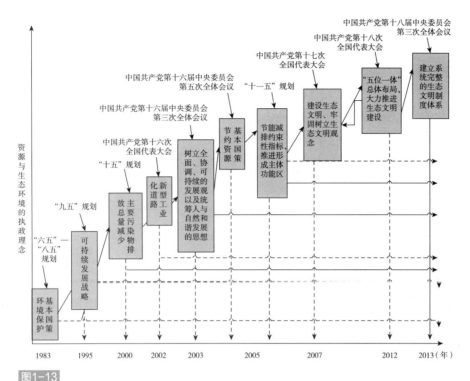

图1-13
1983～2013年我国资源与环境问题的执政理念[14]

在生态村建设的推广阶段，我国提出可持续发展战略。国家相继提出新型工业化、资源节约等环保政策，但在落实上表现出了明显的"城市偏向"，乡村仍处于弱势地位。总体来讲，这个阶段我国农村、农业的生态建设开始有了明确的管理部门，各项环保政策在农村地区也有了一定程度的落实，我国的生态村开始由上一阶段的地方探索实践逐渐转向政府主导的自上而下的建设。地方的生态村建设情况和意愿逐步向上层反映，在环保相关部门的推动下，由国家层面发布纲领和公告，在各示范点落实，基层在实践中总结问题再向上层反馈，形成从地方到中央的反馈机制。此外，其他社会力量如企业、非政府组织（Non-Governmental Organizations，简称NGO）和媒体等也逐渐开始参与到生态村的建设中。

在生态村建设的全面实施阶段，环保政策在广大农村得到了进一步的落实，但在污染防治、生态建设的资金投入等方面仍表现出了一定的城乡差异。政府部门基于农村、农业的发展状况制定了符合客观实际的具体政策，明确了各级部门在生态村建设上的分工，建构了生态村标准制定、审批、复核、评定的完整体系。一些生态村的建设起步较早，形成了村规民约的体系，村民的文化素质和生态环保意识已大幅提高，企业、非政府组织和媒体等其他社会力量也在生态村建设中扮演越来越重要的角色。在市场经济的作用下，我国的生态村建设逐渐向市场调节、政府监管、村民自治的良性运作机制转变。

总的来说，政策在我国生态村建设中扮演着越来越重要的角色，而村民主体的作用也开始显现。我国生态村的建设机制经历的演进过程如下：起初是地方政府领导村民进行以生态农业

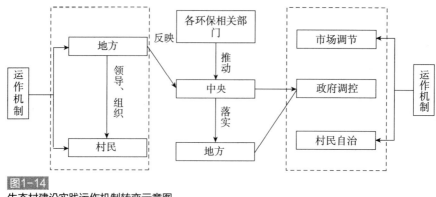

图1-14
生态村建设实践运作机制转变示意图

为主的生态建设；随后，地方的实践情况向上级部门反映，在各相关部门的推动下，生态村建设从地方实践上升到国家政策层面；最后，农村环保工作上升为国家意志，由中央发布政策，地方落实执行，共同管控生态村建设，形成了市场调节、政府调控、村民自治的较为完善的机制，见图1-14。

1.4.4.4　主体内容多元化

我国的生态村建设是基于原有行政村或自然村的全面系统建设，实践的内容及项目类型不尽相同。按照时间顺序总结梳理出我国农村建设和生态村建设的核心内容，将其进行阶段划分，如图1-15所示。基本农田建设、住房建设和基础设施建设是农村建设的主要内容，而生态村建设是在其基础上，开展环境整治工作、生态农业建设、生态旅游建设、新型住宅建设以

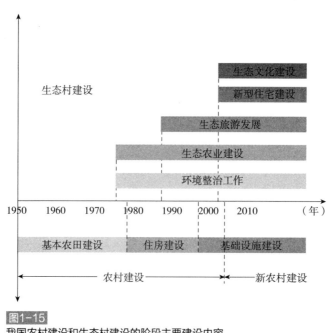

图1-15
我国农村建设和生态村建设的阶段主要建设内容

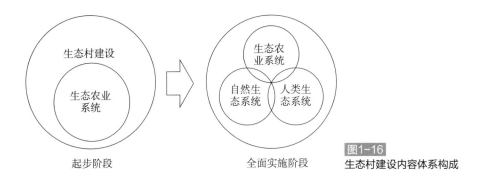

起步阶段　　　　　　　　　全面实施阶段

图1-16
生态村建设内容体系构成

及生态文化建设等内容。生态村的内容在初期主要局限了生态农业的建设和基本环境的整治，之后随着大众旅游、乡村旅游的兴起，生态村在生态农业建设和环境整治的基础上，着重发展生态旅游，在生态建设较好的地区开始了新型住宅的建设，同时越来越注重生态文化的建设，从传统生态价值观和现代共享精神中寻找发展的动力和方向。

　　我国生态村的主体内容从以生态农业为核心逐渐发展成为生态农业系统、自然生态系统和人类生态系统并重的体系，见图1-16。其中人类生态系统包括人工生态系统和社会生态系统两部分，人工生态系统主要指村民的居住环境，社会生态系统主要指非物质的社会关系，还包括文化思想等方面。实质上，理想的生态村应是生态经济、生态环境、生态人居和生态文化的有机结合。在生态村建设规模化发展的背景下，生态文化建设是农村真正实现生态文明的内在决定性因素。近年来，乡村旅游逐渐成为热潮，生态村还要注重游客的体验以及游客对村民生活的影响，实践中既要重视人居环境的建设，又要兼顾生态文化的传承和培养。此外，越来越多的社会团体和力量参与到生态村的建设，使生态村的内容更加丰富与多元化。

　　科学技术的创新与应用是生态村建设的核心驱动力。生态技术、农业技术、环境治理技术等技术手段支撑着生态村建设的各个阶段，已经形成体系化的技术平台，由生态村典型试点向全国全面铺开。在起步阶段，生态村的建设主要运用的是生态农业及生态工程方面的植物种植、动物养殖等技术手段，仅围绕生态农业建设展开，较少涉及村庄的人居、产业发展、土地资源保护以及生态住宅设计等方面。在生态村建设的推广阶段，除了生态农业技术体系的构建卓有成效外，太阳能、风能等能源的合理利用方面也有较大的突破，垃圾的回收处理环境的改善也起到很大的作用。发展到现在，生态村建设的技术手段已经广泛渗透到农村生产生活的各方面。生态村建设在现阶段的技术特征表现为：农村产业初步实现了多样化调整和联动发展；生态农业体系建设已比较完善，主要表现在农业节水、农业基础设施等方面；农村工业生产中的污水处理、废物回收利用等技术已有所提升，但普及性仍有待提高；沼气、太阳能等清洁能源技术初具应用规模，仍需进一步的技术改进和实践推广；通过生态技术改造的住宅明显改善了居民的生活环境和生活方式。

　　我国生态村建设的技术应用一方面是对传统村落生态技术的总结与借鉴，另一方面则是利用新技术、新材料、新思路进行的改造和建设。最后要明确的一点是，技术手段在生态村建设中的应用不是要改造和征服自然，而是要更好地恢复自然，建立人与自然和谐的共生关系，使生态村成为人们共同的"理想家园"。

1.5 绿色生态村镇规划的基本概念

随着我国人居环境问题的日益严重，生态环保及低碳节能的理念被越来越多地植入村镇规划建设当中。同时，随着人们物质生活水平的提高，对宜居环境品质的追求也正在逐渐发展成为当今村镇规划的重点和热点问题。目前国内进行了大量的与绿色生态规划目标相关的村镇规划研究及实践工作，但是关于"绿色生态村镇规划"的基本概念及具体内涵，目前国内仍然众说纷纭，缺乏统一公认的规定。

通过对国内外与绿色生态村镇规划相关的实践及研究工作的梳理，同时结合当前我国村镇区域的现状发展概况，对"绿色生态村镇规划"的基本概念定义如下：绿色生态村镇规划是从绿色生态角度对村镇进行规划，其规划过程中将针对传统村镇规划当中与绿色生态目标相关但没有考虑的要素进行补充，对传统村镇规划当中与绿色生态目标相关但不够强化的要素进行强化处理，对传统村镇规划当中与绿色生态规划目标相关但不够系统化的要素进行系统化处理。

绿色生态村镇规划是以绿色生态规划目标为导向的村镇规划类型，兼具生态规划与传统村镇规划的特性，但不是二者之间简单的叠加。用数学集合思想来解释，绿色生态村镇规划可以被理解为是介于生态规划与传统村镇规划的"交集"与"并集"之间的一种规划类型，如图1-17所示。

绿色生态村镇规划是对传统村镇规划的"升级和深化"，但这并不意味着绿色生态村镇规划的编制可以忽略传统村镇规划的研究内容和编制办法。绿色生态村镇规划是一种在传统村镇规划的基础上，进一步强调生态环境保护理念的规划类型。

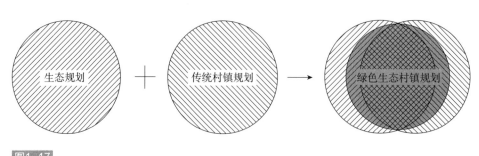

图1-17
绿色生态村镇规划示意图

1.6　绿色生态村镇规划与其他相关规划的异同点

1.6.1　绿色生态村镇规划与传统村镇规划的关系

绿色生态村镇规划与传统村镇规划所面向的对象都是村镇地区。其中，绿色生态村镇规划所研究的对象是村镇"社会、经济、自然"复合生态系统，目的是构建社会和谐、经济高效、资源节约、环境友好的村镇人居环境，而传统村镇规划所研究的是村镇规划建设过程中所面临的一般性问题，以满足村民日常生活的常规需求。

绿色生态村镇规划与传统村镇规划在内容上存在一定的交叉。绿色生态村镇规划是基于传统村镇规划的进一步完善，是在传统村镇规划基础上对村镇人居环境问题做的进一步强化。同时，根据相关规范标准的规定，类似于传统村镇规划，绿色生态村镇规划也应该分为绿色生态村镇总体规划及绿色生态村镇建设规划两个阶段。

绿色生态村镇规划必须要以现行村镇规划的相关规范、标准等规范性文件为基础。现行的《村镇规划编制办法》及《村庄整治技术规范》等规范性文件都是绿色生态村镇规划在编制过程中所应该参考和遵循的规范。

1.6.2　绿色生态村镇规划与生态城市规划的关系

绿色生态村镇规划与生态城市规划的目标一致，都是要构建社会–经济–自然的复合生态系统，而不是单一自然生态空间环境的塑造。因此，二者都要兼顾空间层面的自然生态环境问题以及非空间层面的社会、经济等方面的问题，都需要对生态学、社会学、经济学等综合性学科加以考虑，体现了规划过程的复杂性。

绿色生态村镇规划的对象是村镇，而生态城市规划的对象是城市。由于空间尺度、经济发展水平以及居民生活品质追求的差异，绿色生态村镇规划与生态城市规划所考虑的问题也有所差异。比如，城市人口密度较大，生态城市需要考虑低碳出行，其中包括对公共交通和个体交通（如私家车）的考虑；而村镇人口密度较低，绿色生态村镇在镇区层面只需要考虑公共交通而较少考虑个体交通，在村庄层面则对绿色出行完全不用考虑。此外，对同一问题，绿色生态村镇规划与生态城市规划的具体对策也不一样。比如，同样是针对绿色出行的公共交通，生态城市可能要考虑轨道交通等方面，而绿色生态村镇规划在公共交通层面则不需要考虑轨道交通等因素。

1.7　绿色生态村镇规划的主要内容

绿色生态村镇规划是以绿色生态环保为基本理念，以促进村镇社会–经济–自然复合生态系统整体协调发展为根本目标的规划。其所涉及的具体规划内容可以从"经济、环境、文化"等方面出发，归纳总结为以下三点内容[33, 34]。

（1）生态经济建设

村镇生态经济建设，指的是村镇规划建设的经济发展要以绿色环保为基本理念，针对村镇范围内的相关产业结构及布局进行科学合理的调整和规划，使之在村镇生态环境承载能力范围之内的基础上，适应村镇日益高涨的需求，进而最终实现村镇经济效益的最大化。因此，绿色生态村镇规划在经济发展方面所需要解决的主要问题便是协调好村镇经济系统与生态系统之间的相互关系。

村镇生态经济建设中，生态工业是村镇生态经济建设需要首先实现的目标，这是因为：一方面村镇工业能够解决大部分农村劳动力的就业问题，增加村民的经济收入，同时能带动村镇地区基础设施的建设，这是常规农业等传统产业所无法实现的；另一方面，传统乡镇企业对自然生态环境的污染非常严重，生态工业取代传统村镇工业将有利于村镇生态环境的改善，与绿色生态村镇规划的目标吻合。

生态旅游业也是一种能够使村镇实现生态化发展的产业选择。虽然游客的进入会带来部分生活垃圾，但生态旅游业不会带来其他负面的环境影响。另外，生态旅游业所带来的消费活动还能够促进村镇地区其他如农业、养殖业等产业的发展。

另外，农业是维持村镇地区正常运行的支柱产业，也是维持农民正常生计所需的必备产业。随着农村地区现代化的发展，农业的生产开始大量使用化肥、农药及薄膜等，对村镇生态环境造成了一定污染。因此，生态农业的规划发展是绿色生态村镇规划过程中所应该着重考虑的方面。

（2）人居环境建设

村镇人居环境指的是村镇居民日常所居住生活的环境，可以分为村镇人工环境和村镇自然环境两个部分。村镇人居环境是绿色生态村镇规划的内容中与村镇居民生活最为密切相关的部分。目前我国广大农村地区的人居环境质量并不理想，主要体现在村镇建筑整体布局比较随意、质量普遍不高，在比较落后的农村地区甚至还有人畜混居的现象等。

村镇人居环境的建设同样可以从人工环境及自然环境两个部分着手。人工环境的关注重点在于村民住宅质量的改善、生活垃圾的治理、基础设施的完善等方面。村镇居民的生活质量与当地村镇人工环境的质量密切相关。现阶段我国投入大量的建设资金改善农村地区居民的生活，其重点内容也是在人工环境的整体塑造方面。村镇的自然环境主要包含自然山体、基本农田等要素。在传统村镇规划中，关于自然环境的规划涉及得非常少，仅对村镇范围内绿地的建设和保护稍有提及。绿色生态村镇规划不仅要考虑宅间绿地等微观层面自然要素的保护和改善，同时还要考虑村镇生态安全格局的整体保护和提高。

村镇人居环境中的人工环境与自然环境之间是相互影响的关系。人工环境的质量将直接影响到村镇居民的生活质量，但进行村镇基础设施建设时又必然会对自然环境造成影响。如何处理人工环境与自然环境之间的关系，在人工环境能给居民带来最大满足的前提下使自然环境的影响最小化，是绿色生态村镇规划中的难点。

（3）生态文化建设

绿色生态村镇规划的主要内容可以分为空间层面内容和非空间层面内容两部分。其中，生态经济建设及人居环境建设属于空间层面规划内容，生态文化建设则属于非空间层面的内容。

生态文化建设也可以划分为两个部分的内容，可以提炼总结为"保护"和"再造"两个关键词。"保护"意指对村镇的传统文化加以保护，以此维护村镇地区的生态人文景观；"再造"指的是对传统文化进行加工，重塑当地的传统特色，强化当地的生态人文景观的内涵。此外，"再造"还包含对生态文化的宣扬，通过各种公众参与的形式，将生态保护的意识灌输到每一位村民的脑海中，通过集体的力量保护村镇生态环境。

生态文化的建设是一项持续的运动，不如生态经济建设及人居环境建设那般立竿见影，却是最能体现可持续思想的一项内容。生态经济、人居环境及生态文化三者之间没有孰轻孰重，在绿色生态村镇规划中应该统筹考虑。

第2章

绿色生态村镇环境指标体系构建

2.1   绿色生态村镇环境指标筛选

指标是指衡量某确定目标的单位或方法，是说明总体数量特征的概念。能够体现村镇环境状况的指标有很多种，并且多种指标因子相互杂糅。因此，必须对环境指标因子进行系统提炼、分层归类，并解决因子之间的关联性问题。

2.1.1   指标筛选的基本原则

绿色生态村镇环境是一个集资源、环境、生产发展、公共参与等多方面为一体的复杂体系，其中有很多要素，需要评价的方面也很多，这样就不可能通过很少的指标来评价绿色生态村镇的环境情况，就需要一个庞大的指标体系；若指标过多，数据收集工作量过大，适用性也相应减弱。因此，建立绿色生态村镇环境指标体系时，指标的选取不能过多，要在合理和准确评价的基础上，尽量减少使用的指标。这一过程就涉及了指标选取原则的问题，参考现在较为合理和被认可的指标体系设置原则，并根据绿色生态村镇的内涵、特征，认为绿色生态村镇环境指标筛选应遵循以下原则：

（1）科学完整性原则

指标一定要建立在科学基础上，能充分反应绿色生态的内在机制，指标必须物理意义明确，测算方法标准，统计计算方法规范，能够反映绿色生态的含义和目标的实现程度。

（2）可操作性原则

绿色生态村镇环境指标体系的最终目的是为了评估，为了实时的调控和监督。考虑到绿色生态村镇环境的评估工作往往是在基层进行，因此建立的指标体系要易于评价。指标设计时也要考虑指标名称通俗、典型、具有代表性，指标所需数据易得、易于统计、计算简便、便于操作。

（3）全面性与简明性原则

指标体系应覆盖面广，能全面并综合地反映绿色生态村镇环境系统的各种因素，以及各因素之间的协调发展。绿色生态村镇环境评估涉及的内容和方面非常多，选取指标时要考虑许多方面，可能选出的指标有相关性，造成冗余。因此，在全面性的基础上，同时要求内容简单、通俗易懂、明了与准确，并具有代表性。

（4）区域性原则

区域差异性作为区域固有的特性之一，决定了不同区域在发展过程中，不可能采取相同的发展模式，因而其发展的目标、发展过程中所遇到的问题，以及为解决问题所采取的方法和手段都不尽相同。为了尽可能客观地反映区域发展的实际情况，不同区域的指标必然有不同的侧重。对于绿色生态村镇来说，由于各种不同类型村镇在自然资源条件、社会经济发展状况、生态环境状况和发展目标等方面存在差异，在指标选取时，应针对不同区域的绿色生态村镇，适当选取。

（5）相关与动态性原则

绿色生态村镇环境的发展是一个动态过程，是一个区域在一定的时段内，其资源环境与社会经济在相互影响中不断变化的过程。对于同一个区域，不同时期有不同的发展阶段。不同发展阶段，发展目标、发展模式、为达到目标而采取的手段均不相同，因而在构建和调控评估指标体系的过程中侧重点自然也不同，至于处在不同时期的不同区域，受区域差异性、发展阶段性不同的影响，相互之间在可持续能力的建设上，采取的方式方法更是千差万别。因此，用于反映绿色生态村镇内涵、发展水平程度的指标，不仅要客观地描述一个区域的绿色生态村镇环境发展现状，而且本身还应具有一定的弹性，能够识别不同发展阶段并适应不同时期村镇发展的特点，在动态过程中较为灵活地反映村镇发展是否可持续及可持续的程度。

（6）以人为本原则

调控和评估绿色生态村镇环境归根结底是为了使村镇居民有更好的生活环境、社会更加和谐，因此在进行绿色生态村镇环境建设时要充分体现居民的意愿，设置的指标要体现居民重点关心的问题，指标体系中应包含体现村镇生活基本条件和改善的指标。

（7）定性与定量相结合原则

可持续发展指标应尽可能量化，这样才更加的客观。但对于一些难以量化，其意义又重大的指标（如体现态度、满意情况等的指标），也可以用定性指标来描述。只有定量和定性相结合，指标体系才更加合理。

2.1.2 指标筛选方法的分析与选择

目前常用的指标初选的方法有：频度分析法、理论挖掘法、专家打分法。其中频度分析法也叫文献法，是将与研究内容相关的论文、标准规范、指标体系中的指标进行统计，根据次数来选取相应的指标。理论挖掘法是根据研究内容的内涵、定义、目标来筛选指标。专家打分法是把待选择的指标建立比较矩阵，让专家给每个指标打分，以此评价指标的重要程度，进而选出指标。

三种方法各有优劣。频度分析法较为客观且比较全面，但是指标体系具有特殊性，针对目前没有或少有参考文献的指标体系，此方法建立指标不能完全符合要求。理论分析法容易导致指标不全面。专家打分法是人为设置指标重要程度，导致选取指标主观性较强。综合上面的分析，本章采用频度分析与理论分析来筛选指标，并结合实地调研进行指标修正，这样建立的指标不仅全面、合理，同时更符合实际情况。

2.1.3 绿色生态村镇环境指标筛选过程

2.1.3.1 频度分析法粗选指标

生态理论、可持续发展理论均是绿色生态村镇的理论基础，绿色生态村镇的概念和特点也是从这几个理论衍生而来，绿色生态村镇建设也须按照这两个相关理论进行，因此文献的选取中，参考绿色、生态、可持续发展等内容，统计如下13项国家或地方颁布的指标体系和18篇相关论文。

参与统计的国家相关指标体系包括：

（1）《绿色低碳重点小城镇建设评价指标（试行）》；

（2）《美丽乡村建设指南》；

（3）《国家级生态村创建标准》；

（4）《国家级生态乡镇建设指标（试行）》；

（5）《国家生态文明建设试点示范区指标（试行）》；

（6）《福建省"十二五"环境保护与生态建设专项规划》；

（7）《中国人居环境奖评价指标体系（试行）》；

（8）《中国美丽村庄评鉴指标体系（试行）》；

（9）《国家环境保护模范城市考核指标（第六阶段）》；

（10）《全国环境优美乡镇考核标准（试行）》；

（11）《生态县、生态市、生态省建设指标（修订稿）》；

（12）《国家生态文明先行示范区建设方案（试行）》；

（13）《全国生态示范区建设试点考核验收指标》。

参加统计的学位论文及期刊论文包括：

（1）王洪林（2014）《严寒地区绿色生态村镇评价指标体系构建研究》；

（2）《曹妃甸生态城指标体系》；

（3）霍苗（2005）《生态农村评价方法探讨》；

（4）李昂（2014）《村镇生态系统健康研究——以重庆市开县岳溪镇为例》；

（5）申振东（2009）《建设贵阳市生态市文明城市的指标体系与检测方法》；

（6）许立飞（2014）《我国城市生态文明建设评价指标体系研究》；

（7）莫霞（2010）《适宜技术视野下的生态城指标体系建构——以河北廊坊万庄可持续生态城为例》；

（8）李丽（2008）《小城镇生态环境质量评价指标体系及其评价方法的研究》；

（9）王从彦（2014）《浅析生态文明建设指标体系选择——以镇江市为例》；

（10）刘建文（2013）《长株潭城市群"两型"低碳村镇建设评价指标体系构建》；

（11）鲍婷（2014）《基于灰色–AHP法的绿色生态村镇综合评价研究》；

（12）秦伟山（2013）《生态文明城市评价指标体系与水平测度》；

（13）赵好战（2014）《县域生态文明建设评价指标体系构建技术研究——以石家庄市为例》；

（14）郑琳琳（2012）《安徽省生态乡镇建设指标体系研究》；

（15）谭洁（2012）《天津市城镇生态社区评价指标体系构建》；

（16）王蔚炫（2014）《资源型小城镇可持续发展评价指标体系研究》；

（17）姜莉萍（2008）《县域可持续发展指标体系的研究与评价》；

（18）曹蕾（2014）《区域生态文明建设评价指标体系及建模研究》。

部分统计结果如表2-1所示。

绿色生态村镇建设频度分析评价指标表

表2-1

序号	指标	统计数	频度值
1	生活垃圾无害化处理率	25	100.0%
2	空气环境质量达标天数AQI	23	92.0%
3	饮用水源水质达标率	23	92.0%
4	森林覆盖率	22	88.0%
5	污水处理率	22	88.0%
6	清洁能源普及率	21	85.0%
7	区域地表水及近岸海域水环境质量达到《地表水环境质量标准》GB 3838—2002 IV类标准	19	76.0%
8	区域环境噪声平均值	19	76.0%
9	单位GDP能耗	18	72.0%
10	人均公共绿地面积	16	65.0%
11	环境保护投资占GDP比重	14	56.0%
12	农民人均纯收入	14	56.0%
13	单位GDP水耗	13	52.0%
14	公众对环境状况满意率	13	52.0%
15	农作物秸秆综合利用率	13	52.0%
16	无公害、绿色、有机农产品基地比例	13	52.0%
17	建成区绿化覆盖率	12	48.0%
18	退化土地恢复率	12	48.0%
19	主要大气污染物二氧化硫、氮氧化物排放量	13	52.0%
20	村域内工业污染源达标排放率	11	45.0%
21	工业固体废物综合利用率	11	45.0%
22	化肥使用强度	11	45.0%
23	人均耕地面积	11	45.0%
24	文、教、体、卫设施服务完善度	13	52.0%
25	公共交通便利性	9	36.0%
26	规模化畜禽粪便综合利用率	9	36.0%
27	历史文化与自然景观保护率	9	36.0%
28	农村卫生厕所普及率	9	36.0%
29	主要水污染物排放量化学需氧量	9	36.0%
30	居民人均可支配收入	8	32.0%

序号	指标	统计数	频度值
31	新建绿色建筑比例	8	32.0%
32	农膜回收率（农用薄膜回收率）	7	28.0%
33	农药施用强度（折纯）	7	28.0%
34	农业灌溉水有效利用系数	7	28.0%
35	碳排放强度	7	28.0%
36	物种多样性	7	28.0%
37	遵守节约资源和保护环境村规民约的农户比例	7	28.0%
38	规划整体合理性	6	25.0%
39	环保政策宣传效果	6	25.0%
40	节能节水器具使用率	6	25.0%
41	村镇环境整洁度	6	25.0%
42	生活垃圾定点存放清运率	5	20.0%
43	休闲娱乐设施完善程度	5	20.0%
44	环保宣传设施覆盖率，内容更新率	5	20.0%
45	城镇建设风貌与地域自然环境特色协调	4	16.0%
46	集贸设施功能齐全性	3	12.0%
47	农田土壤内梅罗指数	3	12.0%
48	农业生产废弃物资源化率	3	12.0%
49	生活垃圾分类收集的农户比例	3	12.0%
50	特色产业	3	12.0%
51	农田土壤有机质含量	1	5.0%

2.1.3.2　理论分析法优选指标

根据理论分析法，删除表格中部分频数小于3个或与绿色生态村镇环境影响侧重点不相吻合的部分指标：人均可支配财政收入、电话普及率、政务公开性、刑事案件发生率、路面硬化率、自来水普及率、吸纳外来务工人员的能力、政府管理满意度等。有部分指标的频度值虽然较高，但是是从经济的角度来体现村镇的发展，由于本课题是针对绿色生态村镇环境影响的研究，也删除此部分指标，如第三产业占GDP比重、科技、教育经费占GDP比重、人均GDP、人均居住面积、人均道路面积等。

另外，将部分重复的指标进行整合。例如，将城区SO_2浓度整合到主要大气污染物浓度（SO_2、NO_x）指标中，将人均医院面积整合到文、教、体、卫设施服务完善度中。由于农村环境综合整治率、村镇环境整洁度等指标过于笼统，无法客观评价，而农村的河塘沟渠能直观反映出村镇的整洁程度，因此将以上两个指标整合到河塘沟渠整治率中。

在频度分析中，涉及城镇的一些指标与村镇不完全符合，因此也需要修改或剔除，如对于行政村来说空气质量指数（AQI）难以直接获取，在评价过程中一般取地市的空气质量指数，因此难以代表村镇的实际空气质量，故将空气质量指数替换为主要大气污染物浓度（二氧化硫、氮氧化物），并增加空气质量满意度，从多维度进行空气质量的评价；人均建设用地面积等指标不能用来准确表述绿色生态村镇对于土地规划方面的要求，而考虑到对环境的影响，将其替换为受保护地区占国土面积比例（山区及丘陵区、平原地区），并增加村镇规划、用地的合理性指标；新建绿色建筑比例不符合村镇实际情况，因此，在村镇尺度下，依据《绿色农房建设导则（试行）》将其修改为绿色农房比例，且增加绿色建材使用比率指标。

2.1.3.3 实地调研法精选指标

为保证指标的有效性和实用性，特对相关生态村镇进行实地考察。通过调研村镇环境特点、技术发展、设施建设等等，来对指标进行精选。比如生活垃圾无害化处理，是指在处理生活垃圾过程中采用先进的工艺和科学的技术，降低垃圾及其衍生物对环境的影响，减少废物排放，做到资源回收利用的过程。但在目前村镇建设条件下，仅能保证生活垃圾固定存放与定期清运，因此剔除此项指标，增加生活垃圾定点存放清运率指标。另外，由于建筑垃圾对环境的影响日渐凸显，增加建筑旧材料再利用率指标。绿色生态村镇的建设离不开公众参与，在村镇，居民环保意识没有城市居民强，为促进村镇居民意识提升，在原有公众对环境满意率指标的基础上，增加环保宣传普及率、遵守节约资源和保护环境村民的农户比例等，以突出强调居民对环境所作的贡献。

2.1.3.4 绿色生态村镇环境指标筛选结果

根据筛选结果，本章绿色生态村镇环境指标体系中有关指标共筛选以下五大类，45个指标。

（1）生态环境质量

- 受保护地区占国土面积比例
- 地表水环境质量
- 集中式饮用水水源地水质达标率
- 非传统水源利用率
- 森林覆盖率
- 村镇人均公共绿地面积
- 主要大气污染物浓度
- 物种多样性指数
- 物种多样性

（2）产业与经济

- 人均休闲娱乐用地面积
- 农村生活用能中清洁能源使用率
- 节能节水器具使用率
- 农业灌溉水有效利用系数

- 农民年人均纯收入
- 城镇居民年人均可支配收入

（3）村镇特色与发展

- 空气质量满意度
- 环境噪声达标区覆盖率
- 特色产业
- 环境保护投资占GDP比重
- 公众对环境的满意率
- 环保宣传普及率
- 遵守节约资源和保护环境村规民约的农户比例

（4）建筑与设施

- 村镇规划用地的合理性
- 公共服务设施完善度
- 公共交通便利性
- 农村卫生厕所普及率
- 绿色农房比率
- 绿色建材使用比率
- 建筑旧材料再利用率

（5）人类活动影响

- 农作物秸秆综合利用率
- 生活垃圾定点存放清运率
- 生活垃圾资源化利用率
- 村镇生活垃圾无害化处理率
- 农膜回收率（农用薄膜回收率）
- 集约化畜禽粪便综合利用率
- 化学需氧量（COD）排放强度
- 村镇生活污水集中处理率
- 村镇污水再生利用率
- 退化土地恢复率
- 化肥施用强度（折纯）
- 农药施用强度
- 河塘沟渠整治率
- 单位GDP能耗
- 单位GDP水耗
- 单位GDP碳排放量

2.2　绿色生态村镇环境指标体系框架

2.2.1　指标体系构建的基本思路

指标体系既要借鉴国内外有关指标体系的经验成果，反映村镇发展的一般规律，关注村镇健康发展的常态问题；又要契合中国绿色村镇发展的自身特点，关注中国特色问题，与《中华人民共和国国民经济和社会发展第十三个五年规划纲要》、可持续发展指标体系、科学发展观评价指标体系、全面建设小康社会指标体系相衔接，确保目标导向一致。

本节所需构建的绿色生态村镇环境指标体系，是用于绿色生态村镇建设过程中及建成后对环境影响评价的指标体系。绿色生态村镇的发展不仅仅考虑环境条件，还需具备资源条件，同时需要考虑村镇居民的生活质量、生态农业和公众参与等综合因素。在侧重环境影响评价的同时，兼顾资源等因素。因此，将绿色生态村镇环境指标体系分为四个方面，分别为资源节约与利用、环境质量与修复、生产发展与管理、公共服务与参与。

（1）资源节约与利用

资源条件决定村镇的自然承载能力，是村镇环境发展的必要条件。资源节约与利用指标主要是反映村镇人居活动导致的资源环境状态及部分响应措施，可以衡量村镇环境发展模式的先进性。

（2）环境质量与修复

环境条件决定村镇环境的质量和环境安全，是保障村镇居民安全和生活质量的必要条件。环境质量与修复指标主要反映与村镇居民息息相关的自然生态环境所处的状态、容量和承载力以及相应的响应措施，是绿色生态村镇建设成效的最终体现。

（3）生产发展与管理

生产条件决定村镇经济水平和产业状况，是保障村镇居民生活、生产的必要条件。生产发展与管理指标是指为降低和减缓资源环境压力、维护和保障村镇环境质量而采取的具体生产响应措施。

（4）公共服务与参与

公共参与条件反映村镇环境的宣传力度，是确保居民参与环境发展、改善的必要条件。公共服务与参与指标主要衡量居民对村镇环境的参与度以及对环境的满意程度。

2.2.2　绿色生态村镇环境指标体系框架结构

在充分把握绿色生态村镇的内涵、发展要求以及国家和地方村镇环境指标体系构建思路的基础上，结合绿色生态村镇所在区域的地域特征及发展实际，本节从资源、环境、生产管理、公共参与四个维度进行分析，构建绿色生态村镇环境指标体系。

2.2.2.1　指标体系框架介绍

现有有关环境可持续发展指标体系的框架有很多，从各国情况看，比较有影响力的有以下4种：

（1）"压力-状态-响应"概念模型（PSR, Pressure-State-Response）：1991年，经济合作与发展组织（OECD）与联合国环境规划署（UNEP）合作，共同提出了"压力-状态-响应"概念模型（PSR）。该模型几乎是所有环境指标体系的基础，目前已得到了广泛使用。该模型认识到，

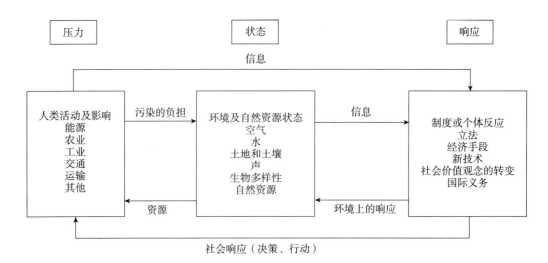

图2-1
"压力–状态–响应"（PSR）模型框架

为了管理复杂的体系，有关原因（对环境的压力）与结果（环境的状态）的指标都是必需的；为了跟踪那些由环境变化引起的政策选择和其他反应，响应指标也是必需的。在这一框架下，可以制定结构合理的许多种实实在在的指标，对决策者和公众参与者提供环境变化的信息。

（2）"驱动力–状态–响应"概念模型（DSR，Driving force-State-Response）：1996年，联合国可持续发展委员会（UNCSD）与联合国政策和可持续发展部（DPCSD）对PSR模型加以扩充，初步提出了一个由"驱动力–状态–响应"概念模型（DSR）所组成的可持续发展核心指标框架。从大的领域看，该指标体系框架包括经济、社会、环境和机构四大系统，每一部分结合《21世纪议程》中属于该大类内容的主题章节进行细划，对于每一章节反映的问题再划分出压力指标、状态指标和响应指标。DSR模型突出了环境受到的压力和环境退化之间的因果关系，因此与可持续发展的环境目标密切相关，受到普遍接受。

（3）环境统计开发框架（FDES, a Framework for the Development of Environment Statistics）：1984年，联合国统计署（UNSD）发布的《环境统计资料编制纲要》结合介质方法和压力–反应方法，开发出环境统计开发框架（FDES），如澳大利亚、爱沙尼亚就是采用FDES来组织环境统计资料和信息的。FDES把环境组成成分和信息分类联系起来。环境组成成分说明环境统计的范围（如植物、动物、大气、水、土地和人类居住区）；相关信息则是指社会经济活动和自然事件及其对环境的影响以及公共组织和个人对这些影响的反应。

（4）可持续发展指标体系的框架（Framework for Indicators of SD）：1994年，联合国统计局（UNSTAT）的彼得·巴特尔穆茨在对环境统计开发框架（FDES）修改的基础上，不用环境因素或环境成分作为划分指标依据，而是以《21世纪议程》中的主题章节作为可持续发展进程中应考虑的主要问题去对指标进行分类，提出了可持续发展指标体系的框架（FISD）。该体系框架在指标的分类上与"压力–状态–响应"模型很相似。但同DSR模型一样，FISD给出的指标数目较多且混乱。

2.2.2.2　绿色生态村镇环境指标体系框架

通过对几种可持续发展指标体系的分析，可以看出PSR和DSR模型非常相似，均能同时面向人类活动和自然环境，从人类与环境系统的相互作用、相互影响这一角度出发，对环境指标进行分类与组织，具有较强的系统性，可适用于大范围内的环境现象。利用PSR模型，能够较为充分地从人类向环境施加的压力、环境质量和自然资源数量的变化、人类社会面对这些变化所做出的反应等方面，综合反映绿色生态村镇建设过程中的环境和资源问题。因此，本节采用PSR模型构建指标体系。

PSR概念模型使用了"原因-状态-响应"这一逻辑思维方式，目的是回答"发生了什么"、"为什么发生"和"人类如何做"三个问题。对于每一个环境问题，三个不同但又相互联系的指标类型是：

"压力"指标（Pressure）：指作用于环境的人类活动、过程和模式，表征人类对环境资源的直接压力影响，回答"系统为什么会发生如此变化"的问题。压力指标包括污染物排放指标、自然资源消耗指标及反映人类其他干扰活动的指标。

"状态"指标（State）：研究区域当前的生态环境状态，反映了那些受到人类活动压力影响的环境要素状态的变化，表征环境质量与自然资源状况，回答"系统发生了什么样变化"的问题。状态指标包括如土壤结构与功能的变化，水环境状态的变化，大气组成的变化，噪声、固体废物污染状态的变化，森林面积、质量及其生命生态支持功能的变化等。

"响应"指标（Response）：指环境状态变化引起的政府、企业和公众等的政策选择和所采取的措施，表征环境政策措施中的可量化部分，直接或间接影响前面两项指标，回答"应该怎么做"的问题。根据指标选取结果，压力指标、状态指标、响应指标罗列如表2-2所示。

指标体系中压力-状态-响应指标　　　　　　　　　　　表2-2

压力指标	状态指标	响应指标
村镇规划、用地的合理性	受保护地区占国土面积比例 （1）山区及丘陵区 （2）平原地区	公共服务设施完善度 （1）学校服务半径与覆盖比例 （2）养老服务半径与覆盖比例 （3）医院服务半径与覆盖比例 （4）商业服务半径与覆盖比例
化学需氧量（COD）排放强度	人均休闲娱乐用地面积	农村卫生厕所普及率
化肥施用强度（折纯）	公共交通便利性	农作物秸秆综合利用率、裸野焚烧率
农药施用强度	绿色农房比率	农业灌溉水有效利用系数
主要大气污染物浓度 （1）二氧化硫 （2）氮氧化物	绿色建材使用比率	非传统水源利用率
单位GDP能耗	农村生活用能中清洁能源使用率	生活垃圾定点存放清运率

压力指标	状态指标	响应指标
单位GDP水耗	节能节水器具使用率	生活垃圾资源化利用率 （1）东部 （2）中部 （3）西部
单位GDP碳排放量	地表水环境质量 近岸海域水环境质量	村镇生活垃圾无害化处理率
环境保护投资占GDP的比重	集中式饮用水水源地水质达标率	农用塑料薄膜回收率
	农村饮用水卫生合格率	集约化畜禽养殖场粪便综合利用率
	环境噪声达标区的覆盖率 （1）昼间 （2）夜间	建筑旧材料再利用率
	物种多样性指数 珍稀濒危物种保护率	村镇生活污水集中处理率
	农民年人均纯收入 （1）经济发达地区 （2）经济欠发达地区	村镇污水再生利用率
	城镇居民年人均可支配收入 （1）经济发达地区 （2）经济欠发达地区	森林覆盖率 （1）山区 （2）丘陵区 （3）平原地区 （4）高寒区或草原区林草覆盖率
	遵守节约资源和保护环境村民的农户比例	村镇人均公共绿地面积
		退化土地恢复率
		空气质量满意度
		河塘沟渠整治率
		特色产业
		主要农产品中有机、绿色及无公害产品种植面积的比重
		公众对环境的满意率
		环保宣传普及率

2.2.3　指标体系的层次结构

　　绿色生态村镇环境指标体系的层次构成遵从系统学的结构层级和制定原则。在体系构建过程中，运用层次分析法，确定指标体系为目标导向，将绿色生态村镇环境指标体系分为4个层次（系统层、目标层、准则层和指标层）。

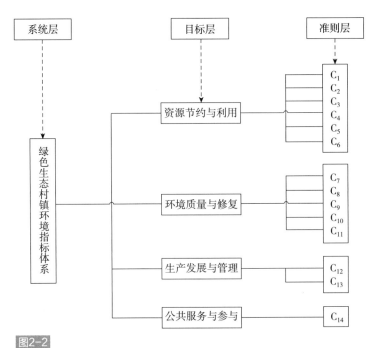

图2-2
绿色生态村镇环境指标体系的层次划分

（1）系统层

系统层的内容综合展现了绿色生态村镇环境的发展程度，明确整体态势和发展进程，预估绿色生态村镇环境发展转型的整体效果。

（2）目标层

目标层是实现绿色生态村镇环境发展所要达成的目标，展现绿色生态村镇环境发展中各子目标的发展状态与趋势。

（3）准则层

准则层是要达成以上目标的路径选择，准则层中的每一项都对应多项指标单元，构成绿色生态村镇环境的控制要素，从本质上体现绿色生态村镇环境的状态。包括土地规划、村镇用地选址与功能分区、社区与农房建设、清洁能源利用与节能、水资源利用、废弃物处理与资源化、污水处理等路径。

（4）指标层

指标层是将指标落实到总体规划阶段、控制性详细规划阶段和修建性详细规划阶段，主要用来反映各准则层的具体内容，它是由各单项指标来体现的。在指标设计的过程中，不仅要静态反映主要指标情况和现有的可持续发展情况，而且还要动态反映规划实施后的变化趋势以及影响程度。

2.2.4 绿色生态环境指标体系

在确定指标体系总体框架的基础上，明确了建立绿色生态村镇环境指标体系的层次结构，最终建立了比较完整的绿色生态村镇环境指标体系，形成了4个目标层、14个准则层、45个指标层的框架结构，如表2-3所示。

绿色生态村镇环境指标体系指标表

表2-3

系统层	目标层	准则层	指标层	
绿色生态村镇环境指标体系	资源节约与利用	土地规划	村镇规划、用地的合理性	
			受保护地区占国土面积比例	平原地区
				山区及丘陵区
		村镇用地选址与功能分区	公共服务设施完善度	医院服务半径与覆盖比例
				学校服务半径与覆盖比例
				养老服务半径与覆盖比例
				商业服务半径与覆盖比例
			人均休闲娱乐用地面积	
			公共交通便利性	
		社区与农房建设	农村卫生厕所普及率	
			绿色农房比率	
			绿色建材使用比率	
		清洁能源利用与节能	农村生活用能中清洁能源使用率	
			农作物秸秆综合利用率、裸野焚烧率	
			节能节水器具使用率	
		水资源利用	地表水环境质量、近岸海域水环境质量	
			集中式饮用水水源地水质达标率、农村饮用水卫生合格率	
			农业灌溉水有效利用系数	
			非传统水源利用率	
		废弃物处理与资源化	生活垃圾定点存放清运率	
			生活垃圾资源化利用率	中部
				西部
				东部
			城镇生活垃圾无害化处理率	
			农用塑料薄膜回收率	
			集约化畜禽养殖场粪便综合利用率	
			建筑旧材料再利用率	

续表

系统层	目标层	准则层	指标层	
绿色生态村镇环境指标体系	环境质量与修复	污水处理	化学需氧量（COD）排放强度	
			村镇生活污水集中处理率	
			村镇污水再生利用率	
		环境修复	森林覆盖率	平原地区
				山区
				丘陵区
				高寒区或草原区林草覆盖率
			人均公共绿地面积	
			退化土地恢复率	
			化肥施用强度（折纯）	
			农药施用强度	
		空气质量	主要大气污染物排放量	氮氧化物
				二氧化硫
			空气质量满意度	
		声环境	环境噪声达标区的覆盖率	夜间
				昼间
		生态景观	物种多样性指数、珍稀濒危物种保护率	
			河塘沟渠整治率	
	生产发展与管理	清洁生产与低碳发展	农民年人均可支配收入	经济发达地区
				经济欠发达地区
			城镇居民年人均可支配收入	经济发达地区
				经济欠发达地区
			特色产业	
			单位GDP能耗	
			单位GDP水耗	
			单位GDP碳排放量	
		生态环保产业	环境保护投资占GDP的比重 主要农产品中有机、绿色及无公害产品种植面积的比重	
	公共服务与参与	公众参与度	公众对环境的满意率	
			环保宣传普及率	
			遵守节约资源和保护环境村民的农户比例	

2.3 绿色生态村镇环境指标释义及基础值

指标体系构建完成，如何利用指标体系对某一个新建的、改建的或者已建成的村镇进行环境评价，是另一重要难题。指标具体内涵、指标值的获取途径、指标的参考值等，都需要一一进行说明。本节主要内容是对绿色生态村镇环境指标体系中的45个指标进行释义，说明指标所包含的意思、所指的具体内容以及指标值可能的数据来源途径等。

2.3.1 指标释义及基础目标值确定

2.3.1.1 村镇规划、用地的合理性

指标解释：村镇总体规划和详细规划已依法编制、审批并公布；各层次村镇规划的编制符合《村镇规划标准》GB 50188—2007和相关规范的要求。

基础目标值：规划符合指标解释中提出的要求。即村镇总体规划和详细规划已依法编制、审批并公布；各层次村镇规划的编制符合《村镇规划标准》GB 50188—2007和相关规范的要求。

数据来源：规划、住建、统计等部门。

2.3.1.2 受保护地区占国土面积比例

指标解释：指辖区内各类（级）自然保护区、风景名胜区、森林公园、地质公园、生态功能保护区、水源保护区、封山育林地等面积占全部陆地（湿地）面积的百分比。

基础目标值为：山区及丘陵地区≥20%；平原地区≥15%。

参考值如图2-3所示。

数据来源：统计、环保、建设、林业、国土资源、农业等部门。

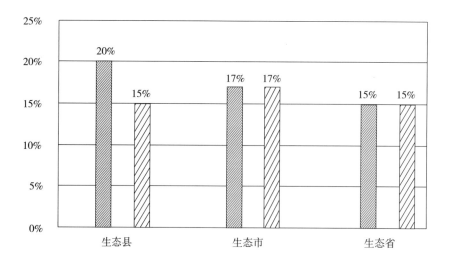

图2-3
受保护地区占国土面积比例

2.3.1.3　公共服务设施服务完善度

指标解释：居住区公共服务设施具有较好的便捷性。完善度从4个方面评价：（1）学校服务半径及所覆盖的用地面积占居民区总用地面积的比例。（2）养老服务设施服务半径及所覆盖的用地面积占居民区总用地面积的比例。（3）医院等卫生服务半径及所覆盖的用地面积占居民区总用地面积的比例。（4）商业服务设施服务半径及所覆盖的用地面积占居民区总用地面积的比例。

参考《绿色生态城区评价标准》：居住区公共服务设施具有较好的便捷性，评价总分值为15分，并按下列规则分别评分并累计：幼儿园、托儿所服务半径≤300m，所覆盖的用地面积占居住区总用地面积的比例≥30%，得3分；小学服务半径≤500m，所覆盖的用地面积占居住区总用地面积的比例≥40%，得3分；中学服务半径≤1000m，所覆盖的用地面积占居住区总用地面积的比例≥50%，得3分；养老服务设施服务半径≤500m，所覆盖的用地面积占居住区总用地面积的比例≥30%，得3分；商业服务设施服务半径≤500m，所覆盖的用地面积占居住区总用地面积的比例≥60%，得3分。

分析对比各文献，结合实际情况，选取基础目标值为：学校服务半径≤300m，所覆盖的用地面积占居住区总用地面积的比例≥30%；养老服务设施服务半径≤500m，所覆盖的用地面积占居住区总用地面积的比例≥30%；医院服务设施服务半径≤500m，所覆盖的用地面积占居住区总用地面积的比例≥30%；商业服务设施服务半径≤500m，所覆盖的用地面积占居住区总用地面积的比例≥60%。

数据来源：规划、文化、教育、住建、卫生、商业、统计等部门。

2.3.1.4　人均休闲娱乐用地面积

指标解释：休闲娱乐用地指建有老年及青少年活动室，面积较宽裕、设施配套完整的球类练习室或其他活动室。

参考《美丽乡村考核评价办法》：建有老年及青少年活动室（面积较宽裕、设施配套的球类练习室或其他活动室），得1分。建有标准篮球场等室外公共体育活动场地，得1分。建有乡村文化舞台，得1分。否则不得分。

基础目标值：至少建有一个符合定义要求的活动室。

数据来源：规划、统计等部门。

2.3.1.5　公共交通便利性

指标解释：公共交通可达性良好。以公交站点500m半径范围内可覆盖的村镇生活区和工作区面积占总生活区和工作区的面积比例来评价。

参考值：《绿色生态城区评价标准》≥90%；《绿色小城镇评价标准》：公共交通可达性良好。评价总值为5分，并按下列规则评分：镇区的生活区和工作区90%以上在公交站点500m半径覆盖范围之内，得5分；镇区的生活区和工作区60%~90%在公交站点500m半径覆盖范围之内，得3分；镇区不足60%的生活区和工作区在公交站点500m半径覆盖范围之内，得0分。

基础目标值为：≥60%。

数据来源：交通、统计等部门」。

2.3.1.6 农村卫生厕所普及率

指标解释：指村镇内使用卫生厕所的农户数占农户总户数的百分比。卫生厕所标准执行《农村户厕卫生标准》GB 19379—2003。

计算公式如下所示：

$$农村卫生厕所普及率（\%）=\frac{使用卫生厕所的农户数（户）}{农户总数（户）}×100\% \tag{2-1}$$

基础目标值为100%。参考值如图2-4所示。

数据来源：卫生计生等部门。

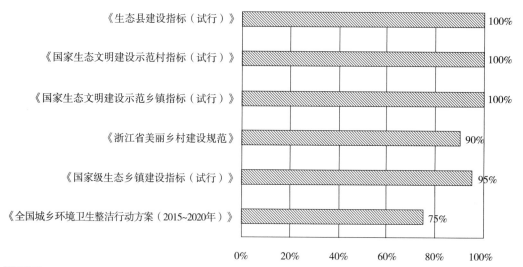

图2-4
农村卫生厕所普及率

2.3.1.7 绿色农房比率

指标解释：指村镇内绿色农房占全部农房的比例。绿色农房指符合《绿色农房建设导则（试行）》的农村住房。

计算公式如下所示：

$$绿色农房比率（\%）=\frac{绿色农房数}{农房总数}×100\% \tag{2-2}$$

此项为加分项。

数据来源：住建、环保等部门。

2.3.1.8 绿色建材使用比率

指标解释：指村镇内绿色建材的使用量占总建材使用量的百分比。绿色建材指在全生命周期内可减少对天然资源消耗和减轻对生态环境影响，具有"节能、减排、安全、便利和可循环"特征的建材产品。

计算公式如下所示：

$$绿色建材使用比率（\%）=\frac{绿色建材使用量}{总建材使用量}×100\%\qquad（2-3）$$

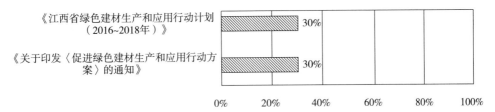

图2-5
绿色建材使用比率

基础目标值为：≥30%。参考值如图2-5所示。

数据来源：统计、环保、住建等部门。

2.3.1.9　农村生活用能中清洁能源使用率

指标解释：村镇内使用清洁能源的户数占总户数的比例。清洁能源指消耗后不产生或很少产生污染物的可再生能源（包括水能、太阳能、生物质能、风能、潮汐能等）和使用低污染的化石能源（如天然气）以及采用清洁能源技术处理后的化石能源（如清洁煤、清洁油）。

计算公式如下所示：

$$农村生活用能中清洁能源使用率（\%）=\frac{使用清洁能源的农户数（户）}{农户总数（户）}×100\%\quad（2-4）$$

分析对比各文献，结合实际情况，选取基础目标值为：≥60%。参考值见图2-6。

数据来源：发改、农业、环保等部门。

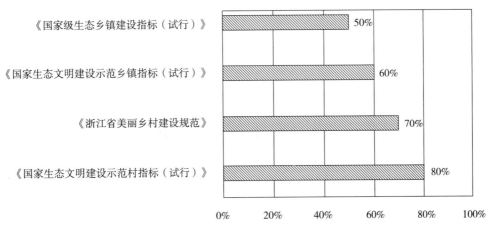

图2-6
农村生活用能中清洁能源使用比例

2.3.1.10 农作物秸秆综合利用率、裸野焚烧率

指标解释：农作物秸秆综合利用率指综合利用的秸秆数量占秸秆总量的比例。秸秆综合利用主要包括粉碎还田、过腹还田、用作燃料、秸秆气化、建材加工、食用菌生产、编织等。村域内全部范围划定为秸秆禁烧区，并无农作物秸秆焚烧现象。

计算公式如下所示：

$$秸秆综合利用率（\%）= \frac{综合利用的秸秆数量}{农村秸秆总量} \times 100\% \tag{2-5}$$

基础目标值为：农作物秸秆综合利用率≥95%，裸野焚烧率为0。参考值见图2-7。

数据来源：发改、农业、环保、公安等部门。

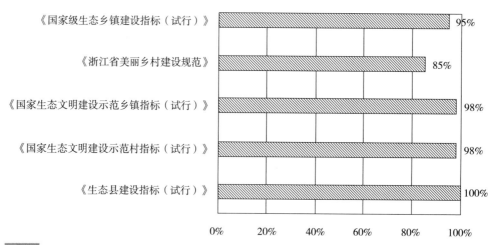

图2-7
农作物秸秆综合利用率

2.3.1.11 节能节水器具使用率

指标解释：村镇内使用节能节水器具的户数占总户数的比例。节水器具应符合《节水型生活用水器具》CJ164—2002的要求，如节水型大、小便器、节水型水龙头、节水型沐浴器、节水型配水器材。

计算公式如下所示：

$$节能节水器具使用率（\%）= \frac{使用节能节水器具的农户数（户）}{农户总数（户）} \times 100\% \tag{2-6}$$

基础目标值为：100%。参考值见图2-8。

数据来源：卫生、环保、统计部门，或现场调研。

2.3.1.12 地表水环境质量、近岸海域水环境质量

指标解释：根据水的使用情况如饮用水、生产用水、生活用水、景观用水等的不同要求，同时根据水质情况，将水资源区分为不同的水功能区。按规划的功能区要求达到相应的国家水环境或海水环境质量标准。目前采用《地表水环境质量标准》GB3838—2002和《海水水质标

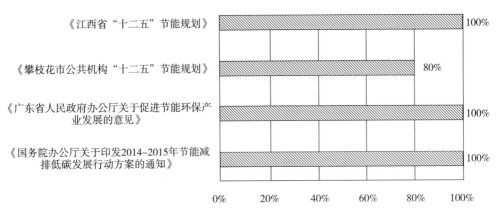

图2-8
节能节水器具使用率

准》GB3097—1997。

基础目标值为：达到功能区标准。

数据来源：环保等部门。

2.3.1.13 集中式饮用水水源地水质达标率、农村饮用水卫生合格率

指标解释：集中式饮用水水源地水质达标率，指在村镇辖区内，根据国家有关规定，划定了集中式饮用水水源保护区，其地表水水源一级、二级保护区内监测认证点位（指经乡镇所在县级以上环保局认证的监测点，下同）的水质达到《地表水环境质量标准》GB 3838—2002或《地下水质量标准》GB/T 14848—1993等相应标准的取水量占总取水量的百分比。

农村饮用水卫生合格率，指在村镇辖区内，以自来水厂或手压井形式取得饮用水的村镇人口占总人口的百分率；雨水收集系统和其他饮水形式的合格与否需经检测确定，其饮用水水质需符合国家生活饮用水卫生标准的规定。

计算公式如下所示：

$$集中式饮用水水源地水质达标率(\%)=\frac{各饮用水水源地取水水质达标量之和}{各饮用水水源地取水量之和}×100\% \qquad （2-7）$$

$$村镇饮用水卫生合格率（\%）=\frac{取得合格饮用水农户人口数}{农户人口总数}×100\% \qquad （2-8）$$

选取基础目标值为：集中式饮用水水源地水质达标率100%；农村饮用水卫生合格率100%。参考值如图2-9、图2-10所示。

数据来源：环保、卫生等部门。

2.3.1.14 农业灌溉水有效利用系数

指标解释：指在一次灌溉水期间被农作物利用的净水量与水源渠首处总引进水量的比值。它是衡量灌区从水源引水到田间作用吸收利用水的过程中水利用程度的一个重要指标，也是集中反映灌溉工程质量、灌溉技术水平和灌溉用水管理的一项综合指标，是评价农业水资源利用、指导节水灌溉和大中型灌区续建配套及节水改造健康发展的重要参考。

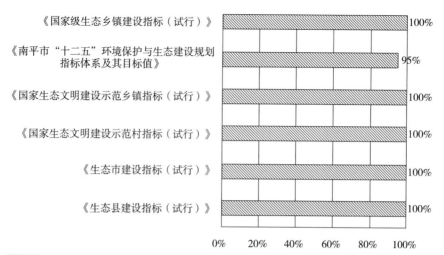

图2-9
集中式饮用水水源地水质达标率

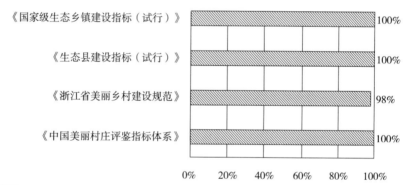

图2-10
农村饮用水卫生合格率

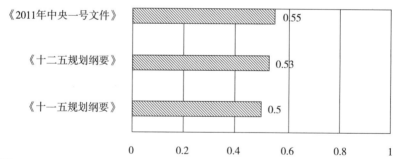

图2-11
农业灌溉水有效利用系数

基础目标值：≥0.55。参考值如图2-11所示。

数据来源：农业等部门。

2.3.1.15　非传统水源利用率

指标解释：指采用再生水、雨水等非传统水源代替市政供水或地下水供给景观、绿化、冲厕等杂用的水量占总用水量的百分比。

计算公式如下所示：

$$非传统水源利用率（\%）=\frac{非传统水源杂用水量（t）}{总用水量（t）}\times100\%\qquad（2-9）$$

参考值《绿色生态城区评价标准》，合理利用非传统水源，评价总分值为8分：利用率达到5%，得5分；达到8%，得8分。

基础目标值为：≥5%。

数据来源：水力、统计等部门。

2.3.1.16　生活垃圾定点存放清运率

指标解释：指村镇生活垃圾定点存放清运量占生活垃圾产生总量的比例。

计算公式如下所示：

$$生活垃圾定点存放清运率（\%）=\frac{生活垃圾定点存放清运量（t）}{生活垃圾产生总量（t）}\times100\%\qquad（2-10）$$

参考值：《2012~2014年农村环境连片整治示范工作方案》100%。

基础目标值：100%。

数据来源：住建（环卫）、统计等部门。

2.3.1.17　生活垃圾资源化利用率

指标解释：指村镇内经资源化利用的生活垃圾数量占生活垃圾产生总量的百分比。生活垃圾资源化利用指在开展垃圾"户分类"的基础上，对不能利用的垃圾定期清运并进行无害化处理，对其他垃圾通过制造沼气、堆肥或资源回收等方式，按照"减量化、无害化"的原则实现生活垃圾资源化利用。

计算公式如下所示：

$$生活垃圾资源化利用率（\%）=\frac{生活垃圾资源化利用量（t）}{生活垃圾产生总量（t）}\times100\%\qquad（2-11）$$

基础目标值为：西部≥70%；中部≥80%；东部≥90%。参考值如图2-12所示。

数据来源：住建（环卫）、统计等部门。

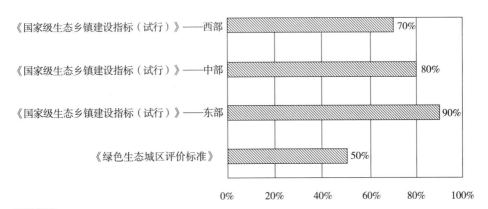

图2-12
生活垃圾资源化利用率

2.3.1.18 村镇生活垃圾无害化处理率

指标解释：指村镇内经无害化处理的生活垃圾数量占生活垃圾产生总量的百分比。生活垃圾无害化处理指卫生填埋、焚烧和资源化利用（如制造沼气和堆肥）。

卫生填埋场应有防渗设施，或达到有关环境影响评价的要求（包括地点及其他要求）。执行《生活垃圾填埋场污染控制标准》GB 16889—2008和《生活垃圾焚烧污染控制标准》GB l8485—2001等垃圾无害化处理的相关标准。

计算公式如下所示：

$$生活垃圾无害化处理率（\%）=\frac{生活垃圾无害化处理量（t）}{生活垃圾产生总量（t）}\times100\% \qquad （2-12）$$

基础目标值为：100%。参考值如图2-13所示。

数据来源：住建（环卫）、统计等部门。

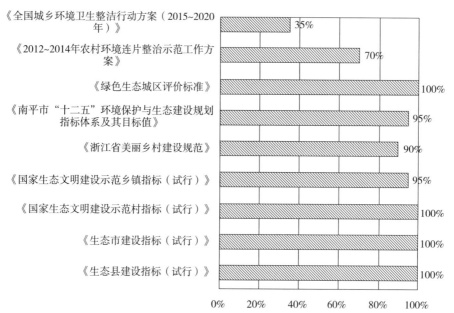

图2-13
村镇生活垃圾无害化处理率

2.3.1.19 农用塑料薄膜回收率

指标解释：指农业生产活动中所用塑料薄膜（如用于育种、育苗、覆盖土地、塑料大棚、蘑菇生产等所使用塑料薄膜及塑料膜）回收的数量占所用薄膜总量的比例。

计算公式如下所示：

$$农用塑料薄膜回收率（\%）=\frac{回收薄膜总量}{使用薄膜总量}\times100\% \qquad （2-13）$$

基础目标值：≥90%。参考值如图2-14所示。

数据来源：农业、统计、生产资料等部门。

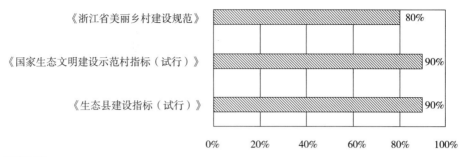

图2-14
农用塑料薄膜回收率

2.3.1.20 集约化（规模化）畜禽养殖场粪便综合利用率

指标解释：指集约化畜禽养殖场综合利用的畜禽粪便量与畜禽粪便产生总量的比例。有关标准，按照《畜禽养殖业污染物排放标准》GB 18596—2001和《畜禽养殖污染防治管理办法》执行。畜禽粪便综合利用主要包括直接用作肥料、制作有机肥、培养料、生产回收能源（包括沼气）等。

计算公式如下所示：

$$集约化畜禽养殖场粪便综合利用率（\%）=\frac{综合利用的畜禽粪便量}{畜禽粪便产生总量}\times100\% \quad （2-14）$$

基础目标值为：≥95%。参考值如图2-15所示。

数据来源：环保、农业等部门。

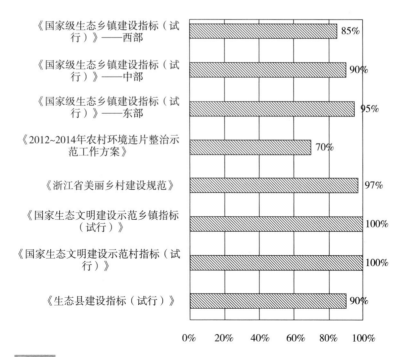

图2-15
集约化畜禽养殖场粪便综合利用率

2.3.1.21　建筑旧材料再利用率

指标解释：指再利用的建筑旧材料占所有建筑旧材料的质量比例。

计算公式如下所示：

$$建筑旧材料再利用率（\%）= \frac{再利用的建筑旧材料}{所有建筑旧材料} \times 100\% \qquad （2-15）$$

基础目标值为：≥30%。参考值：《绿色生态城区评价标准》：建筑废弃物资源化利用，评价总分3分：建筑废弃物管理规范化、综合利用率达到30%，得3分。

数据来源：环保、住建等部门。

2.3.1.22　化学需氧量（COD）排放强度

指标解释：指单位GDP产生的污水所对应的化学需氧量（COD），是反映随经济发展造成环境污染程度的指标。

计算公式如下所示：

$$主要污染物排放强度（kg/万元）= \frac{全年COD排放总量（kg）}{全年生产总值（万元）} \qquad （2-16）$$

基础目标值为：<5.5kg/万元（GDP）。参考值如图2-16所示。

数据来源：环保等部门。

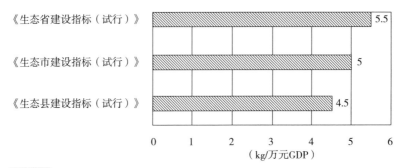

图2-16
化学需氧量（COD）排放强度

2.3.1.23　村镇生活污水集中处理率

指标解释：指村镇建成区内经过污水处理厂二级或二级以上处理，或其他处理设施处理（相当于二级处理），且达到排放标准的生活污水量与村镇建成区生活污水排放总量的百分比。

污水处理厂包括采用活性污泥、生物滤池、生物接触氧化加人工湿地、土地快渗、氧化塘等组合工艺的一级、二级集中污水处理厂，其他处理设施包括氧化塘、氧化沟、净化沼气池，以及小型湿地处理工程等分散设施。依据《城镇排水与污水处理条例》，统筹城乡排水和污水处理相关规划，加强城乡排水和污水处理设施建设，离城市较近村庄生活污水要纳入城市污水收集管网，其他地区根据经济发展水平、人口规模和分布情况等，因地制宜选择建设集中或分散污水处理设施；位于水源源头、集中式饮用水水源保护区等需特殊保护地区的村庄，生活污水处理必须采取有效的脱氮除磷工艺，满足水环境功能区要求。生活污水产生量小且无污水外排的地区，不考核该指标。

计算公式如下所示：

$$\frac{(二级污水处理厂+一级污水处理厂×0.7+氧化塘\backslash氧化\backslash湿地处理量×0.5)（t）}{建成区生活污水排放总量（t）}×100\% \quad（2-17）$$

基础目标值为：≥70%。参考值如图2-17所示。

数据来源：住建、环保等部门。

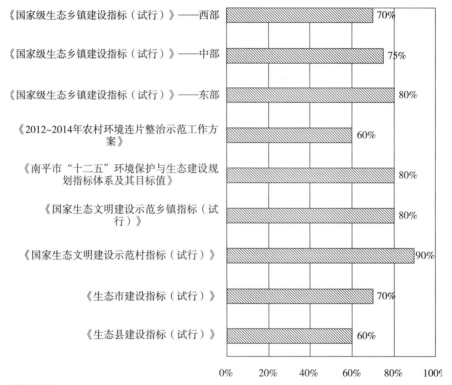

图2-17
村镇生活污水集中处理率

2.3.1.24　村镇污水再生利用率

指标解释：村镇内对生活污水进行再利用的户数占总户数的百分比。

计算公式如下所示：

$$村镇污水再利用率（\%）=\frac{再利用生活污水的农户数（户）}{总农户数（户）}×100\% \quad（2-18）$$

参考值：《浙江省美丽乡村建设规范》≥80%。

基础目标值为：≥80%。

数据来源：环保等部门。

2.3.1.25 森林覆盖率

指标解释：指森林面积占土地面积的比例，具体计算按林业部门规定进行。对于高寒或草原地区，计算其林草覆盖率。林草覆盖率指村镇内林地、草地面积之和与村庄总土地面积的百分比。

计算公式如下所示：

$$森林覆盖率（\%）= \frac{森林面积（hm^2）}{土地面积（hm^2）} \times 100\% \qquad （2-19）$$

$$林草覆盖率（\%）= \frac{林草地面积之和（hm^2）}{土地总面积（hm^2）} \times 100\% \qquad （2-20）$$

基础目标值如表2-4。参考值如图2-18、图2-19所示。

数据来源：林业、农业、国土等部门。

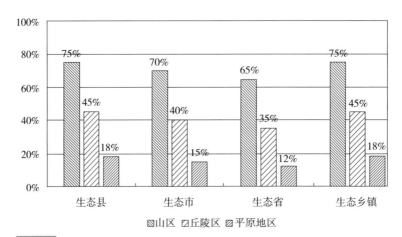

图2-18
森林覆盖率

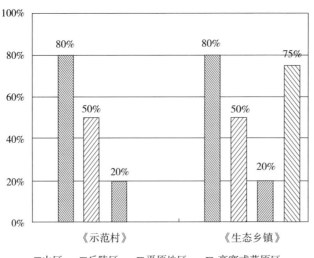

图2-19
林草覆盖率

森林覆盖率、林草覆盖率 表2-4

	森林覆盖率	林草覆盖率
山区	≥75%	≥80%
丘陵区	≥45%	≥50%
平原地区	≥18%	≥20%
高寒区或草原区	—	≥75%

2.3.1.26 村镇人均公共绿地面积

指标解释:《国务院关于加强城市建设的通知》中要求:到2005年,全国城市规划人均公共绿地面积达到8m²以上;到2010年,人均公共绿地面积达到10m²以上。具体计算时,公共绿地包括:公共人工绿地、天然绿地以及机关、企事业单位绿地。

基础目标值为:≥12m²/人。参考值如图2-20所示。

数据来源:环保、统计、城建等部门。

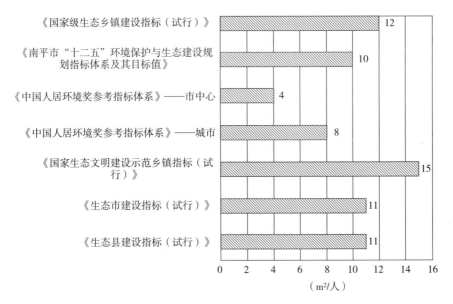

图2-20
村镇人均公共绿地面积

2.3.1.27 退化土地恢复率

指标解释:土地退化是指由于使用土地或由于一种营力或数种营力结合致使雨浇地、水浇地或草原、牧场、森林和林地的生物或经济生产力和复杂性下降或丧失,其中主要包括:(1)风蚀和水蚀致使土壤物质流失,(2)土壤的物理、化学和生物特性或经济特性退化,(3)自然植被长期丧失。本指标计算以水土流失为例,水利部规定小流域侵蚀治理达标标准是,土壤侵蚀治理程度达70%。其他土地退化,如沙漠化、盐渍化、矿产开发引起的土地破坏等也可类推。

计算公式如下所示：

$$退化土地恢复率（\%）=\frac{已恢复的退化土壤总面积（hm^2）}{退化土地总面积（hm^2）}\times100\%$$（2-21）

选取基础目标值为：≥90%。参考值如图2-21所示。

数据来源:水利、林业、国土、农业等部门。

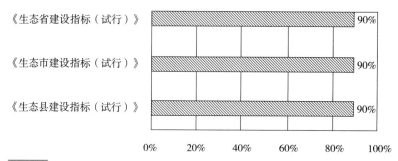

图2-21
退化土地恢复率

2.3.1.28　化肥施用强度（折纯）

指标解释:指一年内单位耕地面积的化肥施用量。化肥施用量按折纯量计算。折纯量是指将氮肥、磷肥、钾肥分别按氮、五氧化二磷、氧化钾的量进行折算后的数量。复合肥按其所含主要成分折算。

计算公式如下所示：

$$化肥施用强度（kg/hm^2）=\frac{化肥施用量（折纯，kg）}{耕地面积（hm^2）}$$（2-22）

基础目标值为：<250kg/hm²。参考值如图2-22所示。

数据来源：农业等部门。实际考核时，可采用抽样调查方式获得。

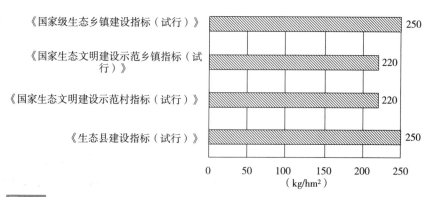

图2-22
化肥施用强度（折纯）

2.3.1.29　农药施用强度（折纯）

指标解释：指每年实际用于农业生产的农药施用量与耕地总面积之比。

计算公式如下所示：

$$农药施用强度（kg/hm^2）= \frac{农药施用量（折纯，kg）}{耕地总面积（hm^2）} \qquad （2-23）$$

基础目标值为：<3kg/hm²。参考值如图2-23所示。

数据来源：统计、农业等部门。

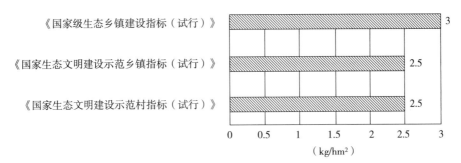

图2-23
农药施用强度（折纯）

2.3.1.30 主要大气污染物浓度

指标解释：根据《环境空气质量指数（AQI）技术规定（试行）》HJ 633—2012考核大气中二氧化硫和氮氧化物的浓度。《环境空气质量指数（AQI）技术规定（试行）》将空气质量划分为6档。空气污染指数为0～50，空气质量级别为一级，空气质量状况属于优，此时，空气质量令人满意，基本无空气污染，各类人群可正常活动。空气污染指数为51～100，空气质量级别为二级，空气质量状况属于良。良及以上对应的污染物浓度为$SO_2 \leqslant 500\mu g/m^3$（1h平均值），$NO_2 < 200\mu g/m^3$（1h平均值）。

根据《环境空气质量指数（AQI）技术规定（试行）》HJ 633—2012选取目标值为：$SO_2 \leqslant 500\mu g/m^3$（1h平均值），$NO_2 < 200\mu g/m^3$（1h平均值）。

数据来源：气象、统计等部门。

2.3.1.31 空气质量满意度

指标解释：反映了村镇居民对空气质量的满意程度。

计算公式如下所示：

$$村民对空气质量满意率（\%）= \frac{问卷结果为"满意"的问卷数（份）}{问卷发放总数（份）} \times 100\% \qquad （2-24）$$

调查方式：采取对村镇辖区各职业人群进行抽样问卷调查的方式获取数据，随机抽样人数不低于村镇总人口的0.5%。问卷在"满意"、"不满意"二者之间进行选择。各职业人群应包括以下四类，即机关（党委、人大、政府或政协）工作人员、企业（工业、商业）职工、事业（医院、学校等）单位工作人员、村镇居民。

基础目标值为：≥80%。参考值如图2-24所示。

数据来源：问卷调查，或委托国家统计局直属调查队得到调查结果。

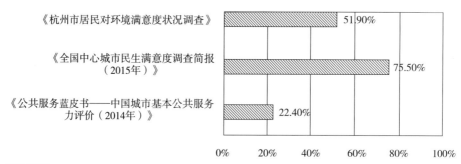

图2-24
空气质量满意度

2.3.1.32　环境噪声达标区的覆盖率

指标解释：指村镇建成区内，已建成的环境噪声达标区面积占建成区总面积的百分比。目前采用《城市区域环境噪声标准》GB 3006—93、《浙江省美丽乡村建设规范》达到功能区标准。

计算公式如下所示：

$$噪声达标区覆盖率（\%）=\frac{噪声达标区面积之和}{建成区总面积}\times100\%\qquad（2-25）$$

基础目标值为：昼间≥90%；夜间≥80%。

数据来源：环保部等门。

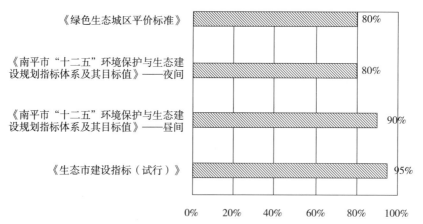

图2-25
环境噪声达标区的覆盖率

2.3.1.33　生物多样性指数、珍稀濒危物种保护率

指标解释：物种多样性是生物多样性的重要组成部分，是衡量一个地区生态保护、生态建设与恢复水平的指标。生物多样性的计算和表示十分复杂，至今未见统一的标准，特别是基因多样性和生态系统多样性的测定和确定，一般单位也难以完成，所以这里以物种多样性为代

表，而暂不考虑基因及生态系统的多样性。珍稀濒危物种保护率指凡是列入国家珍稀濒危物种名录的珍贵、稀有和濒临绝种的动植物种得到有效保护的比例。

计算公式如下所示：

$$生物多样性指数 = \frac{考核验收年动植物物种数}{基准年动植物物种数} \qquad （2-26）$$

基准年为建设规划开始实施的前1年。

（1）生物多样性指数

参考值：《生态省建设指标（试行）》≥0.9。

分析对比各文献，结合实际情况，选取基础目标值为：≥0.9。

（2）珍稀濒危物种保护率

参考值：《生态省建设指标（试行）》100%。

分析对比各文献，结合实际情况，选取基础目标值为：100%。

数据来源：林业、环保、农业等部门。

2.3.1.34　河塘沟渠整治率

指标解释：指村庄内完成整治河道、水塘、沟和渠的数量占村庄河道、水塘、沟和渠总数的百分比。

河道指《河道等级划分办法》（水利部水管［1994］106号）确定的四级（含）以上的河道。塘、沟和渠分别指村域视线范围内的主要水塘、水沟和水渠等。河塘沟渠整治指村域内的河道、塘、沟和渠开展了截污治污、拆除违章、清淤疏浚、环境卫生治理、河岸生态化改造等的治理内容。完成整治的河道、塘、沟和渠需净化整洁、无淤积、无臭味、无白色污染、无垃圾杂物等。

计算公式如下所示：

$$河塘沟渠整治率（\%） = \frac{完成整治的河道、水塘、沟和渠数量（个）}{河道、水塘、沟和渠总数（个）} \times 100\% \qquad （2-27）$$

参考值：《国家生态文明建设示范村指标（试行）》≥90%。

基础目标值为：≥90%。

数据来源：水利、环保等部门，现场检查。

2.3.1.35　农民年人均纯收入

指标解释：指村镇辖区内农村常住居民家庭总收入中，扣除从事生产和非生产经营费用支出、缴纳税款、上交承包集体任务金额以后剩余的，可直接用于进行生产性、非生产性建设投资、生活消费和积蓄的那一部分收入。

参考值：《国家生态文明建设示范村镇指标（试行）》，高于所在地市平均值。

基础目标值为：经济发达地区≥11000元/人；经济欠发达地区≥8000元/人（图2-26）。

数据来源：统计等部门。

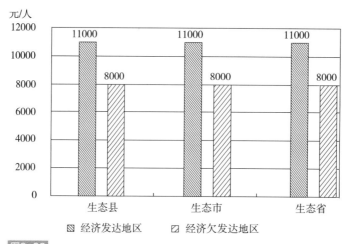

图2-26
农民年人均纯收入

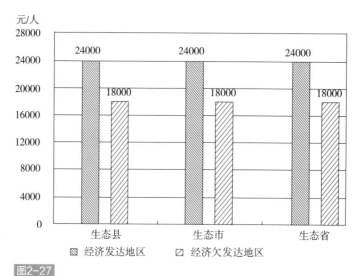

图2-27
城镇居民年人均可支配收入

2.3.1.36 城镇居民年人均可支配收入

指标解释：指城镇居民家庭在支付个人所得税、财产税及其他经常性转移支出后所余下的人均实际收入。

基础目标值为：经济发达地区≥24000元/人；经济欠发达地区≥18000元/人（图2-27）。

数据来源：统计等部门。

2.3.1.37 特色产业

指标解释：村镇特色产业就是要以"特"制胜的产业。是一个村镇在长期的发展过程中所积淀、成型的一种或几种特有的资源、文化、技术、管理、环境、人才等方面的优势，从而形成的具有国际、本国或本地区特色的具有核心市场竞争力的产业或产业集群。包括产业发展型、生态保护型、城郊集约型、资源整合性、高效农业型、休闲旅游型、文化传承型等。

基础目标值：至少有一种模式的特色产业。

数据来源：商业、文化等部门。

2.3.1.38　村镇单位GDP能耗

指标解释：指万元村镇生产总值的耗能量。

计算公式如下所示：

$$单位GDP能耗（吨标煤/万元）=\frac{总能耗（tce）}{村镇生产总值（万元）}\tag{2-28}$$

参考值：《生态县建设指标（试行）》≤1.2tce/万元；《绿色生态城区评价标准》：单位地区生产总值能耗低于所在省（市）节能考核目标，评价总分值为20分，并按表2-5规则评分：

基础目标值为：≤1.2tce/万元。

数据来源：统计等部门。

单位GDP能耗评分规则表　　　　　　　　　　　表2-5

单位地区生产总值能耗低于所在省（市）目标且相对基准年的年均进一步降低率	得分
大于0.3%且小于0.5%	10
大于0.5%且小于0.8%	15
大于0.8%	20

2.3.1.39　村镇单位GDP水耗

指标解释：指万元村镇生产总值的耗水量。

计算公式如下所示：

$$单位GDP水耗（m^3/万元）=\frac{总水耗（m^3）}{村镇生产总值（万元）}\tag{2-29}$$

参考值：《生态县建设指标（试行）》≤150m³/万元；《绿色生态城区评价标准》中，单位地区生产总值水耗低于所在省（市）节水考核目标，评价总分为20分，并按表2-6规则评分。

基础目标值为：≤150m³/万元。

数据来源：统计等部门。

单位GDP水耗评分规则表　　　　　　　　　　　表2-6

单位地区生产总值水耗低于所在省（市）目标且相对基准年的年均进一步降低率	得分
大于0.3%且小于0.5%	10
大于0.5%且小于0.8%	15
大于0.8%	20

2.3.1.40　村镇单位GDP碳排放量

指标解释：指万元村镇生产总值的碳排放量。

计算公式如下所示：

$$单位GDP碳排放（t/万元）=\frac{总碳排放（t）}{村镇生产总值（万元）} \qquad （2-30）$$

参考值：《绿色生态城区评价标准》：城区单位GDP碳排放量、人均碳排放量和单位地域面积碳排放量等三个指标达到所在地和城区的减碳目标。

基础目标值为：村镇单位GDP碳排放量达到所在地的减碳目标。

数据来源：统计等部门。

2.3.1.41　环保保护投资占村镇GDP的比重

指标解释：环保保护投资指社会各有关投资主体从社会积累基金和各种补偿基金中，拿出的用于防治环境污染、维护生态平衡及其相关联的经济活动的部分。其目的是促进经济建设与环境保护的协调发展，使环境得到保护和改善，是国民经济和社会发展固定资产投资的重要组成部分。

参考取值：《生态省建设指标（试行）》≥10%。

基础目标值为：≥10%。

数据来源：经贸、环保、统计等部门。

2.3.1.42　主要农产品中有机、绿色及无公害产品的比重

指标解释：指稻米、小麦、玉米、棉花、油料作物、蔬菜、水果等主要农产品中，认证为有机及绿色农产品的产值占总产值的比重。

基础目标值为：≥60%。参考值见图2-28。

数据来源：农业、环保等部门。

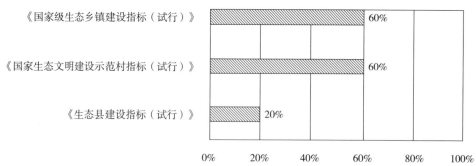

图2-28
主要农产品中有机、绿色及无公害产品的比重

2.3.1.43　公众对环境的满意率

指标解释：指村镇居民对环境保护工作及生态环境状况的满意程度。

计算公式如下所示：

$$村民对环境状况满意率（\%）=\frac{问卷结果为"满意"的问卷数（份）}{问卷发放总数（份）}\times100\% \quad （2-31）$$

调查方式：采取对村镇辖区各职业人群进行抽样问卷调查的方式获取数据，随机抽样人数不低于村镇总人口的0.5%。问卷在"满意"、"不满意"二者之间进行选择。各职业人群应包括以下四类，即机关（党委、人大、政府或政协）工作人员、企业（工业、商业）职工、事业（医院、学校等）单位工作人员、村镇居民。

基础目标值为：≥95%。参考值见图2-29。

数据来源：问卷调查，或委托国家统计局直属调查队得到调查结果。

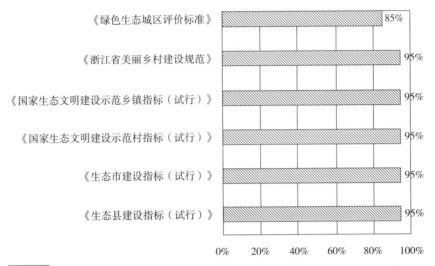

图2-29
公众对环境的满意率

2.3.1.44 环保宣传普及率

指标解释：环保宣传普及率指中小学开展环境保护知识讲座学校所占比例，以及其他科普宣传中，涉及有关环境保护内容的比例之和。

基础目标值为：≥85%。参考值如图2-30所示。

数据来源：宣传、教育、环保等部门。

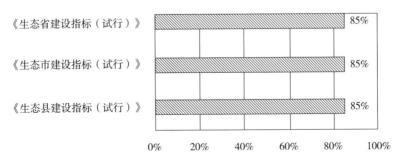

图2-30
环保宣传普及率

2.3.1.45　遵守节约资源和保护环境村规民约的农户比例

指标解释：指村域内遵守节约资源和保护环境村规民约的农户数占总户数的比例。节约资源和保护环境的村规民约指村庄依据国家方针政策和法律法规，结合本村实际，从维护本村的社会秩序以及引导村民节约资源和保护环境等方面制定规范村民行为的一种规章制度。

计算公式如下所示：

遵守节约资源和保护环境村民的农户比例（%）=

$$\frac{\text{遵守节约资源和保护环境村规民约的农户数（户）}}{\text{村庄农户总数（户）}}\times100\%　　　（2-32）$$

参考值：《国家生态文明建设示范村建设指标》≥95%。

分析对比各文献，结合实际情况，选取基础目标值为：≥95%。

数据来源：问卷调查，查阅村规民约，现场走访、察看。

2.3.2　指标基础目标值汇总

基础目标值汇总见表2-7。

基础目标值汇总　　　　　　　　　　　　　　　　　　表2-7

目标层	准则层	编号	指标名称		单位		基础目标值	
资源节约与利用	土地规划	1	村镇规划、用地的合理性		规划符合指标解释中提出的要求			
		2	受保护地区占国土面积比例	平原地区	%		≥20	
				山区及丘陵区			≥15	
	村镇用地选址与功能分区	3	公共服务设施完善度	医院服务半径与覆盖比例	m	%	≤300	≥30
				学校服务半径与覆盖比例			≤500	≥30
				养老服务半径与覆盖比例			≤500	≥30
				商业服务半径与覆盖比例			≤500	≥60
		4	人均休闲娱乐用地面积		至少建有一个符合定义要求的活动室			
		5	公共交通便利性		%		≥60	
	社区与农房建设	6	农村卫生厕所普及率		%		100	
		7	绿色农房比率		%		加分项	
		8	绿色建材使用比率		%		≥30	
	清洁能源利用与节能	9	农村生活用能中清洁能源使用率		%		≥60	
		10	农作物秸秆综合利用率 裸野焚烧率		%		≥95 0	
		11	节能节水器具使用率		%		100	

目标层	准则层	编号	指标名称		单位	基础目标值
资源节约与利用	水资源利用	12	地表水环境质量 近岸海域水环境质量		达到功能区标准	
		13	集中式饮用水水源地水质达标率 农村饮用水卫生合格率		%	100 100
		14	农业灌溉水有效利用系数			≥0.55
		15	非传统水源利用率		%	≥5
	废弃物处理与资源化	16	生活垃圾定点存放清运率		%	100
		17	生活垃圾资源化利用率	东部	%	≥90
				西部		≥80
				中部		≥70
		18	村镇生活垃圾无害化处理率		%	100
		19	农用塑料薄膜回收率		%	≥90
		20	集约化畜禽养殖场粪便综合利用率		%	≥95
		21	建筑旧材料再利用率		%	≥30
环境质量与修复	污水处理	22	化学需氧量（COD）排放强度		kg/万元（GDP）	<5.5
		23	村镇生活污水集中处理率		%	≥70
		24	村镇污水再生利用率		%	≥80
	环境修复	25	森林覆盖率	山区	%	≥75
				丘陵区		≥45
				平原地区		≥18
				高寒区或草原区林草覆盖率		≥75
		26	村镇人均公共绿地面积		m²/人	≥12
		27	退化土地恢复率		%	≥90
		28	化肥施用强度（折纯）		kg/hm²	<250
		29	农药施用强度		kg/hm²	<3
	空气质量	30	主要大气污染物浓度	二氧化硫	μg/m³ （小时平均）	≤500
				氮氧化物		<200
		31	空气质量满意度		%	≥80
	声环境	32	环境噪声达标区的覆盖率	昼间	%	≥90
				夜间		≥80

目标层	准则层	编号	指标名称		单位	基础目标值
环境质量与修复	生态景观	33	物种多样性指数 珍稀濒危物种保护率		%	0.9 100
		34	河塘沟渠整治率		%	≥90
	清洁生产与低碳发展	35	农民年人均纯收入	经济发达地区	元/人	≥11000
				经济欠发达地区		≥8000
		36	城镇居民年人均可支配收入	经济发达地区	元/人	≥24000
				经济欠发达地区		≥18000
		37	特色产业			至少有一种模式的特色产业
		38	单位GDP能耗		tce/万元	≤1.2
		39	单位GDP水耗		m³/万元	≤150
		40	单位GDP碳排放量			达到所在地减碳目标
	生态环保产业	41	环境保护投资占GDP的比重		%	≥10
		42	主要农产品中有机、绿色及无公害产品种植面积的比重		%	≥60
公共服务与参与	公众参与度	43	公众对环境的满意率		%	≥95
		44	环保宣传普及率		%	≥85
		45	遵守节约资源和保护环境村民的农户比例		%	≥95

2.4　绿色生态村镇环境指标权重分析

为了实际应用时能够准确、科学且高效地评判某一具体绿色生态村镇的环境水平，需对评价过程中涉及的所有指标和最终的评价结果进行量化，因为评价体系中各指标所研究的对象对环境均会产生影响，但是影响程度不同。因此，需要确定绿色生态环境指标体系中的各指标类别以及各指标的重要程度。

2.4.1　评价指标权重确定

按照权重产生方法的不同，多指标综合评价方法可分为主观赋权评价法和客观赋权评价法两大类，其中主观赋权评价法采取定性的方法由专家根据经验进行主观判断而得到权数，然后再对指标进行综合评价，如层次分析法、综合评分法、模糊评价法、指数加权法和功效系数法等。客观赋权评价法则根据指标之间的相关关系或者各项指标的变异系数来确定权数，如熵值法、神经网络分析法、灰色关联分析法、主成分分析法、变异系数法等。权重的赋值合理与否，对评价结果的科学合理性起着至关重要的作用；若某一因素的权重发生变化，将会影响整个评判结果。因此，权重的赋值必须做到科学和客观，这就要求寻求合适的权重确定方法。

对于村镇的绿色生态评价而言，各指标的权重不易确定，原因主要在于：首先，各指标背后的影响因素十分复杂，可能涉及短期利益与长期利益、经济发展与环境保护等矛盾，其实现的难易程度和紧迫程度也不同；其次，目前对于村镇生态环境水平进行量化评价尚属较为先进的做法，可参考的案例很少，且难以获得大量数据进行客观赋权计算。经综合分析确定，评价指标赋权主要采用主观赋权方法，分为绝对权重和相对权重两部分进行计算和讨论。

2.4.1.1 绝对权重确定

因本研究属于创新性工作，在村镇的绿色生态环境评价方面，进行量化评价的案例较少，经验法和移植法不适用。专家打分法通过匿名方式征询有关专家的意见，然后对专家意见进行统计、处理、归纳和分析，客观地综合多数专家的经验与判断，对大量难以采用技术方法进行定量分析的因素做出合理估算。因此，本研究利用了专家打分法来对评价体系中各指标的绝对重要程度进行判断，问卷如附录A所示。

采用5分制对指标重要程度进行量化，分值的具体意义如表2-8所示。

得分说明表 表2-8

重要程度	得分	说明
不太重要	1	该指标对"绿色生态环境"贡献不大
稍重要	2	该指标对"绿色生态环境"稍有贡献
重要	3	该指标对"绿色生态环境"有贡献
很重要	4	该指标对"绿色生态环境"有明显贡献
绝对重要	5	该指标对"绿色生态环境"有巨大贡献

本次专家打分法评分过程邀请到了来自于城市规划、暖通等领域的58位专家。经过专家们的第一轮打分，通过取平均得出每一指标的得分值，然后再邀请专家对评分结果提出意见和修正，得出最终结果。最终得分结果如表2-9所示。

专家评分结果表　　　　　　　　　　　　　　　　　　　　　表2-9

目标层	得分	准则层	得分	指标层	得分
资源节约与利用	4.14	土地规划	4.05	村镇规划、用地的合理性	4.35
				受保护地区占国土面积比例	3.79
		村镇用地选址与功能分区	4.02	公共服务设施完善度	4.21
				人均休闲娱乐用地面积	3.12
				公共交通便利性	4.07
		社区与农房建设	3.74	农村卫生厕所普及率	4.07
				绿色农房比率	3.26
				绿色建材使用比率	3.14
		清洁能源利用与节能	3.58	农村生活用能中清洁能源使用率	3.68
				农作物秸秆综合利用率	3.93
				节能节水器具使用率	3.37
		水资源利用	4.18	地表水环境质量（内陆）近岸海域水环境质量（沿海）	4.28
				集中式饮用水水源地水质达标率（城镇）农村饮用水卫生合格率（农村）	4.47
				农业灌溉水有效利用系数	3.82
				非传统水源利用率	3.09
		废弃物处理与资源化	3.84	生活垃圾定点存放清运率	4.19
				生活垃圾资源化利用率	3.77
				城镇生活垃圾无害化处理率	4.04
				农用塑料薄膜回收率	3.89
				集约化畜禽养殖场粪便综合利用率	3.98
				建筑旧材料再利用率	3.26
环境质量与修复	4.3	污水处理	4.21	化学需氧量（COD）排放强度	3.75
				城镇生活污水集中处理率	4.21
				城镇污水再生利用率	3.6
		环境修复	4.19	森林覆盖率	3.98
				城镇人均公共绿地面积	3.61
				退化土地恢复率	3.95
				化肥施用强度（折纯）	3.82
				农药施用强度	3.84

目标层	得分	准则层	得分	指标层	得分
环境质量与修复	4.3	空气质量	4.18	主要大气污染物浓度	4.19
				空气质量满意度	3.88
		声环境	3.35	环境噪声达标区的覆盖率	3.67
		生态景观	3.49	物种多样性指数	3.79
				河塘沟渠整治率	3.86
生产发展与管理	4.05	清洁生产与低碳发展	3.86	村民年人均可支配收入	4.02
				城镇居民年人均可支配收入	3.89
				特色产业	3.77
				单位GDP能耗	3.58
				单位GDP水耗	3.68
				单位GDP碳排放量	3.68
		生态环保产业	3.95	环境保护投资占GDP比重	4.02
				主要农产品中有机、绿色及无公害产品种植面积的比重	3.89
公共服务与参与	3.89	公共服务与参与	1	公众对环境的满意率	4.05
				环保宣传普及率	3.79
				遵守节约资源和保护环境村民的农户比例	3.60

2.4.1.2 相对权重确定

根据专家打分法的结果，各指标的绝对重要程度可被确定下来。但是权重的计算需要基于各个指标甚至是每两个指标的相对重要程度来进行。

本研究采用相对重要程度的评价方法为：同一类（系统层、目标层或准则层）下的指标两两作差，将差值结果映射为"Saaty1-9标度法"下的相对重要程度得分，为后续计算指标权重做准备。前述绝对重要程度得分结果为1~5分，差值绝对值为0~4分，而Saaty1-9标度法的评分结果为1~9分，具体映射方法为：

$$P_S = | \left[\left(P_m \times 2 \right) + 0.5 \right] \tag{2-33}$$

式中：P_S为Saaty1-9标度法得分；P_m为绝对重要程度得分差值。

即将同一类下两个指标的绝对重要程度得分的差值的绝对值的2倍，四舍五入后作为Saaty标度法得分的大值，而任意两指标间的得分互为倒数。映射结果如表2-10所示。

Saaty1-9标度法得分对照表　　　　　　　　　　　表2-10

绝对得分差值	相对重要程度	Saaty得分	说明
$0 \leqslant P_m < 0.25$	同等重要	1	两者相比，对"环境"影响程度相同
$0.25 \leqslant P_m < 0.75$	—	2	中间差值
$0.75 \leqslant P_m < 1.25$	略微重要	3	两者相比，其中一个对"环境"影响程度稍多
$1.25 \leqslant P_m < 1.75$	—	4	中间差值
$1.75 \leqslant P_m < 2.25$	重要	5	两者相比，其中一个对"环境"影响程度较多
$2.25 \leqslant P_m < 2.75$	—	6	中间差值
$2.75 \leqslant P_m < 3.25$	很重要	7	两者相比，其中一个对"环境"影响程度明显多
$3.25 \leqslant P_m < 3.75$	—	8	中间差值
$3.75 \leqslant P_m \leqslant 4$	绝对重要	9	两者相比，其中一个对"环境"影响程度非常明显多

注：表中仅列出Saaty标度法中大值的得分，小值得分为其倒数。

根据上述映射关系，分系统层、目标层和准则层3层，分别计算出其下各指标间的Saaty标度法得分，得出了指标间的相对重要程度。限于篇幅，此处以准则层下"村镇用地选址与功能分区"为例，得到相对重要程度得分如表2-11所示。

"村镇用地选址与功能分区"指标相对重要程度表　　　　　　表2-11

指标	公共服务设施完善度	人均休闲娱乐用地面积	公共交通便利性
公共服务设施完善度	1	3	1
人均休闲娱乐用地面积	1/3	1	1/3
公共交通便利性	1	3	1

每一层级的相对重要程度得分均是一个$n \times n$的矩阵A，其中n为该层级下的指标数目。

2.4.2　指标权重计算

权重是指某一指标在整体评价体系中的相对重要程度。如前文所述，不同指标对于村镇的环境影响程度存在较大差异，所以确定合理公正的权重是准确量化目标村镇环境状况的关键。

2.4.2.1　层次分析法计算方法

层次分析法（Analytic Hierarchy Process，简称AHP）是美国运筹学家Saaty于20世纪70年代初，应用网络系统理论和多目标综合评价方法，提出的一种层次权重决策分析方法。

此方法在对变量繁多、结构复杂和不确定因素作用显著的复杂系统进行权重计算时，得到了广泛应用[3]。

利用层次分析法计算权重通常有4种方法：几何平均法（根法）、算术平均法（和法）、特征向量法和最小二乘法。有学者的研究表明，前3种方法得出的结果很接近，而最小二乘法得出的结果与其余3种方法相比存在细微差别。本研究采用几何平均法计算权重，其计算方法为：

$$W_i = \frac{(\prod_{j=1}^{n} a_{ij})^{1/n}}{\sum_{i=1}^{n}(\prod_{j=1}^{n} a_{ij})^{1/n}} \tag{2-34}$$

式中：W_i 为第 i 个指标在其所在层级中的权重；a_{ij} 为相对重要程度得分矩阵中第 i 行 j 列的值。

计算步骤为：

（1）A 的元素按行相乘得一新向量；

（2）将新向量中的每个元素开 n 次方；

（3）将所得向量归一化即得权重向量。

上述计算得到的权重分配是否合理，还需要对得分矩阵进行一致性检验。检验使用公式如下所示：

$$CR = CI / RI \tag{2-35}$$

式中：CR 为得分矩阵的随机一致性比率；CI 为判断矩阵的一般一致性指标，$CI=(\lambda_{max}-n)/(n-1)$；$RI$ 为判断矩阵的平均随机一致性指标，$1\sim9$ 阶的判断矩阵的 RI 值参见表2-12。

平均随机一致性指标 RI 的值　　　　　　　　　　表2-12

n	1	2	3	4	5	6	7	8	9
RI	0	0	0.58	0.90	1.12	1.24	1.32	1.41	1.45

限于篇幅，此处继续以准则层下"村镇用地选址与功能分区"为例来说明利用层次分析法计算指标权重的过程。在得出相对重要程度得分矩阵后，应用层次分析法，计算出各指标的权重，如表2-13所示。

"村镇用地选址与功能分区"指标相对重要程度表　　　　表2-13

指标	公共服务设施完善度	人均休闲娱乐用地面积	公共交通便利性	W_i
公共服务设施完善度	1	3	1	0.4286
人均休闲娱乐用地面积	1/3	1	1/3	0.1429
公共交通便利性	1	3	1	0.4286

经计算，$CR=0$，即矩阵通过一致性检验。

2.4.2.2　指标权重计算结果

本指标体系权重计算结果如表2-14所示：

指标权重结果统计表　　　　　　　　　　　表2-14

系统层	得分	目标层	得分	准则层	得分
资源节约与利用	0.2481	土地规划	0.2009	村镇规划、用地的合理性	0.6667
				受保护地区占国土面积比例	0.3333
		村镇用地选址与功能分区	0.2009	公共服务设施完善度	0.4286
				人均休闲娱乐用地面积	0.1429
				公共交通便利性	0.4286
		社区与农房建设	0.1128	农村卫生厕所普及率	0.5000
				绿色农房比率	0.2500
				绿色建材使用比率	0.2500
		清洁能源利用与节能	0.1005	农村生活用能中清洁能源使用率	0.3108
				农作物秸秆综合利用率	0.4934
				节能节水器具使用率	0.1958
		水资源利用	0.2255	地表水环境质量（内陆）近岸海域水环境质量（沿海）	0.3448
				集中式饮用水水源地水质达标率（城镇）农村饮用水卫生合格率（农村）	0.3705
				农业灌溉水有效利用系数	0.1852
				非传统水源利用率	0.0995
		废弃物处理与资源化	0.1595	生活垃圾定点存放清运率	0.2435
				生活垃圾资源化利用率	0.1433
				城镇生活垃圾无害化处理率	0.2169
				农用塑料薄膜回收率	0.1277
				集约化畜禽养殖场粪便综合利用率	0.1433
				建筑旧材料再利用率	0.1252
环境质量与修复	0.2951	污水处理	0.2616	化学需氧量（COD）排放强度	0.2500
				城镇生活污水集中处理率	0.5000
				城镇污水再生利用率	0.2500
		环境修复	0.2616	森林覆盖率	0.2272
				城镇人均公共绿地面积	0.1499
				退化土地恢复率	0.2272
				化肥施用强度（折纯）	0.1978
				农药施用强度	0.1978
		空气质量	0.2616	主要大气污染物浓度	0.3333
				空气质量满意度	0.6667
		声环境	0.0946	环境噪声达标区的覆盖率	1.0000
		生态景观	0.1206	物种多样性指数	0.5000
				河塘沟渠整治率	0.5000

续表

系统层	得分	目标层	得分	准则层	得分
生产发展与管理	0.2481	清洁生产与低碳发展	0.5000	村民年人均可支配收入	0.2314
				城镇居民年人均可支配收入	0.1836
				特色产业	0.1636
				单位GDP能耗	0.1299
				单位GDP水耗	0.1458
				单位GDP碳排放量	0.1458
		生态环保产业	0.5000	环境保护投资占GDP比重	0.5000
				主要农产品中有机、绿色及无公害产品种植面积的比重	0.5000
公共服务与参与	0.2087	公共服务与参与	1	公众对环境的满意率	0.5000
				环保宣传普及率	0.2500
				遵守节约资源和保护环境村民的农户比例	0.2500

表中所示权重为局部权重，即各指标在其所在层级下的权重。在对具体村镇进行环境水平评价时，可采用分层级逐级评分的方法，即先得到准则层各指标的评分，再以此为基础计算目标层、系统层各指标的得分，最终得出目标村镇的总体评分。计算方法为：

$$P = \sum_{i=1}^{4} P_{xi} W_{xi} = \sum_{i=1}^{4} \left(\sum_{j=1}^{mi} P_{mj} W_{mj} \right) W_{xi} = \sum_{i=1}^{4} \left(\sum_{j=1}^{mi} \left(\sum_{k=1}^{ni} P_{nk} W_{nk} \right) W_{mj} \right) W_{xi} \quad （2-36）$$

式中：P 为目标村镇生态环境综合得分；P_x、P_m、P_z 为系统层、目标层、准则层各指标得分；W_x、W_m、W_z 为系统层、目标层、准则层各指标的局部权重；mi 为第 i 个系统层下包含的子指标个数；nj 为第 j 个目标层下包含的子指标个数。

此外，亦可将每个指标在准则层下的局部权重，与其所处目标层和系统层的权重相乘，得出所有指标在整个指标系统中的整体权重，再进一步对目标村镇进行打分评价。计算方法为：

$$P = \sum_{a=1}^{45} P_{za} W_{za} = \sum_{a=1}^{45} P_{za} (W_{zk} W_{mj} W_{xi}) \quad （2-37）$$

式中：P 为目标村镇生态环境综合得分；P_{za} 为准则层某一指标的得分；W_x、W_m、W_z 为系统层、目标层、准则层各指标的局部权重。

2.5 绿色生态村镇环境指标体系案例示范与评价

为使读者更深刻地理解本章所构建的绿色生态村镇环境指标体系，特对某国际大都市附近村镇的环境状况做案例说明。该地区既是国内领先、国际一流的生态岛区，也是现代化国际大都市建设不可忽视的重要组成部分，是在创新驱动、转型发展方面重要的试验田和示范地。该地区建设被认为是一个全国性乃至世界性的区域发展样板与引领者，不仅要承担为我国21世纪国际化大城市建设保留战略空间的历史使命，同时也要以创新为支撑推动发展模式的转型，努力实现经济社会发展和生态环境改善的协调推进。因此，该地区建设近几年快速发展，本章节选取该地区某村镇作为本章构建的案例示范评价地，具有极大的意义。

2.5.1 案例示范地介绍

（1）地理位置

本村镇地处该地区岛域最东端，是该都市沿海大通道北翼门户。该村镇地处本地区东端、长江入海口，南距中心城区约45km。它东接某集团现代园区和生态湿地及候鸟自然保护区，南濒长江入海口，西与中心镇隔河相望，北与某集团总公司毗邻。镇内河道纵横，生物资源丰富。全镇总面积224km^2，其中陆地总面积95.9km^2，耕地面积64100亩，是该地区最大的镇。

（2）地形地貌

该镇所在地区是由长江下泄的大量泥沙在江海交互作用下不断累积而成，因此，区域内地势平坦，普遍被第四纪疏松地层所掩盖。该镇的地面标高在3.5m以下，局部洼地地面标高低于3.0m。全区地表地层为第四系松散沉积物，该镇和前哨农场为已经开发的水网平原区，生态湿地位于1998年大堤外侧，属典型发育过程中的潮滩湿地，有芦苇带、镳草带、光滩三种类型，是长江口最大的滩涂湿地。

（3）气候

属于北亚热带季风型气候，温和湿润，四季分明。夏秋季节多台风天气。夏季湿热，冬季干冷。雨水充沛，年平均气温15.3℃，日照时数2104小时，日照百分率47%，全年无霜期229天。优越的光照条件、充沛的雨水为该镇绿地、森林的建设提供了保障。

（4）土壤、植被

受潮汐作用影响，整个岛域土壤主要为水稻土、潮土、盐土三大类型，适宜多种作物种植，但土壤有机质、全氮和速效磷含量均低于标准。野生植物种类多达百种，主要为盐生、水生植物。该镇优越的地理条件、适宜的温度及土壤特性为动植物、微生物多样性的丰富提供了良好的环境。

该镇土质系长江中上游夹带而下的泥沙。土壤结构以沙土为主，沙土多于黏土，表面虽经改造，土壤部分不过1m。个别地区仍有纵横沙带掺杂在地表，部分地方因地处东北沿海，围垦前常为咸潮侵袭，咸碱成分较多，经围垦后20多年改造，咸碱成分大为减少。

（5）水系

该镇的水系是整个地区水系的一个重要组成部分，该区域水网繁密，纵横交错，主要河道呈"卅"字形，贯通南北，闸内正常水位为2.8m；农忙灌溉用水期间，开闸引潮，内河水位升至2.9m；台风暴雨时，闸内河沟水位降至2.6m。地面高程3.2m的地区，建有排涝泵站，内部正常水位控制在2.6m以下。

（6）生物多样性

该镇地处江海之交，长江下泄泥沙在岛周围形成广阔的滩涂。滩涂上繁殖生长石璜（土鸡）、蟛蜞、螃蟹、芦苇、关草、丝草、芦竹等动植物，蕴藏着较丰富的生物资源。北沿大部分地区都有，仅东沿20km某段估计蕴藏量即达600t，北部某段沿海蟛蜞密度每平方米20～30个。兽类主要有黄鼠狼（俗称黄狼），早年有刺猬，现濒绝迹。虫类有蛇、壁虎、蜈蚣、大蟾蜍（俗称癞蛤蟆）、青蛙、蚯蚓、蜗牛等。还有农作物害虫的天敌147种。鸟类品种繁多，东部地区是候鸟迁徙途中的栖息之地，常有丹顶鹤等珍稀鸟类歇足。岛上河沟有鲫鱼、河蟹、河虾及其他杂鱼。除芦苇、关草、丝草等外，遍及全区域的各种草类，也是一宗丰富的植物资源。

2.5.1.1　社会环境

（1）人文历史

该镇是一个具有320多年历史的老镇。成陆于清初，建制于清康熙、乾隆年间。2000年12月，经市委、市政府批准，撤销原有建制，合并成立新的村镇，现被市委、市政府确定为"一城九镇"之一。目前，全镇共有2个居委会，下辖21个行政村，475个村民小组。

（2）城乡建设

重点项目建设的抓紧实施。区域规划书已完成最终成果，进入报批阶段，该地区总体规划落地实施，各村镇总体规划编制完成。该地区通往市区的长江桥隧工程如期开工奠基，该镇"一城九镇"试点城镇建设开始启动。

交通投入不断增加，客运能力有了新的提高。公用事业服务体系逐步完善。通信条件不断改善，信息化建设步伐加快。信息产业加快发展，政府信息公开透明度加大，市民信息服务平台建设有序推进。总体规划的落地实施，使住宅建设进入了一个新的阶段，城乡居民居住水平有了很大的提高。

（3）社会经济

通过近20年的努力，目前该镇的经济结构以工业和农业为主，分别占55.3%和41.2%。工业已形成了电磁电线、电工器材、棉纺织业、冶金材料、包装印刷纸业等产业门类。农业以水产养殖业和蔬菜种植业为主。分别占总产值的71%和22.8%。而服务业一般只占2%～4%。其中一些资源优势型产业（如生态旅游业等）的开发正处于上升发展阶段。

（4）环境质量

由于该镇地属该岛域成陆较晚的地区，目前还未单独设立环境监测中心，但与相邻某县城的环境质量现状差异不大，因此根据政府公报，利用该邻近县城环境状况公报中环境质量现状表述该镇地区环境质量现状。其监测结果表明，土壤、水体与环境空气中各污染物含量均在所采用的标准之内，符合绿色食品水产的环境质量要求。

2.5.2　示范地各项指标调查

2.5.2.1　土地规划

土地规划指标包括:（1）村镇规划、用地的合理性;（2）受保护地区所占国土面积的比例。

该镇的建设是地区生态岛建设不可或缺的一部分。在市科委项目管理组的带领下，经过反复考究，形成完整的该镇总体规划，并有政府报告公布。在总体规划中，该镇绿地规划绿地景观系统规划总体形成"一轴、一带、三心、四廊"的格局。

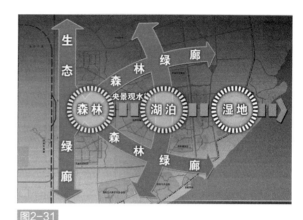

图2-31
村镇绿地景观系统规划图

"一轴"：城镇绿色景观的主轴线，东西向贯穿镇区中央，火车站—郊野森林—森林商务区—中央景观湖—国际高教区—湿地公园串接起来，形成了自然绿色景观与城镇人文景观相交织的特色空间序列。

"一带"：南侧、东侧和北侧大堤沿线的环岛沿海防护林带，结合海岸基干防护林带、农田林网、滨海湿地保护和恢复及其他防护林生态工程建设，在该镇建立一个"点、线、面""带、网、片"有机配置的综合防护林体系，在外围地区形成一条环岛的绿色生态走廊，增强抗御台风、海啸、暴潮等重大自然灾害能力，维护国土生态安全。

"三心"：中央景观轴线上的三片大型自然开放空间，分别是与中部森林区相连通的西部郊野森林、以设有国际论坛岛为标志的中央景观湖泊和开展野生动植物科普教育和生态体验观光的湿地公园。

"四廊"：镇区各组团之间及与外围功能区之间留设的四条生态绿廊。

该镇陆地利用现状如表2-15所示。其余129.1km²为水体面积，含有多种珍稀物种，属于生态自然保护区。

该镇土地利用现状表　　　　　　　　　　表2-15

用地分类	面积（hm²）	比例（%）
中心镇区建成区	462	5.87
宅基地	2593	27.32
农田	5698	60.04
河流	737	7.77
总面积	9490	100.00

本项目所含指标调查结果如下：

（1）村镇规划、用地的合理性。该镇的总体规划和详细规划已依法编制，并提交相应部门审批并公布，且符合《村镇规划标准》GB 50188—2007和相关规范的要求。

（2）受保护地区所占国土面积的比例。按现有实际面积计算，辖区内有各类（级）自然保护区、风景名胜区、森林公园、地质公园、生态功能保护区、水源保护区、封山育林地等面积占全部陆地（湿地）面积的百分比为57.6%。

2.5.2.2 村镇用地选址与功能分区

村镇用地选址与功能分区指标包括：①公共服务设施完善度，②人均休闲娱乐用地面积，③公共交通便利性。

随着跨海桥梁隧道工程的启动，该镇的城镇地位获得了极大的提升，无论是城镇规模、等级还是城镇职能、发展水平都发生了重大的变化。该镇的公共设施配置，是以该镇"社区-邻里"的空间体系为基础，依据邻里单元和社区的人口规模，同时参考了城市居住区公共服务设施设置的有关标准建设。该镇公共服务设施配置划分为两大层面：

（1）城镇及社区级公共服务设施配置

该镇城镇及社区级公共设施主要包括：行政管理类、综合服务类、文体教育类、市政公用类。

行政管理类设施：城镇行政管理机构（镇政府）独立建造，位于传统城镇中心，并兼顾与其他区域的便捷联系；派出所是户籍与治安管理等职能的办公机构，用地规模1500m²，用地指标15～30m²/千人；社区行政事务受理中心具有社会保障、居民事务受理等管理职能，用地面积600m²，用地指标6m²/千人；城镇管理监督办公机构具有城镇市容管理等职能，用地面积300m²，用地指标6m²/千人。税务所、工商所办公机构具有相应专业管理等职能，用地面积200m²，用地指标4m²/千人，可以综合设置。以上用地面积总共2600m²。

综合服务类设施：既包括赢利性的商业、金融、娱乐等市场主导型设施，也有承担部分社会公益性的医疗等职能单位。其中：城镇级商业、金融、娱乐中心以该镇陈家社区为重点，设施全、品质高，建设总量以综合市场需求状况决定。公益性的设施有：城镇级中心医院，按城镇综合医院建设标准设施，用地面积约4hm²。福利院（敬老院）主要体现养老、护理等功能，用地面积4000m²，用地控制性指标80m²/千人；工疗康复中心具有精神疾病治疗、康复、残疾人寄托、保健等职能，用地面积1600m²，用地控制性指标32m²/千人。社区服务中心用于社会事务中介、协调、指导、教育等，用地面积600m²、用地控制性指标6m²/千人。以上公益性服务机构的选址主要位于该镇裕安社区内。

文体教育类设施：城镇级文化中心包括社区文化活动中心（含青少年活动中心、图书馆、文化馆、科普站等设施），位于陈家社区内，用地面积不小于5000m²，用地控制性指标100m²/千人；城镇级体育中心包括各类体育健身场馆和综合运动场，主要位于该镇陈家社区内，占地面积不小于12000m²，用地控制性指标240m²/千人；同时，根据岛域发展规划，在该镇地区设置高中1所，选址于该镇裕安社区，占地面积46000m²。

市政公用类设施：环卫所作为清运生活垃圾、环卫管理单位，用地面积2500m²；35kV变电所，用地面积1200m²；市政营业站用于煤气、供水、供电等服务管理功能，用地控制性指标6m²/千人，可综合设置；上述设施均位于裕安社区；邮政支局、电信支局，占地面积1750m²，位于森林型商务-教育研发区。另外，消防站共3处，每处占地面积4500m²，分别位于该镇陈家社区和森林型商务-教育研发区内。

（2）片区邻里级公共服务设施配置

邻里单元作为"社区-邻里"体系的下一层次，依据舒适步行5五分钟的距离范围（约500m）为半径进行确定。该镇片区邻里级公共设施中，行政管理类包括以邻里街坊为单位的居民委员会，行使管理、协调等职能，用地面积132m²，用地控制性指标33m²/千人；治安联防站和物业管理，可以综合设置。

综合服务类设施中，商业、文化、娱乐等设施根据市场需要进行相应配置。其中：室内菜场以居住小区规模每2.5万人设置1处，用地面积3700m²；24小时便利店、银行网点、书店、医疗保健、餐馆、维修及物资回收站等综合服务设施在邻里组团规划建设时综合考虑，布局形式相对灵活。

文化教育类中，初级中学和小学按照每2.5万人设1处，小学用地面积在21770～25820m²，初中用地面积在19670～22980m²，同时考虑创建老年学校。幼托按照每1万人设置1处的标准考虑，占地面积在6490～7200m²；托老所在每个邻里中心设置1处，用于老年人休息、活动、保健、康复等，用地面积1000m²；在邻里组团普及健身苑和健身点。

市政公用类设施：邮政所按照每2万人设置1处，用地面积80m²，可以结合其他设施一起建设；煤气调压站按每1万人设置1处，用地面积240m²；10kV配电所，每500～800户设1处，用地面积350m²；环卫道班房及公共厕所，每1万人设置1处，用地面积60m²；公用事业管理与维修办事处，每个邻里中心设置1处。

该镇目前与地区岛内外的交通联系主要通过公路实现。通过陈海公路与县城和岛南侧的主要渡口连通，通过北沿公路与岛北部相连。主要对外客运交通方式包括私人小汽车、公交线路、个体面包车、摩托车、自行车、人力车等，货运方式主要为货车。该镇将形成环状公交干线网，采用BRT系统，站距500～1000m，并设两个公交始末站。

村镇用地选址与功能分区所含指标调查结果如下：

（1）公共服务设施完善度：片区邻里级公共服务设施设置，各种公共服务设施——学校服务、养老服务、医院服务、商业服务等服务半径均在500m以内，服务所覆盖的用地面积为78.6万m²。根据该镇的社区邻里建设，每一个公共服务设施的服务区域总面积不超过最大每一个社区邻里的总面积，该镇共分为裕安社区、陈家社区、中央社区3个居住社区，总居住面积为462万m²，则各项公共服务设施覆盖比例不小于51%。

（2）人均休闲娱乐用地面积：休闲娱乐用地指老年及青少年活动室，面积较宽裕、设施配套完整的球类练习室或其他活动室等。

图2-32
该镇公共交通规划示意图

该镇休闲娱乐用地面积指标为240m²/千人，即0.24m²/人。

（3）公共交通便利性：公交站点500m半径范围内可覆盖的村镇生活区和工作区面积占总生活区和工作区的面积比例。该镇公共交通站点500m半径范围内覆盖的生活区和工作区面积约占总生活区和工作区总面积的50%。

2.5.2.3 社区与农房建设

社区与农房建设指标包括：①农村卫生厕所普及率，②绿色农房比率，③绿色建材使用比率。

通常，城镇现状人口规模与分布是决定"社区-邻里"体系的基础。从该镇的现状来看，其人口居住地主要集中在3处，彼此间联系松散，建设规模有限。然而，伴随该地区开发的启动，该镇作为桥头堡的突出地位，使其城镇功能定位获得了极大的提升。立足于海岛花园镇的战略目标，该镇以生态居住、知识研创、休闲运动、清洁生产四大功能为主导，布局形态形成了"四片穿插、Y形组合"的城镇与田园相交融的格局。而该镇"社区-邻里"体系正是在结合此四大功能片区的基础上，参照定义社区的基本人口规模（3万～5万人）进行整合的结果。新型农村社区是在原镇区的基础上形成的农村居民安置集中区域，远期规划人口达到5万人；实验生态社区是建设体现国际先进生态理念与技术水平的实验区域，具有较高的环境品质要求和人口容量限制，因而远期规划人口为3万人；中央社区（森林型商务-教育研发区）则是该镇未来的清洁产业集中区域和城镇中心地所在，远期规划人口为4万人。这三大社区在城镇空间布局上，充分利用了彼此的地理环境特征，依托Y形的景观水系的纽带联系作用，在空间上形成强烈的呼应关系，同时又兼顾了城镇建设各方的实际利益。

邻里单元依据舒适步行5分钟的距离范围（约500m）为半径进行确定，其人口规模则控制在5000～10000人。整个"社区-邻里"体系的确定为该镇的公共设施配置与完善奠定了基础（图2-33）。

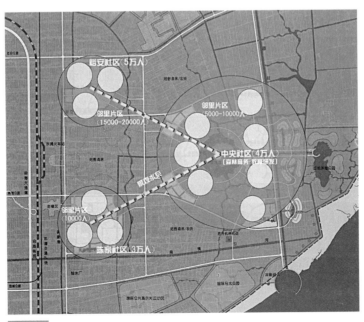

图2-33
该镇"社区-邻里"空间体系示意

本项所含指标调查结果如下：

（1）农村卫生厕所普及率：卫生厕所指厕所有墙、有顶，储粪池不渗、不漏、密闭有盖，厕内清洁、无蝇蛆，基本无臭，及时清除粪便并进行无害化处理。对该镇卫生厕所使用进行普查，通过入户观察，抽样统计，卫生厕所使用率为100%。

（2）绿色农房比率：村镇内绿色农房占全部农房的比率，根据现有《绿色农房建设导则（试行）》中要求，目前该镇未建有绿色农房。

（3）绿色建材使用比率：绿色建材指在全生命周期内可减少对天然资源的消耗和减轻对生态环境的影响，具有"节能、减排、安全、便利和可循环"特征的建材产品。根据该镇生态建筑建设实施导则，墙体、屋面、外窗等建材的使用都考虑到以上5个方面，目前该镇绿色建材使用量约占总建材使用量的30%。

2.5.2.4　清洁能源利用与节能

清洁能源利用与节能指标包括：农村生活用能中清洁能源使用率、农作物秸秆综合利用率、节能节水器具使用率。

由于考虑到该镇的能源结构并非以孤立的形式存在，而是该地区整个能源体系中的子系统。该镇生态镇区能源结构的规划有其特殊性，但规划建设的着眼点必然是整个地区的能源结构，因此不能把该镇的能源脱离整个地区而谈。在该地区整体规划以前，使用的一次能源主要是煤炭、油品和秸秆。除交通和工业用油品外，液化石油气用于居民炊事用能。过去农村完全依靠秸秆作为炊事用能，随着农村经济的发展，农村居民也开始广泛使用液化石油气，秸秆被废弃或直接在田野上烧掉。

太阳能利用方面：该地区太阳能热利用很普遍，主要是家庭用或旅馆用的太阳能热水器。而太阳能发电和采暖系统仅作为示范，最近某太阳能科技有限公司在该地区率先实施了生态风光互补应用示范工程，建成了50kW屋顶并网发电系统。在示范区内，道路照明将由太阳能供电系统提供电源。

生物质能源资源方面，以2004年统计数据为例，秸秆等农作物残余产量为46.8万t。其中燃烧和焚烧各占15%左右，腐烂约25%，还田40%左右，约5%被加工利用。整体用能上，煤炭消耗仍旧占据绝对份额，而可再生的风能、太阳能等能源的使用还很少，清洁天然气尚未使用。

本项所含指标调查结果如下：

（1）农村生活用能中清洁能源使用率：该镇居民主要利用液化石油气、电能、秸秆等进行炊事，利用太阳能热水器供热水。按照清洁能源使用率的定义，该镇清洁能源使用率为100%。

（2）农作物秸秆综合利用率（裸野焚烧率）：该镇秸秆利用中，40%还田（其中有直接还田、过腹还田等），5%加工，剩余55%用于发电，经有关部分统计，秸秆综合利用率达85%，裸野焚烧率为0（参考2015年数据）。

（3）节能节水器具使用率：根据《节水型生活用水器具》CJ 164—2002所述，现在市场上生活用水器具均符合该标准要求，而该镇已全部采用自来水供水，即镇内所有户数均使用节能节水器具，则节能节水器具使用率为100%。

2.5.2.5　水资源利用

水资源利用指标包括：①地表水环境质量，近岸海域水环境质量；②集中式饮用水水源地水质达标率，农村饮用水卫生合格率；③农业灌溉水有效利用系数；④非传统水源利用率。

根据该地区供水与污水处理系统专业规划，在枯水期引淡条件最好的西部地区，辟建一水库，作为该岛域最优水质的多年调节性避咸蓄淡水库和整个地区战略饮用水水源地。原水输水管规划沿陈海公路由西向东敷设，接入岛域各规划水厂，以确保原水的水质。该镇饮用水水源地开发建设的长远计划应纳入邻县水源地建设总体方案统筹考虑。根据该镇供水与污水处理系统专业规划，近期，在避咸蓄淡水库尚未建成的情况下，主要利用南横引河就近取水作为过渡水源，并在长江南岸岸边建备用取水口以便灵活调度、提高供水安全性。

该镇供水系统是该地区供水系统的重要组成部分，不仅要满足本镇的用水，还需与整个地区供水系统布局规划相协调，满足其周边地区的用水需求。水库的建设和使用，可以充分保证该镇生态镇建设的水量、水质需要。在整个岛域的蓄淡避咸水库未建成、不得不就近取用内河微污染原水阶段，自来水厂采用投加粉末活性炭的净化工艺，以保证镇域供水水质。

该镇10万 m^2 新型农村生态示范社区的建设，将体现城市在建设资源节约型、环境友好型城镇方面的理念与成果。在小区设计建设过程中充分考虑到小区内雨水利用、污水回用的需要，经济合理地利用低品质水资源，可节约优质水资源、减少供水成本及水环境污染。

考虑到该镇新型生态小区水景观的水质要求较高，因此，收集水质相对较好的屋面雨水用作景观水池的补充水，以保证景观水体良好的环境。多余的雨水可作为中水系统的补充用水，用于浇洒绿地、冲洗道路以及洗车等，出水满足《城市污水再生利用城市杂用水水质》GB/T 18920—2002的水质要求。

本项所含指标调查结果如下：

（1）地表水环境质量，近岸海域水环境质量：据环保部门调查，该镇地表水环境质量、近岸海域水环境质量达标率为95%（达到功能区标准）。

（2）集中式饮用水水源地水质达标率，农村饮用水卫生合格率：同样据环保部门调查，该镇饮用水水源地水质达标率为89.5%（参考2015年指标）。

（3）农业灌溉水有效利用系数大于0.738。

（4）非传统水源利用率：该镇非传统水源利用主要考虑雨水的收集利用、污水的回收利用两方面，根据文献调查，非传统水源利用率可达45%。

2.5.2.6　废弃物处理与资源化

废弃物处理与资源化指标包括：①生活垃圾定点存放清运率，②生活垃圾资源化利用率，③村镇生活垃圾无害化处理率，④农用塑料薄膜回收率，⑤集约化畜禽养殖场粪便综合利用率，⑥建筑旧材料再利用率。

该镇过去无统一规划建设，居民的生活垃圾大都通过分散的填埋或是焚烧方式处理。但是从2002年起，该镇农村生活垃圾收集处置纳入了垃圾中转系统运行，在硬件上先后配备投资60多万元。其中，在全镇建造标准化垃圾箱房150间（1600多 m^2），发放垃圾贮存桶5万多只，垃圾中转大桶700只，垃圾收集三轮车113辆，环卫运输车2辆。卫生协管员（市容协管）31名，垃圾收集员145名。

该镇生活垃圾通过定点存放，集中清运处理，目前主要有卫生填埋、堆肥、焚烧3种处理方式。有机物含量高的垃圾可作高温堆肥，但由于堆肥技术尚不成熟，肥料肥效较低，使用较少；焚烧会产生大量的烟气，造成二次污染；卫生填埋尽管不能实现垃圾的资源化和能源化，但成本较低、易于操作。目前该镇主要采用卫生填埋的方式进行垃圾处理。

为了防止原来的简易填埋方式由于缺乏相应的防渗透措施及污水处理设备，导致垃圾的有害物质渗入土壤、地下等，给人体及环境造成危害等情况。该镇引入新型垃圾制肥设备，切实做到垃圾无害化处理和垃圾的有效利用，并建立垃圾处理厂，专业无害地处理垃圾。

在农用薄膜回收上，该镇利用机械和人工相结合的措施，加大薄膜的回收力度。再翻地、平整土地、播种前或收货后这几个过程，都可采用农膜回收机进行农用薄膜的有效回收。另外，该镇还倡导农民利用韧性较强的薄膜，一方面不易损坏，使用效果好，另一方面方便回收。比如建筑垃圾的处理上，钢铁回炉、木材燃烧发电、塑料再生、混凝土粉碎后筑路等，建筑垃圾的回收和再利用率日益升高，减少了填埋固体垃圾对环境造成的破坏，实现了零填埋。

本项所含指标调查结果如下：

（1）生活垃圾定点存放清运率：100%。

（2）生活垃圾资源化利用率：>80%（参考2015年指标）。

（3）生活垃圾无害化处理率：100%。

（4）农用塑料薄膜回收率：100%。

（5）集约化畜禽养殖场粪便综合利用率：95%（参考2020年目标）。

（6）建筑旧材料再利用率：100%。

2.5.2.7　污水处理

污水处理与资源化指标包括：①化学需氧量（COD）排放强度，②村镇生活污水集中处理率，③村镇污水再生利用率。

生活污水是指人类在生活过程中产生的污水，按地域分为城镇生活污水和农村生活污水。随着我国经济社会的快速发展，农村生活方式产生巨大变化，自来水的普及，卫生洁具、洗衣机、沐浴设施等逐渐走进平常百姓家，农村人均日用水量和生活污水排放量呈急剧增加的趋势，产生了大量的生活污水。

农村生活污水的来源很多，一般来源于以下三方面：

第一是厨余污水，多以洗碗水、涮锅水、淘米和洗菜水组成，还包括家庭清洁、打扫以及生活垃圾堆放渗滤产生的污水。

第二是冲厕污水。部分农村改水厕后，使用了抽水马桶，产生了大量的生活污水。部分农村仍在使用旱厕，且有的农户养家畜家禽，产生了冲圈水，粪料还田，粪水溢流。畜禽粪尿所含的N、P及BOD等浓度很高，冲洗水中的COD、BOD_5和SS浓度也很高。

第三是生活洗涤污水。洗涤用品的使用使洗涤污水含有大量化学成分。

经有关调查，2012年该地区城镇污水处理率达到81.7%，但是农村生活污水收集处理率不足20%。农民生活中产生的生活污水基本上不处理，经简易化粪池简单处理后直接排放至附近的泯沟和河浜。

根据该镇供水与污水处理系统专业规划，该镇远期污水量将达到8万～10万 m³/d。该镇拟建设大型人工湿地集中处理污水，从土地规划、管线布置、动力消耗、工程投资以及未来各功能区建设中水回用系统等各个角度考虑，是存在一定可行性的。另外，该镇也考虑采用分散的小型湿地污水处理厂就地处理邻近污水。分散处理能够充分利用本镇丰富的土地资源，分片开发，湿地尾水也能就近回用，降低管线布置费用，为各个功能分区提供优质的回用水。且小型分散的湿地污水处理厂对周边环境的影响较小，设计运行和维护过程相对灵活、简单。

本项所含指标调查结果如下：

（1）化学需氧量（COD）排放强度：5.63kg/万元GDP。

（2）村镇生活污水集中处理率：85%（参考2015年指标）。

（3）村镇污水再生利用率：80%。

2.5.2.8　环境修复

环境修复指标包括：①森林覆盖率，②村镇人均公共绿地面积，③退化土地恢复率，④化肥施用强度（折纯），⑤农药施用强度。

按照新的规划，该镇所属区域以农业为主体，规划研究范围内没有传统意义上真正的城镇绿地。其绿地类型可以粗略分为如下几类：自然保护区湿地植被、各居民区绿地、农田绿地、园艺种植绿地、养殖塘湿地植被和河流湿地植被。

本项所含指标调查结果如下：

（1）森林覆盖率：22.53%（参考地区整体数据）。

（2）村镇人均公共绿地面积：15m²（2020年目标）。

（3）退化土地恢复率：90%（参考地区整体数据）。

（4）化肥施用强度（折纯）：250kg/hm²（2020年目标）。

（5）农药施用强度：250%（参考2015年指标）。

2.5.2.9　空气质量

空气质量指标包括：①主要大气污染物浓度，②空气质量满意度。

该镇区域环境空气质量良好，基本达到一级标准要求。SO_2、NO_2小时浓度值均符合《环境空气质量标准》GB 3095—1996一级标准，PM_{10}存在一定超标现象，主要原因为裸露地面扬尘所致。

根据环境空气影响分析，该镇区域规划实施后，整个区域将使用清洁能源，同时基本无工业废气排放，因此环境空气中SO_2和NO_2等污染因子较现状而言，不会有大的变化；随着区域的开发，道路绿化及生活居住小区的环境美化，区域裸露地面将减少，届时PM_{10}浓度比现状会有明显改善。

本项所含指标调查结果如下：

（1）主要大气污染物浓度：二氧化硫为$9\mu g/m^2$，氮氧化物为$20\mu g/m^2$。

（2）空气质量满意度：>95%。

2.5.2.10   声环境

声环境指标包括：环境噪声达标区的覆盖率。

根据该镇总体规划布局和土地利用方案，噪声源主要包括工业园区内工业生产噪声、交通噪声、旅游观光噪声和风力发电噪声。

（1）工业噪声

工业园区内工业企业固定噪声源一般均要求采取控制措施，做到达标排放。厂界噪声昼间65dB（A）、夜间55dB（A）。

从整个镇区的功能区布置来看，工业园区周边基本为农田，其距离最近的镇区约2km，且中间还隔有沿海大通道、沿海铁路、轨道交通R4线。因此，绿色产业区内的工业企业噪声相对于沿海大通道、沿海铁路、轨道交通R4线等交通噪声而言要小得多，因此基本不会对镇区声环境产生不利影响。

（2）交通噪声

本次交通噪声影响分析主要针对高速公路网的A14线、轨道交通R4线、沿海铁路、"三纵四横"干道等以及周边河流。

预测结果显示：布置在西侧的对外大交通（A14线、轨道交通R4线和沿海铁路）由于距离中心镇区有一定距离，总体影响不大；但区域内部各类交通对噪声环境敏感目标会不同程度地产生影响。

（3）旅游观光噪声

主题公园尽管噪声源强较大，但由于设置在该镇的北部，与各敏感目标相距较远，故总体影响不大。

湿地观光区由于紧靠鸟类保护区，且所在区域同样是鸟类的主要栖息地，因此若观光客流和区域不加以控制，其旅游噪声可能对鸟类产生一定影响。

（4）风力发电噪声

目前有关风力发电对鸟类的影响研究在还是一个新的课题，例如风力发电的低频噪声和旋光是否影响鸟类等，建议跟踪监测。

根据噪声监测结果现状，目前鸟类保护区内非常安静，完全可以达到Ⅰ类功能区要求；该镇集镇区域昼间声环境可以达到Ⅱ类功能区要求；交通干道两侧基本可达到Ⅳ类功能区要求。

本项所含指标调查结果如下：

环境噪声达标区的覆盖率：100%（参考2020年指标）。

2.5.2.11   生态景观

生态景观指标包括：①物种多样性指数，珍稀濒危物种保护率；②河塘沟渠整治率。

该地区湿地拥有丰富多样的生态环境，如大面积的水域、鱼塘、蟹塘、芦苇带、潮间带泥藓滩和草群落。物种的丰富度是本地区同类型生境中最高的，拥有高等植物122种；鸟类312种；除鸟类外的陆生脊椎动物26种；陆生无脊椎动物150种；鱼类73种。另外东滩鸟类中有29种为全球性濒危和稀有物种，3种列入国家一级重点保护动物。

作为太湖流域传统的江南水乡之一，河网发达、水系密布，案例示范地所属地区共有河道35743条，长24915km，河网密度3.93km/km²，面积569.6km²，农村生活污水污染控制的意义重大。该镇乃至整个生态岛域，通过河道综合整治，全市河道水面干净整洁，水质明显好转，并建成了一批水景绿地相呼应，点线面相结合，自然、生态、人文、科技相映成趣的滨水景观，发挥了河道水系的综合功能，河道周边居民的生产、生活条件大为改善，社会公众对河道水环境的满意度不断提高。根据某公司对水环境治理的公众测评调查结果显示，全市河道水环境治理总体评价得分为82.5分，河道周边居民与企业对水环境的满意度为93.7%。

本项所含指标调查结果如下：

（1）物种多样性指数，珍稀濒危物种保护率：7%。

（2）河塘沟渠整治率：100%。

2.5.2.12　清洁生产与低碳发展

清洁生产与低碳发展指标包括：①农民年人均纯收入，②城镇居民年人均可支配收入，③特色产业，④单位GDP能耗，⑤单位GDP能耗，⑥单位GDP碳排放量。

2005年左右，受交通局限性的影响，该镇农民年人均年收入约为5388元/年，而其他郊区农民人均年收入为8100元/年，收入水平明显偏低。近几年，随着该地区的整体规划，村镇的大力建设，该镇的养殖业、种植业和旅游业逐渐发展，年人均纯收入近2万元。

产业结构，该镇目前产业结构以养殖业、种植业和旅游业为主。以渔业为主题的生态旅游业成为本镇一个崭新的经济增长点。该镇实行集体经营和个体承包责任制相结合的双层经营模式，即"统一经营、家庭承包、因地制宜、分散饲养"的"两头统、中间包"的经营方式。

在产业生态方面，以发展生态农业技术为基础，建成了适于该镇农田环境的土壤修复、病虫害防治，稻田养虾、稻田养蟹等种养结合方式的生态农业发展模式与技术体系；以支撑蔬菜产业为重点，开展地方特色蔬菜种质资源利用技术研究、有机蔬菜生产支撑技术研究，建立了优质、高效的有机蔬菜产业发展技术体系；以发展循环经济为核心，建立了低碳、低成本、低养护，高效益的生态林产业发展的模式。

本项所含指标调查结果如下：

（1）农民年人均纯收入：6900元。

（2）城镇居民年人均可支配收入：19590元（参考2015年统计）。

（3）特色产业：旅游业、有机蔬菜、养殖业等。

（4）单位GDP能耗：0.42tce/万元（参考2015年指标）。

（5）单位GDP水耗：<20m³/万元（参考2015年指标）。

（6）单位GDP碳排放量：0.06，达到所在地的减碳目标。

2.5.2.13 生态环保产业

生态环保产业指标包括：①环境保护投资占GDP比重，②主要农产品中有机、绿色及无公害产品种植面积的比重。

该镇东北、沿路北侧地区，以发展种源生态农业为主，结合有机食品生产示范园区建设，大力引进先进的生态型现代农业技术和生产管理方式，建设一个包含高效益的农业种植、水产养殖、农产品加工，同时又集观光、展示、休闲等多元功能于一体的现代化生态农业示范区。

本项所含指标调查结果如下：

（1）环境保护投资占GDP比重：5%。

（2）主要农产品中有机、绿色及无公害产品种植面积的比重：90%（参考2020年目标）。

2.5.2.14 公众参与度

公众参与度指标包括：①公众对环境的满意率，②环保宣传普及率，③遵守节约资源和保护环境村民的农户比例。研究小组在该镇进行了一次以问卷为基础的环境意识调查活动。

本项所含指标调查结果如下：

（1）公众对环境的满意率：95%（参考指标2015）。

（2）环保宣传普及率：100%。

（3）遵守节约资源和保护环境村民的农户比例：100%。

2.5.3 示范地指标总评分计算

经过课题组调研，统计整理得该示范地各项指标值汇总如表2-16所示。

示范地各项指标值　　　　　　　　　　　表2-16

目标层	准则层	编号	指标名称		单位		指标值	
资源节约与利用	土地规划	1	村镇规划、用地的合理性		规划符合要求			
		2	受保护地区占国土面积比例		57%			
	村镇用地选址与功能分区	3	公共服务设施完善度	学校服务半径与覆盖比例	m	%	500	50
				养老服务半径与覆盖比例			500	50
				医院服务半径与覆盖比例			500	50
				商业服务半径与覆盖比例			500	50
		4	人均休闲娱乐用地面积		有活动室，0.24m²/人			
		5	公共交通便利性		%		90	
	社区与农房建设	6	农村卫生厕所普及率		%		100	
		7	绿色农房比率		%		无	
		8	绿色建材使用比率		%		30	

目标层	准则层	编号	指标名称		单位	指标值
资源节约与利用	清洁能源利用与节能	9	农村生活用能中清洁能源使用率		%	100
		10	农作物秸秆综合利用率 裸野焚烧率		%	85 0
		11	节能节水器具使用率		%	100
	水资源利用	12	地表水环境质量 近岸海域水环境质量		达到功能区标准95%	
		13	集中式饮用水水源地水质达标率 农村饮用水卫生合格率		%	89.5 100%
		14	农业灌溉水有效利用系数			≥0.738
		15	非传统水源利用率		%	45
	废弃物处理与资源化	16	生活垃圾定点存放清运率		%	100
		17	生活垃圾资源化利用率		%	>80
		18	村镇生活垃圾无害化处理率		%	100
		19	农用塑料薄膜回收率		%	100
		20	集约化畜禽养殖场粪便综合利用率		%	95
		21	建筑旧材料再利用率		%	100
环境质量与修复	污水处理	22	化学需氧量（COD）排放强度		kg/万元（GDP）	5.63
		23	村镇生活污水集中处理率		%	85
		24	村镇污水再生利用率		%	80
	环境修复	25	森林覆盖率		%	22.53
		26	村镇人均公共绿地面积		m^2/人	15
		27	退化土地恢复率		%	90
		28	化肥施用强度（折纯）		kg/hm^2	250
		29	农药施用强度		kg/hm^2	10
	空气质量	30	主要大气污染物浓度	二氧化硫	$\mu g/m^3$（1h平均）	9
				氮氧化物		20
		31	空气质量满意度		%	>95%

续表

目标层	准则层	编号	指标名称		单位	指标值
环境质量与修复	声环境	32	环境噪声达标区的覆盖率	昼间	%	100
				夜间		100
	生态景观	33	物种多样性指数（全球种群数量1%以上的水鸟物种数）		%	7
		34	河塘沟渠整治率		%	100
生产发展与管理	清洁生产与低碳发展	35	农民年人均纯收入		元	6900
		36	城镇居民年人均可支配收入		元	19590
		37	特色产业			养殖业、旅游业
		38	单位GDP能耗		tce/万元	0.42
		39	单位GDP水耗		m³/万元	<20
		40	单位GDP碳排放量			达到所在地的减碳目标0.06<0.5
	生态环保产业	41	环境保护投资占GDP的比重		%	5%
		42	主要农产品中有机、绿色及无公害产品种植面积的比重		%	90
公共服务与参与	公众参与度	43	公众对环境的满意率		%	95
		44	环保宣传普及率		%	100
		45	遵守节约资源和保护环境村民的农户比例		%	100

利用星级计算方法，开发出相应计算软件，将该镇各项指标输入计算软件中，计算得到每一项指标的具体得分值。

其中资源节约与利用相关指标的评分结果如图2-34所示。可以看出，该镇在资源节约与利用方面做得较好，多数指标得到了满分5分，在清洁能源利用与节能、水资源利用和废弃物处理与资源化方面，多数指标均得到了满分5分，但是目前在农作物秸秆综合利用和生活垃圾资源化利用方面尚存不足。在土地规划、村镇用地选址与功能分区和社区与农房建设方面，仍有不少欠缺，特别是应着重提高公共服务设施和娱乐设施的完善度，同时狠抓绿色建材使用和绿色农房建设。

环境质量与修复相关指标评分结果如图2-35所示。该镇目前在空气质量、声环境和生态景观方面生态建设已十分完善，各项指标均达到很高的水平，并得到满分5分。但是，在污水处理和环境修复方面，该镇目前还有明显不足，改善这些方面的生态建设任重而道远，其中森林覆盖率受到本地条件制约导致得分较低，降低污水排放、提高污水再生利用以及控制化肥和农药使用强度等方面应进一步加大投入和管控力度。

生产发展与管理和公共服务与参与相关指标的评分结果如图2-36所示。该镇在低碳环保产业建设和公众环保参与方面做得较好。目前尚存的问题主要是，本镇位于东部沿海经济发达地区，居民收入还非常低，应依托地区产业结构调整的大好形势，进一步挖掘优势产业，提高农民收入。同时，还应加大对环保产业的投入。

	指标	得分
土地规划	村镇规划、用地的合理性	3
	受保护地区占国土面积比例	5
村镇用地选址与功能分区	公共服务设施完善度	3
	人均休闲娱乐用地面积	3
	公共交通便利性	4
社区与农房建设	农村卫生厕所普及率	5
	绿色农房数量	0
	绿色建材使用比率	1
清洁能源利用与节能	农村生活用能中清洁能源使用率	5
	农作物秸秆综合利用率	0
	节能节水器具使用率	5
水资源利用	近岸海域水环境质量	5
	村饮用水卫生合格率	5
	农业灌溉水有效利用系数	4
	非传统水源利用率	5
废弃物处理与资源化	生活垃圾定点存放清运率	5
	生活垃圾资源化利用率	0
	城镇生活垃圾无害化处理率	5
	农用塑料薄膜回收率	5
	集约化畜禽养殖场粪便综合利用率	5
	建筑旧材料再利用率	5

图2-34
资源节约与利用相关指标的评分结果

	指标	得分
污水处理	化学需氧量（COD）排放强度	0
	城镇生活污水集中处理率	4
	城镇污水再生利用率	1
环境修复	森林覆盖率	1
	城镇人均公共绿地面积	4
	退化土地恢复率	5
	化肥施用强度（折纯）	1
	农药施用强度	0
空气质量	主要大气污染物浓度	5
	空气质量满意度	5
声环境	环境噪声达标区的覆盖率	5
生态景观	物种多样性指数	5
	河塘沟渠整治率	5

图2-35
环境质量与修复相关指标的评分结果

	指标	得分
清洁生产与低碳发展	农民年人均纯收入	0
	城镇居民年人均可支配收入	0
	特色产业	3
	单位GDP能耗	5
	单位GDP水耗	5
	单位GDP碳排放量	5
生态环保产业	环境保护投资占GDP比重	0
	主要农产品中有机、绿色及无公害产品种植面积的比重	5
公共服务与参与	公众对环境的满意率	5
	环保宣传普及率	5
	遵守节约资源和保护环境村民的农户比例	5
加分项		0

图2-36

生产发展与管理和公共服务与参与相关指标的评分结果

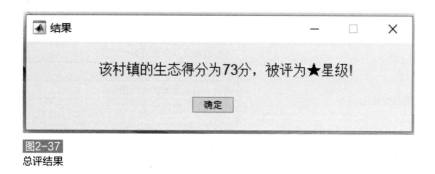

图2-37

总评结果

综合上述单项评分结果，参照前文所述的指标权重计算结果，最终总评结果见图2-37。目前该镇的生态环境建设已达到了较高水平，总得分为73分。该镇应瞄准目前在废弃物资源化、污水处理、环境修复等方面的短板，进一步加大环境基础设施建设的投入，同时应积极引导新型环保产业发展，如旅游业、农业、养老等，在努力提高居民收入的同时，可以统筹兼顾资源节约、环境保护的协调发展。

第3章

村镇绿色基础设施与生态气候规划方法与技术

3.1 绿色生态村镇规划技术导则编制方法

绿色生态村镇规划技术导则是一种用于引导绿色生态村镇规划编制的技术指引性文件，以绿色生态村镇规划的共性问题为根本导向，进而提出相应的解决措施及策略，导控内容主要以基本原则、基本要求、技术方法、规划指标等形式呈现。

3.1.1 编制原则

绿色生态村镇规划以绿色环保和资源节约理念为根本出发点，综合运用生态学理论及方法对村镇规划建设过程中所遇到的问题加以引导和解决。绿色生态村镇规划是在传统村镇规划的基础上所进行的一次"完善"，它是传统村镇规划的"升级版"。绿色生态村镇规划是以绿色节能以及生态环保为基本理念的一种村镇规划类型，其包含了传统村镇规划的绝大部分内容，两者之间彼此相互交叉，同时两者所涉及的具体内容又有所区分。

绿色生态村镇规划技术导则是对绿色生态村镇规划所应涉及的内容进行原则及策略上的说明以及规定，导则的内容应该符合以下几点原则。

（1）以村镇规划规范性文件为主要依据。绿色生态村镇规划技术导则的编制目的是为了规范和引导绿色生态村镇规划的编制工作。因此，其编制过程应该有理有据。根据编制主体的不一样，村镇规划规范性文件可以从国家及地区两个层面进行划分。在编制绿色生态村镇规划的时候，除了一些比较特殊的、村镇规划规范性文件中没有提及但同时又与村镇生态问题相关的内容外，其核心主体部分内容都应该源自于国家及地方的现行村镇规划标准、准则等。

（2）以绿色生态为基本理念。绿色生态村镇规划技术导则之所以与传统村镇规划导则内容不同，其主要区别就在于其基于绿色生态目标出发而编制，以解决村镇生态环境问题为导向。村镇的生态环境问题大到村镇生态气候、生态安全格局、绿色基础设施、生态产业及绿色能源、绿色交通等，小到绿色住宅、绿化景观建设、环境保护及卫生治理等内容。绿色生态村镇规划技术导则在编制过程中应该时刻以绿色生态目标为根本导向，从镇域、镇区到村庄，分不同的层级对具体问题进行相关分析，并有针对性地提出合理的应对策略、措施及原则。

（3）从绿色生态村镇实际问题出发。绿色生态村镇规划技术导则的目标一是引导村镇朝"绿色生态"方向发展建设，二是解决村镇现状实际问题。其中，绿色生态是本导则编制的根本导向，村镇规范性文件是导则编制过程中的主要依据，最终目的是需要解决研究区村镇规划建设的实际问题。研究区村镇规划建设的基本问题是建立在对研究区现状实地调研及相关分析的基础上而加以确定的。因此，应通过实地调研，从镇域、镇区及村庄层面，按主要问题及次要问题对村镇问题进行区分。

3.1.2 核心要素

提炼绿色生态村镇规划技术导则核心要素的一般思路为先构建相应的生态目标体系，在此基础上归纳总结出相应的规划内容，再在相关规划内容的基础上进一步提炼出导则核心要素，最后根据相关规定对核心要素进行分类。

3.1.2.1　目标体系构建

我国关于绿色生态村镇的研究及实践时间比较短，绿色生态村镇规划建设的基础比较薄弱。因此，目前我国绿色生态村镇规划内容的侧重点主要在于改造村镇生态环境、节约利用村镇资源、加强基础设施建设等空间实体层面。绿色生态村镇规划的目标可以概括为以下五个方面：

（1）保护生态环境。随着村镇开发建设活动的日益加剧及人们生活水平的提高，我国村镇生态环境正遭受着越来越严重的破坏与污染，如无序的村镇开发导致的水土流失、土地荒漠化以及生活垃圾的随意排放等。生态环境的破坏及污染将给村镇居民带来各种各样的生活问题，从而直接造成生活品质的下降。

（2）改善生态气候。生态环境的破坏造成了气候问题的频繁发生，如雾霾、高温等。随着生活水平的日益提高，村镇居民对于生活品质的要求也越来越高，因此，加强对村镇生态气候的改善也显得越来越重要。

（3）节约利用资源。土地、水、能源等是维系村镇居民正常生活的基本条件，是村镇区域正常发展的基础。我国人均资源占有量较世界发达国家有着比较大的差距，并且随着近年来城镇化建设活动的加剧，村镇区域的自然资源不断遭受侵占和破坏。

（4）促进绿色出行。交通出行是村镇居民日常生活中最为频繁的一项活动。随着村镇居民物质生活水平的不断提高，村镇区域机动车等交通工具的使用正在逐渐增加，自行车及步行等绿色出行方式受到冷落。村镇居民逐渐改变的出行习惯一方面导致身体素质的下降，另一方面，机动车等现代交通工具的使用加大了对不可再生能源的利用，同时其尾气排放也造成了比较严重的环境污染问题。

（5）营造生态景观。长期以来，我国规划的重心都放在城市区域，直到2008年城乡规划法的颁布实施，我国村镇区域的规划建设活动才开始受到相应的重视。长期忽视村镇区域规划建设的直接后果是导致村镇地区的景观遭受到比较严重的破坏，比如村镇居民点绿化覆盖率不够，村镇河流等退化严重，建筑质量及色彩不协调等。

3.1.2.2　相关内容提炼

此处所指的相关内容主要是在生态目标体系构建的基础上所归纳汇总的针对所有绿色生态村镇规划的共性内容，在生态目标体系到导则核心要素的推导过程中起着过渡衔接的作用。生态目标与相关规划内容之间遵循着多对多的映射原则，比如，"保护生态环境"对应着"集约利用土地"、"垃圾回收利用"、"村镇公园绿地"等相关内容；同时，"集约利用土地"对应着"保护生态环境"、"改善生态气候"、"节约利用资源"生态目标，"垃圾回收利用"对应着"保护生态环境"、"节约利用资源"生态目标，"村镇公园绿地"对应着"保护生态环境"、"改善生态气候"、"营造生态景观"生态目标等。

3.1.2.3　核心要素分类

根据《镇规划标准》GB 50188—2007等有关规定，本研究将绿色生态村镇规划分为两个阶段、三个层次。两个阶段是：绿色生态村镇总体规划及绿色生态村镇建设规划；三个层次为绿色生态村镇镇域总体规划、绿色生态村镇镇区建设规划以及绿色生态村镇村庄建设规划。

通过前文关于绿色生态村镇规划相关内容的梳理汇总，本研究按照绿色生态村镇规划的两个阶段、三个层次对相关内容进行了进一步的提炼，最终形成导则核心要素。核心要素在绿色生态村镇规划技术导则具体内容的编制界定中起着索引的作用，本研究最终所提炼的绿色生态村镇规划技术导则核心要素主要包含以下几个方面的内容。

（1）绿色生态村镇镇域总体规划导则核心要素，包含镇域绿色基础设施规划、镇域生态功能分区规划、镇域绿色交通系统规划、镇域低影响排水系统规划、镇域环境卫生治理规划、镇域防灾减灾规划六个方面的内容。

（2）绿色生态村镇镇区建设规划导则核心要素，包含镇区绿地系统建设规划、镇区绿色交通建设规划、镇区低影响排水系统建设规划、镇区环境卫生治理规划、镇区防灾减灾建设规划五个方面的内容。

（3）绿色生态村镇村庄建设规划导则核心要素，包含村庄绿色住宅建设规划、村庄绿化景观建设规划、村庄道路设施建设规划、村庄低影响排水系统建设规划、村庄环境卫生治理建设规划、村庄防灾减灾建设规划六个方面内容。

3.1.3　编制程序与步骤

3.1.3.1　导则编制技术路线

绿色生态村镇规划技术导则属于技术类导则范畴，其导则成果最终用来为规划编制工作提供技术指引。在绿色生态村镇规划技术导则编制过程中，需要注意以下两个方面的问题。

一是导则编制的基本思路。导则有多种类型，不同类型导则所遵循的编制思路也不尽相同。绿色生态村镇规划技术导则的编制思路如图3-1所示。在规划编制工作开展之前，针对研究区内现存基本问题展开分析与讨论，继而在遵循相关规划编制依据及原则的基础上，针对研究区问题提出相应的解决措施及建议，用于指导具体规划编制工作的进行。因此，分析及评价村镇所存在的与绿色生态规划目标相关的共性问题是导则编制工作的重要前提。

二是导则内容的确定方法。在导则内容的确定过程中，需要始终以国家及地方层面的规范性文件为指导依据。绿色生态村镇规划技术导则内容与相关编制依据在内容上存在以下3种关

图3-1
规划导则编制思路

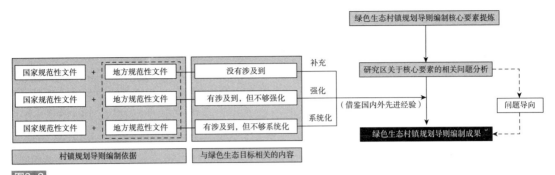

图3-2
绿色生态村镇规划技术导则编制工作技术路线

系：（1）绿色生态村镇规划技术导则内容在相关编制依据中没有考虑到；（2）绿色生态村镇规划技术导则内容在相关编制依据中有考虑到，但不够强化；（3）绿色生态村镇规划技术导则内容在相关编制依据中有考虑到，但不够系统化。针对这3种情况，本导则将在遵循相关编制依据的基础上，通过借鉴国内外相关实践及研究经验分别对此进行补充、强化、系统化处理，从而形成绿色生态村镇规划技术导则的最终编制成果。绿色生态村镇规划技术导则编制工作的技术路线如图3-2所示。

3.1.3.2　评价技术工具

在绿色生态村镇规划技术导则编制过程中，某些特殊导则内容的生成过程需要用到相应的技术工具（如生态敏感性分析、生态廊道提取等）。

（1）生态环境现状评价

在生态环境现状评价过程中，所采用的环境评价指标主要包含水环境质量、森林资源、环境资源等[1]。评价公式如下：

$$P = \frac{1}{n}\sum_{i=1}^{n} P_i \tag{3-1}$$

式中：P为生态环境现状总得分；P_i为现状环境评价指标得分；n为现状环境评价指标数。经过上述公式运算，同时结合对国内外相关研究经验的借鉴参考，最终生态环境现状评价总得分可以分为以下三级标准：当$P \leqslant 5.0$时，表示环境现状较差；当$5.0 < P < 8$时，表示现状环境质量中等；当$P \geqslant 8.0$时，则表示现状环境质量较好。

（2）生态敏感性分析

生态敏感性分析对于保护村镇生态环境，合理规范村镇规划建设活动具有很好的指导意义，是绿色生态村镇规划中的一项很重要的内容。生态敏感性分析主要分为以下步骤：①选取评价因子，除高程、坡度等地形因子外，还要考虑研究区的植被多样性等，以及研究区内的村镇历史保护区、基本农田保护区等特殊性因子；②评价因子赋值，用层次分析法先确定不同评价因子之间的权重，再根据国内外相关经验确定单个评价因子之间内部不同权重值，可以参考表3-1。

村镇生态敏感因子评分赋值表   表3-1

分值因子（权重）	9	5	1
高程（0.15）	高	中	低
坡度（0.15）	>25	8~25	0~8
植被多样性（0.30）	高	中	低
村镇保护区、基本农田等特殊性因子（0.4）	高	中	低

（3）生态服务功能重要性评价

主要参照《生态功能区划暂行规定》的相关规定，对研究区的土壤保持重要性、水源保护重要性等方面进行考虑，并针对各个村镇进行重要性计算，并加以分级赋值[1]。生态服务功能重要性评价公式如下：

$$EI_j = \sqrt[6]{F_i}$$

（3-2）

式中：EI_j为第j个村镇的生态服务功能重要性得分；F_i为第i个村镇的第i类功能的重要性得分。经过上述公式运算，同时结合对国内外相关研究经验的借鉴及参考，最终生态服务功能重要性评价总得分可以分为以下三级标准：当$EI_j \leq 5.0$时表示不重要；当$5.0 < EI_j < 8.0$时，表示中等重要；当$EI_j \geq 8.0$时，表示很重要。

（4）绿色基础设施规划技术路线

绿色基础设施规划主要依据GIS软件平台，在综合分析区域生态环境现状的基础上，针对研究区范围内的生态廊道及生态枢纽进行解析，从而构建区域生态安全格局。其中，生态廊道主要是指具有一定宽度的河流及山体等，而生态枢纽主要是指成片的湿地、森林、农田等。生态廊道的计算主要通过最小耗费距离模型生成，而生态枢纽主要是依据斑块的面积确定[2,3]。绿色基础设施的构建技术框架如图3-3所示。

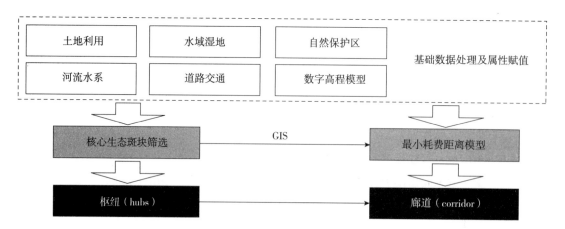

图3-3
绿色基础设施规划技术路线

村镇不同地表面的阻力值　　　　　　　表3-2

属性	阻力系数	属性	阻力系数
>200m的河流	250	<200m的河流	500
村镇密集建设区	5000	村镇低密建设区	500
耕地	300	绿化景观	300
村镇湿地	250	村镇道路	2500
村镇自然保护区	−10	村镇核心生态斑块	−10
坡度0~25°	+5	坡度>25°	+10

（5）生态廊道计算与提取

生态廊道主要是通过最小耗费距离模型来计算生成。在最小耗费距离模型的计算过程中，首先需要对村镇不同地表的阻力值进行设置。对研究区村镇生态廊道进行计算时，其不同地表阻力值的设置可以参考表3-2。

生态廊道提取的计算公式如下：

$$MCR = f \times \min\left(\sum_{j=n}^{i=m}(D_{ij} \times R_i)\right) \qquad （3-3）$$

式中：MCR为生态廊道计算总分值；R为生态廊道路径中从j点到i点的阻力值；D为从j点到i点的距离值；f为函数关系。根据上面的公式，在确定了研究区生态枢纽以及阻力面的基础上，运用GIS中的成本距离工具，便可以计算得到所需的生态廊道。

3.1.3.3　导则体例结构

如前所述，绿色生态村镇规划可以分为镇域总体规划、镇区建设规划以及村庄建设规划三个层次。绿色生态村镇规划技术导则的体例结构可相应的确定为五个部分内容，如图3-4所示。

3.1.3.4　导则编制框架

绿色生态村镇规划技术导则编制可以根据工作开展的先后顺序，分为三个阶段，共五个部分，具体流程如图3-5所示。

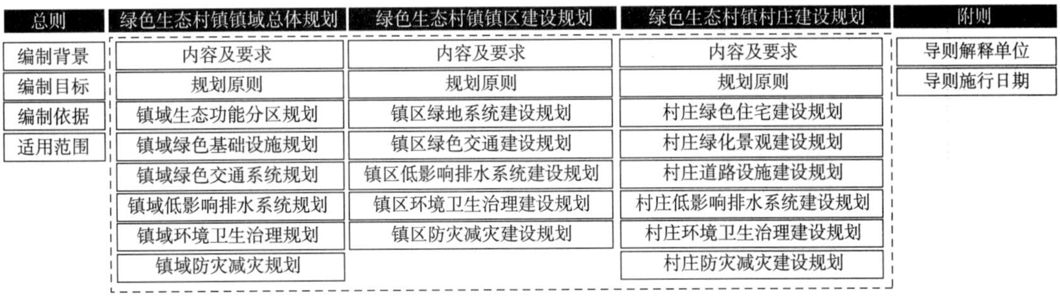

总则	绿色生态村镇镇域总体规划	绿色生态村镇镇区建设规划	绿色生态村镇村庄建设规划	附则
编制背景	内容及要求	内容及要求	内容及要求	导则解释单位
编制目标	规划原则	规划原则	规划原则	导则施行日期
编制依据	镇域生态功能分区规划	镇区绿地系统建设规划	村庄绿色住宅建设规划	
适用范围	镇域绿色基础设施规划	镇区绿色交通建设规划	村庄绿化景观建设规划	
	镇域绿色交通系统规划	镇区低影响排水系统建设规划	村庄道路设施建设规划	
	镇域低影响排水系统规划	镇区环境卫生治理建设规划	村庄低影响排水系统建设规划	
	镇域环境卫生治理规划	镇区防灾减灾建设规划	村庄环境卫生治理建设规划	
	镇域防灾减灾规划		村庄防灾减灾建设规划	

图3-4

绿色生态村镇规划技术导则编制结构

（1）前期研究及准备

在绿色生态村镇规划的前期研究部分，主要通过对国内外相关研究及实践工作的梳理，重点分析总结当前国内外绿色生态村镇规划研究及实践工作的趋势进展、绿色生态村镇规划编制的内容以及国内外绿色生态村镇规划的理论及方法等问题，为后续绿色生态村镇规划技术导则编制工作提供支撑。

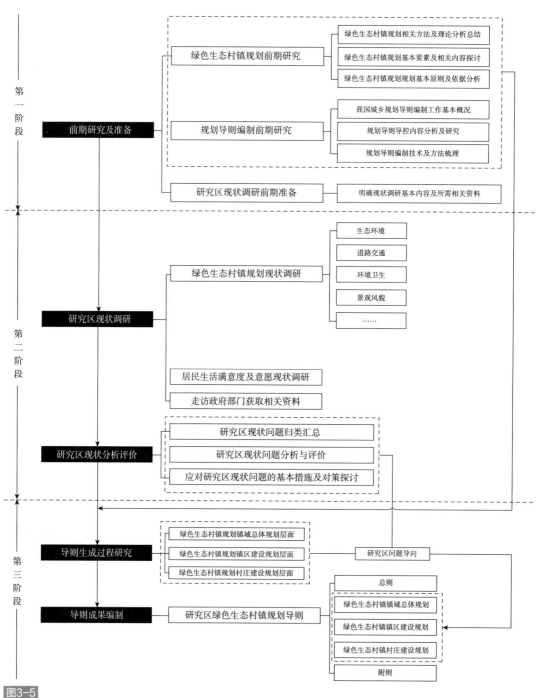

图3-5
绿色生态村镇规划技术导则编制工作流程

在规划导则编制的前期研究部分，需要研究清楚当前城乡规划导则编制的基本概况、编制过程中存在的基本问题，以及规划导则编制的技术和方法等内容，通过对国内质量较好的村镇规划导则编制实例的分析及借鉴，确定本导则的编制方法和思路流程。

研究区现状调研前期准备工作主要是事先将调研过程中需要搜集的资料、调研的内容以清单的形式罗列出来，以确保调研工作能够有序、顺利地进行。

（2）研究区现状调研及分析评价

本阶段的主要任务是对研究区进行深入细致的调研及分析，这是绿色生态村镇规划技术导则编制工作中非常重要的一个环节。只有在对研究区基本概况及主要问题进行了深入细致的分析评价，才有可能确保最终导则编制成果具有针对性。

本阶段工作主要分两个步骤加以展开：首先是对研究区范围内主要村镇的生态环境、道路交通、防灾减灾、景观风貌等基本概况进行深入细致的调查，同时通过问卷或访谈的形式对研究区村镇居民的基本生活概况进行调查，并询问他们对于绿色生态村镇规划建设的意愿，此外还需要通过走访相关政府部门获取与研究区相关的基础资料，以此作为研究区现状调查的补充。其次是在对研究区进行了细致调查的基础上，结合相关的专业知识，运用定性及定量分析的方法，对研究区进行分析，总结研究区存在的基本问题与不足，发掘其存在的机遇与优势，进而为导则的编制工作做好准备。

（3）导则生成过程研究及导则成果编制

通过前期有关绿色生态村镇规划及村镇规划导则编制的研究，结合研究区的现状调研及分析评价，进行研究区绿色生态村镇规划技术导则的编制过程研究及导则成果编制，进而最终形成能够用于指导绿色生态村镇规划具体工作的规范性文件。这是整个导则编制工作过程中最为核心的部分。此前提到的五部分内容中，绿色生态村镇镇域总体规划、绿色生态村镇镇区建设规划、绿色生态村镇村庄建设规划是绿色生态村镇规划技术导则的核心主体部分内容。

3.2　基于生态服务功能的村镇绿色基础设施规划方法

3.2.1　规划的原则

（1）环境整合原则

村镇区域属于自然资源丰富、周边环境人为干涉较少的地域，所以对于村镇尺度的绿色基础设施规划，全面地考虑到综合生态大环境的规划原则至关重要。重要历史性景区、区域内的公共空间、生态型水源和其他保护性土地的规划与管理，需要考虑它们的外边界等重要问题。例如怎样在村镇尺度上连接其他保护区域和自然资源以达成共同目标。

（2）满足连通性原则

从村镇的角度来说，通过满足区域生态服务功能的连接性，可以认识并形成村镇自然系统与人类社会层级共同发展的网络体系。绿色基础设施的核心要素就是连接。在村镇层面，这种连接是多层级多尺度的，自然系统网络连接占有非常重要的部分。

（3）共同发展原则

生态系统与人居环境的相互平衡与协调发展至关重要。绿色基础设施规划的结果要求是一个可以发挥整体生态功能的绿色空间网络，即多项指标均衡作用共同发展。考虑到绿色基础设施与精明增长系数有很大关联，在保护农林生态类土地利用的时候，绿色基础设施可以帮助人类活动提供有利于经济发展的宏观框架。

（4）保护自然原则

村镇绿色基础设施应发挥保护自然生态服务功能的特质。保护自然原则是村镇绿色基础设施积极应对村镇良好自然资源和生态环境的一项基本准则。必须用系统、关联和平衡的思维方式及手段来处理村镇绿色基础设施与人类社会和自然环境之间的关系。

（5）同时获益原则

村镇是一个空间复合的体系，属于生态服务功能丰富的地域。而相互连接的绿色基础设施系统可以使人类和整个生物存在的生态系统同时获取效益，并提高村镇生活质量。依靠生态服务功能，有效的绿色基础设施可在镇域尺度背景下描述和确定自然空间网络的价值和功能，能使人们更好地理解如何使生态、人类和经济利益相融合。

（6）长期发展原则

村镇绿色基础设施规划是基于生态服务功能的空间网络设计，应该是一个动态的规划方案，需要被阶段性地修改和更新，与村镇的增长和变革相适应。因此，规划时需要将后期的管理考虑到规划步骤当中。保障绿色基础设施延续性的必要措施是使居民和政府都参与进来，通过各方面的努力使村镇的绿色基础设施得以长期发展。

3.2.2　规划的关键支撑技术

3.2.2.1　生态服务功能空间测度技术

生态足迹分析方法是生态服务功能空间测度与分析的主要方法，也是生态资产空间评估的方法。生态足迹是在现有技术中，按空间面积计量的，支持一个特定地区的经济和能源消费、人口物质和废物处理所需相关水和土地等自然资本的数量值。一般来说，生态服务功能所提供的主体是自然资产，它的占用是当前生态学术上讨论的热点问题。此前有人评测了典型城市工业区需要占用比它本身所包含的区域面积要大10～20倍的土地面积，因此可以看到，人类对土地资源的需求现在已经远超过了地球承载力。

生态足迹评估方法是衡量生态服务功能的一种有效方法。生态足迹总体估计了人类活动对自然的影响。它通过比较一个地方废弃物的产生同该地区的自然再生能力和资源消耗的程度，告诉我们一个地区的社会经济发展对其自然的影响到了什么程度。通常来讲，生态足迹可以理解为在现有技术水平下，特定人口规模为其生产期所需的自然资源和同化该人口所产生的废弃物所要求的具有生物生产力的陆地和水域总面积。这种方法一般采用平均生物生产力的平均空间面积作标准比较单位来衡量不同区域人口所产生的生态影响。生态足迹的计算基于人类对自然产品和服务的消费以及所排放的废弃物。生态足迹也是被一个区域所拥有的生产所耗费生态资源，并能吸收所产生废弃产品的土地的面积。

3.2.2.2　生态服务功能格局测度技术

从绿色基础设施的角度来说，可以利用景观格局的分析方法来实现其生态服务功能格局测度。绿色基础设施的生态服务功能研究需要分别用定性和定量的方法来描述空间格局，以比较不同绿色基础设施要素并辨别具有特殊意义的景观结构，以及确定空间格局和生态服务功能的相互关系等。景观格局是许多生态过程长期作用的结果，两者之间相互影响。

由于景观格局的形成是各种自然环境和人类社会活动共同作用的结果，只有明确景观格局才能为人类对生态环境的影响作出贡献。本研究主要研究景观格局在空间上的异质性。村镇尺度上的空间异质性主要包括空间组成，其中包括生态系统的类型、种类、数量和面积等等；空间结构，比如生态系统的空间分布、斑块大小、密度、连接度等；以及空间相关程度三部分内容。

本研究探讨绿色基础设施的生态服务功能格局测度的目的是通过景观格局的分析确定不同尺度上如何选取适宜的指数来描述具体生态过程，并对现状进行优化，从而完成对绿色基础设施网络元素的评价。景观格局优化在绿色基础设施中的应用可以说是利用景观生态学的方法来解决土地合理规划与利用的方式，目的是为了使得土地的综合价值在不被破坏的情况下有进一步的提升。本研究对景观格局的优化研究需要建立在不同景观类型、景观斑块以及生态服务功能之间的联系上。所以，首先要找到村镇景观空间格局对其生态系统的作用与联系，明确其科学的量化关系；之后再利用景观生态学中的相关方法，进行生态、经济和社会综合价值的多目标优化，并帮助确定与判断绿色基础设施网络元素的层级分布情况。

3.2.2.3　生态服务功能连接测度技术

本研究通过生态连接度的分析方法来实现绿色基础设施的生态服务功能连接测度。生态连接度是描述生态过程中连接通道和中心控制区在空间上如何连接的一种测定指标。生态连接度可以在一定程度上反映村镇生态系统内各项绿色基础设施之间的整体复杂性，生态连接度是反映连续性的度量。

（1）生态功能区判别

村镇的生物多样性更多取决于山林、自然湿地等人工环境以外的区域，且生态过程和物种迁移等大部分也在自然环境中进行[4]，而面积较小的生态用地通常不具备大多生态服务功能[5]，不能作为生态功能区看待。生态功能区的鉴别与判定是生态连接度评价的基础。本研究将两次判别后仍没有被识别为生态功能区的场地作为非生态功能区。

（2）障碍影响指数

障碍影响指数是指不同建设用地类型与生态类型之间实现功能联系的阻碍程度[6]，障碍影响指数的运算可表达如下：

$$Y_{si} = b_s - k_{s1} \ln\left(k_{s2}\left(b_s - d_{si}\right) + 1\right) \qquad (3-4)$$

$$BEI_i = \sum_{s=1}^{n} Y_{si} \qquad (3-5)$$

式中：Y_{si}为第i个像元到第s种障碍物产生的障碍效应；b_s为第s种障碍类型的权重系数；k_{s1}和k_{s2}为不同障碍类型指数递减函数的校正系数；d_{si}为第i个像元到第s种障碍物所产生的耗费距离；BEI_i为第i个像元的障碍影响指数；n为障碍类型的种类数。

（3）生态连接度指数

生态连接度用来衡量各类生态服务功能之间生态结构或生态过程的有机联系。生态连接度指数的计算有赖于最小路径模型，可表达如下：

$$d_i = \sum_{r=1}^{m} d_{ri} \tag{3-6}$$

$$ECI_i = 10 - 9\frac{\ln(1+d_i)}{\ln(1+d_{max})^3} \tag{3-7}$$

式中：d_i为第i个像元到各生态功能区的总耗费距离；d_{ri}为第i个像元到第r种生态类型区的耗费距离；d_{max}为给定区域像元到各生态功能区总耗费距离的最大值；ECI_i为第i个像元的生态连接度指数。

分别以中心控制区为"源"，BEI为阻力面，计算像元到中心控制区的距离d_{ri}，然后计算ECI_i，并将ECI等间距划分5个等级表示生态连接度指数的差异。

3.2.2.4   其他支撑技术

（1）基于垂直生态过程的分析方法

垂直生态过程的适宜性方法从麦克哈格的人类生态规划理论得来，注重景观单元内相关基质与人类社会、土地利用方式之间的垂直过程。该方法一般通过用"千层饼"形式的叠加技术来实现。可采用GIS图层显示各要素地图来分析确定绿色基础设施，此外还有一些研究采用了定量化的GIS图层叠加分析方法。垂直生态过程的基本要素数据的叠加是用来计算绿色基础设施适宜性的最基础的方法。在用地属性与功能较为复杂的绿色基础设施规划中，很多时候"中心控制区"和"连接通道"也是通过空间叠加来确定的[7]。

（2）基于水平生态过程的空间分析方法

水平生态过程的分析方法主要是利用GIS软件的"最小费用距离"模型，这种分析方法被作为绿色基础设施建立连接通道的依据，主要用于计算连接通道的位置和空间格局模式。首先确定"中心控制区"作为"源"，然后进行连接通道生态敏感性分析，通过相应的因素指标确定对生物水平运动的"阻力"，建立阻力面，再运用GIS的"最小费用距离"模型计算从"中心"到各"小型场地"的最小费用路径[8]。在"最小费用距离"模型基础上，可以确定在绿色基础设施中起关键性作用的一些点与面的空间关系，来确定现有的或是潜在的绿色基础设施。

3.2.2.5   相关技术在步骤中的应用

可以在绿色基础设施的基本步骤中引入生态服务功能的相关技术手段，丰富步骤程序，使得方法更适用于村镇尺度及其特征。其中，生态足迹分析方法能够很好地衡量绿色基础设施的生态服务功能，判断其生态容量的盈亏。因此在对绿色基础设施的生态服务功能水平分析中，主要通过生态足迹的计算来定量研究绿色基础设施的供给与需求关系，以确定生态成本差异。利用景观格局的相关方法来确定生态斑块的数量、密度、破碎度及优势度等条件，为中心控制区的选择与确定建立更加科学合理的基础。连接通道的选择一般是通过最小费用路径的方法，但在具体操作中往往不够具有全面性，本研究引入生态连接度的分析方法，优化了最短费用路径，通过更加科学具体的评估来有效确定最适宜的连接通道。当然，本研究的研究方法也借鉴并利用了前人的分析方法与操作模式，如在基础生态数据的叠加分析中采用"千层饼"的适宜性分析方法，在权重的分析中使用层次分析法等，这些在绿色基础设施的基础研究中必备的方法技术，在本研究中也有所体现。

本研究结合村镇特殊性，从生态服务功能的角度出发，借鉴了原有的基础研究方法，并融合了生态服务功能的相关测度方法，以完善绿色基础设施规划步骤，使其研究方法更加适用于村镇规划发展，通过综合考量与分析得出村镇绿色基础设施具体的规划步骤与内容。

3.2.3　规划步骤

3.2.3.1　确定村镇绿色基础设施规划目标

绿色基础设施网络规划需要满足其要素的生态服务功能需求并相互支持。作为村镇尺度的绿色基础设施规划，我们需要认识到：（1）自然资源的多样性价值，而不是强调某些物种的价值；（2）如何使村镇人居环境与周围的生态系统相协调；（3）如何连接村镇建设区和非建设区开敞空间的生态服务功能；（4）了解村与镇、村与村、村与乡协调规划的重要性；（5）需要用镇域层面的眼光看待绿色基础设施的生态服务功能。此外作为村镇的绿色基础设施规划，不同于城市的，则特别需要在整个绿色基础设施网络的外围，设置一个低土地利用的缓冲区域来更好地保护村镇特性，以免受到来自城市发展的干扰。

在这一过程中，我们需要明确绿色基础设施中的要素特性，比如湿地、野生动物、游憩地等资源，考虑它们是否同生态服务功能或人类的利益紧密联系。自然生态系统的价值和生态服务功能特征属性包括生态群落和其他自然属性，以及具有生态价值的生产性土壤。

通过对土地适宜性、生态敏感性以及生态服务功能水平的分析与评价，准确得出村镇生态服务功能的具体需求。生态网络整体及内部各元素的生态价值均需要考虑，并应结合地域的适宜性和敏感性来确立各类功能需求及其具体程度。

3.2.3.2　收集并处理村镇绿色基础设施数据

明确规划目标后需要确定研究区域的生态类型，并收集和处理相关的生态属性信息。村镇的生态服务功能分为供给功能、孕育功能、调节功能、流通功能和支持功能五种类型。生态系统可以用不同的方法分类。绿色基础设施的网络规划包括镇域生态系统相关的属性，如纯自然环境的湿地、具有自我修复的森林、提供水源涵养的河流等。

在收集到生态属性数据后，生态资源就可以根据其生态服务功能的重要性以及其同绿色基础设施网络规划设计目标的兼容性来分类。由于绿色基础设施不可能在镇域范围内包含所有的生态属性，因此空间网络的规划必须建立一个标准，来确定网络中心控制区和镇域各生态属性的重要次序。而这些标准可以从生态服务功能的强弱等方面建立，包括不同属性对镇域内自然生命支持系统，及其对生态系统保护的依赖性程度等。本研究从土地适宜性和生态敏感度两个角度出发建立标准。

（1）现状土地利用适宜性分析与评价

1）选定影响绿色基础设施的生态因子

影响绿色基础设施的相关生态因子很多，其中比较普遍的复合生态因子如表3-3所示。如果将基础因子全部考虑进来会没有侧重点，得出的结果也没有地域特殊性，一般会根据区域特点选取一部分因子重点考虑。从生态服务功能充分利用等规划目的及相关内容要求出发，依据村镇土地利用方式，以及村镇绿色基础设施的区域性特点及土地特质，并结合国外村镇绿色基础设施的研究与成功经验，我们选择了几类重要因子，其中包括地质因子、地貌因子、土壤因子、湿地因子、植物因子等作为重点研究因子，由于村镇处于自然环境中，便以自然要素和土地本身的一些要素为主。

复合生态因子构成表　　　　　　　　　　　表3-3

分类因子	基础因子	分类因子	基础因子
地质	地质断裂带分布	生境	植被净化大气功能
	地质土性		植被多样性分布
	地基承载力		植被类型
地貌	坡度		植被分区
	高程	污染	污染源分布
	土地类型		垃圾排放处
土壤	土壤渗透性分布	水文	地表水分布（包括各类湿地）
	土壤类型		地下水资源开采基质
	表层土壤有机质含量分布		水系变迁
	土地资源评价		地下水化学类型
景观	自然景观分布	土地使用	土地开发利用程度分布
	人文景观分布		

选择生态因子进行评价可采用层级权重法。基于以上考虑，在镇域绿色基础设施规划中选择了坡度、土壤生产性、植被多样性、土壤渗透性、地表水（包括各类湿地）、生物多样性、用地程度、景观价值8类主要评价因子作为土地适宜性分析代表。选取这几类做分析主要出于以下考虑：

坡度：相对城市而言，村镇地形起伏较大，是绿色基础设施规划要考虑的重要因子之一。

土壤生产性：村镇土地大多用作农业生产，土壤生产性是反映土壤生产力的指标。

植被多样性：植被的生长情况发挥着丰富多样的生态服务功能，是保护整个生态基因的重要因素，对总体生态系统而言非常重要。植被多样性按植物的品种类型、分布区域和生态价值进行评估。

土壤渗透性：地下水是村镇的关键水文条件。土壤的渗透性越大，水源就越容易被污染。因此在村镇绿色基础设施规划中应该保护渗透性强的土地因子。

地表水：地表水在提高村镇景观质量，改善空间环境、调节局部温湿度、维持正常水循环等方面有重要作用。而且村镇作为较原始化的生活地域，很多地方还在直接取用井水、河水，加之地表水极易被污染，因此其利用和保护尤其重要。

野生生物多样性：生物种类的多样性对村镇生态系统来说至关重要，是反映生态系统的重要指标。

用地程度：居民点规模是影响适宜建设程度的重要因素之一，尤其是在村镇规划中，不考虑自然因素的肆意开发利用将导致严重的生态破坏。

景观价值：景观价值是影响村镇风貌和村镇特色的重要因素，对其的评价可从自然因素和人文因素两方面进行。

2）单因子评分与制图

首先，将生态因子的信息定量化。根据适宜性分析的需要，确定评价标准，本研究中的土地适宜性评价等级：V={V$_1$，V$_2$，V$_3$}={很适宜，适宜，不适宜}，数值为{1，3，5}。土地适宜性评价如表3-4所示。

土地适宜性评价表

表3-4

编号	生态因子	等级		
		V$_1$=1	V$_2$=3	V$_3$=5
1	坡度	缓坡地、微倾斜平地	高丘、中坡地、沟谷	中山、低山
2	土壤生产性	生产力低	生产力中	生产力低
3	植物多样性	旱地、无自然植被区	荒地灌木草丛区	自然，密林、果林
4	野生动物多样性	多样性很低	多样性一般	多样性丰富
5	土壤渗透性	渗透性小	渗透性中	渗透性大
6	地表水	无水区	灌溉渠及水塘	支流、溪流及其影响区
7	居民点用地程度	>30%	5%～30%	<5%
8	自然生态景观价值	低	中	高

在建立GIS空间数据库基础上，根据因子分级标准得出单因子标准，为下一步分析与计算做准备。根据分析的需要，可对数据库的结构和内容做出相应的调整，并且将常见的描述性的基础规划资料数量化。

3）利用层次分析法确定权重（*W*）

选择的因子当中，各因子对土地利用和自然资源的影响大小不同，因此应通过影响大小来确定权值大小。在因子的适宜性分析中，采用层次分析法确定因子权重。矩阵中个元素r_{ij}表示行指标C_i对列指标C_j的比较值，亦表示A指标和B资本比较程度，其标度如表3-5所示。得出矩阵后，计算因子的权重，如表3-6所示。

信息等级标度

表3-5

A与B相比	极重要	很重要	重要	略重要	相等	略不相等	不重要	很不重要	极不重要
A评	9	7	5	3	1	1/3	1/5	1/7	1/9

土地适宜性分析因子权重表

表3-6

因素		C_1 坡度	C_2 野生动物多样性	C_3 土壤生产性	C_4 植被多样性	C_5 土壤渗透性	C_6 地表水	C_7 用地程度	C_8 景观价值	权重 W
C_1	坡度	1	6	3	1/2	2	1	1	1/5	0.118
C_2	野生动物多样性	1/6	1	1/3	1/6	1/3	1/7	1/7	1/7	0.024
C_3	土壤生产性	1/3	3	1	1	1/2	1/3	1/2	1/5	0.060
C_4	植被多样性	2	6	1	1	3	1	1	1/2	0.145
C_5	土壤渗透性	1/2	3	2	1/3	1	1	1/3	1/6	0.070
C_6	地表水	1	7	3	1	1	1	2	1	0.161
C_7	用地程度	1	7	2	1	3	1/2	1	1/2	0.135
C_8	景观价值	5	7	5	2	6	1	2	1	0.286

4）求取评价结果B

根据各因子两两比较的结果利用公式对各指标权重进行计算[9]，得出综合评价值：

$$B_{ij} = \frac{\sum_{k=1}^{n} VK_{ij}W_k}{\sum_{k=1}^{n} W_k} \tag{3-8}$$

式中：i为地块；j为土地利用方式（i、j这两个因子在本次分析中是确定的）；k为影响该土地利用方式的生态因子编号；n为影响i土地j利用方式的生态因子总数；VK_{ij}为i地块j利用方式下的单因子评价值；B_{ij}为i地块在j利用方式下的综合评价值。

5）确定综合适宜度分级标准

根据已经确定的权重值在GIS软件中进行空间分析叠加计算。将8个生态因子加权叠加，得出村镇地区生态适宜性分析的综合值B，根据综合评价值，将评价结果分为最适宜地、较适

宜地、适宜地、不适宜地、不可用地
5 个等级，从而建立村镇生态适宜度模
型，为土地合理利用提供依据。

6）编制综合生态适宜度图

根据GIS软件的计算结果，生成针
对不同方面的专题图及叠加结果图，
将计算结果反映在相关图形中。土地
生态总体分析过程如图3-6所示。

（2）绿色基础设施生态敏感度分
析与评价

本研究选用了与村镇绿色基础设
施相关性较大的五个自然生态因子：

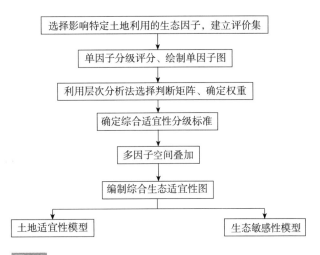

图3-6
土地生态分析过程

土壤渗透性、植被多样性、野生生物多样性、地表水分布、土壤生产性作为生态敏感性分析的
生态因子，方法过程同土地适宜性分析基本相同。权重值如表3-7所示。

生态敏感性分析因子权重表　　　　　　　　　　　　　　表3-7

因素		C_1 野生动物多样性	C_2 土壤生产性	C_3 植物多样性	C_4 土壤渗透性	C_5 地表水分布	权重W
C_1	野生动物多样性	1	1/3	1/7	1/3	1/6	0.051
C_2	土壤生产性	3	1	1	1/2	1/3	0.145
C_3	植物多样性	7	1	1	2	1	0.282
C_4	土壤渗透性	3	2	1/2	1	1/2	0.181
C_5	地表水分布	6	3	2	2	1	0.341

在对不同影响因子进行汇总时，5个因子首先进行空间叠加分析，得到总的生态环境敏感
区评价。对于生态敏感性分析可依照土地适宜性的步骤，根据生态敏感性相应的权重，利用
GIS空间分析叠加计算，得出土地的生态敏感性综合评价值B，并依照目标分级。

3.2.3.3　绿色基础设施生态服务功能水平分析

生态足迹是指区域内人口所需的生物生产性水、土的面积以及吸收人口总和所产生的废弃
污染物所需要的土地面积之和[10]，计算方法如下：

$$EF = N \times \sum ef_i = N \times \sum \left(r_i \times \sum aa_i \right) = N \times \sum \left(r_i \times \sum \frac{c_i}{P_i} \right) \qquad （3-9）$$

式中：*EF*为总的生态足迹；*N*为人口数；*ef_i*为人均生态足迹；*r_i*为第*i*种消费商品的土地类型的均衡因子；*aa_i*为人均第*i*种消费商品折算的生物生产性土地面积；*c_i*为第*i*种商品的人均消费量；*P_i*为第*i*种商品的平均生产能力；*i*=1～6对应6种土地类型。

生态容量是指区域内生物所能提供给人类的生物生产性水、土的面积之和，计算方法如下：

$$EC = N \times \sum ec_i = N \times \sum \left(A'_i \times r_i \times y_i \right) \quad (3-10)$$

式中：*EC*为总的生态容量；*ec_i*为人均生态容量；*A'_i*为第*i*种生物生产性土地人均面积；*y_i*为产量因子。

3.2.3.4　确定并连接绿色基础设施网络元素

（1）识别绿色基础设施网络控制中心

首先，在村镇绿色基础设施规划中，由于村镇自然资源独厚，有较大的自然斑块，所以选择中心控制区的必要条件就是其质量和面积尽量大，再将连接通道与中心区衔接，同各类散置的小型场地共同构建空间网络。在绿色基础设施规划中，要求绿色基础设施的中心控制区具有最高质量、最大面积和最不破碎的生态属性。选择大的区域是因为较大的区域对整体环境的控制性较强，从而可使整个生态网络更加稳定。只有中心控制区有足够大的面积，才能够在体系中撑起重要的核心地位。当然人类活动也从中满足了空间需求。

GIS空间叠加分析方法能够将一个场地的不同数据信息叠加起来，用于评估现状中潜存以及已经存在的绿色基础设施结构的组成要素。在GIS技术的帮助下，根据中心控制区的特点和特征，确定研究范围中的中心控制区，随即成为网络体系的连接要素。中心控制区的评价因子权重值如表3-8所示。

中心控制区评价因子及权重

表3-8

参数	权重
自然遗产区，内部自然地区比例	6
溪流长度	4
成熟和自然植被群落内的森林山地、森林湿地、植被类型数量	3
其他未开发湿地、高度侵蚀土壤地区、到主要道路距离、到最近网络中心的距离	2
生物类型数量、土壤类型数量、周边缓冲区适宜性	1

（2）利用生态连接度识别连接通道

绿色基础设施中的连接通道，可利用生态连接度的方法定量化并通过GIS技术空间分析法进行识别，提取最合适的廊道，从而与"中心控制区"共同构建起绿色基础设施网络（表3-9）。

廊道参数　　　　　　　　　　　　　　　　　　　　　表3-9

参数	权重
连接最重要生态中心控制区的廊道	2
中心控制区的生态重要性程度	4
被连接区域生态类型的多样性	2
片段区域（长度的间接量度）	1
廊道中节点面积大小	2
廊道被中断的次数	4
廊道穿越主干道的次数	4
廊道穿越次干道的次数	2
廊道穿越县级路的次数	1
廊道穿越铁路的次数	1
廊道片段中缺口面积的比例	4
廊道两侧区域作为缓冲区的适合度	1

生态连接度评价方法主要是通过最小耗费距离法来计算[11]，在ArcGIS软件中应用。村镇区域生态连接度降低的原因主要是各种建设用地及灰色基础设施对生态用地的分割以及废弃物无人管理乱丢乱放所造成的污染，因此，本研究首先以主要阻碍与破坏地为"源"，自然用地为阻力面，评估障碍指数BEI，然后以生态功能区为"源"，以BEI为阻力面，计算连接指数ECI。

（3）确定景观格局并连接网络元素

通过合理的生态网络连接方法对中心控制区进行连接，构建整体的网络系统，从而优化绿色基础设施网络。需要考虑的网络元素参数如表3-10所示。由于有些中心控制区的植被、野生动物类型、水文等方面可能具有相当大的差异，所以控制区之间的连接需要通过科学的分析而不是简单的连接。最佳廊道是指用最适宜的土地来联系不同的中心控制区。如果廊道不得不被打断，那么可用小而密集的栖息地为内部物种提供迁徙空间。

网络元素参数　　　　　　　　　　　　　　　　　　　表3-10

参数	权重
连接的是高级别的网络中心、间断面积的百分比	8
土地适宜性、生态敏感性	5
山地阻碍平均值、湿地水域等阻碍平均值	4
穿过道路等级、物种总数、成熟和自然植被群落内的部分区域	2
总面积、生物类型数量、森林山地、湿地	1

在用科学定量分析出的连接通道将中心控制区连成网络后，还需要选取小型场地作为中心控制区的辅助，这些小型场地也可以称之为生态斑块。小型场地也需要评价体系来进行评估计算。根据中心控制区的评估并结合场地整体敏感度及土地适宜性评价，选择质量较高及适宜性较好的生态区域作为村镇绿色基础设施中的主要网络连接要素[12]，网络元素评价指标体系主要从斑块景观格局与生态服务功能层面进行构建，见表3-11。

连接通道可以连接具有相同类型的中心控制区以及具备某些生态服务功能的中心控制区，例如生态控制区间跨越河流盆地的连接。结合前面对土地适宜性分析、生态敏感性分析和生态服务功能水平的判定来确定最佳连接通道。

网络元素评价指标　　　　　　　　表3-11

	种类	指标	权重	数值	分数	备注
景观格局	斑块面积	面积大小	0.2	面积比较	1~9	区域内斑块之和
	斑块破碎度和复杂性	斑块数量	0.1	>10个	7	区域内斑块之和
				5~9个	5	
				<5个	3	
		边界密度	0.2	—	1~9	单位面积内边界密度越小，斑块质量越高
	斑块优势度	最大斑块指数	0.1	<0.1	9	越大表明斑块面积分布越均匀
				0.1~0.5	7	
				>0.5	5	
		平均斑块面积	0.1	面积降序排列	1~9	—
生态服务功能	土地利用类型	林地	0.2	—	7	根据生态足迹计算各项用地类型的生态服务功能供需
		水体			5	
		耕地			3	
		建设用地			1	
	已连接的生态廊道	山谷廊道	0.1	—	以廊道数在0~9打分	根据生态服务功能需求考虑连接的廊道
		水系廊道				

3.2.3.5　绿色基础设施网络生态风险评估

生态风险评估是将绿色基础设施网络根据其风险参数的综合评分由高到低排序，进而进行评估。原则上，中心控制区都应该受到保护。连接通道是线性路径，因此其风险往往更高。对于升级后具有潜在价值的绿色基础设施，需要提高其生态服务价值。不同类型的绿色基础设施的优先级要根据其服务的类型和数量来计算。

3.2.3.6　反馈与建议

成立领导小组对绿色基础设施规划图进行评判和研讨以确定其是否符合村镇规划的目标。作为村镇的代表和规划过程的领导，他们不仅要对规划进行评判，还要听取公众关于设计的反馈意见并发挥关键作用。评判者除了包括领导小组外，还应包括私有土地所有者和其他生态规划支持者、对绿色基础设施规划和执行的各种影响都有了解的人、对景观和其他绿色基础设施网络元素有专门了解的人以及这部分内容的专家。本地的公众代表包括规划和区划以及公园和游憩等相关部门。

3.3　村镇景观生态规划方法与技术

3.3.1　村镇景观生态规划基本概念

景观生态学的概念一般认为是德国著名植物学家C.Troll在1939年提出的。一般来说，景观生态学是对景观空间变化的研究，研究景观生态过程与景观结构之间、景观结构与景观功能之间的相互关系，旨在对景观格局进行优化、合理利用与保护。景观生态规划是景观生态学在规划中的应用，是景观生态学最主要也是最重要的应用部分，在其发展过程中也结合了生态经济学、地理学等相关学科的研究成果。景观生态规划建立在理解景观结构与功能、景观格局之间的相互关系的基础之上，主要目的是协调景观内部各组成要素之间的关系，正确处理经济发展与生态保护之间的关系，促进景观的健康可持续发展。

村镇是介于自然景观和城市景观的景观空间，具有自己的人地作用方式。从景观属性来看，村镇是介于自然和城市之间的具有独特人地作用方式、依存关系和生产、生活行为特征的景观类型；从景观生态要素来看，村镇的植物景观区别于其他景观类型，其农田植物有着规则空间布局和粮食生产价值；从景观生态格局来看，村镇呈现出以绿地或自然用地为基质，以农田斑块、村镇建设用地斑块、湖泊斑块、果园斑块为主体，以道路、河流、防护林带为廊道的格局特点；从景观生态过程来看，村镇的景观生态过程包括自然过程和人工过程两种类型，形成人工斑块和自然斑块交叉镶嵌的格局。

村镇景观生态规划是在对村镇景观生态数据进行分析的基础上，考虑村镇的垂直和水平景观生态过程，构建村镇的景观生态格局的一种规划模式。村镇景观生态规划应用景观生态学的原理和方法，以谋求村镇和村镇景观生态系统功能的整体优化和可持续发展为目标，以景观生态的保护、建设和恢复为重点。村镇景观生态规划的重点在农业景观生态规划、村镇人居环境和聚落的规划、自然斑块与廊道的保护规划。

景观生态学家Forman提出了斑块–廊道–基质模型。该模型是研究景观生态最基本的模型，它适用于一切景观类型，是景观生态学中对景观生态规划意义最大的模型。基质是区域中面积最大、连通性最强的景观类型，对整个景观生态格局产生重要影响。斑块是景观结构中最简单的形式，其具体形式受当地地形、坡向、气候条件、风向等因素的影响。村镇建设用地斑块的维持与发展依赖于周边基质提供的物流和能流，而物流和能流的传输依赖于廊道的连通度，保持和加强村镇景观单元之间的连通性还有利于物种的空间移动，有利于孤立斑块中的物种生存。

3.3.2　从景观生态规划角度解析村镇规划

在村镇区域，生态安全问题的出现影响了村镇的人居环境。将景观生态规划运用到村镇规划中，有利于通过合理的规划手段解决村镇中出现的生态问题，提升村镇的可持续发展能力。从景观生态规划角度解析村镇规划包括村镇的时间尺度、空间结构和空间功能三方面。

（1）村镇的时间尺度

以往的村镇规划的研究往往更强调当前的村镇状态，而村镇当前的格局是经历时间的演变所形成的，在这个过程中也能反映村镇景观格局的主要影响因素，找到影响村镇景观生态格局的关键因素，对此进行调整与规划，使村镇景观生态格局朝着更好的方向发展。通过对村镇景观生态过程和景观格局在时间尺度上的变化，可以把握村镇景观变化的影响因素。

（2）村镇的空间结构

村镇呈现出以绿地或自然用地为基质，以农田斑块、村镇建设用地斑块、湖泊斑块、果园斑块为主体，以道路、河流、防护林带为廊道的景观生态格局。基质是景观中的优势景观类型，控制着景观中主要的生态流；斑块的类型、形状和大小都影响景观生态斑块功能的发挥；廊道的连通性对物质和能量的迁移有着极为重要的作用。斑块－廊道－基质的模型构成了景观的异质性。景观异质性与生态系统的恢复力稳定性和抗干扰稳定性密切相关，决定了景观生态格局的多样性。

（3）村镇的空间功能

村镇是一个复合的生态、经济、社会的综合系统，相比城市有着更好的自然基底和更好的生物多样性。村镇的空间功能主要分为以下几种：

1）生态功能。村镇的自然环境丰富，有林地、园地、草地、水体等，兼具生态服务、防灾避险、卫生防护与隔离等功能。村镇地区的森林能够保持水土，防止水土流失；道路防护绿地具有吸收汽车尾气、隔声减噪的作用；农田防风林具有防风固沙、水土保持、保护生产、维持生态平衡的作用。

2）生产功能。村镇中的农田斑块和果园斑块能提供人类必需的食物。怎样科学合理地对村镇中的农田斑块和果园斑块进行布局，怎样发展资源节约型的产业，怎样使农田斑块更加高效使整体功能达到最优，是村镇景观生态规划中最重要的方面之一。

3）生活功能。村镇景观生态也有生活的功能，包含文化教育、自然景观、村镇人口的聚居功能。村镇景观有着文化教育的功能，村镇中的风景优美之地是人们领略自然之美的良好场所。

3.3.3　村镇景观生态规划原则

（1）保护村镇自然斑块的完整性和多样性

村镇中的自然景观斑块是村镇生物多样性保护的基本场所，是村镇重要的自然遗产，对村镇生态系统意义重大。

（2）保持村镇景观斑块的布局合理性

村镇的景观生态结构表现为"基质–斑块–廊道"的模式，其中斑块是最基本的要素。只有对这些要素进行合理布局，才能构建良好的景观生态格局，发挥景观斑块的生态效益与自然景观功能。

（3）保持村镇景观生态过程的连续性

村镇的景观生态过程将决定村镇的景观格局，村镇的景观格局又将影响村镇景观生态功能的发挥。因此，保持村镇景观生态过程的连续性有利于村镇景观生态功能的发挥，进而实现村镇的可持续发展。

（4）改善村镇居民的生活环境

尽管我国城市化程度不断加深，但村镇人口仍十分庞大。改善村镇的居住环境可提高村镇居民的生活质量，为村镇居民构建生态家园，同时也能增强村镇的吸引力，减轻城市的人口压力。

（5）建立高效的人工生态系统

村镇是重要的经济地域单元，其资源利用方式受多种因素的制约。村镇中的农田斑块是人们生活的物质和能量的来源。建立高效的村镇人工生态系统和农业生产模式可促进村镇经济的快速健康发展。

（6）保持和加强村镇景观单元之间的连通性

保持和加强村镇景观单元之间的连通性有利于物种的空间移动，有利于存活在孤立斑块中的物种生存。

3.3.4　村镇景观生态规划步骤

村镇景观生态规划的步骤如图3-7所示。

3.3.4.1　确定规划范围和目标

规划的范围可以是包括村镇在内的整个区域（村镇及其生态腹地），也可以是由政府决策部门划定的特定区域。村镇景观生态规划的目标可分为三大类：对自然资源优越的村镇，可进行保护村镇生物多样性的自然保护区设计；对当前景观格局不合理的村镇，可进行景观结构调整；对可进行生态旅游开发的村镇，可开发村镇的自然景观资源。

3.3.4.2　景观生态调查

首先要收集村镇景观生态资料，以了解村镇景观结构和格局、生态环境容量、人类开发强度。整体来看，村镇景观生态资料可分为气候、水文等非生物资料和动植物等生物资料，资料类型有遥感资料、GIS资料和上位规划的图纸与文本资料。尤其要注意对历史资料的收集，以便了解村镇景观演替的方向。实地踏勘内容包含村镇的建设情况、森林斑块和农田斑块的现状、村镇建设用地的人居环境状况等。

3.3.4.3　景观生态分类与制图

村镇景观生态分类与制图是后续规划工作的基础。村镇景观的生态分类是村镇景观生态规

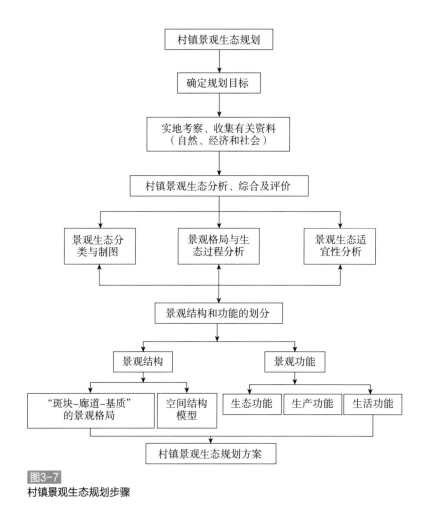

图3-7
村镇景观生态规划步骤

划的基本图件，包括景观单元的确定和景观类型的归并两方面。村镇景观生态分类是将村镇分为若干具有相同特征的空间单元。村镇的景观分类体系因受其所在地域的影响而将有所差异，要根据前述的景观生态调查并参考遥感数据的分辨率特征来确定，基本要求是精简和可操作性。地理信息系统在村镇景观生态分类与制图中可以将遥感影像解译图和地表属性特征图等转换成统一的系统，便于输出景观生态图。

村镇景观要素可分为自然环境要素和硬质景观要素。自然环境是由地貌、气候、水文、土壤、生物等要素有机组合而形成的自然综合体，是村镇的核心景观生态特征。村镇硬质景观要素反映了人类活动的强弱和干扰方式。硬质景观与自然环境景观之间的关系表明了人类干扰自然景观的强度。

3.3.4.4　景观生态过程和景观格局变化分析

景观格局指数是景观生态格局的定量分析工具，可以对村镇景观生态格局在时间尺度上进行景观分布特征的描述。选择景观格局指数的原则是用尽可能少的指数反映尽可能多的内容。村镇景观生态规划的规划范围大，景观结构复杂，涉及的要素多，景观格局指数的计算也需要处理大量的前期数据。

（1）景观总体变化特征

将在ENVI5.1中进行景观分类后的图像导入到GIS中进行重分类，运用GIS工具转换数据格式，其结果导入景观格局分析软件Fragstats，运算后可得到村镇各景观类型的面积。通过对村镇各景观类型面积的分析可知道村镇景观的优势类型，以及各景观类型随时间的面积变化。

（2）类型水平上景观格局变化特征

村镇的景观组成包括多种要素与斑块，须对景观格局指数进行有针对性的分析与甄选。村镇景观组成结构可以从其斑块密度、最大斑块指数、平均斑块面积、周长-面积分维数、连接度等方面来分析。这些指数都可以在景观格局分析软件Fragstats中计算得出。

1）单类型斑块密度（PD）：指每平方千米的该类型景观斑块的总斑块数，一般值越大表明该种景观类型越破碎，反映出随时间变化的景观破碎情况。

2）最大斑块指数（LPI）：指面积最大的景观生态斑块占景观总面积的比例，能够反映出景观的优势度，有助于确定景观的优势类型，还可以反映人类活动的强弱和方向。

3）平均斑块面积（MPS）：代表各景观类型的平均斑块面积，反映景观的破碎化程度（值越小越破碎），结合其他的景观格局指数还能反映景观异质性。某种景观的平均斑块面积随时间的变化可以反映该景观类型的发展趋势，进而反映村镇景观的变化。

4）周长-面积分维数（PAFRAC）：反映景观斑块的形状复杂程度，值越大说明景观斑块的形状越不规则。景观斑块形状在一定程度上的不规则有利于景观边缘效应的产生，进而有利于生物多样性。但景观斑块的形状过于复杂将导致景观斑块内部核心生境的面积减小，不利于景观内部核心生境中的物种的生存。

5）连接度（COHESION）：反映某类景观的空间连接程度，值越大表明该景观类型的连接度越高，有利于该种景观中的物流和能流活力。例如，村镇建设用地斑块连接度的值随着时间的变化不断增加，说明当地的出行越来越方便，但同时也占有了村镇其他类型的景观斑块的空间。

（3）景观水平上景观格局变化特征

现有的景观格局指数中，适用于反映村镇景观水平上景观格局变化特征的有斑块密度、景观形状指数、香农多样性指数和蔓延度指数。这些指数可在景观格局分析软件Fragstats中计算得出。需要说明的是，有时候一个景观格局指数的值并不能代表很大的意义，必须结合几个景观格局指数值进行分析。

1）斑块密度（PD）：为每平方千米的各类型景观斑块的总斑块数，一般值越大表明景观越破碎，反映出村镇景观的破碎度。

2）景观形状指数（LSI）：为景观中所有斑块的边界总长度除以景观总面积的平方根，再乘以正方形校正常数，值越大表明斑块形状越不规则，反映出村镇景观的形状特色。LSI值是大于等于1的，当只有一个正方形斑块时值等于1。

3）香农多样性指数（SHDI）：反映景观的异质性和分布均衡情况，值为0代表整个景观只由一个斑块构成。香农多样性指数的增大代表斑块类型的增加或各个斑块在景观中的分布越来越均衡。

4）蔓延度指数（CONTAG）：反映景观里不同斑块类型的团聚程度或延展趋势，以及优势斑块和该景观的连续性。理论上，值较小说明景观中的小斑块较多，值接近100说明景观中存在较明显的优势景观类型且其优势度较高。

（4）村镇景观转移矩阵分析

分别统计不同时段各景观类型转移的面积和比例，以此建立景观转移矩阵，分析不同时段村镇景观类型转移的特征，可以明确村镇景观类型的流转过程。

（5）村镇景观结构优化方向

基于对村镇景观生态过程和景观格局变化的分析，从基质、斑块、廊道角度构建村镇景观结构优化框架。

3.3.4.5 景观生态适宜性分析

村镇景观生态适宜性分析可确定村镇中最值得和最需要保护的斑块，其步骤为确定适当的生态因子、选择合理的分析方法、从结果中提取重要的生态斑块和廊道。因子要根据当地的自然条件来选择，也要结合可操作性的原则。根据因子将村镇景观生态适宜性的重要性程度划分为极高、高、中、低4个等级，从而得到各级综合图，然后采用因子加权求和法进行叠加，最后得到村镇景观生态适宜性图，得出每个区域最佳的土地利用方式，最后以此为依据对村镇进行景观生态功能分区。

3.3.4.6 景观生态格局的构建和功能的组织

根据村镇景观生态适宜性的分析结果，以建立高效的人工生态系统、保持景观生态过程的连续性、改善居民生活环境等为目标，构建合理的景观结构。基于上述步骤可以对每一个给定的生态类型提出若干利用方式的建议。根据生态适应性的分析结果，在这些建议中还要考虑：①目前村镇景观或土地的用途；②各种建议的可能性、必要性和目的；③有无可能改变现有的景观或土地的利用方式，如果有，技术上是否可行。

（1）景观生态格局的构建

基于村镇景观生态适宜性的分析，可从基质、斑块、廊道的角度构建村镇景观结构的规划框架。

1）基质的规划。通过景观生态格局的分析，可以判断出村镇的基质；通过景观生态适宜性的分析，可以对村镇中的斑块进行更为详细的规划，如土壤、降雨、坡度等资料齐全的情况下，可以根据村镇景观生态适应性分析的结果，得出具体农田更合适的植物种植情况，使农业生产更为高效。

2）斑块的规划。村镇中不同类型的斑块有不同的规划要求。通过景观生态适宜性的分析可掌握村镇景观中斑块的分布情况，确定最需要保护和最具有保护价值的斑块，对现有的斑块提出优化建议。在进行具体斑块的保护时，要限制以下方面：①村镇建设用地侵占具有极高保护价值的自然斑块，②自然斑块的农业化和自然植物的人工化，③自然斑块内部的人类活动。

此外，要对自然保护斑块的过渡地带进行合理的规划，留有适当面积的缓冲区。

3）廊道的规划。在进行村镇廊道的规划时，先要提取现有的自然廊道，保护这些廊道的完整性和原生性。对缺乏廊道的空间要按照最小阻力的生态学思想建立廊道。也要注意廊道整体成网络状，以实现更好的生态效应。还要与上层次的廊道规划相对接，保障区域廊道体系的完整性。

（2）景观生态功能的组织

村镇景观生态功能的组织应包括以下方面：

1）生态功能。村镇的生态服务功能包括生物多样性的保护、气候的调节、空气和水的净化等。生物多样性的保护是人类社会可持续发展的基础。村镇范围内的自然生态系统能调节当地的小气候。村镇大面积的绿地是天然的空气净化器，湿地是天然的水体净化器。此外，村镇景观还具有防灾减灾作用，如道路防护绿地、农田防风林具有保持水土、保护生产、维持生态平衡的作用，道路防护绿地具有吸收汽车尾气、隔声减噪的作用。

2）生产功能。村镇中的农田、果园为人们提供了人类生存所必需的食物。村镇中的产业发展应该本着高效、低碳、可持续的原则，发展绿色的、生态经济的可循环的产业，包括对村镇产业严格筛选、合理布局，摒弃对村镇景观生态有不良影响的产业，发展生态养殖、绿色加工、生态旅游等。

3）生活功能。村镇有文化科教功能、自然景观功能、人口聚居功能。村镇的自然环境为人们提供了走进自然、发现自然、了解自然的场所，自然斑块和生态廊道有着较强的美学价值，能使人愉悦身心，陶冶情操，获得美的体验。

3.3.4.7 村镇农业景观生态的规划

村镇景观生态规划充分强调村镇的自然属性，而农业生产极大依赖土地的自然属性。对于农业型的村镇来说，农田是村镇景观中极为重要的斑块。农业景观生态规划要在空间上合理安排农业用地的布局，对种植业、林果业、渔业、养殖业进行合理规划，以实现农业用地的高效合理利用的目标。在村镇农业景观规划中，要对农业用地进行充分的景观生态调查与分析，还需要对该区域农作物的生长习性进行调查，如对土壤酸碱性、土壤类型、降雨量、光照等方面的要求，根据景观生态的适宜性分析方法将农作物和农业用地进行合理匹配，使农业用地充分发挥自身价值，为农业景观生态设计提供指引。

3.3.4.8 农村居民点的景观生态规划

农村居民点的景观生态规划要对农村建设用地斑块进行格局调整与优化，借助景观生态格局指数的定量测度，明确现有发展建设强度下农村景观生态格局的优化目标。

对农村居民点建设用地的分析要选取能够反映其整体形态特征的景观格局指数，如景观形状指数（LSI）、斑块密度（PD）、边界密度（ED），分别反映农村居民点的形状规则程度、破碎化程度、对周边生态系统的干扰程度。农村居民点是在原有自然斑块上建立的人造景观，其景观破碎度的提高和干扰程度的增加将提高发生生态风险的几率。在具体的农村居民点景观生态规划中，要先将农村居民点按照地形条件分类，然后进行景观格局指数的计算，提出各个指数的优化值，给出各个指数的范围，为后期的农村居民点格局优化提供方向。

3.3.4.9 提出村镇景观生态规划的对策及建议

村镇景观生态规划的对策及建议要根据村镇的实际情况和景观生态分析提出，力求改善村镇景观结构，维持村镇景观的异质性，优化村镇整体功能。

3.3.5 村镇景观生态规划的技术

遥感（RS）技术有助于研究大尺度和跨尺度上的景观现象。可以利用遥感软件ENVI对卫星图进行解译，进而得到村镇的植被覆盖数据，进行景观生态分类，在此基础上进行景观生态的规划及适宜性分析。

地理信息系统（GIS）是收集、存贮、转换和展示空间数据的计算机工具，为定量分析复杂的空间问题提供了强有力的支持。在村镇景观生态规划中，主要用GIS收集和分析空间数据，包括景观转移矩阵的分析、村镇景观生态适宜性分析、生态源地的识别、阻力表面的建立、生态廊道的构建。

景观分析软件FRAGSTATS是由美国俄勒冈州立大学森林科学系开发的一个定量分析景观结构组成和空间格局的计算机软件，目前已成为最常用的景观格局分析软件。该软件分为矢量版本和栅格版本两种，有计算指数丰富多样、操作简单、与GIS兼容性强、输出数据方便快捷的特点。本研究运用FRAGSTATS计算景观格局指数。

3.4 村镇聚落风热环境分析方法

人类因居住和生活的需要创造了聚落。地理学上把聚落划分为城市与乡村两种。乡村聚落的范围包括村庄和镇子，主要活动为农业活动，主要人口为农业人口。村镇传统聚落经历长期发展演变形成了人工生态系统，使居住环境能与自然环境很好地融合，其所表现出的聚落环境微气候及其风热环境生态设计策略值得探究。村镇传统聚落往往通过合理选址，充分利用周边山体、水体生态效应，以及简单朴素的设计方法和技术措施，营造出满足当地居民生活舒适要求的聚落居住环境。这些设计策略都是基于生活经验与实践检验形成的，并成为约定俗成的聚落营建标准，具有较浓郁的地域性色彩。以村镇传统聚落风热环境为切入点，承接前人为适应当地气候所总结出的传统聚落风热环境营造经验，可在我国的新农村规划中加以应用，提升村镇聚落的气候适应性。

3.4.1 村镇传统聚落设计因素对风热环境的影响

村镇传统聚落的风热环境除受到空气的温度、湿度、太阳辐射和风速等气候因素的影响外，还受到聚落布局和下垫面等因素的影响。

聚落布局：一般来说，传统聚落中的建筑布置形式具有多样性，而每种形式都会导致其在风热环境上存在一定差别。聚落朝向、宅间距及聚落形式是聚落布局对风热环境的主要影响因素。当建筑表面与主导风向夹角大时，阻挡作用会导致风速减小，夹角小时风速则较大。此外，建筑的不同表面受到的太阳辐射情况不同，导致聚落中环境空气的温度不同。建筑间距的不同会导致阴影投射区不同，而阴影投射区的温度一般较低，从而导致环境温度的差别。另一方面，"狭管效应"使得空气从大的建筑间距流通到小间距时加大风速，相反的则会减小风速。聚落中建筑物的不同布置形式可能促进或者阻碍空气的流动，从而导致不同强弱的风区。

下垫面：不同下垫面材质的太阳辐射吸收和反射程度不同。硬质表面的长波辐射最强，会提高周围环境的温度。绿色植物的蒸腾作用可稀释地下水分，降低地表温度，并提高空气湿度。树木对太阳辐射的遮挡也可以降低局部空气温度。水体则具有稳定气温，改善聚落热环境的作用，流动水体的这一作用更为明显。

3.4.2　村镇传统聚落风热环境评价方法

目前室外风热环境的评价主要采用以下方法：（1）风洞试验法，在大气边界层风洞的背景下，对实际环境进行小尺度模型再现，在所建模型的周围布置风速和风压等测量仪器，处理成类似实际环境中的风场情况，但这一方法存在模型制作较困难、试验耗时费力等不足；（2）网络法，从大尺度上分析建筑设计环境的自然风热环境，主要用来预测建筑初始设计的自然通风量，一般不考虑小尺度空气流动对自然风热环境的影响，因此无法得出详细情况的分析；（3）数值计算方法，采用计算流体力学（CFD）工具模拟区域空气流场和温度场，具有运算速度快、方法简便、结果准确、方便存储、兼容性较强等优点，在较多工程项目和研究中得以使用，是当今主要使用的评价方法。本研究的聚落风热环境评价选用CFD方法进行模拟。

3.4.3　传统聚落风热环境评价指标

3.4.3.1　风环境评价指标

风环境对人体的舒适性影响取决于风速的大小，可用Beaufort风力等级来评价人体的感觉，如表3-12所示。可以看出，人体感到较舒服的风力等级为2~3级，4级风力是人体室外舒适所能接受的最大等级。此外，人体表面与周围空气时刻在发生着对流换热，空气流速对舒适感影响极大。即使环境温度和湿度超出了舒适范围，空气流动可以通过带动身体汗水的快速蒸发，同样让人感觉到舒适，如表3-13所示。

Beaufort风力等级及对人体的影响　　　　　　　　　表3-12

| 风力等级 | 名称 | 相当于平地10m高处的风速（m/s） | | 对人体的影响 |
		范围	中数	
0	无风	0.0~0.2	0	无感
1	软风	0.3~1.5	1	不易察觉

风力等级	名称	相当于平地10m高处的风速（m/s）		对人体的影响
		范围	中数	
2	轻风	1.6～3.3	2	扑面的感觉
3	微风	3.4～5.4	4	头发吹散
4	和风	5.5～7.9	7	头发吹散，灰尘四扬，纸张飞舞

风速与人体热舒适度的关系 表3-13

风速 （m/s）	相当于温度下降幅度 （℃）	对舒适度的影响
0.0	0	空气静止，稍感觉不舒适
0.2	1.1	几乎感觉不到风，但较舒适
0.4	1.9	可感觉到风，较舒适
0.8	2.8	感觉风力较大，但在多风且较热地带可接受
1.0	3.3	气候炎热干燥地区自然通风的良好风速
2.0	3.9	气候炎热干燥地区自然通风的良好风速
4.5	5	室外感觉可算作"微风"

目前关于风速的舒适等级和安全等级还没有统一的标准，普遍认可的研究结论为：以夏天为例，在1m/s以下的风速为舒适级别，1～5m/s之间的风速为理想级别，在5m/s以上就将对人类的活动造成严重影响。因此，对聚落内风环境的评价主要以Beaufort风力等级为作标准，参考《绿色建筑评价标准》，从风速和压力两方面提出以下评价准则：（1）从聚落内部热环境的角度出发，要形成聚落各层级的通风廊道；（2）住宅周围人行区域1.5m高度的风速<5m/s，公共活动区域的平均风速>1m/s；（3）保证建筑间留有一定间隔距离，使得夏季气压差在1.5Pa左右，防止部分区域发生涡流和死角，以确保建筑室内外的通风顺畅；（4）聚落布局保证夏季室外环境风速稳定均匀。

3.4.3.2　热环境评价指标

常用的热环境评价方法有理性指数法、经验指数法、直接指数法等。理性指数法是通过建立人体的传热方程和温度反馈控制框图，分析预测人体适应环境温度的行为并做出评估。经验指数法是通过若干实验者进行对照试验，从他们对温度的感觉来记录大量的数据，建立数据库或经验模型，从而得出有效的热环境综合性指数。直接指数由仪器测量热环境的各项参数指标，将数据适当组合，即可作为评议热环境的指数。

理性指数法的数学模型可靠，是经验指数和直接指数的结合，因此采用其作为本研究热环境评价标准的基础，相应的舒适度如表3-14所示。考虑风速影响的温度评价准则采用村上周三和森川泰成[13]等的研究结果，如表3-15所示。表中的风速和温度都为距地面高1.5m处的数值。

标准有效温度对应的热感觉反应　　　　　　　　　　　　　　　　　　表3-14

标准有效温度（℃）	热感觉及热舒适
>37.5	很热，很不舒适
34.5～37.5	热，很不满意
30.0～34.5	不舒适，不满意
25.6～30.0	稍暖，稍不满意
22.2～25.6	舒适，可接受
17.5～22.2	稍凉，稍不满意
14.5～17.5	凉，不满意
<14.5	冷，很不满意

考虑风速影响的温度评价准则[13]　　　　　　　　　　　　　　　　　　表3-15

评价范围	温度范围		
	<10℃	10～25℃	>25℃
引起人体热不舒适的微风范围（m/s）	—	—	<0.7
人体舒适风速范围（m/s）	<1.3	<1.5	0.7～1.7
舒适风速与不舒适强风之间的过渡范围（m/s）	1.3～2.0	1.5～2.3	1.7～2.9
引起人体不舒适的强风范围（m/s）	>2.0	>2.3	>2.9

3.5　村镇绿色基础设施与生态气候规划案例

3.5.1　案例概况

本章所选案例位于我国南方沿海某镇级行政区，根据规划内容的不同分为三个空间范畴，分别为镇域整体、其下辖的中心镇区以及典型农村聚落。

3.5.1.1　镇域概况

本案例镇级行政区面积105.77km²，镇域耕地面积为3.26万亩（1亩≈667m²）。全镇常住人口56281人，其中户籍总人口42198人，外来人口15215人。全镇下辖10个村委会和1个居委会。该镇地处北回归线以南，终年热量丰富，属亚热带季风海洋性气候，台风、暴雨比较频繁。该地夏长冬短、夏少酷热，冬少严寒（图3-8）。年平均气温22.5℃，多数年份的年最高温度介于34℃与36℃之间，少数处于37～38℃以上。最热月为7月，最冷月为1月，年无霜期平均为359天。镇域相对湿度大,湿度由北部至南部呈逐渐增加的趋势,年平均相对湿度81.6%,雨季和旱季湿度相差较大。雨日较多,雨热同季,干湿季分明,年平均降水量2000～2234mm,降水充沛。降水分布具有较强的季节性和一定的区域性,夏季降水频繁、雨量大,冬季降水稀少、雨量少。常年主导风向夏季为东南风,冬季为西北风,冬夏季风交替明显,年平均风速2.6m/s(2级)。春季4月上旬,温热潮湿的西南风逐渐增强,到5月中下旬以西南季风为主,频繁降雨;盛夏6～8月以东南或偏南风为主,平均风速3.1m/s;9月至次年2月则以东北季风为主。该镇域所处纬度较低,全年的太阳总辐射量较多,全年日照时数在1900h左右,6～11月日照最为充足,平均每月的日照能达到180h以上,7月份日照时数全年最多,月均日照达240h以上,见图3-9。

该镇域属地震基本裂度Ⅶ度区,有1条断裂构造,其余地质条件稳定。地貌类型有低山、丘陵、台地、广泛沉积平原和仍在发育的滩涂,低山突屹,孤丘众多,平原宽广,水道纵横交错,河网密布,水系发达,水环境如图3-10所示。水库饮用水源、河流饮用水源及集雨面积为饮用水一级保护范围,水质达到Ⅱ类水质标准。土壤种类多样,主要有水稻土、赤红壤和三

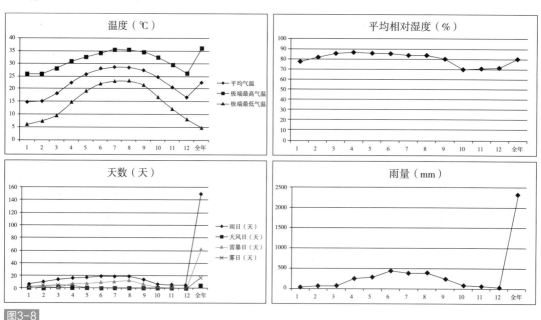

图3-8
案例镇域年气候要素变化图

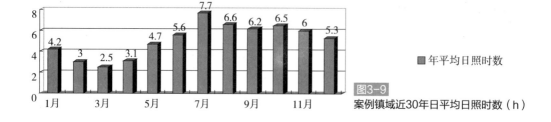

图3-9
案例镇域近30年日平均日照时数(h)

角洲盐渍沼泽土，其中水稻土根据水文状况分为潴育型、渗育型、潜育型、沼泽型（渍水田）、盐渍型五类（图3-11）。

该镇拥有海洋、湿地、森林等多种生态系统类型，动植物生境丰富多样，植物种类繁多，四季常青，生物多样性高。自然植被主要有常绿针叶林、常绿阔叶季雨林、海滩红树林、野竹林等、常绿灌丛、草丛、灌草丛等。丘陵山坡、林地等占了村镇绿地的大多数，公共绿地占比较少。

随着社会经济发展不断提高，本镇域境内的人类活动客观上对生态环境产生了多方面影响：生态系统人工化趋势更加明显；水资源供需矛盾日益突出；建筑工程建设、市政基础设施建设力度的加大和建设过程中对周边生态的破坏矛盾突出，建设后的生态恢复需进一步加强。

3.5.1.2　典型农村聚落概况

本案例中该镇的村落一般采用临山近水/前坪后坡的选址方式，因此主要分布在山体与河涌之间靠近水系的地方。村落的选址和布局体现了对自然充分尊重的传统理念，符合藏风聚

图3-10
该镇水环境

图3-11
该镇农田、水塘现状图

气、负阴抱阳的风水理论，体现了我国南方传统聚落选址和规划布局特征，并与周围地形地貌和山水自然风光取得和谐统一。聚落理想的风水模式往往是村后有主峰"玄武"；村左右有稍小于主峰的小山丘"青龙"和"白虎"，村前有弧形河塘或水流经过，亦称"金带环抱"，金带前有前山"朱雀"，总体形成负阴抱阳的风水格局（图3-12、图3-13）[14]。该镇传统聚落的选址总体大都按照该原则布局。该镇传统聚落的这种风水格局实质上是对地形的充分利用，以迎合当地气候。一般在平原地区，地形的影响比较小，聚落风热环境主要受聚落内住宅群体分布的影响。而山地对风热环境的影响较大，且温度和风速流场分布通常有规律。因此，该镇的传统聚落在选址时对周围地形加以选择，营造了良好的聚落微气候环境。

该镇的各个村落的空间格局普遍采用当地盛行的"梳式"布局方式。村落大多通过石板街串起各个街巷空间的交通以及各种公共服务功能，以石板街为轴的各个街巷空间一头连着石板街串接其村落最基本的服务设施功能，一头指向附近的山峦，便于顺风顺水，巷道有如梳齿般横向排列，建筑群体密集而整齐，集民居、祠堂、府第、广场、晒坪、池塘于一体。

该镇各传统聚落的核心保护区整体地保留了清代和民国初年的历史传统风貌、街巷空间格局及村落历史环境。村落周边保存有完好的自然环境和农田景观。村镇聚落与周围自然环境的

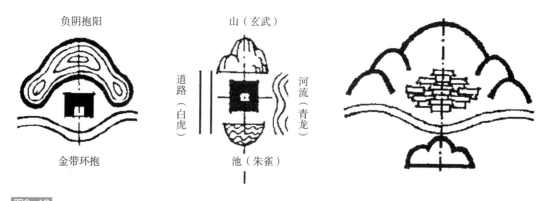

图3-12
风水学最佳住宅与村落选址[14]

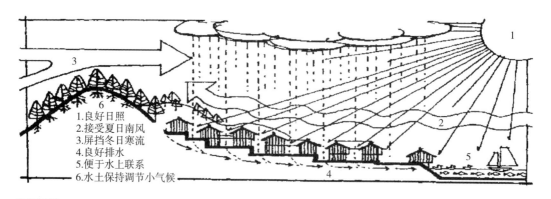

图3-13
传统聚落选址与优势分析[14]

和谐度较完好。就整个镇域来看，该镇的整体风貌由山体、水系、农田、古镇区、古寺、古村等多种元素构成。古镇传统聚落的空间特征、传统风貌、街巷肌理、建筑群体以及历史环境要素等保存得都相对完整，各村镇的核心区历史真实性较高，保持着原有的空间格局，整体风貌较为完好。

本章传统聚落风热环境影响的研究案例涉及该镇域内的两个村（图3-14），以下分别命名为甲村和乙村，甲村结合室外空间规划建筑的布局模式，同时拥有密集型梳式布局模式、梳式布局的演化模式和新旧混杂布局模式三种聚落布局形式。乙村属传统梳式布局模式，传统聚落格局保护较为完整，是该镇域传统聚落的典型代表。且二者都有鲜明特点，能综合代表该镇域核心传统聚落的特性，因而可作为传统聚落风热环境影响研究的理想实例。

甲村依山而建，核心区面积3386m^2，建控地带面积5609m^2，建筑层数多为1～2层，少数为3层，建筑平均高度约6m，最高建筑12m。甲村的街巷格局为当地传统聚落的"梳状"格局，以一条石板主街为主轴，其他街巷沿主街垂直延伸至街坊内部，形成组织全村的路网骨架，整个村落的规划布局规整。甲村大部分传统建筑保存较为完好，保留了一定的明清风貌，传统风貌格局较为完整。甲村建筑以居住功能为主，沿主街布置有商业建筑。甲村的新聚落在老聚落的基础上往东发展。相比老聚落布局紧凑、巷道幽深且多为一层高建筑的特点，新聚落具有松散布局、宽阔街道且多为二层小楼的特点。

乙村现面积35hm^2，整体上保留传统聚落布局特征和当地历史风貌。村西面靠山，东面是宽约百米的月牙形池塘，村落坐西向东，形成"背山面水"的风水格局。村中有一条南北向的主要街巷，其他街巷均为东西走向，井然有序，是典型的梳式布局村落。乙村大部分古民居建筑多为砖木与泥木结构，保存完好，新建的民居均脱离旧宅在村后山上兴建，前后对齐。目前

（a）甲村　　　　　　　　　　　（b）乙村

图3-14

案例村落航拍

图3-15
乙村聚落现状

村中建筑多以居住功能为主，传统建筑多为1层，周边新建建筑多为2层，高度在9m以下。乙村有两处祠堂，祠堂前空地作为老年人活动中心。

3.5.2　镇域绿色生态村镇规划技术导则

3.5.2.1　镇域总体规划层面技术导则

（1）镇域生态功能分区规划

案例镇域随着近年来建设活动的不断加剧，大量农田、山体等自然生态空间被侵占，如图3-16所示。村镇无序化的开发建设活动一方面严重地破坏了当地的自然生态空间，另一方面也给当地生物多样性的保护带来了严重的影响及威胁。这些现象不仅直接影响到了当地居民的生活质量，而且还严重地制约着当地村镇的可持续建设与发展。

在镇域绿色生态村镇规划过程中，对村镇绿色生态空间进行整体区划，明确村镇各个生态空间的相关功能，以此规范及指引村镇开发建设活动，从而确保村镇开发建设活动合理的利用村镇生态空间，保证生态环境免受破坏，这对于以实现村镇可持续发展为目标的绿色生态村镇规划有着非常积极的意义。

结合本镇域现状基本概况，生态功能分区规划的研究主要包含生态环境现状评价、生态敏

（a）大规模的村镇建设活动　　　　　　　　　（b）村镇自然山体被侵占

图3-16
镇域遭受严重破坏的生态空间

感性分析评价、生态服务功能评价，以及在上述三个步骤基础上所进行的生态功能区划。

生态环境现状评价的相关方法参考公式（3-1）。经过计算，最终评价结果可以分为三级标准：较差（≤5.0），中等（5.1~7.9），良好（≥8.0）。

村镇生态敏感性分析主要通过以下两个方面展开：首先选取评价因子，需要考虑研究区的高程、坡度等地形因子，植被多样性、历史保护区、基本农田保护区等特殊性因子；其次对评价因子赋值。本镇域生态敏感性单因子分值评定参照表3-1。

生态服务功能重要性评价的相关计算参考公式（3-2）。经过计算，生态服务功能重要性评价结果可以分为三级标准，即不重要（≤5.0）、中等重要（5.1~7.9）、极重要（≥8.0）。

在上述三个步骤的基础上，采用GIS中的综合叠加分析方法，可以将本镇域生态空间划分为生态保护区、生态修复区、生态建设区三种类型。生态功能区划对于指导村镇规划建设工作有着非常重要的意义，各区所对应的生态服务功能如表3-16所示。

生态功能区及其主体功能控制 表3-16

生态功能分区	主体功能控制
生态保护区	饮用水源保护地、物种多样性保护区域等，应严格控制开发建设活动
生态修复区	受到低程度破坏的重要水源地、物种多样性聚集地等，可进行强度较低的开发建设活动
生态建设区	生态功能受到较强程度破坏的生态空间，应进行植树造林等修复活动

（2）镇域绿色基础设施规划

通过对该镇域的详细调研，同时结合对当地政府所提供资料的相关解读，研究区内5个村镇及1个街道在生态环境方面主要存在以下几个问题：①该村镇属于亚热带海洋性气候区，全年气温较高，因此需要对其生态网络系统进行统一合理的规划和保护，以促进当地生态气候条件的改善；②由于缺乏科学合理的规划及引导，村镇的建设活动给当地的生态环境带来了较为严重的破坏，造成了当地村镇生态格局系统的紊乱；③村镇建设活动对当地的自然环境考虑不够，建设活动的无序化使得当地的生境比较破碎，并且近年来村镇的随意扩张使土地被无序分割，生态空间网络系统遭到破坏，如图3-17所示。

因此，为了营造良好的绿色生态镇域环境，同时也为了给当地绿地系统建设规划及村庄绿化景观建设规划提供相应的指引参考，在进行绿色生态镇域总体规划的时候，对镇域绿色基础设施进行统一规划很有必要。

根据关于绿色基础设施规划技术路线的分析，研究区镇域绿色基础设施规划可以分为3个步骤：生态枢纽的选择、生态廊道的提取以及绿色基础设施的构建。生态枢纽的选择主要是评选村镇区域范围内具有重要作用的生态斑块，评选的依据主要是生态斑块的面积及位置。根据该镇的现状，其生态枢纽主要包含面积大于150hm²的连续的山体、农田、水域、湿地，重要的河流及其河流两侧的湿地、森林，重要的水域及受保护动植物的分布地带等。生态廊道的提取

（a）村镇生活垃圾随意倾倒　　　　　　　　　　　　（b）村镇建设活动侵占农田

图3-17

该镇区域生态环境现状概况

主要是设置村镇生态廊道的阻力值，不同地表阻力值的设置如表3-2所示。绿色基础设施的构建首先需在ARCGIS软件中参照表3-2设置不同阻力面的阻力系数，随后以生态斑块为源，用公式（3-3）计算生成研究区内的生态廊道。生态枢纽及生态廊道便构成了该镇域绿色生态村镇绿色基础设施。

（3）镇域绿色交通系统规划

该镇域在道路交通规划方面存在着以下几个方面的问题：①目前该镇域的交通出行工具主要为机动车、摩托车，所使用的能源都是非可再生的汽油，一方面加剧了对非可再生能源的消耗，另一方面所产生的尾气也对当地生态环境带来了一定的污染；②村镇路面交通方式混杂，且缺乏科学统一的规划，如图3-18所示，导致交通出行高峰时期路面容易堵车，交通效率低下；③村镇区域的土地开发利用对交通出行的考虑不够，例如商业服务设施布局分散，加剧了高峰期路面交通的拥堵。

综上所述，该镇域传统的交通规划只考虑了单一的交通需求，对环境保护等方面的考虑相对比较欠缺，不符合可持续发展目标的需求。根据国内外相关实践经验来看，发展绿色交通是实现生态宜居生活的一种很好的方法。该镇域的绿色交通系统规划主要包含两个方面的内容，

（a）随处停放的摩托车　　　　　　　（b）无序停放的机动车辆　　　　　（c）随意行驶的机动车辆

图3-18

该镇域复杂的路面交通情况

分别为优先发展公交系统以及合理调整土地规划布局的模式。

该镇域交通系统规划应以公共交通的发展利用为主，以小汽车、自行车等其他交通方式为辅，从而构建一个层次丰富、主次分明的村镇交通体系。在具体的规划过程中，应合理规划相应的换乘设施，方便小汽车、自行车等与公交的换乘接驳。在村镇道路系统规划中，应开辟相应的公交专用道以及自行车专用道，以此提升对公共交通及自行车交通工具的吸引力，从而建成舒适、高效的村镇公共交通客运交通系统。

在规划建设过程中为了实现生态节能的目标，势必要使村镇土地往集约高效的方向发展。一方面，集约化的土地开发利用模式能够在单位面积上集聚更多的服务设施，如购物、教育等，从而方便居民在服务设施聚集点统一解决其日常消费的需求，缩短其日常出行的距离。另一方面，集约高效的土地利用模式能够吸引更多的人流，人流量在空间上的集聚能够吸引更多的公交工具及路线，反过来又能提升公共交通的吸引力，从而形成良性循环。

（4）镇域低影响排水系统规划

该镇域在开发建设活动中存在着以下不利于村镇防洪排涝及径流污染物处理的问题：①村镇的开发建设活动对山体、农田等自然要素的考虑不够，生态空间遭受到破坏，不利于雨水的滞留和吸附；同时，村镇开发建设活动对场地竖向及周边环境的考虑力度不够，将有高差的场地全部挖平或填平，不利于雨水的滞留和排放；②村镇道路系统的建设对山体、农田、水系等生态要素进行生硬的隔断，加大了村镇雨水的径流，破坏了当地的现状水文条件，不利于村镇自然水体的循环。

可见，该镇域的开发建设活动给当地水环境带来了巨大的压力，传统的村镇排水措施不仅无法缓解这种压力，反而会因为其无视原有自然水文条件的保护而大大增加村镇洪涝发生的风险、破坏水体质量，如图3-19所示。因此，该镇在镇域总体规划层面需要考虑采用低影响排水模式来保护当地的水文条件，以减少雨洪内涝以及干旱等自然灾害的发生频率。

在本绿色生态村镇镇域总体规划层面，低影响排水系统规划的相关策略及措施主要体现在

（a）村镇山体遭受破坏　　　　　　　　　　　（b）村镇道路建设侵占农田

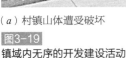

镇域内无序的开发建设活动

以下几个方面：首先，镇域范围内道路两侧的雨水应该就近排放到周围地势比较低的绿地内，而不应该直接采取沟渠或管道的雨水排放方式。其次，镇域范围内的道路走势应该顺应当地的地形，避免道路建设对绿地、水域等生态空间的硬性切割，以保护及强化研究区的生态蓄水功能。再次，对于村镇道路系统，应该按照一定的距离在道路两侧布置相应的附属绿地，以供道路排水所用；还应该将现状大面积的路面及广场硬质不透水材质逐步地替换为透水材质。

（5）镇域环境卫生治理规划

通过现状调研，同时结合对当地政府所提供资料的相关解读，可发现当地在环境卫生方面存在着以下几个方面问题：①垃圾没有进行分类处理，不便于回收处理及利用，且垃圾收集站点的规划布置不够合理，在人流较多的地方垃圾回收设施布置不够，在人少的地方没有固定的垃圾收集点，从而导致有些地方的垃圾排放比较随意无序（图3-20a）；②镇域范围内布局了大量的以非金属矿物制造、纺织服装业等为主的乡镇企业，由于相关企业缺乏相应的环保意识，工业污水只是经过简单处理便随意排放；③生活污水没有经过相应的处理便就地排放（图3-20b）；④随着社会科技的发展，当地农业生产对人畜粪便等有机肥的使用大量减少，导致粪便随意堆放；⑤镇域范围内规划建设了一定数量的公共厕所，但大部分只是简单地结合广场布置，在人口密集的街道和商业服务设施周围缺乏相应的公共厕所配套。

1）镇域垃圾处理规划策略及原则

垃圾是该镇最主要的污染形式，应主要从垃圾处理基本原则、垃圾分类措施两个方面对其进行分析，并提出相应的措施及建议。垃圾处理的基本原则主要是对垃圾进行源头分类，通过对垃圾的分类处理使得垃圾方便进行回收利用。垃圾分类的建议措施则根据当地村镇垃圾现状，结合国内外相关经验，分为可回收垃圾、不可回收垃圾以及有害垃圾三类。

2）镇域污水治理规划策略及原则

污水是影响该镇环境的另一种主要的污染形式，应主要从污水排放管网和污水处理方式两方面提出相应的解决方案。污水的排放管网方面，首先确定镇区污水应采取管网排放的方式，

（a）村镇生活垃圾随处倾倒   （b）村镇生活污水随意排放

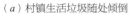

图3-20
村镇环境卫生问题

将污水排送到污水处理厂进行无害化处理；其次，污水排放管网应尽量结合地形采用污水自流管网。再次，村庄污水处理从经济角度出发不建议使用污水处理厂，可选择以下几种方式：①氧化塘，主要利用村庄池塘对污水进行天然处理，投资较低、方便管理，是村庄污水处理的主要选择方式；②沼气池，在处理生活污水和粪便等有机物的同时能够为村庄提供清洁能源；③污水养殖，将污水初步处理后排放到村庄坑塘，养殖具有净化污水能力的青鱼等，不仅能促进污水的消耗处理，还能促进村庄养殖业的发展。

3）镇域粪便处理规划策略及原则

粪便是影响该镇生态环境品质的另一种污染形式。由于镇区及村庄人口分布特点不同，所以针对粪便处理，镇区和村庄也需要采取不一样的措施。镇区的粪便统一排放到污水处理厂进行集中处理，同时镇区化粪池内的粪便要定期清除运走。其次，由于研究区内村庄人口比较分散，因此，村庄的粪便应该结合研究区内的农业生产进行有机处理，或者排放至沼气池用于生产清洁能源，以供居民日常生活用能，从而减少对常规能源的消耗，同时减轻能源利用对村镇生态环境造成的压力。

4）镇域公共厕所规划策略及原则

公共厕所的规划布置是解决镇域环境卫生问题的一项重要工程。关于公共厕所的规划布局需要注意以下几方面内容：首先，公共厕所的建设以水厕为主，同时，新建的公共厕所以二类标准为主；其次，公共厕所的布置应尽量选择在村镇广场、集镇等人流量比较密集的区域，以方便使用；再次，公共厕所的布置应该避免对周围环境的影响，在其周围应规划建设相应的卫生防护绿地。

（6）镇域防灾减灾规划

根据现状调研和对当地政府部门提供的相关资料的解读，该镇关于防灾减灾的现状主要在两方面存在问题：首先是镇域消防问题，存在大量的老建筑，建筑间距很小，基本呈连排或连片布置，建筑之间的通道很窄，整体而言存在着比较大的消防隐患，如图3-21所示。其次是

（a）建筑布局比较混乱 　　　　　　　　　　　（b）建筑间距过于窄小

图3-21

建筑布局存在的消防隐患

镇域防灾减灾问题，该镇属于地震Ⅻ度地区，区内有两条断裂构造，因此需要对防震减灾规划提出相应的措施及建议。

消防问题是该镇面临的最大灾害隐患。在进行镇域防灾减灾规划时，可以采取的措施主要包含以下几点：首先，村镇加油站、易燃易爆工厂等的布置应在周围设置一定的防护绿带。其次，在对镇域进行改造时，应该注意拓宽消防通道，增加相应的消防水源，同时按照规范标准结合镇域建筑布置一定的消防栓。

虽然当地很少发生强震，但由于其区域范围内有两条地震断裂带，而且近年来也发生过弱感地震，因此，在进行镇域防灾减灾规划时，应该注意规划布置一定数量的疏散通道及避难场所。其中，避难场所可以结合村镇公园、广场、中小学校、绿地等进行布置。

3.5.2.2　镇区建设规划层面技术导则

（1）镇区绿地系统建设规划

镇区在绿地系统规划及建设上主要存在以下几方面的问题：①镇区有社区公园，但缺乏设计感，公园里只是简单随意的布置了一些休闲设施，没有结合娱乐活动中心等公共服务设施进行布置，对居民缺乏相应的吸引力，导致公园使用者不多，基本上处于闲置状态；②镇区存在工矿企业和养殖业，而缺乏必要的卫生处理设施，导致环境质量较差，影响到居民的日常生活；③镇区内公路防护绿带的布置不尽合理，给镇区空气质量带来了一定程度的影响；④镇区有大型郊野公园以及大量的农田、湿地等生态绿地，但由于近年来村镇开发建设的速度较快，规划及管理力度不强，对生态绿地的侵占和破坏现象较为严重；⑤镇区居住绿地、道路绿地等附属绿地的与周围环境的协调性有待提升，如居住绿地对居住建筑采光、隔声方面的影响，道路绿化树种的选择等（图3-22）。

在进行镇区绿地系统的建设规划时，需要首先确定其人均公共绿地面积指标。该镇区人均公共绿地面积的计算方法及最终确定的指标范围如下：首先计算镇区人均公共绿地面积指标，即镇区人均建设用地面积与镇区公共绿地占建设用地比例的乘积；其次按《镇规划标准》GB 50188—2007中对镇区公共绿地占建设用地比例的规定（表3-17）具体计算镇区的公共绿

（a）缺乏设计的镇区公园绿地　　　　　　　　　（b）遭受破坏的生态绿地

图3-22
镇区绿地系统存在的问题

建设用地比例　　　　　　　　　　　　表3-17

类别代号	类别名称	占建设用地比例（%）	
		中心镇镇区	一般镇镇区
G	公共绿地	8~12	6~10

人均建设用地指标分级　　　　　　　　表3-18

建筑气候区级别	一级	二级	三级	四级
人均建设用地指标（m²）	>60~≤80	>80~≤100	>100~≤120	>120~≤140

地面积。根据不同建筑气候区级别下村镇人均建设用地面积指标的规定（表3-18），该镇属于建筑气候第Ⅳ区，适用于第三级人均建设用地指标，即人均占用100~120m²。因此可得镇区的人均公共绿地面积为8~14.4m²。

该镇区绿地包含公园绿地、防护绿地、生态绿地以及附属绿地四种基本类型，各类绿地规划需要遵循如下原则：

①镇区公园绿地承载着村民的日常休闲、娱乐等功能，因此首先要考虑其观赏性，以本地植物为主的同时适当引进景观价值比较高的外来植物，其次要结合村镇的娱乐活动中心等公共服务设施统一考虑[5,7]。

②该镇区内的防护绿地主要包含工业防护绿地及养殖业防护绿地，其中工业防护绿地应布置在工业厂房及居民住房之间，宽度一般要大于30m；养殖业防护绿地应布置在村镇主风向的下风侧，防风隔离带不应少于3条[5]。

③生态绿地主要包含郊野公园、林地、湿地等类型，在对生态绿地进行开发建设时，需按照《中国森林公园风景资源质量等级评定》进行项目评估。

④该镇区内的附属绿地主要包括居住绿地、道路绿地两种类型，其中居住绿地的规划需考虑与居住建筑通风、隔声等需求之间的关系，南侧绿地距离建筑需大于5m，北侧绿地需大于3m；道路绿地主要指道路、广场等范围内的绿地，规划时应尽量避免使用落花、落果等品种的树木，以免给周围环境带来干扰及污染等负面影响。

（2）镇区绿色交通建设规划

发展绿色交通是实现绿色生态村镇目标的一项重要举措。通过现状调研，发现该镇区范围内有与交通相关的基础设施，如图3-23所示，但镇区的交通建设规划仍存在需提升和改善的问题：①该镇区有自行车道，但还没能形成系统，并且自行车交通的相应设施配套还不够，如重点地段的路灯照明等；②镇区步行道、步行街等步行交通环境没有形成网络系统，并且步行道两侧的相关设施如垃圾箱等的配套还不够完善；③镇区交通建设规划与镇区土地开发之间缺乏相应联系，比如，人流量大的地方缺少相应的公交站点，导致居民日常出行流量及距离的增加，从而带来不必要的交通压力（图3-23）。

（a）镇区自行车道

（b）镇区公交站台

（c）镇区滨河绿道

图3-23

镇区既有的绿色交通相关设施

针对上述关于镇区交通现状概况的基本分析，在镇区自行车道路规划过程中，首先可将单独设置的自行车专用道与交通干道两侧的自行车道、镇区绿道及住宅区道路等进行整合统一[8, 15]，其次应考虑在重点地段布置路灯照明、遮阳设施等，再次应重点解决好村镇中心区自行车的停车问题。

镇区步行交通系统的规划应以步行者的主要方向为指导，重点将研究区内的步行道与居住区、广场等村镇步行场所进行连接，从而构建完整的村镇步行网络系统[16]。同时，应注意其两侧布置的行道树等相关街道设施不能影响行人的正常通行。镇区人行道的布置方式可以参照图3-24所示。

在对镇区交通进行规划时，需综合考虑其与土地利用之间的关系。这样一方面可以防止镇区交通建设对村镇生态用地的侵占，另一方面可以强化镇区交通与土地利用之间的协调关系，从而减少镇区居民的日常出行距离。实现土地与交通的协调发展，需要注意以下几个方面问题：①在对镇区道路进行建设时，应考虑镇区现有建设概况，禁止镇区道路建设对基本农田等生态用地的侵占，强化对耕地、林地等村镇生态用地的保护；②集约化利用土地，充分利用镇区内部的闲散用地及被污染的土地等，以减少对未开发利用土地的侵占，并限制镇区的无序扩张；③提倡以公共交通为导向的土地开发利用模式，以镇区公交站点为中心，以适宜步行的400~800m为半径规划集商业、娱乐、教育等功能于一体的混合用地，从而确保居民通过公交加步行的方式便能轻松解决日常需求，降低居民对私家车的依赖性。

（3）镇区低影响排水系统建设规划

在村镇排水方面，该镇区存在的问题主要是其下垫面所使用的不透水材质：①道路、人行道及停车场等区域都是硬质水泥地。硬质水泥地具有经久耐用的特点，但是大面积的硬质水泥地极大的阻碍了自然雨水的渗透，同时也加快了雨水的地表径流，对当地水文条件造成了一定程度上的影响，导致当地的降雨出现异常，暴雨及干旱等自然灾害现象逐渐增多。②镇区内的广场、商业户外运动场所等所使用的下垫面材质也主要是不透水铺装，虽然其面积不如村镇道路及其附属设施大，但也会给研究区内的水文条件带来一定程度上的破坏。研究区不透水路面的建设概况如图3-25所示。

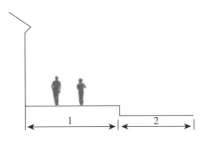

（a）步行道类型一

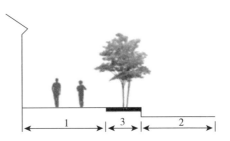

（b）步行道类型二

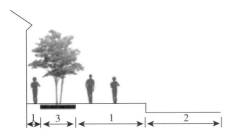

（c）步行道类型三

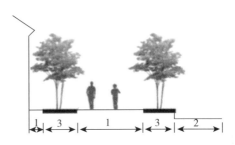

（d）步行道类型四

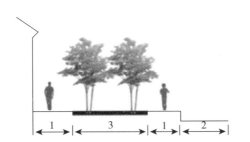

（e）步行道类型五

图3-24

镇区步行道布置示意图

（a）镇区公园不透水铺地

（b）镇区不透水广场

图3-25

镇区内大面积的不透水材质

综合上述相关分析，同时结合国内外相关经验，在该镇区建设规划层面，有效实现低影响排水系统规划的相关措施包含降低不透水区域的面积以及延长雨水的集流时间两方面。降低不透水区域面积的措施主要包括：①将广场、停车场、商业活动户外场所等所使用的不透水硬质铺装改为透水地坪，从而强化雨水的渗透能力，有效补充地下水，进而保护镇区地下水文条件；②由于镇区人流量不是特别大，因此可以考虑用单侧人行道取替双侧人行道，从而减少硬质铺地对镇区生态空间的侵占和破坏，或者适当缩小车行道的宽度，从而达到减少不透水地面面积的目的。延长雨水的集流时间主要可以通过加强村镇下垫面的粗糙度来实现，如在镇区地表增加自然植物洼地，从而使雨水以片流的方式排放。

（4）镇区环境卫生治理建设规划

通过现状调研，结合对当地政府所提供相关资料的解读，该镇区环境卫生现状存在以下几个方面的问题：①镇区内安排了专门的环卫工人对生活垃圾进行定点定时回收，但生活垃圾收集点的布置距离过大，导致居民倒放垃圾不方便，生活垃圾收集站与居民生活区距离过近，且缺乏防护隔离带；②镇区化粪池的配建方式不合理；③公共厕所的规划布置没有根据镇区用地性质及人流量的分布来考虑（图3-26）。

在生活垃圾处理方面，该镇区主要应对生活垃圾的收集点与收集站的设置做出改进：①工厂生活垃圾的收集点应在每个单位单独设置，且其环境卫生由所在单位负责，卫生标准应达到相应规范的要求；②居住区生活垃圾收集点应按照70m距离的收集半径进行规划布置；③生活垃圾收集站应尽量靠近路边并便于垃圾收集、运输车辆的清运，其占地面积应为80~250m²，与周边建筑距离应大于50m，且附近应建设防护绿带，避免对生活区带来干扰。

在镇区污水治理方面，主要从排水管网布置与污水处理方面进行具体规定：①镇区排水管网应实现自流排放，依据地形沿道路布置并与道路中心线平行，尽量顺直；②镇区污水的排放应符合国家标准《污水综合排放标准》的相关规定；③镇区污水的排水泵站应单独设置，与居民建筑之间的距离应大于500m，周围应设置宽度大于10m的绿化隔离带。

（a）环卫设施随意布置　　　　　　　　　　（b）位于工厂边的垃圾收集站

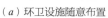
镇区环境卫生设施布置现状

在对镇区粪便进行规划处理时，需要遵从以下两方面的原则：首先，参照国内其他村镇地区的相关经验数据，粪便清运量按人均每天0.25kg取值，在此基础上结合各镇区内的实际人口规模预测粪便清运总量；其次，根据镇区的具体概况，小区内需规划配建化粪池，粪便经过管网输送到村镇污水厂进行集中处理。

对镇区公共厕所进行规划布置时，需要遵从以下原则：①商业区、居住区按一类公厕标准进行布置，工业区等其他区域按照二类公厕标准进行布置；②厕所规划建设主要参照《城市环境卫生设施规划规范》GB 50337—2003，同时结合镇区实际概况，确定公共厕所的服务半径及相关配建面积。

（5）镇区防灾减灾建设规划

通过现状调研，结合对当地政府所提供相关资料的解读，该镇区防灾减灾规划存在以下两个方面的问题：①镇区内大部分建筑结构比较老化，建筑之间的间距比较短，而且镇区发生过重大火灾，因此在镇区消防规划中，要针对消防站及消防通道等的布置进行详细的规定；②镇区位于地震Ⅻ度地区，因此在镇区防震减灾规划中要针对其避震疏散场地进行规划，并提出相应的规划措施及策略。

在镇区进行消防规划时，应对消防站和消防通道两方面进行相应的规定。消防站的规划布置应以接到电话后5分钟之内到达为条件，且距离学校、集市等公共设施的主要出入口应大于50m。消防通道的宽度应大于4m，上方有障碍物时应确保消防通道与障碍物之间的垂直距离大于4m；消防车道的宽度应大于3.5m，上方有障碍物时应确保消防车道与障碍物之间的垂直距离大于4m。

镇区防震减灾规划应侧重于疏散场地的规划。疏散场地的规划应结合广场、绿地等进行综合考虑。防震疏散场地的面积应大于4000m^2，人均疏散场地的面积应大于3m^2。

3.5.2.3　村庄建设规划层面技术导则

（1）村庄绿色住宅建设规划

该镇区年平均气温达21.8℃，年最高气温达38℃。因此为确保居民日常生活条件的生态舒适，在当地进行村庄住宅设计时，需着重考虑自然通风和遮阳两方面因素。然而，现状调研发现当地村庄住宅既缺乏对自然通风的考虑，又缺乏对住宅遮阳的考虑，如图3-27所示。

因此，在村庄绿色住宅的规划设计中，需要对自然通风和遮阳加以着重考虑。自然通风可通过以下措施来改善：①在住宅的背面开设高窗，促使住宅内外空气形成对流，进而产生穿堂风；②在住宅屋顶加烟囱，促进住宅内外空气的运动，加快住宅表面空气流动速度，进而降低住宅温度。村庄住宅的遮阳有外遮阳和内遮阳两种类型。外遮阳可以将大部分的阳光阻挡在玻璃外表面，而内遮阳虽然可以阻挡太阳直接照射住宅内部，但其外表面会吸收比较多的热量，从而传递到室内。考虑到当地的气候条件，村庄住宅宜选用外遮阳设施。此外，在住宅周边种植高大植物也是一种理想的遮阳措施。

（2）村庄绿化景观建设规划

村庄绿化景观对改善村庄生态环境、调节气候、丰富居民日常生活等方面发挥着重要作用。根据现状调研和当地政府部门所提供的相关资料，村庄内的公园绿地缺乏设计感，硬质铺地过多，对当地自然环境的考虑不够，整体观赏性不强；村庄内的防护绿地对居民区的卫生防护效果不明显（图3-28）。因此，村庄绿化景观的规划主要应包含公园绿地及防护绿地两项内容。公园绿地是为村民提供休闲、娱乐服务功能的公共场所，应以本地植物为主，以外地观赏性植物为辅，从而丰富公园绿地的景观层次，提高其观赏性。防护绿地主要包括卫生防护林带和绿化隔离带，其中卫生防护林带的宽度不应小于30m，绿化隔离带应布置在养殖区与居民住宅之间，用于隔离养殖区对居民生活的影响。

（3）村庄道路设施建设规划

村庄人口规模较小，在村庄内部发展绿色交通不太现实。因此，作为体现村庄生态景观形象的重要元素，道路设施的建设规划对于该镇内的村庄道路规划而言非常重要。该镇内的村庄道路设施目前存在以下问题需要加以改善：首先，村庄道路路面都是大面积的柏油和混凝土路面，不仅造成景观上的单调乏味，而且不能体现村庄的环境特色；其次，村庄道路两侧的人行

（a）缺乏生态设计的新建住宅　　　　　　　　　（b）缺乏生态设计的旧住宅

图3-27
生态规划理念缺乏考虑的村庄住宅

（a）缺乏相应设计的村庄公园广场　　　　　（b）垃圾随意堆放严重影响村庄景观

图3-28
村庄绿化景观建设存在的问题

道与车行道没有区分开，而且人行道选用的材料同样是大面积的柏油和混凝土；再次，村庄道路的重点地段缺乏相应的路灯配置（图3-29）。

由此可见，村庄道路设施建设规划需要考虑的要素主要包含以下方面：①村庄内部步行道尽量选用当地的古朴而富有质感的材质，以体现村庄的历史文化气息；②村庄道路两侧的人行道尽量比路面稍高，并通过不同铺装对两者加以区分；③人行道最好选用村庄本地的石材，以突出地方特色；④村庄道路照明应避免选用大尺度的路灯，以防其与村庄的空间尺度感不符。

（4）村庄低影响排水系统建设规划

根据现状调研，村庄内部存在大面积的山体、农田等自然生态空间，却并未被作为雨水排放措施利用。此外，雨水花园作为一项既美化环境又有利于雨水净化及收集的处理措施，其开发建设技术比较成熟，而且成本低廉，但并未在村庄中被利用。因此，解决村庄雨水及洪涝问题应主要从规划下凹式绿地以及建设雨水花园两点策略入手。

下凹式绿地指的是表面高度要比周围地面低的村庄绿地。下凹式绿地可以很好地收集来自周边地表的雨水，通过下渗储存，减少雨水的地表径流，实现保护村庄地下水文条件的目的。村庄下凹式绿地规划过程中需注意：首先，需要正确处理村庄区域内的场地高程，使道路的高程大于绿地，从而保证道路雨水能够顺利地排入周围绿地；其次，排水口要安排布置在村庄绿地中，并且排水口的高度要比道路低，比绿地高，保证绿地蓄积能力范围外的多余雨水通过排水口排走。

在低影响开发建设规划中，雨水花园是一项应用较广泛而且相对较成熟的措施。村庄雨水花园的规划建设需遵从以下原则：首先，尽量选用对当地村庄环境的适应性相对较强的本地植物；其次，选用根系较发达的植物，以确保植物的存活率，同时也便于日常的粗放式管理；再次，选用造景功能较强的植物，对营造良好的村庄景观形象能够起到很好的促进作用。

（5）村庄环境卫生治理建设规划

根据现状调研，村庄环境卫生现状存在以下问题：①垃圾收集点的布置距离较大，而且垃圾收集站与收集点的设置缺乏卫生防护方面的考虑；②村庄内的污水处理率不高，大部分污水

（a）村庄内部混凝土路面　　　　　　　　　　（b）缺乏绿化的村庄道路

村庄内部道路建设现状图

木经处理便直接对外排放；③村庄粪便的收集和处理方式不当，且公共厕所未能结合村庄的现状进行布局（图3-30）。

针对以上问题，可提出以下村庄环境卫生治理方面的规划策略：①行政村内应设置垃圾收集站，自然村应设置垃圾收集点，且二者均应远离水源以避免造成污染，其中村庄生活垃圾收集点的服务半径不超过120m；②村庄的污水处理应以分散式、就地化的处理方式为主，污水排放可考虑氧化塘、沼气池和污水养殖三种方式；③村庄应设置综合化粪池对粪便进行处理，粪便经相关处理后用于农作物肥料，且粪便运输工具应采用容器化、密封性较好的粪便收运车；④村庄公共厕所的建设应满足二类标准等级，单座建筑的面积宜为30~50m²。

（6）村庄防灾减灾建设规划

根据村庄的现状调研发现，村庄内部大部分建筑年代比较久远，质量较差，且建筑物之间成片布置，彼此间距较小，存在较大的火灾隐患，如图3-31所示。因此，村庄内部应设置

（a）布置在住宅附近的垃圾回收站　　　　　（b）村庄内部横流的污水

图3-30
村庄环境卫生方面存在的现状问题

（a）村庄住宅比较老旧　　　　　（b）住宅间距整体偏窄

图3-31
村庄内存在较大火灾隐患的现状建筑

足够数量的消防车通道，且消防通道的道路宽度不宜小于5m。此外，当地位于地震Ⅶ度地区，因此，当地的防震减灾规划应考虑设置足够的疏散场地，每处疏散场地不宜小于4000m²；同时，村庄的小广场、绿地公园、学校操场等都可以作为临时的避震场所。

3.5.3 镇域绿色基础设施规划

3.5.3.1 镇域绿色基础设施现状及存在问题

案例镇域绿色基础设施现状存在以下问题：①村镇本身的绿色基础设施配套不够完善，一定程度上导致人口老龄化、空心村、本地居民的外迁、人口增长率的下降、本地居民对古村镇生活满意度的降低；②工业占地、挖山取土等因素对自然山水的破坏以及绿地植被的减少；③在绿色空间中的古迹建筑自然损坏、老化、松动以致景观环境整体状况欠佳；④村镇绿色环境不够完善，风貌特色有所消退；⑤公园、街头绿地等绿色空间内的公共服务设施欠缺，基础设施匮乏；⑥公路等区域交通设施的穿越——总规中道路穿越甲村，破坏甲村的自然风貌；⑦垃圾、污水的不及时有效处理导致绿色空间显得破旧杂乱；⑧风吹雨打、地震、洪水、台风等自然因素对绿色基础设施造成破坏；⑨绿色基础设施具有的旅游资源呈同质化、均质化，没有核心竞争资源；⑩镇区老街陈旧破败，绿色基础设施不成系统，需要整修；⑪周边土地的房地产开发对绿色基础设施造成破坏；⑫村镇整体旅游设施不足且需要整合。该镇生态破碎现状如图3-32所示。

图3-32
基础设施存在的问题

3.5.3.2 镇域绿色基础设施规划原则

村镇绿色基础设施的规划原则应从其要素的生态服务功能出发，合理地安排村镇土地及物质空间，为人们创造高效、健康、安全的村镇环境，并创造一个社会经济可持续发展的绿色基础设施。

（1）整体性原则

该镇的生态服务系统是具有一定功能和结构的整体，其绿色基础设施发挥着丰富的生态服务功能，因此需将各项生态服务功能作为整体来思考和管理，考虑空间、社会、经济和其生态服务功能上的结合，达到最佳规划状态，实现优化利用。

（2）景观多样性原则

基于该镇丰富的景观特征，考虑到多样性是整个自然系统中生物与环境资源变异性和复杂性的量度，其多样性越高，地区生态系统的稳定性就越大，因此该镇的景观应是融合生态技术与自然于一体的最优环境，在确保生活和生产方便的同时维持生态平衡。

（3）生态优先原则

该镇绿色基础设施规划原则的基本要求是人类对自然的干扰应该控制在生态容量范围内，最好做到既为人类服务，又与自然和谐发展。以生态优先原则建立的绿色基础设施优先区是维护整体区域绿色生态格局的重要生态服务功能区，是以农林复合经营和山地生态旅游为主的重要生态功能区。

3.5.3.3　镇域绿色基础设施分类

该镇绿色基础设施丰富，水网密布，根据其基本土地利用类型及绿色基础设施分类标准，分别按一级分类标准和二级分类标准对该镇的绿色基础设施进行分类，分类标准如表3-19所示。

绿色基础设施分类

表3-19

绿色基础设施一级分类	绿色基础设施二级分类
生态绿地	森林、公园绿地、自然保护区、草甸
农林生产用地	耕地、园地、经济林地、苗圃用地、牧草地
水体	坑塘、河流
公共游憩用地	公园、风景名胜区
非绿色基础设施用地	采矿用地、建设用地

参照村镇绿色基础设施分类依据并结合该镇实际情况，该镇一级绿色基础设施分类如文后彩图1所示，二级绿色基础设施分类如彩图2所示。

该镇域绿色基础设施规划的核心理念是针对地域土地的最合理化利用。村镇尺度的绿色基础设施规划不同于城市层面的改善绿化水平或植树填绿，因此，该镇的绿色基础设施规划不仅仅是为了生态环境修复，其核心是以绿色网络结构为载体展现村镇生态服务功能的多样化和在其影响下土地的最优化。尝试突破传统单一的点—线—面的城市绿地布局手法，积极整合周边自然环境和村镇建设用地内的绿色空间，从生态服务功能的角度出发，实现生态系统功能和价值，同时为村镇居民提供多样的绿色空间。村镇的绿色基础设施规划将具有绿色空间可达性，同时保护村镇生物多样性，也使得村镇特色资源合理化利用。

由于该区域地属岭南的中南部地域，其建设模式和自然资源具有独特的风格，绿色基础设施要素从内容、类型、特征上都要满足镇域规划发展的需要。为了使绿色基础设施与村镇的现状条件紧密结合，所以本研究尝试以生态服务功能为导向的规划思路。

基于生态服务功能的网络将使村镇绿色基础设施相互连通，成为一体。通过网络结构联系村镇绿色基础设施符合村镇绿地的发展方向，可以形成多层次、广覆盖的布局模式，满足村镇生态化发展的各种需求。

3.5.3.4　镇域绿色基础设施规划适用方法

本案例绿色基础设施多样性强，地形地势变化多，在做绿色基础设施规划时应充分考虑地貌特点。此外，在该镇总体规划中，已经充分发展旅游资源，因此在绿色基础设施规划中不做重点规划。该镇物产资源及自然资源丰富，在绿色基础设施规划中应充分发挥其生态服务功能，对于已经遭到破坏的自然山体等应做优化保护。鉴于该镇野生动物及植物的丰富性和多样性，在分析其适宜性时需要格外考虑其生物质量，其中也包括土壤实际情况的考量，需要达到量化的程度。将生态服务功能的测度方法融于绿色基础设施规划中，定量计算生态供给与需求的关系尤为重要。

对于本案例这种自然资源丰富且充分利用其发展农林生产为特点的村镇，需要特别考虑其实际生物量的需求是否多于供给，以使得土地无法承担，造成过度破坏。因此在绿色基础设施规划方法步骤中，重点用生态足迹的分析方法来测度计算生态盈亏状况。诚然，生态、合理化地利用土地资源及其自然资源将会最大程度地发挥其生态服务功能，这在本案例的绿色基础设施规划中特别值得注意。

3.5.3.5　镇域绿色基础设施规划目标及定位

首先，村镇绿色基础设施规划应贴近村镇绿色空间网络的实际条件和生态服务功能情况，更加强调村镇体系的整体性和统一性。因此，生态服务功能理论下的绿色基础设施布局也以此为基准，科学布局，合理规划，形成多层次、多类型、多功能和多效益的村镇绿色网络体系。

（1）构建完整而稳定的生态环境。在该镇绿地系统中，很大一部分是自然要素，是村镇生态环境的主体，具有保持水土、涵养水源、调节小气候、提供动植物栖息地等多种生态服务功能，并为村镇的建设发展提供生态绿色保障。因而，完善而健全的村镇绿色基础设施规划可以积极地保护村镇生态环境、改善和优化整体自然资源条件。

（2）维护村镇的农林生产与生活安全。有别于城市的绿色基础设施，该镇的农业经济所占的比例较大，尤其是水田遍布村镇区域，所以绿色基础设施的布局也要为村镇的农林生产建构安全的绿色防护体系。此外，镇区内水塘也较多，丰富的水系为其绿色基础设施提供丰富化的可能。绿色基础设施将利用其生态服务功能更好地改善村镇的自然环境，如防风固沙、保护饮用水资源等，保护居民的生活安全。

（3）提供村镇居民绿色生态游憩空间。镇域尺度较城市小很多，生活节奏也比较慢，村镇绿色基础设施已然成为村镇居民交流活动的主要空间。因此，合理的绿色基础设施服务半径和均匀的绿色空间分布可以满足居民们日常休憩、娱乐与交流的需求。有助改善邻里关系，促进社会发展。

（4）延续村镇特色风貌与景观。该镇地处中国南部，具有当地特有的自然地理结构和地貌特征，村镇绿色基础设施应当有机地将它们组织起来，通过绿色空间网络充分反衬村镇的生态服务功能和特征，形成村镇独有的自然风貌特色。

（5）确保健康生态的村镇环境。该镇临山近海，人为和自然灾害时有发生。绿色基础设施的合理布局可以在灾难发生时满足区域村镇居民的紧急疏散和灾难救援等需求。同时，村镇的绿色基础设施应积极构建安全的村镇环境，可以在一定程度上减少部分人为灾害的发生、减轻灾害对村镇居民安全和村镇发展的损害和影响，并保持健康的生态环境。

3.5.3.6 镇域土地适宜性与生态敏感性分析

土地适宜性所选因子注重于土地综合因子分析，可以较宏观地分析地块适宜性；生态敏感度所选生态因子结合了村镇地域特点，着重考虑生物多样性、生境质量等生态因子。依据该镇土地利用方式、绿色基础设施的区域性特点及土地特质，并结合国外村镇绿色基础设施的研究与成功经验，我们选择了几类重要因素，其中包括高程、地面起伏度、坡度、植物多样性、野生动物多样性、地表水分布、土壤渗透性、土壤生产性、景观价值及居民用地程度等因子进行分析。土地适宜性分析如彩图3所示。

依照生态敏感度评价标准及办法，选取土壤生产性、植物多样性、野生动物多样性、土壤渗透性、地表水分布等5个因子进行叠加计算，形成生态敏感度评估，根据敏感性等级可划分为4级，分别为高、较高、中、和低敏感区。根据敏感区较高的区域来确定中心控制区的研究范围。生态敏感性分析可依照土地适宜性的步骤，根据生态敏感性相应的权重，利用GIS空间分析叠加计算，得出该镇土地的生态敏感性综合评价值，并依照目标分级。综上所述得出生态敏感度见彩图4。

3.5.3.7 镇域生态服务功能水平分析

（1）生态系统服务功能价值核算

根据生态足迹的计算方法来计算该镇域相关生态数据的生态服务功能价值；根据单位面积服务功能价值当量因子表，计算生态服务功能价值，结果如表3-20所示。

中心镇生态系统服务功能价值（元/hm²）   表3-20

项目	耕地	林地	草地	水域	未利用地
空气调节	852.11	4528.93	1034.24	—	—
气候调节	1420.32	5382.47	1305.32	839.02	—
水源涵养	1032.98	5284.19	1283.73	29347.34	49.69
土壤形成与保护	2349.12	6821.95	2447.39	14.72	31.37
废物处理	2909.34	2341.82	2193.53	34018.49	19.24

续表

项目	耕地	林地	草地	水域	未利用地
生物多样性保护	1321.26	4912.91	1239.87	3982.63	832.37
食物生产	1302.83	152.36	517.94	163.74	13.69
原材料	167.95	3298.43	78.61	16.72	—

（2）因子计算

农田、林地、草地、水域、未利用地的均衡因子分别采用具有综合生态系统服务功能的价值当量因子7.11、32.15、3.39、68.27、34.53，求得产量因子为1.17。依据该镇区土地利用总体规划，利用建设用地均衡因子计算公式，算得均衡因子为11.97；利用产量因子计算公式，得出建设用地产量因子为1.16。通过生态服务功能价值核算，得出单因子生态服务功能价值如彩图5所示，镇域生态服务价值如彩图6所示。

（3）生态足迹和生态容量盈亏计算

依照年鉴统计数据，根据基于生态服务功能的生态足迹计算方法，计算生态足迹和生态容量并进行差值比较，如彩图7、彩图8所示。

该镇人均生态足迹计算结果为7.6686hm²/人，而当年该镇的人均生态容量仅为3.7371hm²/人，生态盈亏为3.6615hm²/人，生态足迹是其生态容量的2.05倍。计算得出人均生态足迹与盈亏关系表（表3-21）。

生态足迹盈亏关系表（hm²/人） 表3-21

土地类型	生态足迹（需求）			土地类型	生态容量（供给）				生态盈亏
	需求面积	均衡因子	足迹		本地面积	均衡因子	产量因子	容量	
耕地	0.0845	6.89	0.5929	耕地	0.0697	6.92	1.16	0.5046	-0.0883
林地	0.0347	20.97	1.0612	林地	0.0931	20.31	1.16	2.2103	1.0904
草地	0.2571	7.19	1.1903	草地	0.0002	7.15	1.16	0.0008	-1.9079
水域	0.0231	45.39	0.8891	水域	0.0114	44.98	1.16	0.5419	-0.3472
建设用地	0.0487	14.84	0.7035	建设用地	0.0325	13.07	1.16	0.5012	-0.2023
化石用地	2.1309	—	2.5132						-2.5132
				未利用地	0.0279	0.39	1.16	0.0311	0.3011
合计			7.6686					3.7371	-3.6615

3.5.3.8 镇域网络元素连接

通过以上不同数据的分析结果，将土地适宜性、生态敏感度以及基于生态足迹的生态盈亏图等各类有效的信息综合起来，构成该镇绿色基础设施生态成本图。综合得出绿色基础设施成本如彩图9所示。

在该镇的绿色基础设施规划中，需要首先确定中心控制区，然后通过连接通道来连接中心区，加上小型场地共同构建绿色基础设施网络。基于GIS技术将该镇的不同数据图册信息综合起来，并评估现状中潜在的，或者已经存在的绿色基础设施结构的组成要素。在GIS技术的帮助下，结合绿色基础设施成本图并根据中心控制区的评价指标，确定研究范围中的中心控制区（彩图10），随即成为网络体系的连接要素。

需要注意的是，绿色基础设施的中心控制区具有最稳定的生态属性。选择大的区域是因为较大的区域会使得整个生态网络更加稳定。

根据用地类型，将该镇域内绿色基础设施分为湿地、农地、养殖地、森林保护地和建设用地5种景观基质类型，将其作为阻力层，算得障碍影响指数，进而求得该镇所有景观基质的最大影响距离和最大阻力值，如表3-22所示。

镇域景观基质及其阻力值 表3-22

景观基质类型	主要包含用地类型	最大影响距离	阻力值
湿地	水田、水库、鱼塘、水塘	1000	0.12
农地	耕地、园地、林地	750	0.11
养殖地	内陆滩涂、荒草地、水库、鱼塘	500	0.17
森林保护地	林地	250	0.42
建设用地	建制居民点、采矿用地、交通用地	150	0.68

依照生态连接度方法对该镇域生态功能区进行了判别，识别出生态功能区的总面积为71.28km^2，占研究区总面积的72.19%。通过计算结果可知，生态服务功能区内已经含有区域内大部分的农地、草甸、森林、湿地等，非生态功能区包括建制镇、行政村、交通等建设用地以及没有达到标准的其他用地。

通过对以上要素的细分，归纳生态服务功能供需关系以及生态连接障碍难易程度等，经定量化之后，与"汇集区"一起构成村镇绿色基础设施的连接通道。绿色基础设施连接通道如彩图11所示。

选取保障不同层级绿色空间的场地。在中心控制区外选取一些对系统的生态服务功能具有重要价值的场地。这些场地起到辅助中心控制区的作用，在控制区以外小范围辐射周边区域。最后将中心控制区、连接通道以及小型场地结合获得绿色基础设施规划图（彩图12）。

3.5.3.9　镇域优先保护区评估

在完成绿色基础设施网络连接规划后，对系统网络进行评估，并判断现有绿色基础设施对当地综合发展的支撑情况，结合区域内土地利用和发展战略重点，判断该镇绿色基础设施当前建设的缺陷及潜在可挖掘的功能。具体保护区的评价如表3-23所示。

保护区评价表　　　　　　　　　　　　　　　　表3-23

评判点	分数	评判标准	建议
主要土壤	3.25	地块占75%	给予这些土地优先权用于农业的高质量土地
	2.50		
	1.5		
斜坡	7.5	15%以上斜坡占50%以上	陡坡具有更高优先权
	5		
	2.5		
湿地缓冲区	2.5	包括湿地和100m内的湿地缓冲区	包含湿地的具有更高优先权
	1	处于200m湿地缓冲区以内的土地	
溪流和滨水廊道	2.5	包含溪流和100m的溪流廊道	包含溪流的具有更高优先权
	1	包含来自缓冲区200m内的土地	
自然遗产区	3	特定自然遗产区500m范围中的土地	临近有优先权
泛洪区	1	泛洪区	具有泛洪区的具有优先权
开阔水面	1.25	包括开阔水面的地块（非人造）	具有开阔水面的具有优先权
农业区域	5	农业区域中的地块	农业地块具有优先权
地块大小	4	大于50hm²	更大地块具有优先权
	2.5	25~49hm²	
	7.5	5~24hm²	
公园	2.5	在受保护的土地0.25km以内	
	10	大于3hm²的林地	
现存林地	3	小于3hm²的林地	野生动物栖息地，具有优先权

根据之前对生态最脆弱且易退化的敏感区域进行的评估，设置优先保护区，优先保护区分级如彩图13所示。

3.5.3.10　镇域绿色基础设施规划的反馈与建议

首先，和村镇代表及领导进行沟通，使其了解绿色基础设施的网络构建过程，需要让大家了解这个基于生态服务功能的绿色基础设施规划符合村镇发展的目标。此外，还有听取公众关于设计的反馈意见。在搜寻反馈建议时，结合该镇快速发展旅游经济的实际情况来考虑，在收取数据时间节点之后，可能有些绿色基础设施网络内的某些点已经开发建设了。此时，需要询问当地官员，由绿色空间网络构成的绿色基础设施是否准确。若有所不同，则需加入最新的实际情况来更新绿色基础设施网络规划图。

3.5.4　镇域景观生态规划

3.5.4.1　镇域景观生态分类

进行景观生态分类与制图之前应进行数据的收集及调研。首先，从地理空间数据云和中国科学院遥感与数字地球研究所的网站获取美国国家航天航空局的陆地探测卫星系统（Landsat）在1994年、2005年、2014年的遥感影像数据。该数据的空间分辨率为30m，条代号为122-45。由于该镇的人工植被类型较多，为便于卫星影像解译，并考虑到植物的生长旺盛时期，尽可能选用6~8月的卫星影像数据。其次，从地理空间数据云网站（http://www.gscloud.cn/）获取数字高程模型（DEM）数据，其空间分辨率为30m。再次，联系当地国土资源部门，收集了2014年的当地土地利用资料。此外，课题组到当地进行了调研，调研内容包括联系相关部门获取资料和实地踏勘。实地踏勘内容包含绿道四号线的建设情况、森林斑块和农田斑块的现状、村镇建设用地的人居环境状况。

村镇景观的生态分类包括景观单元的确定和景观类型的归并两方面内容，基本要求是以尽可能少的类别反映尽可能多而全面的特性。村镇景观生态分类是村镇景观生态规划的基本图件，能充分反映村镇景观的空间分异和空间结构，可以在遥感软件ENVI中实现。而地理信息系统（GIS）可以将遥感影像解译图和地表属性特征图等转换成统一的系统，便于输出景观生态图。根据调研，将该镇的景观分为6类，分类体系见表3-24。

该镇景观生态分类体系　　　　　　　　　　表3-24

编号	景观类型	含义
01	河流	指天然或人工开挖，经常或间歇地沿狭长凹地流动的水流
02	绿地	生长良好的乔木林地、灌木林地、以乔木为主的绿地等
03	湖泊	指天然形成或人工开挖的积水区常水位岸线所围成的水面
04	农田	有田埂（坎），可经常蓄水，用于种植水稻等农作物的土地
05	村镇建设用地	村镇建设用地、村落建设用地及其他所有类型的建设用地
06	其他	除了以上用地类型的其他用地类型

对遥感影像在ArcGIS中进行矢量裁剪，得到研究区的遥感影像图，然后在ENVI5.1中分别使用Radiometric Calibration及FLLAASH（fast-line-of-sight-atmospheric analysis of spectral hypercubes）模块对遥感影像进行几何校正、辐射校正等数据预处理，最后按照表3-24的分类体系对该镇景观覆盖类型进行解译，并结合该镇土地利用资料和野外调查验证等方法，对解译结果进行人工修正和检查，以提升数据解译结果的准确性。完成景观生态类型遥感解译与分类后，最终得到1994年、2005年和2014年的景观类型分类图（彩图14~彩图16）。

遥感影像解译的分类精度达到80%以上，达到研究要求。具体方法如下：①利用ENVI5.1对这三年该镇的卫星影像图进行非监督分类，由于最终将该镇的景观类型分为了6类，所以非监督分类的类别数目为18，以提高分类的准确性。②在非监督分类的基础上，参考Google Earth图像和该镇的土地利用数据，选择监督分类的训练样本，用这些训练样本对该镇的三年卫星数据进行监督分类，采用支持向量机分类方法。③将之前的两个分类结果叠加，结合现有土地利用数据，对分类结果进行类别判断，得到初步分类的结果。④在初步分类的结果上进行分类后处理，手动修改。⑤最后进行分类结果精度的分析与评价，达到89%可以进行运用。

3.5.4.2 镇域景观生态过程和景观格局变化分析

（1）镇域景观总体变化特征

将在ENVI5.1中进行景观类型分类后的图像导入GIS中进行重分类，运用GIS中Converts a raster dataset to polygon features工具对数据进行格式转换，其结果导入景观格局计算软件FRAGSTATS中进行运算。该镇各景观类型表现出了不同的变化特征，绿地和水体面积持续减少，河流和湖泊面积变化较小，河流面积先增加后减少，湖泊面积有较小的增加，村镇建设用地的面积不断增加。总体来说，该镇建设用地、耕地、绿地的面积变化量较大。从1994年到2014年，如图3-33、图3-34，该镇的面积从10.34km²增加到16.18km²，耕地面积先增加后减少，1994年到2005年这11年间，耕地面积从22.31km²增加到27.33 km²，2005年到2014年这9年间，耕地面积从27.33km²减少到23.91km²，整体来说增加了7.2%。绿地面积从1994年的25.28 km²减少到2005年的19.07km²，再到2014年的17.65km²，减少了30.18%。该镇建设用地的面积从10.34km²增加到16.18km²。河流的面积变化不大，一直处于3.3km²左右。湖泊面积从0.25km²增加到0.35km²。

（2）镇域景观格局变化特征

1）类型水平上景观格局变化特征

与1994年相比，2014年各景观类型斑块密度均有所增加，如图3-35a。绿地的斑块密度从0.61个/km²增加到0.74个/km²，耕地的斑块密度从0.32个/km²增加到0.33个/km²，这说明了绿地和耕地被分割成小斑块。该镇建设用地的斑块密度从0.52个/km²增加到0.87个/km²，这是由城镇建设加快、建设用地不断增加所造成的。

最大斑块指数（LPI）能够度量优势度，如图3-35b。在1994年至2014年间，绿地的最大斑块指数一直是最大的，说明该镇的自然基底

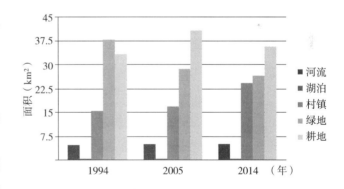

图3-33
各景观类型面积

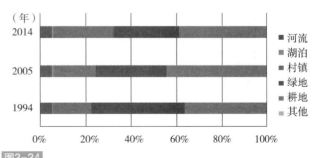
图3-34
各景观类型面积比例（1994～2014年）

较为良好，也在一定程度上说明绿地一直是该镇的优势类型。但在这二十年间，绿地的LPI一直在减小，而耕地和村镇建设用地的LPI在增加。说明绿地的景观优势受到了农田和村镇建设用地的威胁。

在1994年至2014年间，绿地、耕地、河流的平均斑块面积均在减少，如图3-35c，说明这些景观类型越来越破碎，村镇建设用地的平均斑块面积先减少后增加，说明村镇建设用地规模在增大。湖泊的平均斑块面积在增大。

与1994年相比，2014年耕地、河流的周长-面积分维数都有所增加，如图3-35d，而绿地、村镇建设用地和湖泊的周长-面积分维数减小了，说明随着人类活动的影响，耕地和河流的形

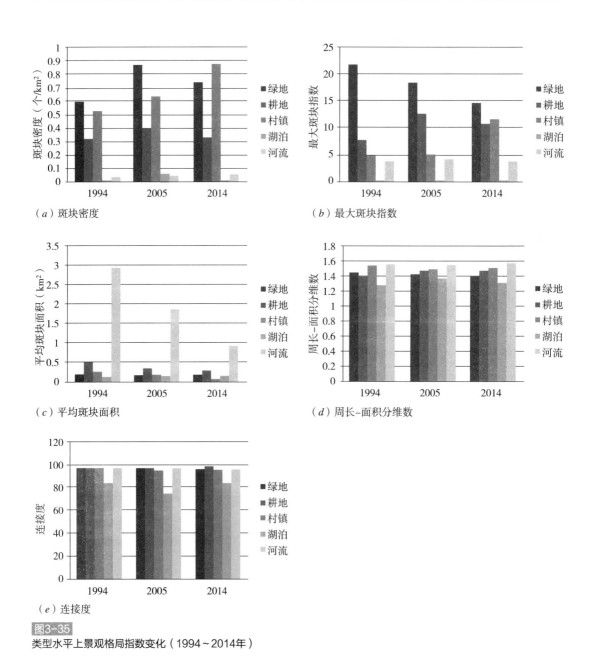

（a）斑块密度

（b）最大斑块指数

（c）平均斑块面积

（d）周长-面积分维数

（e）连接度

图3-35

类型水平上景观格局指数变化（1994~2014年）

状越来越不规则，复杂性增加，而绿地、村镇建设用地和湖泊的形状趋于规则。其中，河流和村镇的周长–面积分维数先减小后增加，湖泊的周长–面积分维数先增加后减小。

从1994年至2014年，河流和耕地的连接度变化不大，绿地的连接度不断减小，村镇建设用地的连接度先减小后增加，如图3-35e所示，结合以上相关分析，综合得出镇域内绿地面积较少并且分布分散，而村镇建设用地的面积增加，空间连接性增加。

2）景观水平上景观格局变化特征

这二十年间，该镇景观斑块密度从1.57个/km²增加到2.08个/km²，增加了32.5%，如图3-36a，景观破碎化加剧。景观形状指数的值较为稳定，处于小幅度增加的过程中，如图3-36b，基本处于22.1与22.3之间，景观形状变得复杂。香农多样性指数表征了景观的异质性，值越大，异质性越大，香农多样性指数处于增加的过程中，如图3-36c所示，在1994年至2005年增幅较小，而在2005年至2014年增幅较大，这说明景观的异质性在增加，景观破碎化程度增加，各个景观类型所占比例呈均衡化趋势，优势景观绿地对整个景观的控制作用减小。这二十

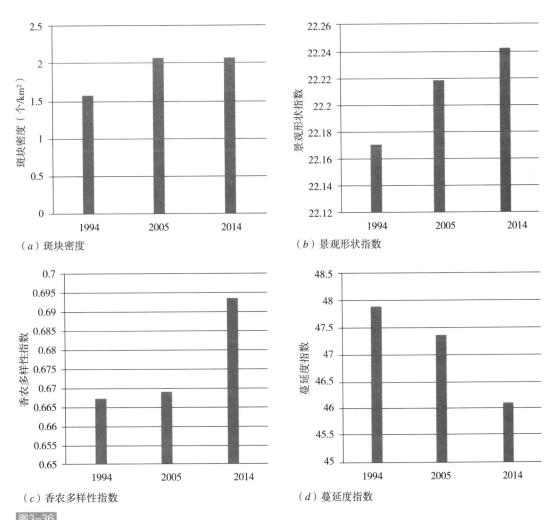

图3-36

景观水平上景观格局指数变化（1994~2014年）

年间，蔓延度指数在下降，如图3-36d所示，说明景观连接度降低，景观破碎化增加。整体来看，这二十年间，镇域景观破碎化严重，连通性降低，优势景观类型绿地退化严重。

（3）镇域景观转移矩阵分析

如表3-25所示，1994～2005年这11年间，有2.6%的绿地转化为村镇建设用地，面积达1.04km²，有24.18%的绿地转换为耕地，面积达9.55km²，说明农业的开发是这一时期绿地减少的主要原因，绿地面积总体减少了9.69km²，绿地损失严重。同时，在这11年间，有3.26%的耕地转换为绿地，面积达1.14km²，有2.68%的耕地被村镇建设用地侵占，面积达0.93km²，虽然有耕地转化为绿地和村镇建设用地，但是有更多的绿地转化为耕地，所以总体来说耕地的面积增加了7.84km²。有1.14%的村镇建设用地转化为绿地，面积达0.18km²，说明该镇绿化处于建设过程中，村镇建设用地的绿地率有所提高。在研究时期内，有7.44%的河流转化为耕地，面积达0.38km²，有0.93%的绿地转化为河流，面积达0.37km²，所以总体来说河流的面积变化不大，仅增加了0.2km²。湖泊面积变化较小，存在与村镇建设用地、耕地、绿地之间的相互转换。

如表3-26所示，2005～2014年，主要的景观类型变化和1994～2005年一样，发生在绿地、耕地和村镇建设用地这三类景观类型中，其他景观类型转移比例较小。在这一研究时间段内，镇域耕地面积减少较多，共减少了5.34km²，其中12.68%的耕地转化为村镇建设用地，面积达5.42km²，有2.82%的耕地转换为绿地，面积达1.21km²，说明该镇进行着退耕还林的工程。同时，这11年间，绿地减少了2.22km²，有8.63%的绿地转化为村镇建设用地，面积达2.57km²，有3.72%的绿地转化为耕地，说明该镇仍然存在绿地被耕地侵占的情况。村镇建设用地面积增加7.62km²，主要来自于耕地的转换，1.57%的绿地转换为耕地，说明村镇建设用地的绿化率在不断提高中。河流面积有所减少，减少了0.15km²，有7.94%的河流转换为耕地，面积达0.42km²，有3.38%的河流转换为村镇建设用地，面积达0.18km²，同时也有1%的耕地转换为河流，面积达0.43km²，这说明该镇存在填埋河流造城和填埋河流变耕地的情况，同时，由于水位的上升，部分耕地被河流淹没。湖泊面积变化较小，存在湖泊与绿地、湖泊与耕地、湖泊与村镇建设用地之间的相互转换。说明湖泊的面积变化主要受到自然与人工两大因素的影响。

景观转移矩阵（1994～2005年，单位：km²）   表3-25

转移矩阵		2005年					
		村镇	耕地	绿地	河流	湖泊	其他
1994年	村镇	15.64	1.16	0.18	0.76	0.12	0.02
	耕地	0.93	32.57	1.14	1.17	0.22	0.06
	绿地	1.04	9.55	28.39	0.37	0.78	0.12
	河流	0.31	0.38	0.13	4.6	0.1	0.01
	湖泊	0.04	0.15	0.47	0.00	0.29	0.00
	其他	0.01	0.07	0.02	0.01	0.01	0.03

景观转移矩阵（1994~2005年，单位：km²）　表3-26

转移矩阵		2014年					
		村镇	耕地	绿地	河流	湖泊	其他
2005年	村镇	17.09	0.17	0.25	0.03	0.02	0.01
	耕地	5.42	35.59	1.21	0.43	0.01	0.01
	绿地	2.57	1.13	25.9	0.01	0.15	0.01
	河流	0.18	0.42	0.02	4.55	0.00	0.05
	湖泊	0.01	0.01	0.01	0.11	0.23	0.00
	其他	0.06	0.21	0.05	0.07	0.00	0.31

（4）镇域景观结构优化目标

基于对该镇景观生态过程和景观格局变化分析，从基质、斑块、廊道角度构建该镇景观结构优化框架。

1）绿地集中连片成为基质

该镇在1994年的景观生态格局中，绿地以其总面积最大、景观连通性最好和最大斑块指数最大，成为该区域的基质，然而随着时间的推移，镇域绿地面积不断减小，绿地的连接度不断减小，最大斑块指数也在减小。整体来看，这二十年间，绿地景观破碎化严重，连通性降低，优势景观类型绿地退化严重，被耕地和村镇建设用地所占领，说明绿地的景观优势受到了农田和村镇建设用地的威胁。绿地在整个村镇景观生态中有着极其重要的作用，维持着村镇景观的生态平衡，涵养水源，净化空气，保持水土，保护生物多样性等。而该镇的绿地破碎化，面积减小，连通性降低，必将为该镇带来极大的不良影响。

因此，必须加强对该镇绿地的保护，进一步加强其已有绿地集中成片的特点，通过土地流转等方式，加强绿地的连通性。对于该镇的东北部，应注重退耕还林的建设，控制绿地被侵占的现象。对于该镇已有的良好生态环境应加大保护力度，同时也要发挥绿地的生态功能，可借鉴纽约等大城市的经验，将绿地呈点、片状镶嵌在建设用地中，发挥其美化环境、改善村镇建设用地生态环境的功能。

2）斑块的布局

斑块是景观生态格局的重要组成部分，是实现景观生态安全格局的关键。随着村镇建设用地面积的不断增长，该镇的村镇建设用地存在"摊大饼"的危机，村镇建设用地有较高的破碎度，为了实现可持续发展，应通过绿化隔离带等方式控制村镇建设用地的无序扩张。

生态斑块对景观生态格局的建立起着重要作用，包括区域内的湿地、湖泊、山体、自然保护区等，这些生态斑块有着极强的生态效应，自然保护区是该镇重要的生态斑块，有许多珍贵的物种，应该设为重点保护对象。对于这些重要的区域，不仅应加强其自身的保护，还应该通过设定区域边缘的缓冲区，加强生态斑块之间的连通性，来提高这些重要生态斑块的稳定性。

3）生态廊道的建设

生态廊道是景观生态格局中的物质流、信息流、能量流的通道，在景观生态格局中起着连通的重要作用，能够连接在空间分布上较为分散的斑块。

生态廊道的建设，应该合理构建廊道网络，保持该镇景观生态系统的稳定性，该镇水系发达，河网密布，这是天然的生态廊道，然而随着村镇建设进程的加快，河流在一定程度上被村镇建设用地、绿地、耕地所侵占，在该镇的景观生态规划中，应该对河流廊道加以保护，尽量保持河流的原貌，设置相应的缓冲区，如植树、河滩保护等，保证河流廊道的连通性和完整性。

该镇的耕地面积较大，有必要设置相应的农田林网，起到改善农田的小气候、保证作物的生产，拦截地表径流作用。在该镇的景观生态规划中，应该合理设置农田林网的结构、宽度、群落结构等，达到其生态效应最大化。

在该镇建设用地内部进行绿色廊道的建设也极为重要，能改善建设用地的小气候，改善人居环境。应该充分利用建设用地内部未利用地，注重植物的配置，形成绿色廊道。

3.5.4.3　镇域景观生态适宜性的分区与生态廊道的建立

（1）镇域景观生态适宜性分区

对该镇进行景观生态适宜性分区，确定其最需要和最值得保护的斑块，并在此基础上构建该镇的景观生态廊道。生态适宜性分析的步骤为选择因子，确定分析方法，进行结果的分析，进而对该镇进行景观生态分区。近年来，计算机技术尤其是GIS在规划中的广泛运用为定量描述景观生态适宜性等级提供了有利条件，已经成为景观生态适宜性分析中的关键技术。

在该镇景观生态适宜性分析中，根据当地的自然条件来选择，结合可操作性的原则，选取合适的因子。根据因子中不同要素对村镇景观生态适宜性的重要性程度不同，划分为极高、高、中、低4个等级，就可以得到各级综合图，然后采用因子加权求和法进行叠加。最后得到村镇景观生态适应性图，得出每个区域最佳的土地利用方式。以此为依据，对村镇进行景观生态功能分区。本研究主要选取了对该镇景观生态适宜性影响较大的地形条件、地表水系、生态系统类型、道路交通、村镇建设用地等7个因子，如表3-27所示。

生态因子及评价等级体系　　　　　　　　　　　　　　　　表3-27

生态因子	生态因子属性分级			
	生态适宜性极高 （评价值=5）	生态适宜性高 （评价值=3）	生态适宜性中 （评价值=1）	生态适宜性低 （评价值=0）
生态系统	林地	湖泊、河流	农田	村镇建设用地
湖泊缓冲	<100m	100m～200m	200～400m	>400m
河流缓冲	<50m	50m～100m	100～200m	>200m
居民点缓冲	<500m	200m～500m	100～200m	>100m

生态因子	生态因子属性分级			
	生态适宜性极高（评价值=5）	生态适宜性高（评价值=3）	生态适宜性中（评价值=1）	生态适宜性低（评价值=0）
交通缓冲	<200m	100m ~ 200m	50 ~ 100m	>50m
坡度	>25%	15% ~ 25%	6% ~ 15%	<6%
高程	<500m	300m ~ 500m	100 ~ 300m	>100m

运用因子加权求和法。根据表3-27的赋值进行运算，先制作单因子生态适宜性分析图。各因子权重的确定运用了成对明智比较法，如表3-28、表3-29所示。

成对明智比较标度 表3-28

标度	比较的含义
1	第i个因素与第j个因素一样重要
3	第i个因素与第j个因素稍微重要
5	第i个因素与第j个因素明显重要
7	第i个因素与第j个因素强烈重要
9	第i个因素与第j个因素极端重要
2，4，6，8	i与j的比较介于上述各等级程度之间
上述各数的倒数	j与i比较的判断为$a_{ij}=1/a_{ij}$

各生态因子权重成对比较矩阵 表3-29

评价因子	生态系统	湖泊缓冲	河流缓冲	居民点缓冲	交通缓冲	坡度	高程
生态系统	1	2	3	4	5	6	7
湖泊缓冲	1/2	1	2	2	3	3	4
河流缓冲	1/3	1/2	1	2	2	2	3
居民点缓冲	1/4	1/2	1/2	1	1	2	2
交通缓冲	1/5	1/3	1/2	1	1	1	2
坡度	1/6	1/3	1/2	1/2	1	1	2
高程	1/7	1/4	1/3	1/2	1/2	1/2	1
合计	2.59	4.92	7.83	11	13.5	15.5	21

经过标准化后计算各影响因子的权重，计算公式如下：

$$S_i = \sum_{i=1}^{n} Y_i \times Q_i \qquad (3-11)$$

式中，S_i为该镇的生态适宜性总值；Y_i为第i种生态因子的生态适宜性值；Q_i为第i种生态因子的权重系数。最终得到各生态因子的权重，如表3-30所示。将各个因子类型的计算结果叠加得到该镇景观生态分区图（彩图17）。依据该镇生态适宜值的大小，将其按照生态适宜性分为生态保护区、缓冲区、农业区、生产与生态恢复区、建设区5个适宜性分区，生态保护区的面积为28.39km²，占村镇总面积的28.39%；生态缓冲区的面积为13.85km²，占村镇总面积13.42%；生态农业区的面积为32.03km²，占村镇总面积的31.04%；生产与生态恢复区的面积为9.85km²，占村镇总面积的9.55%；建设区的面积为19.07km²，占村镇总面积的18.48%。

各生态因子权重　　　　　　　　　　　　　　表3-30

因子	生态系统	湖泊缓冲	河流缓冲	居民点缓冲	交通缓冲	坡度	高程	合计
权重	0.39	0.2	0.13	0.09	0.07	0.06	0.05	1

（2）镇域生态廊道的建立

生态廊道具有保护生物多样性、防止水土流失、过滤污染物等多种功能，建立生态廊道是村镇景观生态规划的重要方法。

首先结合生态适宜性分区结果，选出重要的生态源地，如图3-37所示。

村镇景观中有很多要素都影响和决定着生态廊道的分布，其中较为重要的因素有村镇土地利用和植被覆盖的空间格局。农田和绿地都可以作为物种迁移的场所，村镇建设区和交通用地则难以成为物种迁移运动的廊道。植被覆盖率越高、植被的质量越好的区域，越适合作为物种迁移的廊道。根据这些原则，该镇的景观生态规划选取固有属性因子和外延属性因子来构建阻力表面。其中该镇土地利用数据从2014年10月的Landsat8卫星影像通过ENVI5.1解译获取，归一化植被指数（NDVI）和植被覆盖度指数（VCF）也来源于Landsat8的卫星影像数据，如图3-38。考虑到植被覆盖会随季节的变化而变化，选择了一年的卫星影像数据进行植被指数累积值的分析。其具体计算步骤为：①根据不同土地利用类型对物种迁移的作用，将土地利用赋值得到landuse因子，其中村镇建设用地和交通用地赋

生态适应性
高：4.05
低：0.39

图3-37
生态源地

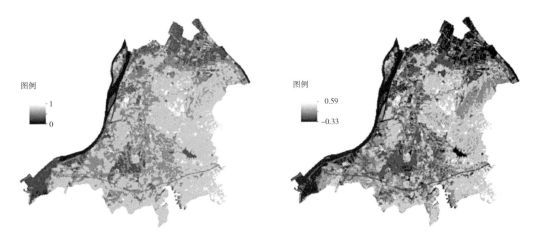

（a）ndvi值　　　　　　　　　　　　　　　　　　（b）植被覆盖度

图3-38

镇域NDVI值与植被覆盖度

值高，农田和绿地依次赋值低。②利用Landsat8数据提取该镇2014年（12幅影像，每个月一幅）NDVI指数，用ArcGIS中的栅格求和工具计算该镇2014年NDVI值，NDVI值为正值表示地表有植被覆盖，且植被质量越好，越利于物种的迁移，阻抗值越小。③利用Landsat8的NDVI数据，在ArcGIS中计算得到植被覆盖度因子，植被覆盖度越大，越利于物种的迁移，阻抗值越小。

　　不同的地形、植被覆盖、土壤、水文条件、地质灾害条件、土地利用现状等对生态廊道的建立的阻力是不同的。结合村镇的现状，按照外延生态属性因子和土地固有生态属性因子构建廊道建立的阻力面，具体如表3-31和表3-32所示。外延属性生态因子包含生态价值、生态敏感性、生态功能。土地固有生态属性因子包含地形地貌，景观生态类型、水文地质。在评价单因素阻力时，将阻力值分为五个等级。

生态廊道建立阻力值Ⅰ：外延生态属性因子　　　　　　　　　表3-31

阻力值	生态价值 NDVI	生态敏感性（土壤侵蚀敏感性）			生态功能
		坡度（权重40%）	VCF（权重40%）	降水（权重20%）	
1	−0.4 ~ 0	≥35	0 ~ 20	2150 ~ 2100	风景名胜、自然保护区
2	0 ~ 0.15	25 ~ 35	20 ~ 40	2050 ~ 2100	基本农田
3	0.15 ~ 0.3	15 ~ 25	40 ~ 60	2000 ~ 2050	—
4	0.3 ~ 0.45	8 ~ 15	60 ~ 85	1950 ~ 2000	—
5	0.45 ~ 0.6	0 ~ 8	85 ~ 100	1900 ~ 1950	其他区域

生态廊道建立阻力值Ⅱ：固有生态属性因子   表3-32

阻力值	地形地貌	景观生态类型	水文地质
1	中低山	林地、湖泊水库、荒草地	经常被洪水淹没、严重不良地质作用
2	高丘陵	耕地	—
3	低丘陵	灌木林地、园地	洪水发生频率较高，轻微不良地质作用
4	台地	交通设施、水利设施、工矿用地	—
5	平原	镇建设用地、农村居民点	洪水发生频率低，无不良地质作用

廊道阻力面的构建借鉴了生态学中最小限制因子定律思想，运用取最小值的方法确定最终的景观阻力。阻力等于所有外延生态属性因子和土地固有生态属性因子中的最小值。最终得到该镇景观生态廊道建立的阻力表面，如图3-39所示。

利用建立的阻力面，采用最小阻力模型来识别生态廊道。在生态廊道构建的基础上，提出景观生态网络规划框架，并运用这一框架建立面向生物多样性保护的景观生态网络。在廊道规划中，每个核心斑块至少有两条最小阻力廊道与

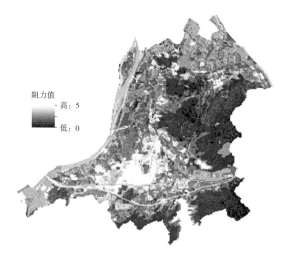

阻力值
高：5
低：0

图3-39
景观生态廊道建立的阻力表面

其他核心斑块相连，它为物种的迁移提供了最小阻力的扩散线路。任何相邻的核心斑块都至少被一个最小阻力廊道直接连接。按这个原则提取的生态廊道如图3-40*a*所示。该网络由10条廊道构成，主要分布在村镇建设区附近，能够改善村镇人居环境，加强各自然斑块之间的联系，提高景观连通性。其中，廊道DE与该镇所在城市绿道网总体规划的四号线有重合的地方，从可实施的角度，可以将廊道DE进行调整，与绿道四号线进行重合，如图3-40*b*所示。在景观生态规划的设计、实施与管理中，会进一步讨论这些廊道的可实施性，无法实施的廊道，可以用生态脚踏石来代替。

3.5.4.4　镇域景观生态格局的构建

该镇景观生态功能分区是在分析生态环境空间分异规律、明确各景观单元特征的基础上进行的，目的是对村镇景观资源合理的开发与保护，为村镇可持续发展提供依据。通过前文的景观生态适宜性分析，将该镇分为了生态保护区、生态缓冲区、生产与生态恢复区、生态农业

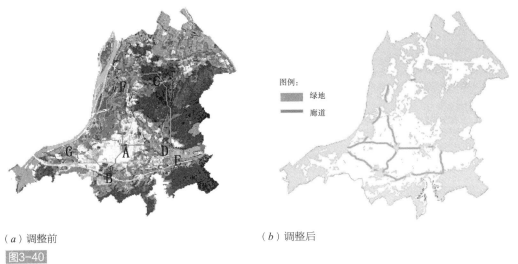

（a）调整前　　　　　　　　　　　　　（b）调整后

图3-40
村镇廊道提取

区、生态村镇建设区。

生态廊道是景观生态格局中的物质流、信息流、能量流的通道，在景观生态格局中起着连通的重要作用，能够连接在空间分布上较为分散的斑块。生态廊道的建设应该合理构建廊道网络，保持村镇景观生态系统的稳定性。在村镇建设用地内部进行绿色廊道的建设极为重要，能改善村镇建设用地的小气候，改善人居环境。应该充分利用村镇建设用地内部未利用地，注重植物的配置，形成绿色廊道。此外，该镇水系发达，河网密布，是天然的生态廊道，然而随着村镇建设进程的加快，河流在一定程度上被村镇建设用地、绿地、耕地所侵占，在该镇的景观生态规划中，应该对河流廊道加以保护，尽量保持河流的原貌，设置相应的缓冲区，如植树、河滩等，保证河流廊道的连通性和完整性。因此，在该镇的景观生态规划中，主要规划了生态水带和生态廊道，生态水带由主要河流构成。生态廊道是各生态保护区之间的潜在生态廊道，使用最小累计阻力法求得，同时为保障廊道的有效性，应该保障生态廊道具有一定的宽度。

根据景观生态功能分区和生态廊道的分析结果，构建该镇的景观生态格局，见彩图18。

3.5.4.5　镇域景观生态规划对策及建议

根据该镇的景观生态分析和村镇的实际需求，为改善该镇景观结构，维持其景观的异质性，优化村镇整体功能，研究提出以下建议：

（1）在村镇建设用地中加强脚踏石的建设

由于自然基底较好，绿地可以集中成片成为基质，导致该镇的景观生态廊道都位于村镇建设用地。在村镇景观生态规划实施的过程中，如果景观生态廊道的位置与村镇现状或村镇其他规划相冲突，导致景观生态廊道无法建设，可以在景观生态廊道的位置进行脚踏石的建设。

（2）加强对自然保护区的保护

自然保护区对该镇的生态环境起着至关重要的作用。该镇在目前发展旅游业的过程中，对自然保护区进行了相关的旅游开发与建设，但期间一定要以保护生态环境为前提。

（3）将廊道DE与绿道四号线进行对接

村镇景观生态规划一定要考虑与上位规划的对接，将该镇的廊道DE与绿道四号线进行对接，有利于加强区域的景观生态规划建设，也可加强景观生态规划的可实施性。

（4）利用已有河流构建生态廊道

该镇的河网水系发达，在景观生态廊道落位时，要充分利用这一条件。此外，镇域水系条件良好，保护良好，这极大加强了该镇的景观生态规划的可实施性。

3.5.5　案例镇域传统农村聚落风热环境分析

在针对该镇传统聚落风热环境的研究中，根据气象站风玫瑰图，从传统聚落风热环境对夏季气候的响应情况入手，分别以较为典型的甲村和保存较为完好的乙村为例，以夏季、过渡季主导风速、风向和平均气温情况下对该镇传统聚落实例进行室外风热环境的模拟和分析。模拟选用Phoenics2012作为模拟计算工具，通过BIM工具建立风热环境模拟模型。

3.5.5.1　风热环境数值模拟模型

（1）传统聚落模型

考虑到周围的地形地貌、植被、水体等因素和传统聚落住宅之间的相互影响，在建立模型时，根据聚落周边的实际现状建立比聚落范围更广的模拟区域。根据计算模拟的经验积累以及通过对模拟软件相关资料的研究[17]，设定计算域高度为研究对象最高建筑高度的3倍，来流方向的区域设定为研究区域宽度的3倍，出流方向为来流方向宽度的3倍。

本算例的风热环境模拟采用三维物理模型，根据聚落的实际地形建立，并作适当简化。由于传统聚落及周边地带范围宽广，地形复杂，建筑密集，在保留聚落原有形态及模拟精度的前提下对其进行简化：①周围山体用GIS处理成与实际山体相接近的形状；②对山脉地形的曲面进行一定数量的简化，因为曲面的增多会导致计算网格的划分也相应地增多，会导致网格划分质量变差，进而导致计算结果误差较大；③同理对绿化、水体、道路也做合理简化；④在聚落建模中对较小凹凸或接近垂直平行的部分直接简化。经检验，以上处理对模拟结果的精度影响不大。

（2）物理模型

模拟的湍流计算模型采用Kemodl模型。在设置模型模拟的参数时，对近壁面处采用壁面函数参数修正法。通过壁面函数法和Kemodl模型两者的结合，对建筑周边风场的流动能够更准确地进行模拟。

（3）环境参数

设定自然风从夏季主导风向——东南方向，以夏季平均风速3.1m/s进入模拟区域，来流温度取气象资料中最热月平均空气温度29℃。模拟主要研究的是聚落布局以及地形特征对风场和温度场的影响，因此将住宅设定为密闭材质。既有研究表明，山体表面温度与下垫面具有一定的相关性。如果空气温度达28℃，而下垫面含水量稍高，如含水量分别为0.8、0.4的植被、土壤，那么山体表面的温度一般会降低3℃左右；如果下垫面含水量稍低，如含水量分别为0.5、0.3的植被和土壤，则山体表面温度将降低1℃左右。在确定该镇传统聚落夏季冷源和热源的表面温度时，主要参考当地气象数据资料以及往年文献。

由于所研究的季节为夏季，各个区域的平均温度都可以达到25℃之上，因此将温度<25℃，风速0.7~2.9m/s作为较舒适的风热环境来评价模拟结果。

（4）入口边界条件

聚落来流风速分布均匀，且在高度梯度上的风速从地面向天空逐渐增加，同一高度上的风速相同均一。在进行模拟时，依照边界层理论做风速设定，风速梯度根据地形的差异而改变，如图3-41所示。

风力速度大小和所处高度关系为：

$$V_h = V_0 \left(\frac{h}{h_0}\right)^n \tag{3-12}$$

式中：V_h为高度h处的风速（m/s）；V_0为基准高度h_0处的风速（m/s），一般取10m处的风速；n为与聚落周边环境、气流稳定度和地表面粗糙度相关的指数。根据《建筑结构荷载规范》GB 50009—2012对n取值的规定，本研究根据室外场地状况，取$n=0.16$。

3.5.5.2　甲村风热环境数值模拟结果与分析

（1）风热环境模拟结果

从东南风向近地表风速分布云图（彩图19）中可以看出：村落东部围绕山体稀疏布局的新建聚落通风效果较好，聚落西部较密集布局的片区存在部分静风区。将近地表面风速数据导入

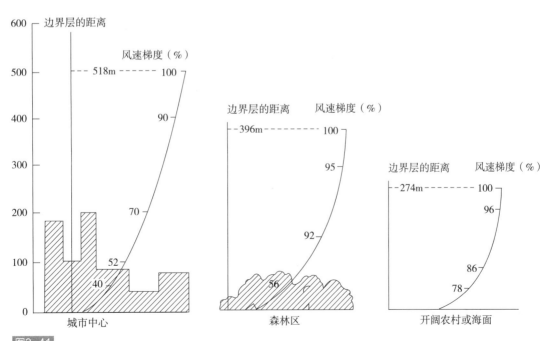

图3-41

不同地形大气边界层曲线图

ArcGIS中，得到近地表面平均风速和不同风速区间百分比，近地表面平均风速为2.23m/s。将0~4.5m/s内的风速分为几个等级，得到近地表面风速面积百分比（图3-42），可以看出：不同风速区间内风速大小所占面积百分比不同，1.68~2.81m/s区间的风速面积占总体面积的53%，1m/s以下风速占总体21%，3.0m/s以上的风速占6%。最大风速出现在山顶处，最小风速出现在背风坡建筑密集区。综合来看，山体迎风面由于东南方向有坡地阻挡，风速有所下降。聚落建成区南部迎风面山体将主导风向的来流阻挡，导致聚落背风坡内部风环境变差。沿山体等高线建造的自由式布局方式由于和来流风向呈不同夹角，风速运行的强度也会受影响。背风坡较迎风坡风速减小，聚落风环境状况一般。

从彩图20和图3-43可以看出，模拟区域内总体热环境良好，大部分温度在30.7~34.2℃范围内。周边山体、农田的温度较低，聚落建筑内部温度相对较高。山体迎风区地表温度变化不大，大致介于29℃与34.2℃之间，背风区地表温度变化较大，介于30.7℃与43℃之间。地势平坦的东部与东北区域各自内部温度无明显变化，结合上文风环境分析可以发现东部区域风环境较好，这是东部区域温度较东北区域低的一个重要原因。综合来看，甲村整体的热环境较好，但背风面的通风效应一般，相应的热环境也较一般，山体迎风面温度有所下降。

（2）风热环境分析和舒适性评估

在聚落中，影响人体舒适度的环境主要是距离地面1.5m处的热环境，因此以下对近地形表面1.5m处的风速、温度等的分析。

1）片区划分

按照村落概况，结合室外空间规划建筑的布局模式特点，将甲村划分为A、B、C三个片区，以便于分析和评价主导风向下不同片区内部的舒适性、通风效率以及通风廊道有效性，见

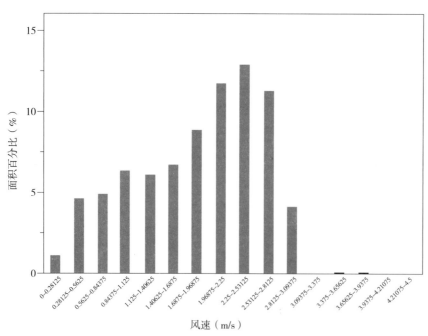

图3-42
东南方向近地表风速面积百分比

图3-44、图3-45及彩图21。

片区A：致密梳式布局模式。该片区属于保存较为完好的传统聚落，街巷格局保留着传统聚落的密集型"梳式"格局，由一条石板主街为主轴，其他街巷沿主街垂直延伸至街坊内部。片区布局密集、连续，宅间距较小，建筑密度相对较高，建筑层数多为一层，建筑平均高度4m，巷道宽度1~2m，狭小细长，巷道高宽比为2~4，形成了狭窄高深的巷道空间环境，并与主导风向（东南）呈60°夹角。整个片区的规划布局规整，体现了传统聚落对自然充分尊重的理念，符合藏风聚气、负阴抱阳的风水理论。

片区B：梳式布局的演化模式。该片区巷道呈棋盘状布置，正面朝向西南偏南方向，与主导风向呈15°夹角，侧面与来流主导风向平行。房屋建筑成单体排列，各户之间通过内巷相

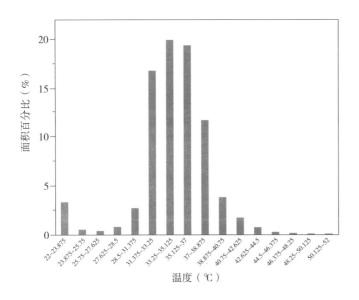

图3-43
近地表温度面积百分比

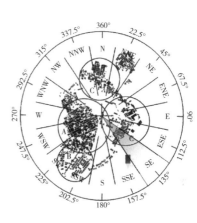

图3-44
甲村片区划分平面图

（a）片区A致密梳式肌理　　　　　（b）片区B演化模式肌理　　　　　（c）片区C自由粗放肌理

图3-45
各片区肌理

连，且民居单体间的间距较宽，建筑间距比传统聚落大，住宅的层数均为二层，建筑平均高度6m，巷道宽度3m，巷道高宽比为2，同时造成了局部的小广场空地，可阻挡一定自然风，但对季风控制效果就不明显。

片区C：自由式布局模式。大体格局为"东西两小块，南边一大块"，依山就势而建，住宅依照山体自然坡度分层形成平坦的台面，排列高低错落，自由疏散，呈现低密度的特征。片区内由南向北设计了大量狭小的巷道，道路骨架沿山体等高线呈东西向展开。北侧巷道朝向与主导风向呈45°夹角，建筑层数多为1~2层，建筑高度介于4m与6m之间，街巷宽度1.5~2m，巷道高宽比2~3；南侧建筑沿山体等高线布局，巷道朝向与主导风向呈15°夹角，住宅层数和高度大多同于传统聚落，建筑大多是一层，建筑平均高度4m，街巷宽2m，巷道高宽比约为2。

2）片区A风热环境分布分析

片区A风速分布云图如彩图22所示。可见，片区A内部街巷风速为1.0m/s左右，外部风速为2.5m/s左右，处于舒适风速区域。本区域在夏季气候条件下，大部分开敞空间街巷风速介于0.25m/s与1.4m/s之间，风速稳定在舒适范围内，适宜人居活动；而片区中较密集区域通风较差，部分区域风速低于0.25m/s。此外，靠近山体东南侧背风区域的风速较小，仅为0.56~1.40m/s（来流风速为3.1m/s）。将该结果和图3-65对比发现，位于甲村东南面的坡地阻挡了夏季的东南向季风。由于该区域非常不适宜夏天的高温高湿季风，所以应适时进行合理调整，即便与传统选址稍有出入。

片区A温度分布云图如彩图23所示。片区内的平均温度为33.6℃，靠近山体和两个池塘区域温度为27.2~29.0℃，比来流温度（31℃）低2℃以上。从人体的感觉来讲，温度下降1℃时就会有凉爽的感觉。西面为池塘上空部分，温度在30℃以下，所以片区西部环境较好，南边因建筑较密集，温度高达39℃。片区中心建筑布局较密集，巷道较窄，在外部风速很低的情况下形成了小范围的高温空气聚集区。片区东部距水塘较远，整体热环境较差。

3）片区B风热环境分布分析

片区B的风速云图如彩图24所示。可见，片区B对外开敞的住宅布局中街巷的风速稳定，介于0.28m/s与1.4m/s之间，属舒适范围内。全区外围呈现出风速低于3.0m/s的较理想风环境。总体而言，片区B巷道内部平均风速约为1.1m/s，聚落外部环境中的风速约为2.2m/s，整体风环境较好，在舒适风速区域范围内。

片区B平均温度为32.4℃，温度分布云图如彩图25所示。由图可知，靠近山体和两个池塘区域温度为29.0~30.7℃，比来流温度（31℃）低近1℃。片区西部区域处于水体绿化的上空，热环境较好。片区偏南及东北区域因建筑群体布局集中而出现部分相对高的温度，偏南片区温度偏高是由于来流被高地阻挡，片区中心街巷布局朝向与来流风向呈75°夹角，巷道较原始村落有所加宽，在外部风速很低的情况下形成了小范围的高温空气聚集区。

4）片区C风热环境分布分析

由风速云图（彩图26）可看出：东西走向的布局巷道朝向与来流风向呈15°夹角，对气流阻挡作用较小，区域内风速在0.8m/s左右，处于片区内较高水平。偏南北走向的布局巷道朝向与来流风向呈60°夹角,由于山体地形影响及布局形式阻碍了空气流动,平均风速在0.5m/s左右。片区北侧由于聚落布局密集散乱,减少了来流主导风,造成中心区域风速最低,平均风速在0.5m/s左右。片区南侧组团由于环绕山体成带状疏散式布局,便于通风,在来流风向(东南向)的巷道迎风口处风速达到2.2m/s,巷中平均风速0.8m/s左右,巷尾风速达到1.1m/s左右,平均风速在1.9m/s左右。综上,片区北侧组团风环境一般,而南侧组团整体风环境较好。

片区C的平均温度为32.4℃,温度分布云图如彩图27所示。可见:整个片区为南北带状建筑布局,巷道高宽比与原始聚落相同,巷道长度减小,通风顺畅,整体热环境状况比较好。最东面因靠近池塘,相对温度较低,出现了低于30℃的相对低温区域。东部地形较平坦,靠近山体和池塘区域温度为29.0~30.7℃,比来流温度(31℃)低近1℃。温度范围较高的地方是建筑表面或聚落空间街巷中,越靠近水面的空间温度越低。片区南部组团布局主要是东西走向,而北部为南北走向,风速明显比东西走向要低,因此南侧组团热环境优于北侧。

5)整体风热环境舒适性评估

如彩图28所示,甲村传统聚落整体风环境良好,结合主导风向综合比较三个片区的风环境得出:片区B最优、片区C整体良好、片区A相较片区B和片区C属于敏感区,东南风向下甲村各片区风热环境的比较详见表3-33。对甲村的数值模拟选定在当地的夏季。将温度<25℃,风速0.7~2.9m/s较舒适的风热环境作为舒适性的评价依据。评价结果见表3-34。

东南风向下甲村各片区风热环境比较表 表3-33

	片区A	片区B	片区C
舒适性	中	良	优
通风效率	中	优	良
综合风环境评价	中	优	良

各片区内考虑温度影响的风速评价 表3-34

编号	模式类型	平均风速	舒适性评价
片区A	密集型梳式布局模式	0.563m/s	中
片区B	梳式布局的演化模式	2.210m/s	优
片区C	自由式布局模式	1.324m/s	良

(3)甲村风热环境影响因素归纳

通过对甲村从整体到局部的风热环境分析可以看出,前人以简洁又经济的方式营造传统聚落来适应和利用自然,具体体现在聚落选址、空间组合和聚落布局等方面。

1)聚落选址

甲村的选址是枕山面水,沿山势、水势布局,与自然地理环境、地形地貌等较好地融合,充分体现了传统聚落因地制宜的特性，具体体现在根据地势特征采取坐东北朝西南的朝向，而并未依照传统风水理念的坐北朝南。且本区东南边的坡地有效地阻挡了夏季炎热的东南风，整体降低了聚落的温度，为整个村落提供了良好的微气候环境，更适宜人们居住生活。

2）空间组合

若要保证聚落微环境内的温度不会过高，聚落内的空间组合显得相当重要，主要包括街巷布局紧凑、建筑群体组团疏密适当以及连片的山墙对太阳辐射的遮挡。甲村传统聚落的主要特征就是"高墙窄巷"，使得聚落内大部分区域处于阴影下，太阳直射到的地方较少，因而遮阳防晒效果极佳。甲村由于新老聚落并存，传统聚落和新建聚落新旧混杂，总体呈梳式布局，新聚落多为二层小楼，街巷拓宽，且聚落内巷道居多，而巷道又具有良好的通风效果，因而甲村的街口巷口风速较大，巷中的风速相对平稳，部分区域处于静风区。巷道之间互相遮阳，形成地面冷环境，与院落、广场和空地等开敞空间形成热压差，给聚落内带来良好的热压通风。

甲村传统聚落的街巷因其空间狭窄，墙体和地面即便在夏季都可保持相对低温。街巷宽度主要在1.5m～2m，最窄处仅有1m。两边民居主要是一层或两层的建筑，且高度介于4～6m，街巷宽度与临街建筑高度的比为2～4，见图3-46。虽然两边密集的建筑和狭窄的街巷比宽阔的街道更容易产生阴影，遮阳效果明显，但通风较差。在甲村的整体构建中，街巷除南北方向外，大多数是与主街道相垂直的巷道，有的巷道窄到仅容一人通过，有的是掩盖在屋檐之下，常年处于阴影中，所以气温较低，空气流通快，形成天然的通风道。

3）聚落布局

聚落的布局受到地域气候、地理位置以及聚落自身建筑形式等因素的影响。甲村夏季日照时间较长，较强的太阳辐射不仅带来刺眼的光线，还导致温度的提升。而当地居民在长期的居住过程中总结了丰富的营造经验，运用经济简单的营造手法，使此问题得以解决。

甲村北邻村落与镇区联系的主要对外交通干道，其内部街巷则以"梳状"格局形成组织全村的路网骨架。梳式布局是甲村最主要、最典型的聚落民居群组布局方式，传统聚落具有很强

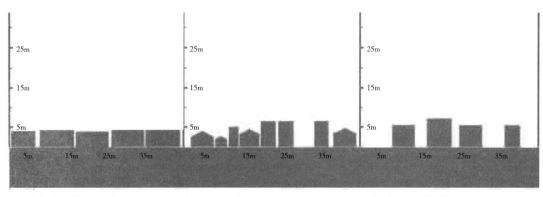

（a）传统聚落街巷剖面　　　（b）新旧混杂聚落街巷　　　（c）村民自建聚落街巷

图3-46
甲村聚落片区的发展与空间变化

的群体团聚感，建筑多采用密集型布局，大高宽比的巷道，各住宅独立成户相对封闭，加之每户的天井院落，共同起着空间组合的作用，形成由连片的梳状房屋排列成的聚落团块式结构布局。在梳式聚落布局中对聚落群体通风的考虑，体现了甲村先民对群居通风的引导具有较为成熟的营建经验。

传统聚落布局往往受到地形地貌的影响。甲村的聚落群组布局主要依据山势地形采用肌理平直的"梳式"布局模式。随着聚落人口的不断增加，聚落规模也相应地扩张，在一些特定地段逐渐形成梳式布局的演化模式，在山多地少的区域依据山势走向，因地制宜，形成背山面水、与自然融合的自由式布局模式。

综合甲村聚落的风热环境数值模拟结果及其选址布局特征可见，甲村夏热冬暖，常年日照丰富，太阳辐射较强，若要使聚落住宅周围获得良好的风热环境，既要防止过多日照，还要适当增加宅间距，同时合理布置聚落群体位置朝向与主导风向的夹角，由此创造良好的聚落风热环境。

3.5.5.3　乙村风热环境分析

（1）风热环境模拟结果

由彩图29可见，乙村最大风速出现在山顶，山脚下风速普遍偏小。近地表面平均风速为2.0m/s，风速面积百分比如图3-47所示。可见，东南方向1.56～2.81m/s区间的风速面积占总体面积的60%，1m/s以下风速占总体14%，3.1m/s以上的风速占6%。巷道迎风口风速达到2.2m/s，巷中平均风速0.8m/s，巷尾风速达到1.1m/s左右，风速比小于0.3的区域仅占2.1%，总体风环境良好。

模拟区域内的平均温度为31℃。由彩图30可见，模拟区域内总体热环境良好，大体温度值主要集中在32.0～36.3℃，面积比率为44%；高温区域主要集中在聚落中间留有广场的开敞空间和离水塘较远、通风效率较低的街巷尾部，温度范围为36.3～39.2℃，面积比率为4%；温度范围为26.3～27.7℃的面积比率为12%。从温度云图中还可看出，周边山体、农田的温度较

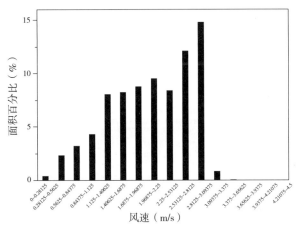

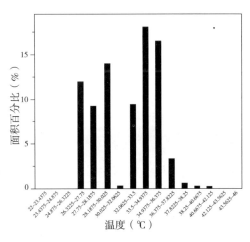

图3-47
乙村东南方向地表风速面积百分比

图3-48
乙村东南风向近地表温度面积百分比

低，聚落建筑内部温度相对较高。靠近山体和村前月牙形池塘的区域温度介于27.7~29.1℃。位于池塘附近的区域温度有所降低，热环境较好；而聚落内部由于建筑较密集，温度范围介于34.5~37.8℃，少部分街巷广场等空间因距水塘较远且受建筑密集布局影响，通风效率降低，温度达39℃。总体来看，乙村除局部住区温度较高外，整体热环境良好。通常情况下巷道入口处风速最大，风速从巷道入口到巷道出口呈逐渐衰减的情况。聚落与山坡之间形成山林风，与河塘之间形成水路风。纵横巷道之间的温差往往不大，对局部热压风的形成作用有限。村前的河塘与农田、村后的山体和植被共同形成了良好的自然通风效果，从而形成良好的微气候环境。

（2）乙村风热环境影响因素归纳

乙村位于夏热冬暖地区。夏天高温，防热非常重要，聚落的选址和布局朝向就体现了这一方面。乙村传统聚落选址和布局体现了对自然的充分尊重，与周围地形地貌以及自然山水和谐统一。

1）聚落选址

乙村前有水塘，后有山体，符合中国"山环水抱必聚气"的传统理念。然而，与传统风水理论所要求的坐北朝南并不相符，乙村的朝向根据当地的湿热气候特点和夏季主导风向，是背靠山体，坐西朝东，与夏季主导风向呈45°角，因地制宜地创造了较好的风热环境。

2）聚落布局

通过街巷布局创造通风环境是提高热舒适的有效手段。乙村街巷（图3-49）规划布局整齐有序，呈棋盘状空间结构，道路呈网状覆盖全村，一条主要街巷为南北向，其他街巷均为东西走向，东西朝向的街道大部分比较长，与村前河塘垂直为巷，巷道宽约1.5~2m，巷道较宽处形成天然小广场。巷道高宽比较大，与来流风夹角较小，通风顺畅，形成一定的巷道风。

3）山林、水体、农田、道路

山体、水体和农田都具有降温作用。对乙村而言，村前宽约100m的池塘，村后高约30m的山体，以及东面大量的农田，导致乙村聚落周边环境温度相对较低，对聚落内高密集的建筑群起到一定的降温作用。

图3-49
乙村巷道

3.5.5.4　传统聚落风热环境影响因素总结

（1）聚落选址的一般特征

该镇传统聚落选址常常选择在夏季有山谷风、日照较少、夏季较凉爽的环境，因而南与西以山为屏障，北与东为开阔地的位置常能被选中。该镇传统农村聚落由外向内大体有三个层次的设置：河塘山体——街巷通道——住宅。在较大的尺度上，农村聚落通常都会选在群山环抱或背山面水的空间环境，形成围合稳定的类似屏障的空间形态。在较小的尺度上，聚落周边通常会围有一片宽度小于100m的风水林，且树高通常约15m。

在利用传统聚落风水理论选址的基础上，该镇传统聚落的选址充分考虑当地自然地形地貌和气候特征的影响，结合周边环境特征所形成的水陆风、山地风等，对聚落周边及自身的微环境进行合理选择和营造，创造良好的聚落风热环境。

（2）聚落布局的具体特征

该镇区典型传统聚落的布局模式包括传统梳式布局模式、密集型梳式布局模式、梳式布局的演化模式和自由组合式布局模式。根据温度影响的风速评价准则，不同布局类型考虑温度影响的风速评价，见表3-35。

村镇典型聚落布局模式风热环境评价　　　　　　　　表3-35

编号	布局模式类型	平均风速	热舒适性
甲村片区A	密集型梳式布局模式	0.563m/s	中
甲村片区B	梳式布局的演化模式	2.210m/s	优
甲村片区C	自由式布局模式	1.324m/s	良
乙村	传统梳式布局模式	2.435m/s	优

图3-50
传统聚落微环境营造

由评估结果来看，乙村传统梳式布局模式的热坏境总体评价最高，且处于舒适风速范围内。其次是甲村新旧混杂的梳式布局演化模式片区B和自由组合式布局的片区C。甲村片区相对传统聚落宅间距较大，但建筑层数增加，相应的高宽比范围仍和传统梳式布局相同，整体风热环境评价较好，风速在舒适范围内。甲村片区C沿山体周边松散布局，建筑间距和传统聚落宅间距相似，建筑密度相比片区B较密集。甲村片区A布局较紧凑，宅间距较小，导致风速较低，通风效率较差，空气湿度较大，风热环境不如其他布局模式，然而其大高宽比的特征很好地避免了较多的太阳辐射，从而形成荫凉的巷道环境。

1）聚落平面布局与风环境的关系

甲村的整体布局中，片区A布局形态密集、连续，与夏季主导风向东南方向呈60°夹角，由风速分布图可知其背风区风速有所减小，被其遮挡的建筑物后方风速也相对减小，来流风速在尾流区域衰减明显；片区B巷道呈棋盘状布置，新聚落的建筑间距比传统聚落大，层数增加，正面朝向西南，侧面与主导风向几乎平行，整体通风较好，风速普遍较高；片区C沿山体等高线布局，建筑间距介于片区A和片区B之间，网格状布局，北侧巷道与夏季主导风向呈45°夹角；南侧建筑布局与夏季主导风向呈15°夹角，可以有效地引导来流风进入聚落内部而减少衰减。乙村整体呈现梳式布局行列式，东西向布局，结构清晰有序，呈现棋盘状的空间结构。乙村背靠山体坐西朝东，与夏季主导风向呈45°角，整体通风效率较好。

2）地形地势与风环境的关系

为使通风效果达到最佳，聚落需考虑区域地形特点对其平面和立面进行合理设计。具体如下：①聚落住宅若处于迎风处，则采取前低后高的布置形式；反之背风区，则采取前高后低布置；②迎风坡主要可利用"兜山风"，而顺风坡或背风坡主要利用"绕山风"。

该镇传统聚落梳式布局有效的采取了此种布局模式，如图3-51及图3-52所示。

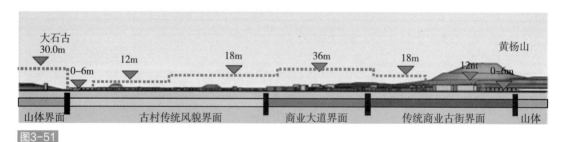

图3-51
甲村传统聚落周边布局立面示意图

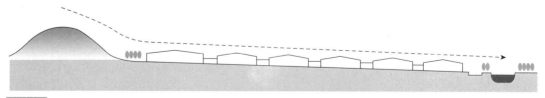

图3-52
乙村传统聚落布局立面示意图

3）聚落立体布局与热环境的关系

该镇传统聚落的鲜明特征是"高墙窄巷"，住宅多为单间联排、正面临街，其他各面与相邻住宅共用或贴近。这种高密度和高连续性的特点产生了大面积连续自遮阳的聚落室外空间，使聚落内地面和住宅外墙面长期处于建筑阴影内，与太阳直射的开敞空间之间形成热压，具有很强地域气候适应性。该镇住宅的最佳朝向一般是偏南向，使得住宅表面所吸收到的热辐射最少，以利于自身和周边的热环境。大高宽比的巷道空间除能避免高强度的太阳辐射外，其梳状连续的巷道空间还有利于引导来流风进入聚落内，减少热量聚积。

该镇农村聚落在发展过程中，住宅的层数和高度均有所增加，新建聚落的宅间距要求也相应增大。在实际环境中，只有足够大的巷道高宽比才能达到群体遮阳效果，然而新聚落的巷道高宽比较传统聚落有所减小，整体上遮阳效果也会相对减弱。但总体来说，在聚落发展过程中逐渐采取的棋盘式空间结构，巷道空间还比较顺畅，巷道高宽比等形态特征也并未发生本质变化，因此可认为新聚落的遮阳防晒效果相对传统聚落而言未发生显著变化。

（3）下垫面对风热环境的影响

对该镇农村聚落而言，山体、水体及农田绿化都有一定的降温作用。山林和绿化本身温度比周边环境温度低，林木的屏障作用阻挡了阳光直射，大片的农田也具有蒸发降温的作用。由模拟结果可以看出，聚落周围山体、水塘和广阔农田地区的气温较低，而聚落内部的住宅组团形成了高温空间。水体的作用更为明显，其周围迎风面的温度一般高于背风面，且距离水体越远的聚落空间温度越高。因此，在传统聚落中，水体可以作为调节局地气候的重要工具，通过对水体面积以及位置的合理设计，能为聚落营造较为舒适的微环境。

此外，道路具有一定的增温效果。温度云图显示，道路较宽的地方和聚落住宅周边靠近道路的人工铺地开敞空间，其温度往往都要高于其他下垫面类型表面的温度，而且道路表面温度最高可高过整体聚落的平均温度。然而在该镇的传统聚落中，大高宽比的狭窄巷道较多，较少受到太阳辐射，其道路的增温效果对聚落环境的热舒适影响不大。

3.5.5.5　传统聚落风热环境分析结果对现代住区建设的启示

传统聚落在有限的技术条件下利用普通的材料和构造，经过合理巧妙的空间处理和微环境的营造，实现了地形地貌、气候特征以及空间结构的高度同构，最终形成了良好的风热环境。因此，应深入挖掘和传承传统聚落营造风热环境的经验和方法，在现代方法的基础之上进行革新，使其能满足当今的居住和生活需求。

在现实的新聚落中，应该充分借鉴传统聚落对于自然地形、气候特征的考虑以及微环境生态策略。该镇传统聚落的梳式布局有利于通风节能，大高宽比的巷道空间有利于遮挡较多的太阳辐射。该镇新聚落的群体布局形式同样采用了有利于夏季自然通风的布置形式，如棋盘状空间结构的梳式布局、依山势走向的自由式和"高低错落"的营造方式等。其中，当地气候特征是聚落营造中需要重点考虑的因素。该镇位于夏热冬暖地区，为了更好地满足热舒适的需求，采取了降温、防潮、通风的营造措施，从而减少了人工调节温度所造成的能源消耗。

社会发展带来的家庭结构、交通方式、居住方式等变化改变着聚落的形态，如人流车流的增加形成越来越宽的道路,高密度建筑的采光等需求带来的建筑间距的增大,生活方式的改变导致的住宅结构和平面布局的改变等。现今不论是村民自建的新聚落,还是新农村的规划建设,无不是为满足当代生产生活的使用需求。而当代的功能体现却受到城市建设模式的影响,摒除了传统聚落的原有形式。这便导致传统聚落典型特征的消失,新聚落的松散低密度代替了传统聚落的高密度形态,类似城市住宅的外向型建筑代替了传统聚落住宅中的天井院落。在这样的聚落发展建设中,仅仅关注了当代功能需求的融入,而忽略了传统聚落关键性空间特征的保存,造成了传统聚落关键性空间特征的破坏和遗失。

对该镇传统聚落的风热环境模拟研究结果表明,聚落在选址、布局、建筑朝向以及下垫面等方面均对风热环境起到重要的影响。合理的聚落群体布局形式能充分利用和改善局地气候,创造适宜的聚落微气候。反之,如果聚落群体组合不当,则会对聚落内部气候产生负面影响。因此在新聚落的规划阶段,要在适应现今居民的生产生活方式以及规范要求的基础上,继承传统聚落的选址布局经验及高密度空间形态,保留传统聚落适应气候和实现资源集约化的特征。例如,聚落组团要有明确的限制尺度来适应现今防火规范的要求,巷道路网为满足机动车的通行需求要适当加大,但同时也要考虑到当地气候特征,在宅间距变大的情况下采取绿化综合遮阳等措施来避免过多日照。总之,随着时代的发展,新聚落的发展是必然,但要在借鉴传统聚落的优良经验中,结合现代发展需求综合布局规划。

第4章

绿色生态村镇能源规划
方法与技术

随着我国农村经济的不断发展，我国农村能源消费总量有了大幅度的提高，能源消费结构也发生了变化。面对严峻的能源问题，在国家实施节能减排总体战略的部署下，加强绿色低碳村镇规划关键技术研究，提高我国村镇资源和能源集约节约利用程度，建设绿色生态村镇并实现其"生态环境良好、能源集约节约、气候健康舒适"等目标，对促进城乡协调和经济社会可持续发展具有非常重要的意义。

"绿色"侧重资源有效利用，"生态"侧重全生命周期的循环利用，追求"自给自足、吃干用尽"，实现能源资源的梯级利用和回收利用。建设绿色生态村镇就是建设能源优化配置的新型环境友好的村镇建设模式。

本章主要介绍绿色生态村镇能源区划的基本理论和基本方法，包括绿色生态村镇能源资源潜力分析、村镇建筑能源需求预测、区域能源系统优化配置方法、案例分析等内容。

4.1 村镇能源区划的基本理论

村镇能源区域规划是村镇经济和生态建设的重要组成部分。解决村镇能源问题必须制定科学的能源区域规划，以指导村镇能源的开发利用，最大限度地满足村镇居民生产和生活对能源的需求。农村能源是指农村地区因地制宜、就近开发利用的能源。对村镇能源资源进行区域划分，主要是针对各地区可利用能源的丰富程度、稳定性、地域分布、可利用性、经济性及环保性等特点，遵循能源资源区划原则，利用区划方法将区域划分成不同子区域，利用能源评价指标对能源资源进行潜力分析，以便于能源资源的区域管理与应用。

4.1.1 村镇能源资源区划方法研究

4.1.1.1 村镇能源区划的概念和任务

村镇能源区划即指村镇区域能源规划，是要梳理村镇区域的综合能源资源条件，包括时间、空间分布差异以及能源的品位、质量、丰富程度和可利用程度，结合当地的气候条件、能源需求、环境需求，对研究区域进行能源评价与划分，选择最适宜开发和利用的能源，在满足当地能源需求的前提下实现能源效益和环境利益的最大化。

与城市相比，农村地区能源种类众多，未开发的可利用资源量巨大，具有非常大的开发潜力。首先，依托农业的发展，会产生大量的秸秆资源；其次，农村畜牧业相对发达，会产生大量的粪便资源可供转化利用，因此农村的生物质能资源非常丰富。在使用条件方面，农村地区地广人稀，人均占有土地远远高于城市，具有巨大的土地资源和空间资源。由于太阳能、风能等在利用时会占据较大的空间资源，因此在农村地区具有较大的开发利用潜力和优势。

为了更加合理科学地开发和利用，就必须理解农村能源资源的属性、潜力和利用条件，更好地进行能源资源区域规划。这要求对农村资源有全方位的把握，结合当地的能源消费需求、节能目标和国家政策等情况，进行具体分析研究。根据各种能源资源的地域性、周期性、丰富程度和稳定性等特点，考虑能源供需、经济效益和环保效益，将其划分成不同类型的区域，明确规划区域的优先开发资源，分析区域能源资源潜力，为能源的进一步发展制定方向。

4.1.1.2　区划方法

对农村能源进行区划，通常采用单项区划法和综合区划法。

单项区划指对太阳能、风能和生物质能进行单独区划。单项区划的任务一般为确定能源的丰富程度，即利用特定的指标对能源进行资源量统计，满足某区域能源的需求为丰富，反之则为贫瘠。例如对太阳能资源进行潜力分析，可选用年太阳辐射总量进行太阳能丰富程度评价；对风能资源的评价，可以选用平均风速或风功率密度进行风能发电等级评价；对生物质能进行评价，可选用秸秆资源量或人均秸秆资源量进行评价。但某些能源资源存在不稳定与分散供应的问题，不能只使用单一指标进行资源评价。例如年太阳辐射总量仅能表达太阳能资源的丰富程度，但由于太阳能存在不稳定性，故不能仅仅依靠太阳能丰富程度来进行评价，还需选用太阳能稳定性指标来评估太阳能的稳定程度。多指标评价可以更加全面和准确地对能源资源进行评估，提出更好的开发利用方案。

综合区划是对某一区域多种能源资源的整体区划，其任务是确定该地区能源的丰富程度和确定区域内各能源分布的丰富程度。该方法需要确定区域内的各种能源总量和分布，若满足能源需求则为丰富，反之则为贫瘠。例如该区域中有太阳能、风能、生物质能等的分布，属于资源丰富区，但各能源在区域内的分布不同，存在多种分布情况，例如太阳能丰富—风能丰富—生物质能贫瘠，或是太阳能一般—风能较贫瘠—生物质能丰富等。

4.1.1.3　区划原则

村镇能源资源区划时需遵循以下原则：

（1）区域完整性原则。能源资源的区划一般具有很强的地域差异性，区划时应考虑地理条件、气候因素和行政界限等因素，遵循其区划和管理的方法，不能随意分割完整的区域，并尽可能与人口统计的地域范围相一致。

（2）区域相关性原则。研究区域内部具有一定的共同性或相关性，而区域之间则存在着差异性。进行能源区划时，需求同存异，将相关区域归并，不相关区域分类。

（3）区域共轭性原则。又称为空间连续性原则，区划的区域必须具有个体性，保持空间连续性，区域不可分离也不可以重复。

（4）区域主导因素原则。村镇能源种类较多，而每种能源受多种因素影响，需针对主导因素进行分析和区划。如太阳能资源受纬度、海拔、气候、天气、污染程度等多因素的影响。纬度越低、海拔越高，太阳能资源越丰富；多云、多雾天气对太阳辐射阻挡强，太阳能自然不丰富。所以在对太阳能资源进行区划时，需考虑影响太阳能资源的主要因素，综合分析评价太阳能资源。

（5）区域可持续发展原则。村镇区域经济的发展和生态的建设，需要科学合理的规划区域能源，选择适宜的能源进行开发和利用，节能减排，以满足区域的整体发展，实现村镇的可持续发展。

4.1.1.4 区划指标

能源资源区划指标分为资源量、需求量、供应量、消费量以及能源系统5个综合量。资源量指标是指考量地区地理位置、气候条件、能源种类与可利用性，对能源进行潜力分析等；需求量指标则与当地能源用户的密集程度和经济条件密切相关，也与当地能源可供应种类和总量有关；供应量指标是依据当地能源资源种类、数量和可利用程度，结合能源开发难易程度对当地能源用户进行能源供应，从能源侧进行年供应量评估等；消费量指标是指通过统计能源用户已有消费量，对其进行日消费量、月消费量、季度消费量和年消费量评价；系统指标则是对能源系统进行评估，包括区域能源供应侧和能源需求侧两个方面。

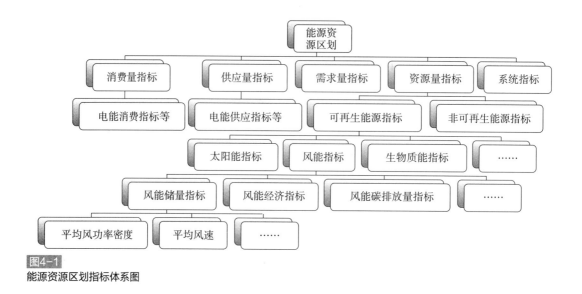

图4-1
能源资源区划指标体系图

4.1.2 模糊聚类方法

在自然界和现实生活中，事物之间存在着各种各样的关系，事物之间的界限并不都是泾渭分明的，而是有一个聚类、隶属程度问题。如"朋友关系"、"相貌相似关系"的界限是模糊的，天气阴、晴之间的界限也是不确定的。界限不明确的关系称为模糊关系。处理模糊关系的分类区划问题，需用模糊理论和聚类方法来进行分析。

聚类是根据一定的要求和规律，按照样品或变量在性质上的亲疏程度对其进行区分和分类的过程。聚类分析是一种多元统计分析方法，把一个没有类别标记的样本集按照某种准则划分成若干个子集，使相似的样本归为一类，不相似的样本划分到不同的类中。通常利用两种方法来描述样品或变量之间的亲疏程度，一是距离，一是相似度。模糊聚类分析不仅可对研究对象按综合分值进行评价和排序，而且可根据聚类的结果按最大隶属度原则去评定对象所属的等级。模糊聚类分析目前已被广泛应用在气象、地质、农业和林业等方面。

系统聚类法又称动态聚类法，是模糊聚类分析中常用的方法。其基本思想是：先将所研究的n个变量各自分为一类；计算它们之间的距离或相似度，选择距离最近或最相似的两类或几类归为新的一类；再计算新类与其他类之间的距离或相似度，选择距离最近或最相似的两类或几类为新的一个类；每次归类可以减少总类别的数目，直到所有变量都归为一类。

系统聚类的特点只需要一组数据，不需要知道分类对象的分类结构，然后选择分类统计量，并按照特定的方法步骤进行计算和分类，便可以获得一张完整的聚类谱系图。系统聚类算法常以欧氏距离作为聚类统计量。本章选用系统聚类分析的方法对能源资源进行聚类分析。

4.1.3　克里金插值法

地理信息系统（Geographic Information System或 Geo-Information System，GIS），又称为地学信息系统，是一种在计算机硬件和软件系统支持下，对整个或部分地球表层空间中的有关地理分布，进行数据采集、储存、管理、运算、分析、显示和描述的空间信息系统。该方法目前已被广泛应用于区域能源规划和能源资源分布分析领域。本章使用的Arcgis软件是Esri公司推出的具备3D建模、编辑和分析能力的GIS平台。

由于太阳能数据来源于不同地区的气象站，不可能覆盖地球表面的每个角落，也就是说地理信息系统中获得的空间数据是离散点的形式，因此在对区域太阳能进行潜力分析和区划时，需要进行插值处理，即根据有限的样本数据点预测栅格中的值。插值法可以预测地理点数据的未知值。Arcgis软件中提供了克里金法、反距离权重法、自然邻域法、样条函数法、地形转栅格和趋势面法等方法来实现插值。不同的研究区域和不同的插值方法都可能得到不同的分析结果。

克里金（Kriging）插值法又称空间自协方差最佳插值法，广泛地应用于气候分析、地质制图等领域，是一种高效的空间统计格网化方法。该方法首先考虑空间属性在空间位置上的差异分布，确定对某个待插点值有影响的距离范围，然后用此范围内的采样点来估计待插点的属性值。它是考虑了样本的形状、大小及与待估计点相互间的位置关系等几何特征以及空间结构之后，为达到线性、无偏和最小估计方差的估计，而对每一个样本赋予一定的系数，进行加权平均来估计待插点属性的方法。克里金法是一个多步过程；包括数据的探索性统计分析、变异函数建模、创建表面和研究方差等。该方法通常用在土壤制图和地理科学领域。

克里金方法有两种：普通克里金法和泛克里金法。普通克里金法是最普通和广泛使用的克里金方法，该方法假定恒定且未知的平均值，如果不能拿出科学的根据进行反驳，这就是一个默认的合理假设。泛克里金法假定数据中存在覆盖趋势，在数据样本中存在某种趋势，并能够提供科学的判断描述泛克里金法时，该方法才适用。克里金法提供了圆、球面、指数、高斯和线性函数模型。其中，球面模型显示了空间自相关逐渐减小到超出某个距离后自相关为零的过程，是最常用的模型之一。

本章基于Arcgis软件，试用克里金法、反距离权重法、自然邻域法、样条函数法、地形转栅格和趋势面法，对太阳能辐射总量进行插值和等值线绘制。比对发现，使用克里金法的插值结果与中国气象局风能太阳能评估中心根据日照小时数绘制的太阳能资源分布图趋势相似，准确度较高。故本章选用克里金插值法帮助完成太阳能资源区划。

4.2　绿色生态村镇能源资源潜力分析

村镇区域能源规划和能源资源潜力分析对建设绿色生态村镇具有重要的现实意义。

4.2.1　太阳能资源潜力分析

太阳能指太阳光的辐射能量，太阳通过内部核反应向宇宙发射的辐射功率为$3.8 \times 10^{23} kW$的辐射值，其中二十亿分之一到达地球大气层，30%被大气层吸收反射，23%被大气层吸收，其余的到达地面。太阳能的利用有光热转换和光电转换两种方式。太阳能是一次可再生资源，取之不尽、用之不竭。

我国有着丰富的太阳能资源。据统计，我国陆地表面每年接受的太阳辐射能约$50 \times 10^{18} kJ$。目前，我国太阳能产业规模已位居世界第一，是太阳能热水器生产量和使用量最多的国家，也是重要的太阳能光伏电池生产国。随着经济的发展和技术的升级，太阳能的利用潜力将进一步得到挖掘和提升。

4.2.1.1　太阳能资源潜力分析方法

（1）太阳能丰富程度

通过搜集整理气象观测站对观测地点逐时太阳辐射量的记录，计算一年8760h的太阳辐射总量，来表示该地区太阳辐射的资源量。将观测地点一天24h的太阳辐射量相加得到日太阳辐射总量，一个月每日太阳辐射总量相加得到月太阳辐射总量，一年12个月的月太阳辐射总量相加得到年太阳辐射总量，计算公式见式（4-1）～式（4-3）。

$$Q_d = \sum_{i=1}^{24} Q_i \qquad (4-1)$$

$$Q_m = \sum_{d=1}^{M} Q_d \qquad (4-2)$$

$$Q_a = \sum_{m=1}^{12} Q_m \qquad (4-3)$$

式中：Q_i为观测地点小时太阳总辐射量（MJ/m²）；Q_d为观测地点日太阳总辐射量（MJ/m²）；Q_m为观测地点月太阳总辐射量（MJ/m²）；Q_a为观测地点年太阳总辐射量（MJ/m²）；M为计算月的天数，d。

基于村镇能源区划原则和方法，选用年太阳辐射总量作为太阳能丰富程度的评价指标，根据《太阳能资源评估方法》QX/T 89—2008，将太阳能的丰富程度分为4个等级，如表4-1所示。

太阳能资源丰富程度等级 表4-1

年太阳辐射总量（MJ/m^2）	资源丰富程度
＞6300	资源最丰富
5040～6300	资源很丰富
3780～5040	资源丰富
＜3780	资源一般

（2）太阳能稳定性评价

该评价指标是无量纲的太阳能资源稳定程度指标，即一年中各月日照时数大于6小时天数的最大值与最小值之比，如公式（4-4）所示。所谓日照时数就是一天中太阳辐射量超过120W/m^{2}的小时数。

$$K = \frac{\max\left(Day_1, Day_2, \cdots, Day_{12}\right)}{\min\left(Day_1, Day_2, \cdots, Day_{12}\right)} \tag{4-4}$$

式中：K为太阳能资源稳定程度指标（无量纲）；$Day_1, Day_2, \cdots, Day_{12}$为各月日照时数大于6h的天数（d）。

基于村镇能源区划原则和方法，选用K值作为太阳能稳定程度的评价指标，根据《太阳能资源评估方法》QX/T 89—2008，将太阳能稳定程度分为3个级别，如表4-2所示。

太阳能资源稳定性等级 表4-2

太阳能资源稳定程度K	稳定性
＜2	稳定
2～4	较稳定
＞4	不稳定

4.2.1.2 案例分析

（1）辽宁省太阳能资源潜力分析

基于村镇能源区划理论，首先进行子区域的选择和划分，对各子区域内典型村镇的太阳能资源潜力进行计算和分析。随后选用合适的区划指标和评价体系，对太阳能进行区划和评价。

以辽宁省为例，考虑子区域的气候条件、分布密度以及各气象观测站的位置，选取本溪、朝阳、大连、丹东、营口、锦州、沈阳、彰武、清原、海洋岛10个地区对辽宁省太阳能资源进行潜力分析。计算各地区年太阳辐射总量和稳定性K值，选取太阳能丰富程度和稳定程度两个指标，根据《太阳能资源评估方法》的规定，对辽宁省太阳能资源进行评价。

辽宁省年太阳辐射总量汇总表（MJ/m²）　　　　表4-3

地区	1月	2月	3月	4月	5月	6月	7月	8月	9月	10月	11月	12月	年辐射量
本溪	251	340	458	486	537	513	464	445	427	311	214	197	4642
朝阳	299	397	523	536	596	538	524	496	461	350	249	252	5222
大连	235	294	462	555	629	563	482	447	435	345	237	202	4887
丹东	299	370	466	440	481	439	378	415	417	326	239	245	4516
营口	265	342	461	461	515	475	450	435	420	311	222	218	4574
锦州	299	381	513	513	580	498	469	484	467	356	255	254	5068
沈阳	248	350	495	513	576	532	472	467	444	330	227	205	4860
彰武	281	377	519	532	609	550	493	484	469	349	239	230	5132
清原	232	319	459	497	549	539	473	457	442	316	204	188	4674
海洋岛	201	243	366	439	502	474	423	413	374	299	204	177	4115

查找上述地区的气象参数，计算辽宁省各地区的年太阳能辐射总量，对辽宁省太阳能丰富程度进行评价和区划，计算结果如表4-3所示。

分析可知，辽宁省平均年太阳辐射总量为4769MJ/m²，各地区太阳能辐射量处在4115～5222 MJ/m²区间，属于太阳能丰富区和非常丰富区。辽西北地区辐射量较高，辽宁省各地区太阳能资源丰富度地域性差别较小。

查找相关气象参数，计算上述地区的月日照小时数和K值，对辽宁省太阳能稳定程度进行评价。评价结果如表4-4所示。

辽宁省日照小时数与太阳能稳定性评价（h）　　　　表4-4

地区	1月	2月	3月	4月	5月	6月	7月	8月	9月	10月	11月	12月	K值
本溪	26	26	29	30	30	28	30	27	28	30	27	27	1.15
朝阳	30	28	31	30	31	29	31	30	28	31	29	29	1.11
大连	28	27	31	30	31	30	31	31	30	26	27	26	1.19
丹东	29	26	30	28	29	30	30	26	29	28	29	29	1.15
营口	26	27	30	30	29	29	31	30	29	31	25	28	1.24
锦州	29	28	30	28	31	27	30	29	29	30	29	31	1.15
沈阳	27	28	31	29	31	30	29	28	28	27	25	26	1.24
彰武	31	28	30	30	30	29	30	28	30	31	28	30	1.11
清原	29	28	31	29	31	29	31	30	30	30	28	27	1.15
海洋岛	29	28	30	27	30	30	31	28	28	26	30	28	1.19

由表4-4可知，辽宁省各地区*K*值稳定在1.1~1.2，参考太阳能稳定程度分级评价标准，均在0~2区间，属太阳能稳定区间。辽宁省各地区太阳能资源稳定性地域差异非常小。

通过对辽宁省太阳能资源的分析，可以确定该省内各地区差异性较小，年太阳辐射总量变化幅度不大，且稳定性较为统一。故可以采用选取子区域典型村镇代表整个子区域的方法来进行分析研究，简化数据处理与分析过程。

（2）严寒地区太阳能资源潜力分析

我国严寒地区包括黑龙江、吉林全境；辽宁、内蒙古、甘肃、青海、新疆、西藏大部；河北、山西和陕西的部分地区。基于村镇能源区划理论，采用上述分析评价方法对严寒地区太阳能资源潜力进行分析和评价。

考虑子区域的气候条件、分布密度以及各气象观测站的位置，选取哈尔滨、长春、沈阳、呼和浩特、乌鲁木齐、西宁、酒泉和那曲8个地区为代表，对严寒地区太阳能资源进行潜力分析。计算上述地区年太阳辐射总量和稳定性，选取太阳能丰富程度和稳定程度两个指标，根据《太阳能资源评估方法》QX/T 89—2008的规定，对严寒地区太阳能资源进行评价。

查找上述地区的气象参数，计算严寒地区各区域的年太阳能辐射总量，对太阳能丰富程度进行评价。评价结果如表4-5所示。

典型严寒地区年太阳辐射总量［MJ/（m²h）］　　　　表4-5

地区	1月	2月	3月	4月	5月	6月	7月	8月	9月	10月	11月	12月	年辐射量
哈尔滨	188	282	454	510	608	619	543	497	460	310	189	160	4822
长春	231	335	490	531	605	594	509	485	471	327	209	190	4977
沈阳	248	350	495	513	576	532	472	467	444	330	227	205	4860
呼和浩特	210	293	476	624	737	714	633	559	461	370	245	188	5510
乌鲁木齐	178	230	367	515	635	659	653	605	477	337	195	148	4999
西宁	303	348	464	546	625	638	655	603	481	411	317	278	5671
酒泉	269	328	467	568	698	727	754	689	539	425	291	242	5997
那曲	387	418	558	635	730	740	765	704	607	511	413	368	6837

计算严寒地区各区域的月日照小时数和*K*值，对太阳能稳定程度进行评价。评价结果如表4-6所示。

严寒地区典型地区日照小时数与太阳能稳定性评价（h）　　　　表4-6

地区	1月	2月	3月	4月	5月	6月	7月	8月	9月	10月	11月	12月	*K*值
哈尔滨	27	28	31	30	31	30	31	31	30	30	21	24	1.47
长春	30	28	29	30	29	29	29	30	30	30	26	30	1.15
沈阳	27	28	31	29	31	30	29	28	28	27	25	26	1.24

地区	1月	2月	3月	4月	5月	6月	7月	8月	9月	10月	11月	12月	K值
呼和浩特	29	27	30	30	31	30	31	31	30	29	29	29	1.15
乌鲁木齐	16	25	31	30	31	30	31	31	30	30	22	10	3.1
西宁	30	28	31	30	31	30	31	31	30	30	29	30	1.11
酒泉	27	28	31	30	31	30	31	31	30	31	29	30	1.15
那曲	31	28	31	30	31	30	31	31	30	31	30	31	1.11

分析可知，严寒地区年太阳能辐射总量平均值为5459MJ/m²h。哈尔滨、长春、沈阳、乌鲁木齐年太阳辐射量为3780~5040MJ/m²h，属太阳能丰富地区；呼和浩特、西宁、那曲、酒泉年太阳辐射总量为5040~6300MJ/m²h，属太阳能很丰富地区；新疆南部、青海西部和西藏北部地区太阳能资源非常丰富。严寒地区太阳能丰富程度整体呈现西高东低的趋势。

严寒地区太阳能稳定程度K值平均值为1.435，除新疆乌鲁木齐地区之外，其他地区太阳能稳定系数K值均小于2，稳定性良好，适宜开发利用。

4.2.1.3　全国太阳能资源潜力综合比较分析

采用上述分析评价方法对全国不同气候区的太阳能资源潜力进行分析和评价。考虑子区域的气候条件、分布密度以及各气象观测站的位置，选取哈尔滨、北京、上海、广州、昆明等34个代表地区，涵盖严寒地区、寒冷地区、夏热冬冷地区、夏热冬暖地区、温和地区五个热工气候分区，对全国太阳能资源进行潜力分析。计算上述地区年太阳辐射总量和稳定性K值，选取太阳能丰富程度和稳定程度两个指标，对全国太阳能资源进行评价。

查找上述地区的气象参数，计算全国各地区的年太阳能辐射总量，对太阳能丰富程度进行分析。

全国典型地区年太阳辐射总量（MJ/m²h）　　　　表4-7

地区	年辐射量	地区	年辐射量	地区	年辐射量	地区	年辐射量	地区	年辐射量
哈尔滨	4822	那曲	6837	朝阳	5331	银川	5990	南京	4490
长春	4977	北京	5823	华山	4282	榆林	6016	上海	4183
沈阳	4860	天津	5737	锦州	5088	榆社	5658	武汉	4190
呼和浩特	5510	阿合奇	5925	离石	5463	中宁	5985	长沙	3934
乌鲁木齐	4999	阿拉尔	6455	若羌	7030	成都	2878	广州	4094
西宁	5671	巴楚	5823	西安	4362	杭州	4231	昆明	5579
酒泉	5997	宝鸡	4591	延安	5262	南昌	4613	—	—

根据计算结果（表4-7），参考太阳能丰富程度分级评价标准，对全国不同气候区的太阳能丰富程度进行评价。分析可知，我国年太阳能辐射总量平均值为5196MJ/m²h，近2/3地区的

年太阳能辐射量超过5000MJ/m²h。从年太阳辐射总量的分布来看，青藏高原是高值中心，四川盆地是低值中心，整体上呈现北部高于南部、西部高于东部的趋势。

西藏大部、新疆南部、青海西部地区平均海拔高度在4000m以上，纬度低，日照时间长，大气层薄而清洁，透明度好，因此太阳能资源非常丰富，属太阳能资源最丰富区。新疆、青海、云南、甘肃、内蒙古、宁夏、山西、河北、山东和辽宁大部分地区属于太阳能资源很丰富区。其他地区属太阳能资源丰富区。

查找上述地区相关气象参数，计算全国各区域代表地区的月日照小时数和K值（表4-8），对全国不同气候区太阳能稳定程度进行评价。

全国典型地区日照小时数与太阳能稳定性评价（h）　　　　　表4-8

地区	K	地区	K	地区	K	地区	K	地区	K
哈尔滨	1.47	那曲	1.11	朝阳	1.03	银川	1.03	南京	1.72
长春	1.15	北京	1.03	华山	1.03	榆林	1.03	上海	1.8
沈阳	1.24	天津	1.03	锦州	1.03	榆社	1.03	武汉	2.17
呼和浩特	1.15	阿合奇	1.03	离石	1.03	中宁	1.03	长沙	2.9
乌鲁木齐	3.1	阿拉尔	1.03	若羌	1.03	成都	13	广州	1.93
西宁	1.11	巴楚	1.03	西安	1.03	杭州	2.5	昆明	1.19
酒泉	1.15	宝鸡	1.03	延安	1.03	南昌	1.71	—	—

从太阳能稳定程度上来看，全国太阳能稳定程度K值平均值为1.703，大部分属于太阳能稳定区间，新疆局部地区、湖北、湖南局部地区、浙江局部地区K值超过2，属太阳能较稳定地区。

4.2.2　风能资源潜力分析

风能是地球表面大量空气流动所产生的动能，广义上讲，风能的来源也是太阳能。由于地面各处受太阳辐射后，温度变化和水蒸气含量的不同，因而引起各地区气压的差异，即形成风。风能也是一次可再生资源，取之不尽、用之不竭。目前我国已经成为风电装机量最大的国家。随着经济的发展和技术的升级，风能的利用潜力将进一步得到挖掘和提升。

4.2.2.1　风能资源潜力分析方法

风能资源有明显的季节性和不稳定性。本节选用平均风速与平均风功率密度为评价指标，分析风能资源潜力及其风力发电的可利用等级。

平均风速指气象观测站在一定时间内n次观测风速的平均值。平均风功率密度是指与风向垂直的单位面积中所具有的风功率。平均风速和平均风功率密度的计算公式如下。

$$V_E = \frac{1}{n} \sum_{i=1}^{n} V_i \tag{4-5}$$

式中：V_E为平均风速（m/s）；V_i为风速观察序列；n为平均风速计算时段内（年、月）风速序列个数。

$$D_{WP} = \frac{1}{2n} \sum_{k=1}^{12} \sum_{i=1}^{m} (\rho_k \cdot v_{k,i}^3) \tag{4-6}$$

式中：n为计算时段内风速序列总数；k为月份序号；m为第k个月的观测小时数；ρ_k为月平均空气密度（kg/m³），$v_{k,i}$为第k个月（$k=1, \cdots, 12$）风速序列。

选取平均风速和风功率密度作为风能资源的评价指标，采用《风电场风能资源评估方法》GB/T 18710—2002，具体风功率等级划分见表4-9。

风功率密度等级表　　　　　　　　　　　　　　　表4-9

功率密度等级	平均风功率密度（W/m²）	年平均风速参考值（m/s）	应用于风力发电
1	<100	4.4	不好
2	100 ~ 150	5.1	一般
3	150 ~ 200	5.6	较好
4	200 ~ 250	6.0	好
5	250 ~ 300	6.4	很好
6	300 ~ 400	7.0	很好
7	400 ~ 1000	9.4	很好

4.2.2.2　案例分析

（1）辽宁省风能资源潜力分析

以辽宁省为例，基于村镇能源区划理论，采用上述划分子区域的方法，选取本溪、朝阳、大连、丹东、营口、锦州、沈阳、彰武、清原、海洋岛10个地区对辽宁省风能资源进行潜力分析。计算各地区平均风速和年平均风功率密度，选取风力发电等级指标，根据《风电场风能资源评估方法》GB/T 18710—2002的规定，对辽宁省风能资源进行评价。

查找上述地区的气象参数，计算辽宁省各地区的平均风速和年平均风功率密度，对辽宁省风能资源的丰富程度进行评价。

辽宁省平均风速和风功率密度　　　　　　　　　　　表4-10

地区	平均风速（m/s）	年平均风功率密度（W/m²）	应用于风力发电
本溪	2.04	12.79	不好
朝阳	1.98	20.04	不好
大连	4.39	99.82	不好

续表

地区	平均风速（m/s）	年平均风功率密度（W/m²）	应用于风力发电
丹东	2.74	38.81	不好
营口	3.35	55.61	不好
锦州	2.7	35.9	不好
沈阳	2.91	39.39	不好
彰武	3.73	90.19	不好
清原	1.46	12.98	不好
海洋岛	4.27	143.44	一般

分析可知，辽宁省风能地域差异明显，西南沿海地区风能资源多于内陆地区，全省平均风速为2.957m/s，年平均风功率密度为54.897W/m²，除海洋岛之外其他地区均不宜利用风力发电。

（2）严寒地区风能资源潜力分析

采用上述划分子区域的方法，选取哈尔滨、长春、沈阳、呼和浩特、乌鲁木齐、西宁、酒泉和那曲8个地区为代表，对严寒地区风能资源进行潜力分析。计算上述地区平均风速和风功率密度，选取风力发电等级指标，对严寒地区风能资源进行评价。

查找上述地区的气象参数，计算严寒地区各区域的平均风速和风功率密度（表4-11），对严寒地区风能资源潜力进行评价。

典型严寒地区平均风速和风功率密度 表4-11

地区	平均风速（m/s）	年平均风功率密度（W/m²）	应用于风力发电
哈尔滨	2.78	30.64	不好
长春	3.44	74.07	不好
沈阳	2.91	39.39	不好
呼和浩特	1.58	14.32	不好
乌鲁木齐	2.31	25.01	不好
西宁	0.85	3.14	不好
酒泉	2.14	18.06	不好
那曲	2.32	51.51	不好

分析可知，严寒地区平均风速为2.291m/s，年平均风功率密度为32.017W/m²。吉林和内蒙古北部地区受季风带影响，季风风力较大；且由于地势平坦，风能衰减不明显，因此风能资源较为丰富；新疆南部、青海北部风能资源相对较弱。根据评价方法等级划分原则，这些代表地区大部分不适宜进行风力发电。

4.2.2.3 全国风能资源潜力综合比较分析

采用上述划分子区域的方法，结合文献研究成果，选取哈尔滨、北京、上海、广州、昆明等34个代表地区。查找上述地区的气象参数，计算全国代表城市的平均风速和年平均风功率密度，对全国风能资源进行分析和评价（表4-12）。

全国代表城市平均风速和风功率密度　　　　　　　　　　表4-12

地区	风速（m/s）	年平均风功率密度（W/m²）	地区	风速（m/s）	年平均风功率密度（W/m²）	地区	风速（m/s）	年平均风功率密度（W/m²）
哈尔滨	2.78	30.64	巴楚	1.12	6.03	中宁	2.46	57.83
长春	3.44	74.07	宝鸡	1.25	7.68	成都	1.2	5.15
沈阳	2.91	39.39	朝阳	1.97	20.04	杭州	1.93	13.36
呼和浩特	1.58	14.32	华山	4.75	163.49	南昌	1.73	8.78
乌鲁木齐	2.31	25.01	锦州	2.69	35.9	南京	1.87	12.94
西宁	0.85	3.14	离石	2.26	20.18	上海	3.25	37.03
酒泉	2.14	18.06	若羌	2.38	29.5	武汉	1.13	3.13
那曲	2.32	51.51	西安	1.5	8.14	长沙	2.19	15.35
北京	4.44	22.29	延安	1.41	4.53	广州	1.57	6.35
天津	2.18	25.59	银川	2.44	25.02	昆明	1.69	11.6
阿合奇	2.14	11.94	榆林	1.79	19.5	—	—	—
阿拉尔	1.2	8.63	榆社	1.5	12.38	—	—	—

分析可知，全国平均风速为2.128m/s，平均风功率密度为24.956W/m²。我国地理位置上属于欧亚大陆的东部，东临太平洋，海陆之间热力差异较大。北方地区和南方地区分别受大陆性和海洋性气候相互影响，季风现象明显。北方表现为温带季风气候，冬季寒冷干燥，夏季温暖湿润。南方表现为亚热带季风气候，夏季降水较多。南部沿海地区由于夏季低气压的气压梯度较弱，因此风力不大，风能资源较弱。东部沿海地区由于独特的狭管地形效应，风力在该地区产生加速，风能资源相对丰富，局部具有良好的风能开发价值。中部内陆地区由于所处地理位置条件的限制，同时由于地势地形复杂和地面粗糙度变化较大，不利于气流的加速，风能资源比较贫乏。西部、北部和东北内陆地区主要包括新疆、甘肃、宁夏、内蒙古、东北三省、山西北部、陕西北部和河北北部地区。这些地区纬度较高，处于西风带控制，风力强度大、持续时间长。同时这些地区海拔较高，风能衰减小，局部具有较好的风能开发潜力。由此可见，严寒地区相对其他气候区整体风能资源比较丰富。

4.2.3 秸秆资源潜力分析

4.2.3.1 秸秆资源潜力分析方法

秸秆是指在农作物生产过程中，收获了小麦、玉米、稻谷、花生等农作物果实以后，残留不能食用的根、茎、叶等废弃物。

本章选用草谷比法来估算农作物的秸秆产量。草谷比是指农作物地上的茎秆产量与经济产量的比值，它是评价农作物产出效率的重要指标。搜集整理各地区统计年鉴获得农作物年产量，由农作物产量和草谷比的乘积计算得到理论秸秆资源量。依据当地种植实际情况，理论秸秆资源量中会留有一部分当作次年农作物的肥料回田利用，因此需采用农作物收集系数对秸秆资源量进行修正，计算得到可收集秸秆资源量。

由于秸秆资源分布具有分散性的特点，不适合长途运输，因此分散式利用是未来秸秆资源发展的方向，人均秸秆资源量可以较好地判别当地的秸秆资源是否有利于分散式发展。因此，本节选用可收集秸秆资源量和人均秸秆资源量来对各地区秸秆资源进行分析和评价。

可收集秸秆资源量计算公式如下。

$$E_{CR} = \sum_{i=1}^{n} Q_{CRi} r_{CRi} \eta_{CRi} \tag{4-7}$$

式中：E_{CR} 为农作物秸秆资源量（t）；Q_{CRi} 为第 i 种农作物产量（t）；r_{CRi} 为第 i 种农作物草谷比系数；η_{CRi} 为第 i 种农作物秸秆可收集系数。

各农作物收集系数见表4-13。

主要农作物草谷比与可收集系数　　　　　　　表4-13

农作物	水稻	小麦	玉米	高粱	谷子	薯类	大豆	棉花	油料	果蔬
草谷比	0.9	1.1	1.2	1.6	1.6	0.5	1.6	3.4	2	0.1
可收集系数	0.83	0.83	0.83	0.83	0.83	0.80	0.88	0.90	0.85	0.6

4.2.3.2　案例分析

（1）辽宁省秸秆资源潜力分析

基于村镇能源区划理论，首先进行子区域的选择和划分，对各子区域内典型村镇的秸秆资源潜力进行计算和分析，随后选用合适的区划指标和评价体系，对秸秆资源进行区划和评价。

以辽宁省为例，为便于数据统计和分析，主要考虑子区域的行政区划，选取沈阳、大连、鞍山、抚顺、本溪、丹东、锦州、营口、阜新、辽阳、盘锦、铁岭、朝阳和葫芦岛14个地区对辽宁省秸秆资源进行潜力分析。统计各地区主要农作物产量，计算可收集秸秆资源量。选取秸秆资源量和人均秸秆资源量两个指标，采用模糊聚类分析方法，对辽宁省各地区秸秆资源进行归类划分，并绘制辽宁省秸秆资源分布区划图。

查找上述地区的统计年鉴，统计辽宁省各地区的主要农作物产量，根据草谷比法，计算可收集秸秆资源量，热值和人均秸秆资源量，对辽宁省秸秆资源进行评价（表4-14）。

辽宁省秸秆资源统计表   表4-14

地区	可收集秸秆资源量（万t）	热值（万MJ）	人口（万人）	人均秸秆资源量（t/人）
沈阳	384.89	5475397.04	275.23	1.40
大连	120.32	1711680.26	263.83	0.46
鞍山	128.61	1829549.67	187.15	0.69
抚顺	52.30	743976.95	85.17	0.61
本溪	23.57	335377.43	53.62	0.44
丹东	99.07	1409341.09	147.19	0.67
锦州	215.97	3072331.82	199.27	1.08
营口	61.53	875282.63	139.03	0.44
阜新	236.67	3366807.07	115.43	2.05
辽阳	86.61	1232105.83	111.59	0.78
盘锦	95.74	1362056.58	70.90	1.35
铁岭	365.12	5194224.25	209.38	1.74
朝阳	213.43	3036235.20	252.40	0.85
葫芦岛	58.00	825080.14	195.16	0.30

　　选取秸秆资源量和人均秸秆资源量两个指标，采用模糊聚类分析方法对辽宁省秸秆资源进行归类和区划，使用SPSS软件中提供的系统聚类功能，采用组建连接的方法，对数据进行聚类处理。

　　对辽宁省可收集秸秆资源量的聚类分析组间连接凝聚过程如下。第一步：序号7和序号13的地区之间的距离系数最小为2.537，即差异最小，首先将其合并；第二步：将序号6和序号11的地区合并，他们之间的距离系数为3.234；第三步：序号8和序号14地区合并，其距离系数为3.529；…；第十三步：将序号1和2地区合并，其距离系数为259.020，聚类分析的合并过程如图4-2所示。

　　根据聚类分析的结果作如下分类：沈阳、铁岭地区秸秆资源非常丰富，属Ⅰ类地区；朝阳、阜新、锦州秸秆资源比较丰富，属Ⅱ类地区；盘锦、辽阳、鞍山、大连和丹东地区秸秆资源一般，属Ⅲ类地区；葫芦岛、营口、本溪和抚顺地区秸秆资源相对贫瘠，属Ⅳ类地区。

　　分析可知，辽宁省可收集秸秆资源平均值为152.99万t，区域差异性显著，辽北地区秸秆资源丰富，抚顺、本溪、营口和葫芦岛地区秸秆资源则相对较少。

　　对辽宁省人均秸秆资源量的聚类分析方法同上。根据聚类的结果作如下分类：阜新、铁岭地区人均秸秆资源非常丰富，属Ⅰ类地区；沈阳、锦州、盘锦人均秸秆资源比较丰富，属Ⅱ类地区；朝阳、鞍山、辽阳、抚顺和丹东地区人均秸秆资源一般，属Ⅲ类地区；葫芦岛、营口、大连和本溪地区人均秸秆资源相对贫瘠，属Ⅳ类地区。

　　由图表分析可知，辽宁省人均秸秆资源平均值为0.918t/人，区域差异性显著，趋势与秸秆资源总量大体相同，辽北地区人均秸秆资源丰富，不同的是大连、本溪、营口和葫芦岛地区人均秸秆资源相对较少。

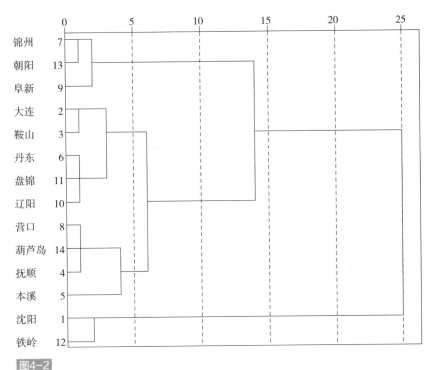

图4-2
辽宁省可收集秸秆资源SPSS组间凝聚树状图

（2）严寒地区秸秆资源潜力分析

为便于数据统计和分析，主要考虑子区域的行政区划，选取黑龙江、吉林、辽宁、内蒙古、青海、新疆和西藏7个地区对严寒地区秸秆资源潜力进行分析。统计各地区主要农作物和果蔬产量，计算可收集秸秆资源量，选取秸秆资源量和人均秸秆资源量两个指标，对严寒地区各区域秸秆资源潜力进行分析。

查找上述地区的统计年鉴，统计严寒地区各区域的主要农作物产量，根据草谷比法，计算可收集秸秆资源量、热值和人均秸秆资源量，对严寒地区秸秆资源进行评价（表4-15）。

严寒地区秸秆资源统计表　　　　　　　表4-15

地区	可收集秸秆资源量（万t）	热值（万MJ）	村镇人口（万人）	人均秸秆资源量（t/人）
黑龙江省	13621.73	193782739.23	1570	8.68
吉林省	8238.77	117204731.21	1230	6.70
辽宁省	4621.07	65739293.22	1431	3.23
内蒙古自治区	6467.96	92013136.88	997	6.49
青海省	216.11	3074391.10	292	0.74
新疆维吾尔自治区	4686.57	66671167.72	1245	3.76
西藏自治区	170.77	2429357.23	234	0.73

分析可知，严寒地区可收集秸秆资源平均值为5431.85万t，人均秸秆资源量为4.332t/人，区域差异性显著，整体上呈现东高西低、北高南低的趋势，其中黑龙江和内蒙古农林业和畜牧业相对发达，秸秆资源远高于严寒地区平均值，而西藏和青海两省则远远低于平均水平。

4.2.3.3　全国秸秆资源潜力综合比较分析

采用上述分析评价方法，对全国不同气候区的秸秆资源潜力进行分析和评价。为便于数据统计和分析，主要考虑子区域的行政区划，结合文献的研究成果，选取黑龙江、山东、湖北、广州、云南等31个（未包含港、澳、台地区），涵盖严寒地区、寒冷地区、夏热冬冷地区、夏热冬暖地区、温和地区五个热工气候分区，对全国秸秆资源潜力进行分析。统计各地区主要农作物产量，计算可收集秸秆资源量，选取秸秆资源量和人均秸秆资源量两个指标，采用模糊聚类分析方法，对全国各地区秸秆资源进行归类划分。

查找上述地区的统计年鉴，统计全国各地区的主要农作物产量，根据草谷比法，计算可收集秸秆资源量、热值和人均秸秆资源量，对全国秸秆资源进行评价（表4-16）。

全国秸秆资源统计表　　　　　　　　　表4-16

地区	可收集秸秆资源量（万t）	热值（万MJ）	村镇人口（万人）	人均秸秆资源量（t/人）
北京市	155.28	2209013.93	293	0.53
天津市	445.84	6342484.67	269	1.66
河北省	8254.13	117423290.57	3614	2.28
山西省	2857.12	40645364.00	1648	1.73
内蒙古自治区	6467.96	92013136.88	997	6.49
辽宁省	4621.07	65739293.22	1431	3.23
吉林省	8238.77	117204731.21	1230	6.70
黑龙江省	13621.73	193782739.23	1570	8.68
上海市	255.46	3634112.56	299	0.85
江苏省	8101.16	115247101.19	2670	3.03
浙江省	1608.03	22875884.46	1894	0.85
安徽省	8173.33	116273734.22	3041	2.69
福建省	1311.29	18654348.46	1436	0.91
江西省	4646.89	66106599.18	2209	2.10
山东省	11688.05	166274129.65	4233	2.76
河南省	14903.91	212022981.64	5039	2.96
湖北省	6467.97	92013390.30	2525	2.56

地区	可收集秸秆资源量（万t）	热值（万MJ）	村镇人口（万人）	人均秸秆资源量（t/人）
湖南省	6749.68	96021015.77	3331	2.03
广东省	2934.44	41745335.47	3395	0.86
广西壮族自治区	3362.27	47831660.25	2539	1.32
海南省	385.99	5491104.41	409	0.94
重庆市	2119.25	30148380.08	1178	1.80
四川省	7192.83	102325236.68	4292	1.68
贵州省	2255.37	32084884.91	2047	1.10
云南省	3866.91	55010591.70	2687	1.44
西藏自治区	170.77	2429357.23	234	0.73
陕西省	2806.78	39929298.03	1748	1.61
甘肃省	2426.89	34524925.10	1477	1.64
青海省	216.11	3074391.10	292	0.74
宁夏回族自治区	828.58	11787382.64	299	2.77
新疆维吾尔自治区	4686.57	66671167.72	1245	3.76

注：本表未包含台湾地区、香港特别行政区与澳门特别行政区。

选取秸秆资源量和人均秸秆资源量两个指标，采用模糊聚类分析方法，对全国秸秆资源进行归类和区划，使用SPSS软件中提供的系统聚类功能，采用组间连接的方法，对数据进行聚类处理。

对全国可收集秸秆资源量的聚类分析方法同上。根据聚类的结果作如下分类：黑龙江、山东和河南地区秸秆资源非常丰富，属Ⅰ类地区；吉林、内蒙古、河北、江苏、安徽、湖北、湖南和四川等地区秸秆资源比较丰富，属Ⅱ类地区；辽宁、山西、陕西、甘肃、新疆、重庆、江西、贵州、广东、广西和云南地区秸秆资源一般，属Ⅲ类地区；北京、天津、上海、浙江、福建、宁夏、青海、西藏和海南地区秸秆资源相对贫瘠，属Ⅳ类地区。

分析可知，全国可收集秸秆资源平均值为2123.28万t，区域差异性非常显著，东部和北部秸秆资源相对丰富，西部地区青海、西藏以及北京、天津、上海等地秸秆资源相对贫瘠，远低于全国平均水平。严寒地区秸秆资源相对丰富。

对全国人均秸秆资源量的聚类分析方法同上。根据聚类的结果作如下分类：黑龙江地区人均秸秆资源一枝独秀，属Ⅰ类地区；吉林和内蒙古人均秸秆资源比较丰富，属Ⅱ类地区；辽宁、宁夏、新疆、山东、河南、江苏、安徽和湖北地区人均秸秆资源一般，属Ⅲ类地区；其他人均秸秆资源相对贫瘠，属Ⅳ类地区。

分析可知，全国人均秸秆资源平均值为1.08t/人，区域差异性显著，趋势明显，东北地区人均秸秆资源丰富，西南地区与东南沿海地区人均秸秆资源相对较少。严寒地区部分地区属人均秸秆资源相对丰富的地区。

4.2.4　禽畜粪便资源潜力分析

4.2.4.1　禽畜粪便资源潜力分析方法

禽畜粪便是一种重要的生物质能源资源。随着技术的发展和节能意识的提高，禽畜粪便能源得到了开拓性的发展，特别是禽畜粪便作为原料生产沼气的发展，在农村已经初步形成规模。

囿于数据统计的地区差异性，本研究主要针对各地区牛、马、驴、骡、猪和羊的粪便资源量以及产气潜力。

搜集整理各地区统计年鉴获得禽畜出栏量，依据每种动物的实际情况，计算粪尿排泄量和干物质量，由于部分粪便会回田用作肥料，考虑粪便入池率和产气因子，计算禽畜粪便资源产气潜力。

考虑到禽畜粪便资源化利用主要应用于沼气、禽畜粪便资源不便运输以及分散式利用是发展的方向，所以人均产气潜力是衡量禽畜粪便资源的一个重要指标。本章根据禽畜粪便产气潜力和人均产气潜力两个指标对严寒地区的禽畜粪便资源进行潜力分析。

畜禽粪便资源量计算公式如下，系数选取见表4–17。

$$E_{\mathrm{M}} = \sum_{i=1}^{n} x_{\mathrm{M}i} M_{\mathrm{M}i} T_{\mathrm{M}i} \eta_{\mathrm{M}i} \qquad (4\text{–}8)$$

式中：E_{M}为畜禽粪便产气潜力（m^3）；$x_{\mathrm{M}i}$为第i类畜禽的个数（只/头）；$M_{\mathrm{M}i}$为第i类畜禽的年粪尿排泄量（t/a、每只/头）；$T_{\mathrm{M}i}$为第i类畜禽的粪尿干物质质量分数系数；$\eta_{\mathrm{M}i}$为第i类畜禽的粪尿入池率（%）。

畜禽的粪便排泄量和产气量的计算参数　　　　　　　　　　表4-17

类别	年粪尿排泄量 吨/（年·头） 吨/（年·只）	粪尿干物质质量分数系数	粪尿入池率（%）	产气因子（m^3/kg）
牛	10.1	0.16	20	0.3
马	5.9	0.27	82	0.02
驴	5.0	0.22	16	0.35
骡	5.0	0.27	70	0.35
猪	1.05	0.15	98	0.42
羊	0.87	0.37–	5	0.04

4.2.4.2 案例分析

（1）辽宁省禽畜粪便资源潜力分析

基于村镇能源区划理论，采用上述划分子区域的方法，首先进行子区域的选择和划分，对各子区域内典型村镇的禽畜粪便资源潜力进行计算和分析。选用合适的区划指标和评价体系，对禽畜粪便资源进行区划和评价。

以辽宁省为例，采用上述划分子区域的方法，选取沈阳、大连、鞍山、抚顺、本溪、丹东、锦州、营口、阜新、辽阳、盘锦、铁岭、朝阳和葫芦岛14个地区对辽宁省禽畜粪便资源进行潜力分析。统计各地区主要禽畜出栏量，计算禽畜粪便资源产气潜力。选取禽畜粪便资源量和人均秸秆资源量两个指标，采用模糊聚类分析方法，对辽宁省各地区禽畜粪便资源进行归类划分。

查找上述地区的统计年鉴，统计辽宁省各地区的主要禽畜出栏量，计算禽畜粪便排泄量，根据粪便入池率和产气因子，计算禽畜粪便资源产气潜力，对辽宁省禽畜粪便资源进行评价（表4-18）。

辽宁省禽畜粪便资源统计表　　　　　　　　　　　表4-18

地区	禽畜粪便资源量（万t）	产气潜力（千万m³）	热值（万MJ）	人口（万人）	人均产气潜力（m³/人）
沈阳	1568.93	35.34	802284.56	275.23	128.41
大连	575.52	17.59	399206.38	263.83	66.66
鞍山	441.74	11.49	260771.94	187.15	61.38
抚顺	175.52	3.57	80942.87	85.17	41.86
本溪	141.99	2.94	66688.68	53.62	54.79
丹东	265.55	7.04	159849.21	147.19	47.84
锦州	1159.90	28.52	647395.95	199.27	143.12
营口	142.30	3.47	78706.78	139.03	24.94
阜新	915.22	18.85	427805.43	115.43	163.27
辽阳	99.90	3.22	73108.58	111.59	28.86
盘锦	114.15	5.45	123666.04	70.90	76.84
铁岭	1392.72	31.91	724262.76	209.38	152.38
朝阳	1665.75	29.22	663300.64	252.40	115.77
葫芦岛	444.75	13.55	307637.39	195.16	69.44

选取禽畜粪便资源量和人均禽畜粪便资源量两个指标，采用模糊聚类分析方法，对辽宁省禽畜粪便资源进行归类和区划，使用SPSS软件中提供的系统聚类功能，采用组间连接的方法，

对数据进行聚类处理。

对辽宁省禽畜粪便产气潜力的聚类分析方法同上。根据聚类的结果作如下分类：朝阳、锦州、沈阳和铁岭地区禽畜粪便资源非常丰富，属Ⅰ类地区；阜新和大连地区禽畜粪便资源比较丰富，属Ⅱ类地区；葫芦岛和鞍山地区秸秆资源一般，属Ⅲ类地区；盘锦、营口、辽阳、抚顺、本溪和丹东地区禽畜粪便资源相对贫瘠，属Ⅳ类地区。

分析可知，辽宁省禽畜粪便产气潜力平均值为1.5亿立方米。整体上看，辽北和大连地区养殖业发达，禽畜粪便资源相对丰富，辽中和辽东禽畜粪便资源则相对较少。

对辽宁省禽畜粪便人均产气潜力的聚类分析方法同上。根据聚类的结果作如下分类：阜新、铁岭地区人均秸秆资源非常丰富，属Ⅰ类地区；沈阳、锦州、盘锦人均秸秆资源比较丰富，属Ⅱ类地区；朝阳、鞍山、辽阳、抚顺和丹东地区人均禽畜粪便资源一般；属Ⅲ类地区，葫芦岛、营口、大连和本溪地区人均禽畜粪便资源相对贫瘠，属Ⅳ类地区。

分析可知，辽宁省人均禽畜粪便资源产气潜力平均值为99.25t/人，区域差异性显著，趋势与禽畜粪便资源产气潜力大体相同。辽北地区人均禽畜粪便资源丰富，不同的是大连、本溪、营口和葫芦岛地区人均禽畜粪便资源相对较少。

（2）严寒地区禽畜粪便资源潜力分析

采用上述划分子区域的方法，选取黑龙江、吉林、辽宁、内蒙古、青海、新疆和西藏7个地区对严寒地区禽畜粪便资源潜力进行分析。统计各地区主要禽畜出栏量，计算禽畜粪便资源产气潜力。选取禽畜粪便资源量和人均禽畜粪便资源量两个指标，采用模糊聚类分析方法，对严寒地区禽畜粪便资源进行归类划分。

查找上述地区的统计年鉴，统计严寒地区各区域的主要禽畜出栏量，计算禽畜粪便排泄量，根据粪便入池率和产气因子，计算禽畜粪便资源产气潜力，对严寒地区禽畜粪便资源进行评价（表4-19）。

严寒地区禽畜粪便资源统计表　　　　　　　　表4-19

地区	禽畜粪便资源量（万吨）	产气潜力（亿m³）	热值（万MJ）	人口（万人）	人均产气潜力（m³/人）
黑龙江省	7501.35	13.727	3116094.15	1609	85.32
吉林省	6241.88	11.122	2524585.10	1244	89.40
辽宁省	6796.39	14.204	3224236.81	1447	98.16
内蒙古	13553.46	12.579	2855472.23	1014	124.05
青海省	6134.05	5.525	1254107.31	293	188.56
新疆	8730.19	6.771	1537092.78	1240	54.61
西藏	7782.54	6.485	1472062.77	236	274.78

分析可知，严寒地区禽畜粪便资源产气潜力平均值为10.1亿m³，人均产气潜力平均值为13.0m³/人，区域差异性显著，整体上呈现东高西低的趋势，其中东北三省和内蒙古养殖业相对发达，禽畜粪便资源总量优势明显；而青海、新疆和西藏地区则远远低于平均水平。由于人口数量的巨大差异，人均禽畜粪便资源量分布大有不同，青海、西藏人均禽畜粪便资源量远高于严寒地区平均水平，内蒙古地区人均禽畜粪便资源量和严寒地区平均水平相持平，东北三省人均禽畜粪便资源均低于严寒地区的平均水平。

4.2.4.3　全国禽畜粪便资源潜力综合比较分析

为便于数据统计和分析，主要考虑子区域的行政区划，结合文献的研究成果，选取黑龙江、山东、湖北、广州、云南等31个行政地区，涵盖严寒地区、寒冷地区、夏热冬冷地区、夏热冬暖地区、温和地区五个热工气候分区，对全国禽畜粪便资源进行潜力分析。统计上述地区的主要禽畜出栏量，计算禽畜粪便排泄量和禽畜粪便资源产气潜力。

查找上述地区的统计年鉴，统计全国各地区的牛、马、驴、骡、猪、羊等主要禽畜出栏量，计算禽畜粪便排泄量（表4-20）。根据粪便入池率和产气因子，计算禽畜粪便资源产气潜力，对全国禽畜粪便资源进行评价。

全国31个行政区禽畜粪便资源统计表　　表4-20

地区	禽畜粪便资源量（万t）	产气潜力（亿m³）	热值（万MJ）	人口（万人）	人均产气潜力（m³/人）
北京市	413.89	1.252	284293.71	294	42.60
天津市	547.84	1.570	356451.88	269	58.37
河北省	7804.33	17.095	3880578.90	3741	45.70
山西省	2507.92	4.509	1023548.01	1686	26.74
内蒙古自治区	13553.46	12.579	2855472.23	1014	124.05
辽宁省	6796.39	14.204	3224236.81	1447	98.16
吉林省	6241.88	11.122	2524585.10	1244	89.40
黑龙江省	7501.35	13.727	3116094.15	1609	85.32
上海市	237.61	0.99	225220.54	252	39.37
江苏省	2560.09	11.907	2702779.40	2769	43.00
浙江省	1016.73	4.886	1109177.50	1935	25.25
安徽省	3879.59	11.623	2638321.37	3093	37.58
福建省	1910.42	7.572	1718947.61	1454	52.08
江西省	4993.39	14.019	3182397.50	2261	62.01
山东省	10099.32	23.615	5360584.12	4404	53.62

地区	禽畜粪便资源量（万t）	产气潜力（亿m³）	热值（万MJ）	人口（万人）	人均产气潜力（m³/人）
河南省	15817.61	37.724	8563356.47	5171	72.95
湖北省	6681.49	19.727	4477945.94	2578	76.52
湖南省	9559.12	31.080	7055080.28	3417	90.96
广东省	4726.44	16.199	3677059.80	3432	47.20
广西壮族自治区	7294.03	19.482	4422491.23	2567	75.90
海南省	1330.02	3.421	776678.08	418	81.85
重庆市	3235.64	10.891	2472329.78	1209	90.09
四川省	17117.36	41.477	9415191.40	4371	94.89
贵州省	7788.65	15.583	3537311.53	2104	74.06
云南省	12208.61	26.906	6107609.75	2747	97.95
西藏自治区	7782.54	6.485	1472062.77	236	274.78
陕西省	3067.43	7.151	1623382.84	1791	39.93
甘肃省	7687.66	10.484	2379819.78	1511	69.38
青海省	6134.05	5.525	1254107.31	293	188.56
宁夏回族自治区	1700.51	1.586	360061.92	307	51.67
新疆维吾尔自治区	8730.19	6.771	1537092.78	1240	54.61

选取禽畜粪便资源量和人均禽畜粪便资源量两个指标，采用模糊聚类分析方法，对全国禽畜粪便资源进行归类和区划，使用SPSS软件中提供的系统聚类功能，采用组间连接的方法，对数据进行聚类处理。

对全国禽畜粪便资源产气潜力的聚类分析方法同上。根据聚类的结果作如下分类：河南、湖南和四川地区禽畜粪便资源非常丰富，属Ⅰ类地区；山东、湖北、广西和云南等地区禽畜粪便资源比较丰富，属Ⅱ类地区；黑龙江、吉林、辽宁、内蒙古、河北、甘肃、江苏、安徽、重庆、江西、贵州和广东地区禽畜粪便资源一般，属Ⅲ类地区；北京、天津、上海、山西、陕西、宁夏、青海、新疆、西藏、浙江、福建和海南地区禽畜粪便资源相对贫瘠，属Ⅳ类地区。

分析可知，全国禽畜粪便资源产气潜力平均值为13.3亿m³，区域差异性非常显著，中部和西部，比如湖北、湖南和四川以及中东部河南、山东等地区，除了养殖业发展良好之外，适宜的气候也有助于禽畜粪便反应发酵和开发利用，因此禽畜粪便资源相对丰富。东北三省、内蒙古北部以及部分中部地区如安徽、江西，禽畜粪便资源一般。西部地区青海、新疆、西藏以及北京、天津、上海等地禽畜粪便资源相对贫瘠，远低于全国平均水平。相比而言，严寒地区大部分地区禽畜粪便资源不具有优势。

对全国人均禽畜粪便资源产气潜力的聚类分析方法同上。根据聚类的结果作如下分类：青海地区地广人稀，人均禽畜粪便资源非常丰富，属Ⅰ类地区；西藏地区人均禽畜粪便资源比较丰富，属Ⅱ类地区；内蒙古地区人均禽畜粪便资源一般，属Ⅲ类地区；其他地区人均禽畜粪便资源相对贫瘠，属Ⅳ类地区。

分析可知，全国人均禽畜粪便资源产气潜力平均值为77.36t/人，区域差异性显著，受人口数量影响十分巨大，青海、西藏和内蒙古地区由于人口较少，人均禽畜粪便资源丰富，远远高于全国平均水平。

综上，本节主要采用资源量指标中的可再生能源指标，对太阳能、风能和生物质能进行了资源潜力分析，具体评价指标见图4-3。其中，有关太阳能和风能的研究较为成熟，而生物质能尚没有统一的评价标准。故本节选用秸秆资源量、人均秸秆资源量和畜禽粪便资源产气潜力、人均禽畜粪便资源产气潜力来进行生物质能评估，采用模糊聚类分析方法进行区划。

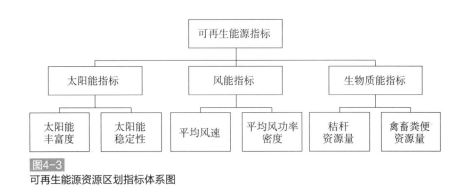

图4-3
可再生能源资源区划指标体系图

4.3　村镇能源消费区划的基本理论

对村镇能源消费进行区域划分，主要是针对各地区村镇对各种能源消费的总量、强度和结构特点，遵循能源消费区划原则，利用区划方法将区域划分成不同子区域，利用能源消费评价指标对能源消费现状进行分析，以便于能源消费的结构优化和整合。

4.3.1　村镇能源消费区划方法研究

（1）村镇能源消费区划的概念和任务

随着人口、资源、环境问题的日益严峻，世界各国均在寻求社会、经济、资源与环境协调发展的道路，加强能源的合理规划，制定可持续发展的能源环境政策。我国是农业大国，村镇能源消费作为整个国家能源体系中的重要组成部分，对社会、经济及生态环境的发展有很大影响。早期，由于我国村镇能源消费主要以当地易获取资源为主，商品性能源消费比重偏低，国家总体能源规划一直未很好规划村镇能源的供需，使我国村镇能源供需出现严重的不平衡，部分地区村镇能源消费的社会成本和经济成本高，利用效率低，浪费严重，生态环境破坏率逐年升高，制约了村镇经济的发展和人民生活水平的提高。随着中国从计划经济向市场经济的转变，我国村镇进入城市商品化能源消费，各地发挥自身优势，充分利用电能、煤炭、天然气和石油等能源，村镇能源消费中商品能源的消费比重在不断增加，部分地区尤其北方各省商品能占能源消费的比例普遍较高，其中北京、天津、山西、新疆商品能比例已经超过了90%，使原本作为能源消费的生物质能源大量过剩，形成新的环境问题，长此下去，将会给我国经济和社会的可持续发展带来沉重的压力。

　　村镇能源消费区划是指通过梳理村镇区域的能源消费情况，包括各类常见能源的消费总量、人均消费量以及各类能源的消费比例，针对村镇能源消费的地域特点，依据区域间能源消费特征指标的一致性和相似性，按照其内在的规律和联系，进行不同区域的有效的划分。村镇能源消费区划的任务在于总结出各个区域能源消费的主要特征，为村镇实现能源的高效、清洁以及可持续利用提供宏观指导依据，为我国各地区制定能源与环境对策累积基础资料，对我国能源规划与能源建设的分类指导具有重要的意义。

（2）区划方法

　　村镇能源消费区划的工作程序见图4-4。

　　可运用单项区划法和综合区划法对村镇能源消费进行研究。单项区划法是对总能源消费量、商品能源消费量、清洁能源消费量和生物质能源消费量进行单独区划。单项区划的任务一般为确定能源消费量的高低，即利用特定的指标对能源消费量进行统计，将全国各省村镇划分为不同的区域。例如对各省村镇总能源消费现状进行评价，可选用能源消费总量为指标。采用单一指标进行区划简单快捷，可直观反映村镇能源消费中某一项指标的分布情况，但在区划的信息量上局限于某个单一的方面，结果难以体现能源消费的综合情况。而采用多指标进行区划可以在考虑能源消费影响因素的基础上，更加全面和准确地对能源消费量的实际情况进行综合评价。有的地区由于人口较多，虽然能源消费总量高，但人均消费量少，因此，还需

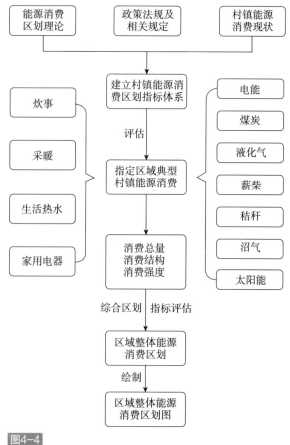

图4-4
村镇能源消费区划工作程序

要选用人均能耗对能源消费情况进行评价。除此之外，不同地区对能源的使用效率存在差异，能源消费量无法反映实际需求量，因此，还需要选用总有效热能对能源消费的实际需求量进行评价。

综合区划法是对某一区域村镇能源消费的整体区划，根据一级指标，辅以二级指标进行区划，其任务是确定该地区总能源消费量的高低和确定区域内各种能源消费量的高低。该方法需要确定区域内的各种能源消费总量和占比。例如某一区域能源消费总量高，但商品能源消费量、清洁能源消费量和生物质能源消费量的高低和占比不同，存在多种消费结构，例如商品能源消费量高—清洁能源消费量低—生物质能源消费量低，或商品能源消费量高—清洁能源消费量高—生物质能源消费量低等。

本节评价过程涉及了多个指标和变量，过程复杂，计算量大，故在进行区划过程中需采用多元分析的方法进行分析。多元分析的方法包括：回归分析、时间序列分析、方差分析、判别分析、逻辑回归、因子分析、聚类分析和联合分析。

回归分析法在对关系的描述和解释以及预测上都有很重要的意义，特别在研究一个变量和另一个或多个变量之间的影响关系时，利用回归分析可以将这种影响关系量化，并进一步精确描述这种关系。

时间序列分析法不仅可以描写和揭示变量的发展趋势，而且可以对变量进行预测，即估计未来某个时间点或时间段变量的值，利用时间序列分析可以设计点预测，同时也可以计算预测误差和预测区间，在使用该方法时，事件发生的概率必须是确定的。

方差分析法的自变量需为名义测度，因变量为基数测度。

判别分析法可以用来检验聚类分析的分析结果，研究得出确定的变量将在多大程度上区分利用聚类分析找到的组，并可以对其进行解释。

逻辑回归法与判别分析法适用的条件相似，一个组（因变量的分类）属性的概率与一个或多个自变量的关系被确定，自变量既可以是名义测度也可以是基数测度。

因子分析法利用降维的思想，从研究原始变量相关矩阵出发，把一些错综复杂关系的变量归结为少数几个综合因子，适合检测数据结构。可以利用提炼出的少数几个公共因子代替原始变量进行回归分析、聚类分析和判别分析等。

联合分析法可以估计任意的模型结构，不适用于线性回归中用于检验模型拟合度或参数显著性检验的统计检验方法。

聚类分析法是把一个没有类别标记的样本集按照某种准则划分成若干个子集，其目的在于将对象归于组（类）中，使一组中的对象尽可能相似，而组与组之间尽可能不相似。本节进行村镇能源消费区划的目的是在村镇能源消费统计数据的基础上，根据区域间能源消费特征指标的一致性和相似性，按照其内在规律与联系，进行不同区域的有效分类，与聚类分析法的目的一致。因此，综合分析比较各类多元分析方法的特点及适用性，选取聚类分析法对村镇能源消费进行聚类分析。

4.3.2　区划指标

4.3.2.1　村镇能源消费区划的指标体系

为了研究村镇能源消费的特征，进行村镇能源消费区划，需要建立相应的区划指标体系。王效华等以人均有效热、人均电力、有效热中商品比例、人均标煤、人均商品能、人均收入和年均气温为评价指标体系，对中国各省村镇能源消费进行了区域划分。其构建的指标体系主要是人均指标，从能源消费强度的角度进行了能源消费现状评价。从战略规划的角度考虑，李光全等提出区域能源消费总量、能源消费结构及能源消费增长趋势等因素同样是能源消费现状指标的重要组成部分，并在王效华的研究基础上将评价指标体系分为总量规模指标、消费强度指标、消费结构指标和增长趋势指标。结合李光全等的研究成果，考虑到本节村镇能源消费区划的任务主要是从横向的角度分析村镇能源年消费数据，故在收集整理村镇能源消费相关的各项指标的基础上，构建了包含总量指标、强度指标和结构指标的指标体系，如图4-5所示。

能源消费总量：一定时期内消费的各种能源数量之和，反映各种能源消费量的整体水平及总体需求量。

总有效热能：各耗能设备的能源消费量与其对应的能源消费效率的乘积，反映家庭用能对有效能的需求量。

商品能源消费总量：电能、煤炭和液化石油气等商品能消费量的折标煤总量，反映能源消费商品化和现代化水平。

清洁能源消费总量：沼气和太阳能的消费量折标煤总量，反映对清洁能源的消费水平。

生物质能源消费总量：薪柴和秸秆的消费量折标煤总量，反映对农村生物质能的消费水平。

人均能耗：人均消费各种能源折合千克标准煤的总和。

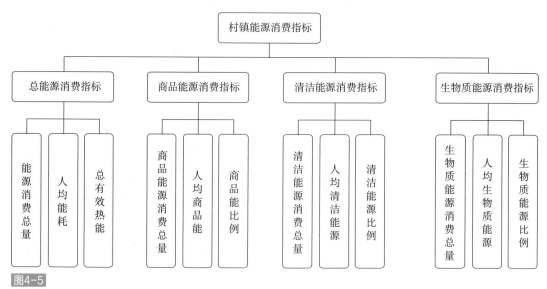

图4-5
村镇能源消费区划指标体系图

人均商品能：人均消费电能、煤炭和液化石油气等商品能源的消费量折标煤总量。

人均清洁能源：人均消费薪柴和秸秆的消费量折标煤总量。

人均生物质能源：人均消费电能的消费量折标煤总量。

商品能比例：电能、煤炭和液化石油气等商品能消费量的折标煤量占能源消费总量折标煤量的比例，反映了该区域用能的商品化水平。

清洁能源比例：沼气和太阳能的消费量折标煤总量占能源消费总量折标煤量的比例，反映了该区域清洁能源的使用程度，即能源清洁化的进展情况。

生物质能源比例：薪柴和秸秆的消费量折标煤总量占能源消费总量折标煤量的比例，反映了该区域在炊事和热水方面对生物质能直接利用的情况。

4.3.2.2　村镇能源消费区划的指标计算

村镇能源消费的能源种类主要包括电能、煤炭、液化气、薪柴、秸秆、沼气和太阳能，能源消费终端用途主要包括炊事、采暖、生活热水、家用电器等。对全国村镇各能源消费量可通过国家统计局的统计资料进行收集，同时，为了获取不同种类能源消费量的第一手资料，确保数据的可靠性和全面性，需要对全国各省份的典型村镇进行实地调研。设计调查方案，制定调查表，对调查队伍进行统一培训，以省、县、村三级采样的方式进行调查，对调研原始数据进行初步整理计算，并以调研数据为依据结合国家及有关部门的统计资料按能源种类进行分类计算。（注：本节的数据均来源于《中国建筑节能年度发展研究报告》、《中国统计年鉴》、《中国农村统计年鉴》和《中国能源统计年鉴》）

为了便于对各类能源消费量进行统一计算，将各类能源按照低位发热量折算成标煤。根据《中国能源统计年鉴2016年》，得到部分能源折标准煤参考系数如下表所示：

各类能源折标准煤系数表　　　　　　　　表4-21

能源名称	折标煤系数
原煤	0.714kg/kg
液化石油气	1.714kg/kg
电力	0.362kg/（kW·h）
稻秆	0.429kg/kg
麦秆	0.500kg/kg
玉米秆	0.529kg/kg
柴薪	0.571kg/kg
沼气	0.714kg/m³

（1）太阳能消费量计算

根据调研数据可整理计算得到的数据包括：电力、煤炭、液化石油气、柴薪、秸秆和沼气消费量的折标煤量，但对于太阳能的消费量缺乏直接数据，只能统计到三类太阳能设备数量，分别为太阳能热水器、太阳房和太阳灶，因此需要对太阳能的消费量进行计算。以下对太阳能的消费量计算方法进行介绍：

根据《农业和农村节能减排十大技术》提供的数据，每平方米太阳能热水器每年提供热能相当于130kg标煤，每平方米太阳房可节约20~40kg标煤，根据联合国《气候变化框架公约》下清洁发展机制执行理事会对太阳灶节能减排量计算方法的规定，结合有关我国农村太阳灶研究，得到太阳灶能源替代量的计算公式如下：

$$P' = P \times (R / 700) \tag{4-9}$$

$$E = n \times \left[P' \times t \times (3.6 \times 10^{-3}) \times \eta \right] \div 20908 \times 0.7143 \tag{4-10}$$

式中：P为太阳灶的额定功率，根据中国标准太阳照射率700得出为773.5W；R为中国实际太阳照射率，根据太阳能辐射总量的中值可得出为2048W/m³；P'为太阳灶的实际功率，W；η为太阳灶的热效率，取60%；n为太阳灶总数（台）；t为每个太阳灶每年使用时间（h，1年=1440h）；E为太阳灶每年的能源替代量（t标煤/a，煤炭平均低位发热量为20908MJ/t）。

（2）能源消费总量计算

$$E = \sum e_i \alpha_i \tag{4-11}$$

式中：E为各种能源消费总量折标煤量（kg/a）；e_i为某种能源的实际消耗量（kg/a、kW·h、m³/a）；α_i为某种能源的折标煤系数 [kg/kg、kg/（kW·h）、kg/m³]。

（3）总有效热能计算

$$H = \sum E_i \eta_i \tag{4-12}$$

式中：H为总有效热能（kg/a）；E_i为某种能源消费量折标煤量（kg/a）；η_i为某种能源的热转换效率，各种能源的热转换效率见表4-22。

各类能源的热转换效率 表4-22

能源种类	热转换效率
秸秆	18%
薪柴	18%
液化石油气	60%
沼气	60%
煤炭	22%

（4）商品能源消费总量计算

$$E_s = E_1 + E_2 + E_3 \tag{4-13}$$

式中：E_s为商品能源消费总量折标煤量（kg/a）；E_1为电能消费总量折标煤量（kg/a）；E_2为煤炭消费总量折标煤量（kg/a）；E_3为液化石油气消费总量折标煤量（kg/a）。

（5）清洁能源消费总量计算

$$E_q = E_4 + E_5 \tag{4-14}$$

式中：E_q为清洁能源消费总量折标煤量（kg/a）；E_4为沼气消费总量折标煤量（kg/a）；E_5为太阳能消费总量折标煤量（kg/a）。

（6）生物质能源消费总量计算

$$E_w = E_6 + E_7 \tag{4-15}$$

式中：E_w为生物质能源消费总量折标煤量（kg/a）；E_6为薪柴消费总量折标煤量（kg/a）；E_7为秸秆消费总量折标煤量（kg/a）。

（7）人均能耗计算

$$e = \frac{E}{n} \tag{4-16}$$

式中：e为人均能源各种能源消费量折标煤量（kg/a）；E为各种能源消费总量折标煤量（kg/a）；n为村镇人口总数（人）。

（8）人均商品能计算

$$e_s = \frac{E_s}{n} \tag{4-17}$$

式中：e_s为人均商品能源消费量折标煤量（kg/a）；E_s为商品能源消费总量折标煤量（kg/a）；n为村镇人口总数（人）。

（9）人均清洁能源计算

$$e_q = \frac{E_q}{n} \tag{4-18}$$

式中：e_q为人均清洁能源消费量折标煤量（kg/a）；E_q为清洁能源消费总量折标煤量（kg/a）；n为村镇人口总数（人）。

（10）人均生物质能源计算

$$e_w = \frac{E_w}{n} \tag{4-19}$$

式中：e_w为人均生物质能源消费量折标煤量（kg/a）；E_w为生物质能源消费总量折标煤量（kg/a）；n为村镇人口总数（人）。

（11）商品能比例计算

$$\chi_s = \frac{E_s}{E} \qquad\qquad （4-20）$$

式中：χ_s为商品能比例；E_s为商品能源消费总量折标煤量（kg/a）；E为各种能源消费总量折标煤量（kg/a）。

（12）清洁能源比例计算

$$\chi_q = \frac{E_q}{E} \qquad\qquad （4-21）$$

式中：χ_q为清洁能源比例；E_q为清洁能源消费总量折标煤量（kg/a）；E为各种能源消费总量折标煤量（kg/a）。

（13）生物质能源比例计算

$$\chi_w = \frac{E_w}{E} \qquad\qquad （4-22）$$

式中：χ_w为生物质能源比例；E_w为生物质能源消费总量折标煤量（kg/a）；E为各种能源消费总量折标煤量（kg/a）。

4.3.3　社会科学统计软件包（SPSS）简介

社会科学统计软件包（SPSS）英文全称为Solution Statistical Package for the Social Science，但是随着SPSS产品服务领域的扩大和服务深度的增加，SPSS公司于2000年正式将该软件的全称更名为"统计产品与服务解决方案"，该软件具有强大的统计分析与数据准备功能、方便的图标展示功能以及良好的兼容性、界面的友好性，能满足广大用户的需求，尤其是受到了广泛的应用统计分析人员的喜爱。SPSS软件中具有完整的数据输入、编辑、统计分析、报表、图形制作等功能，其中自带11种类型136个函数。SPSS提供了多种多样的分析方法，从最基本的描述统计到复杂的多因素统计分析，应有尽有。例如数据的交叉分析、描述分析、列联表分析、方差分析、非参数检验、线性混合模型、生存分析、协方差分析、判别分析、因子分析、聚类分析、广义线性模型、广义估计方程、非线性回归、Logistics回归、多元统计分析、信度分析、生存分析、缺失值分析等。利用SPSS进行数据分析包括以下几个基本步骤：

（1）明确数据分析目标，正确收集数据（SPSS数据的准备阶段）

该阶段，按照SPSS的要求，利用SPSS所提供的功能准备SPSS数据文件，其中包括在数据编辑窗口中定义SPSS数据的结构，录入和修改SPSS数据等。

（2）数据的加工处理（SPSS数据的加工整理阶段）

该阶段，主要对数据编辑窗口中的进行必要的预处理。期间主要内容包括：1）数据集的预先分析：对数据进行必要的分析，如数据分组、排序、分布图、平均数、标准差描述等，以掌握数据的基本特点和基本情况，保证后续工作的有效性，也为确定应采用的统计检验方法提供依据；2）相关变量缺失值的查补检查；3）分析前相关的校正和转换工作；4）观测值的抽样筛选；5）其他数据清洗工作，期间要注意规划好清洗步骤和数据备份工作。

（3）明确统计方法的含义和适用范围（SPSS数据的分析阶段）

该阶段应根据需求，选择正确的统计分析方法，对数据编辑窗口中的数据进行分析建模。由于SPSS能够利用内置模型自动完成建模中的数学计算，并且给出模型的计算结果。

（4）读懂分析结果，正确解释分析结果（SPSS分析结果的阅读和解释）

该阶段的主要任务是读懂SPSS输出窗口中的分析结果，明确其统计含义，并结合应用背景知识做出切合实际的合理解释。

4.4 村镇能源消费现状分析

村镇能源消费区域划分和现状分析可为村镇实现能源的高效、清洁以及可持续利用提供宏观指导依据，为我国各地区制定能源对策、环境治理对策累积基础资料，对我国能源规划、能源供需平衡、能源建设的分类指导有着重要的意义。

4.4.1 总能源消费量分析

基于村镇能源消费区划理论，对各省（区、市）村镇的电能、煤炭、液化石油气、薪柴、秸秆、沼气和太阳能的消费量进行计算和分析。选用合适的区划指标和评价体系，对能源消费总量进行区划和评价。

对全国各省（区、市）典型村镇进行实地调研，并结合全国统计年鉴，统计全国各省（区、市）村镇电能、煤炭、液化石油气、薪柴、秸秆、沼气和太阳能的消费量。

全国各省（区、市）村镇不同种类能源消费量统计表　　　　表4-23

省（区、市）	人口（万人）	电力（万tce）	煤炭（万tce）	液化气（万tce）	薪柴（万tce）	秸秆（万tce）	沼气（万tce）	太阳能（万tce）
北京	294	204.11	407.87	31.54	54.82	31.50	1.77	13.46
天津	269	45.96	140.00	13.20	1.71	27.00	1.93	4.65
河北	3741	335.48	1165.02	43.89	19.41	305.00	60.16	86.76
山西	1686	70.57	1863.61	4.46	41.11	15.00	12.74	54.62
内蒙古	1014	161.05	875.73	47.83	10.28	73.00	8.71	12.34
辽宁	1447	241.75	569.30	46.29	189.00	620.00	9.10	34.26
吉林	1244	53.56	277.15	8.23	123.34	277.50	3.28	17.20
黑龙江	1609	124.49	1004.31	22.80	1175.69	639.00	6.76	25.74
上海	252	53.92	0.00	21.26	1.71	3.00	1.42	11.15
江苏	2769	1159.53	252.86	131.32	167.30	28.00	25.46	109.38

省（区、市）	人口（万人）	电力（万tce）	煤炭（万tce）	液化气（万tce）	薪柴（万tce）	秸秆（万tce）	沼气（万tce）	太阳能（万tce）
浙江	1935	402.43	160.00	89.83	107.92	60.00	11.12	81.07
安徽	3093	324.62	156.43	92.40	442.53	42.50	20.07	70.15
福建	1454	455.27	27.14	48.00	298.63	0.50	21.43	5.08
江西	2261	290.24	245.00	65.49	370.01	52.50	44.39	24.04
山东	4404	616.68	646.44	84.34	581.85	213.50	69.09	151.92
河南	5171	276.13	1318.60	35.83	117.06	92.50	97.60	69.17
湖北	2578	222.21	315.72	29.83	243.82	14.50	68.70	42.35
湖南	3417	473.37	420.01	169.89	288.36	29.50	72.00	26.55
广东	3432	370.95	177.86	136.46	254.10	107.00	25.55	9.43
广西	2567	242.83	113.57	2.40	163.88	4.50	113.35	12.39
海南	418	27.14	29.29	1.37	14.28	6.00	24.31	50.64
四川和重庆	5580	776.28	292.86	239.66	743.44	239.50	201.02	33.47
贵州	2104	214.97	537.15	11.66	196.42	14.00	48.57	8.29
云南	2747	213.52	10.71	5.83	405.41	111.50	93.39	44.12
西藏	236	17.37	0.00	0.00	115.34	0.00	4.13	28.74
陕西	1791	222.21	1382.88	32.23	83.94	172.50	19.04	30.80
甘肃	1511	58.99	635.73	6.00	25.70	40.00	28.65	42.49
青海	293	23.89	133.57	1.71	129.62	44.50	2.28	20.96
宁夏	307	33.29	103.57	1.03	163.31	85.50	2.09	14.12
新疆	1240	31.85	791.44	1.37	9.14	10.50	8.38	7.45

注：本表未包含港、澳、台地区。

根据上表，计算得到各省（区、市）村镇能源消费总量、总有效热能和人均能耗，对全国村镇能源消费量进行评价。

全国各省（区、市）村镇总能源消费量   表4-24

省（区、市）	总能源消费量（万tce）	总有效热能（万tce）	人均能耗（kgce）
北京	745.06	128.21	2534.22
天津	234.45	46.07	871.58
河北	2015.72	396.21	538.82

续表

省（区、市）	总能源消费量（万tce）	总有效热能（万tce）	人均能耗（kgce）
山西	2062.11	442.43	1223.08
内蒙古	1188.93	244.29	1172.52
辽宁	1709.69	311.63	1181.54
吉林	760.26	143.81	611.14
黑龙江	2998.78	570.99	1863.75
上海	92.46	16.91	366.92
江苏	1873.85	208.91	676.72
浙江	912.38	143.83	471.51
安徽	1148.70	204.64	371.39
福建	856.06	102.59	588.76
江西	1091.67	201.17	482.83
山东	2363.83	410.87	536.75
河南	2006.87	423.08	388.10
湖北	937.13	184.39	363.51
湖南	1479.67	300.59	433.03
广东	1081.34	203.41	315.08
广西	652.93	127.47	254.35
海南	153.02	36.64	366.08
四川和重庆	2526.23	513.13	452.73
贵州	1031.07	194.01	490.05
云南	884.48	164.64	321.98
西藏	165.58	29.56	701.62
陕西	1943.60	387.93	1085.21
甘肃	837.55	181.82	554.30
青海	356.52	67.73	1216.80
宁夏	402.91	72.55	1312.41
新疆	860.12	185.14	693.65

注：本表未包含港、澳、台地区。

选取能源消费总量、总有效热能和人均能耗三个指标，采用模糊聚类分析方法对全国村镇能源消费总量进行归类和区划，使用SPSS软件中提供的系统聚类功能，采用组间联接的方法，对数据进行聚类处理。

对全国各省（区、市）村镇能源消费总量的聚类分析组间联接凝聚过程如下。第一步：序号22和序号23的地区之间的距离系数最小为0.000，即差异最小，首先将其合并；第二步：将序号13和序号31的地区合并，他们之间的距离系数为4.068；第三步：序号3和序号16地区合并，其距离系数为8.850；…；第三十步：将序号1和序号3地区合并，其距离系数为1281.419，聚类分析的合并过程见图4-6。

根据聚类分析的结果作如下分类：黑龙江能源消费总量很高，属Ⅰ类地区；辽宁、湖南、河北、河南、山西、江苏、陕西、山东地区能源消费总量较高，属Ⅱ类地区；四川、重庆、内蒙古、安徽、江西、广东、贵州、浙江、湖北、福建、新疆、甘肃、云南、北京、吉林、广西地区能源消费总量一般，属Ⅲ类地区；青海、宁夏、海南、西藏、上海、天津地区能源消费总量低，属Ⅳ类地区。

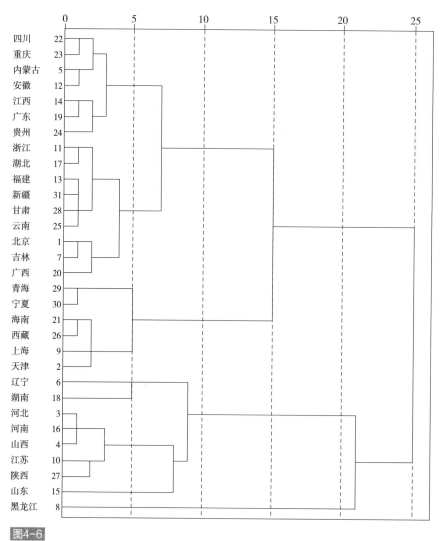

图4-6

全国各省（区、市）村镇能源消费总量SPSS组间凝聚树状图

分析可知，全国能源消费总量平均值为1141.06万tce，区域差异性显著，趋势明显，东北地区村镇能源消费总量较高，黑龙江省的能源消费总量居全国首位，西北地区尤其西藏和青海地区村镇能源消费总量远远低于全国平均水平。南方地区较北方地区能源消费总量相对较低。

对全国各省（区、市）村镇人均能耗的聚类分析方法同上。根据聚类结果作如下分类：北京人均能耗很高，属Ⅰ类地区；山西、青海、内蒙古、辽宁、陕西、宁夏、黑龙江地区人均能耗较高，属Ⅱ类地区；西藏、新疆、江苏、天津地区人均能耗一般，属Ⅲ类地区；四川、重庆、湖南、江西、贵州、浙江、河北、山东、甘肃、吉林、福建、广东、云南、上海、海南、湖北、安徽、河南、广西地区人均能耗低，属Ⅳ类地区。

分析可知，全国村镇人均能耗平均值为738.49kgce/人，北京地区人均能耗居全国首位，北方地区人均能耗普遍高于南方地区。西部地区较东部地区人均能耗低，尤其新疆和西藏人均能耗远远低于全国平均水平。

对全国各省（区、市）村镇总有效热能的聚类分析方法同上。根据聚类结果作如下分类：黑龙江总有效热能很高，属Ⅰ类地区；河北、陕西、山东、河南、山西地区总有效热能较高，属Ⅱ类地区；四川、重庆、内蒙古、辽宁、湖南、安徽、广东、江西、江苏、湖北、新疆、甘肃、贵州、吉林、浙江、北京、广西、云南地区总有效热能一般，属Ⅲ类地区；海南、西藏、天津、上海、青海、宁夏、福建地区总有效热能低，属Ⅳ类地区。

分析可知，全国村镇总有效热能平均值为214.34万tce，区域差异性显著，趋势明显，东北地区村镇能源消费总量较高，黑龙江省的能源消费总量居全国首位，西北地区尤其西藏和青海地区村镇总有效热能远远低于全国平均水平。北方地区在炊事和热水方面等有效热需求量普遍高于南方。

综上，全国村镇能源消费总量整体呈现东高西地的趋势，东北地区能源消费总量明显高于全国其他各地区，但由于人口数量的差异性，使人均能耗分布大有不同。南方地区由于人口密集，总能耗高但是人均能耗较北方地区低。北方地区由于冬季冬暖需求，以及炊事、热水方式多以薪柴和秸秆等生物质的直接燃烧为主，使得人均能耗高，且对有效热能的需求量也较其他地区高。

4.4.2　商品能源消费量分析

商品能源主要包括电能、煤炭、液化石油气，反映能源消费的商品化和现代化水平。基于村镇能源消费区划理论，首先对各子区域村镇的电能、煤炭和液化石油气的消费量进行计算和分析。随后选用合适的区划指标和评价体系，对商品能消费量进行区划和评价。

根据统计的全国各省（区、市）村镇电能、煤炭和液化石油气消费量，计算得到各省村镇商品能源消费总量、人均商品能和商品能比例，对全国村镇商品能源消费量进行评价。

全国各省（区、市）村镇商品能源消费量 表4-25

省（区、市）	商品能源消费量（万tce）	人均商品能（kgce）	商品能比例
北京	643.52	2188.84	0.86
天津	199.16	740.39	0.85
河北	1544.39	412.83	0.77
山西	1938.64	1149.84	0.94
内蒙古	1084.61	1069.63	0.91
辽宁	857.33	592.49	0.50
吉林	338.94	272.46	0.45
黑龙江	1151.60	715.72	0.38
上海	75.18	298.34	0.81
江苏	1543.71	557.50	0.82
浙江	652.27	337.09	0.71
安徽	573.46	185.40	0.50
福建	530.41	364.80	0.62
江西	600.73	265.69	0.55
山东	1347.46	305.96	0.57
河南	1630.56	315.33	0.81
湖北	567.76	220.23	0.61
湖南	1063.26	311.17	0.72
广东	685.27	199.67	0.63
广西	358.81	139.78	0.55
海南	57.80	138.28	0.38
四川和重庆	1308.80	234.55	0.52
贵州	763.78	363.01	0.74
云南	230.06	83.75	0.26
西藏	17.37	73.61	0.10
陕西	1637.32	914.19	0.84
甘肃	700.72	463.74	0.84
青海	159.17	543.26	0.45
宁夏	137.90	449.18	0.34
新疆	824.66	665.05	0.96

注：本表未包含港、澳、台地区。

选取商品能源消费总量、人均商品能和商品能比例三个指标，采用模糊聚类分析方法对全国村镇能源消费总量进行归类和区划，使用SPSS软件中提供的系统聚类功能，采用组间联接的方法，对数据进行聚类处理。

对全国各省（区、市）村镇商品能源消费总量的聚类分析方法同上。根据聚类的结果作如下分类：河北、江苏、河南、陕西、山东、山西商品能源消费总量很高，属Ⅰ类地区；内蒙古、湖南、黑龙江地区商品能源消费总量较高，属Ⅱ类地区；四川、重庆、浙江、北京、广东、甘肃、安徽、湖北、江西、福建、辽宁、新疆、贵州地区商品能源消费总量一般，属Ⅲ类地区；吉林、广西、上海、海南、西藏、青海、宁夏、天津、云南地区商品能源消费总量低，属Ⅳ类地区。

分析可知，全国各省（区、市）村镇商品能源消费总量平均值为749.18万t标煤，地域差异显著，趋势明显，华东地区商品能源消费总量较全国其他地区高，西南地区商品能源消费总量低。东北地区商品能源消费总量较高。

对全国各省（区、市）村镇人均商品能的聚类分析方法同上。根据聚类的结果作如下分类：北京地区人均商品能很高，属Ⅰ类地区；山西、内蒙古、陕西地区人均商品能较高，属Ⅱ类地区；天津、黑龙江、新疆、江苏、青海、辽宁、甘肃、宁夏、河北地区人均商品能一般，属Ⅲ类地区；四川、重庆、湖北、安徽、广东、福建、贵州、浙江、吉林、江西、河南、湖南、山东、上海、广西、海南、云南、西藏地区人均商品能低，属Ⅳ类地区。

分析可知，全国各省（区、市）村镇人均能耗平均值为477.62kg标煤/人。区域差异显著，趋势明显，北京地区人均商品能居全国首位，为2189kg标煤/人，远高于全国平均水平，北方地区的人均商品能普遍高于南方地区，东北地区，除吉林省外，人均商品能较西北地区高。

对全国各省（区、市）村镇商品能比例的聚类分析方法同上。根据聚类的结果作如下分类：山西、新疆、内蒙古、上海、河南、江苏、陕西、甘肃、天津、北京、浙江、湖南、贵州、河北地区商品能比例很高，属Ⅰ类地区；四川、重庆、辽宁、安徽、江西、广西、山东、福建、湖北、广东地区商品能比例较高，属Ⅱ类地区；吉林、青海、黑龙江、海南、宁夏、云南地区商品能比例一般，属Ⅲ类地区；西藏地区商品能比例低，属Ⅳ类地区。

分析可知，全国各省（区、市）村镇商品能比例平均值为63%。区域差异显著，趋势明显，北方地区的商品能比例普遍高于南方地区，其中甘肃、内蒙古、陕西、新疆、北京、河北、河南、陕西、天津等地区的商品能比例高于80%，部分南方地区，如湖南、上海、江苏、浙江、海南和贵州地区的商品能比例也较高，西藏地区的商品能比例很低，仅为10%。

综上，北方地区商品能源消费总量和人均商品能和商品能占比均普遍较高，东北三省由于薪柴和秸秆资源相对丰富，商品能比例较其他北方地区低。西部地区尤其西藏地区，由于经济条件较落后，商品能源消耗比例处于全国最低水平。南方部分地区如上海、江苏、浙江、海南等地区，由于经济较发达，能源消费商品化普遍高于全国平均水平。

4.4.3 清洁能源消费量分析

清洁能源主要包括沼气和太阳能。基于村镇能源消费区划理论，首先对各子区域村镇的沼气和太阳能的消费量进行计算和分析。选用合适的区划指标和评价体系，对清洁能源消费量进行区划和评价。

根据统计的全国各省（区、市）村镇沼气和太阳能消费量，计算得到各省村镇清洁能源消费总量、人均清洁能源和清洁能源比例，对全国村镇清洁能源消费量进行评价。

全国各省（区、市）村镇清洁能源消费量   表4-26

省（区、市）	清洁能源消费总量（万tce）	人均清洁能源（kgce）	清洁能源比例
北京	15.23	51.79	0.02
天津	6.58	24.45	0.03
河北	146.92	39.27	0.07
山西	67.36	39.95	0.03
内蒙古	21.05	20.76	0.02
辽宁	43.36	29.96	0.03
吉林	20.48	16.46	0.03
黑龙江	32.49	20.19	0.01
上海	12.57	49.89	0.14
江苏	134.84	48.70	0.07
浙江	92.19	47.65	0.10
安徽	90.22	29.17	0.08
福建	26.51	18.23	0.03
江西	68.43	30.26	0.06
山东	221.02	50.19	0.09
河南	166.76	32.25	0.08
湖北	111.06	43.08	0.12
湖南	98.55	28.84	0.07
广东	34.98	10.19	0.03
广西	125.74	48.98	0.19
海南	74.95	179.30	0.49
四川和重庆	234.49	42.02	0.09
贵州	56.86	27.03	0.06

续表

省（区、市）	清洁能源消费总量（万tce）	人均清洁能源（kgce）	清洁能源比例
云南	137.51	50.06	0.16
西藏	32.87	139.27	0.20
陕西	49.85	27.83	0.03
甘肃	71.14	47.08	0.08
青海	23.23	79.29	0.07
宁夏	16.21	52.79	0.04
新疆	15.83	12.76	0.02

注：本表未包含港、澳、台地区。

　　选取清洁能源消费总量、人均清洁能源和清洁能源比例三个指标，采用模糊聚类分析方法对全国村镇能源消费总量进行归类和区划，使用SPSS软件中提供的系统聚类功能，采用组间联接的方法，对数据进行聚类处理。

　　对全国各省（区、市）村镇清洁能源消费总量的聚类分析方法同上。根据聚类的结果作如下分类：山东清洁能源消费总量很高，属Ⅰ类地区；四川、重庆、湖北、江苏、云南、广西、河北、河南地区清洁能源消费总量较高，属Ⅱ类地区；浙江、安徽、湖南、山西、江西、甘肃、海南、辽宁、陕西、贵州地区清洁能源消费总量一般，属Ⅲ类地区；黑龙江、西藏、广东、宁夏、新疆、北京、上海、内蒙古、吉林、青海、福建、天津地区清洁能源消费总量低，属Ⅳ类地区。

　　分析可知，全国各省（区、市）村镇清洁能源消费总量平均值为72.56万tce，地域差异显著，趋势明显。山东地区清洁能源消费总量居全国首位，南方地区除广东和福建地区清洁能源消费总量普遍高于北方地区。

　　对全国各省（区、市）村镇人均清洁能源的聚类分析方法同上。根据聚类的结果作如下分类：山东人均清洁能源很高，属Ⅰ类地区；四川、重庆、湖北、江苏、云南、广西、河北、河南地区人均清洁能源较高，属Ⅱ类地区；浙江、安徽、湖南、山西、江西、甘肃、海南、辽宁、陕西、贵州地区人均清洁能源一般，属Ⅲ类地区；黑龙江、西藏、广东、宁夏、新疆、北京、上海、内蒙古、吉林、青海、福建、天津地区人均清洁能源低，属Ⅳ类地区。

　　分析可知，全国各省（区、市）村镇人均清洁能源平均值为44.51kg标煤/人，地域差异显著，总体来看全国村镇人均清洁能源消费量较低，西藏和海南地区人均清洁能源分别为179.30kg标煤/人和139.27kg标煤/人，远远高于全国平均水平。西部地区的人均清洁能源较东部地区高。

　　对全国各省（区、市）村镇清洁能源比例的聚类分析方法同上。根据聚类的结果作如下分类：海南清洁能源比例较高，属Ⅰ类地区；广西、西藏、上海、湖北、云南地区清洁能源比例一般，属Ⅱ类地区；四川、重庆、山东、浙江、河南、甘肃、安徽、河北、江苏、湖南、青海、江西、贵州地区清洁能源比例低，属Ⅲ类地区；内蒙古、新疆、北京、黑龙江、山西、广东、福建、辽宁、陕西、天津、吉林、宁夏地区清洁能源比例很低，属Ⅳ类地区。

分析可知，全国各省（区、市）村镇清洁能源比例平均值为8.5%，地域差异显著，趋势明显。南方地区除广东和福建地区清洁能源比例普遍高于北方地区，海南地区清洁能源比例居全国首位，高达49%，远远高于全国平均水平。

综上，中部地区和南方部分地区清洁能源消费总量高于全国其他地区，广西、四川、重庆、湖南、湖北地区沼气的消费量均较高，山东地区的太阳能消费量居全国首位，江苏地区太阳能消费量仅次于山东地区。北方地区清洁能源消费量和人均清洁能源消费量均较低，西藏地区由于人口较少，虽然清洁能源消费总量低，但人均清洁能源最高。海南地区清洁能源消耗比例居全国首位。西部地区日照充足，且薪柴秸秆资源丰富，经济条件落后，太阳能和沼气在能源消费结构中占有较高的比例。

4.4.4　生物质能源消费量分析

村镇消费的生物质能源主要包括薪柴、秸秆和沼气。基于村镇能源消费区划理论，首先对各子区域村镇的薪柴、秸秆和沼气的消费量进行计算和分析。选用合适的区划指标和评价体系，对生物质能源消费量进行区划和评价。

根据统计的全国各省（区、市）村镇薪柴、秸秆和沼气消费量，计算得到各省村镇生物质能源消费总量、人均生物质能源和生物质能源比例，对全国村镇生物质能源消费量进行评价。

全国各省（区、市）村镇生物质能源消费量　　　　　　　表4-27

省（区、市）	生物质能源消费总量（万tce）	人均生物质能（kgce）	生物质能源比例
北京	86.32	293.59	0.12
天津	28.71	106.74	0.12
河北	324.41	86.72	0.16
山西	56.11	33.28	0.03
内蒙古	83.28	82.13	0.07
辽宁	809.00	559.09	0.47
吉林	400.84	322.22	0.53
黑龙江	1814.69	1127.84	0.61
上海	4.71	18.70	0.05
江苏	195.30	70.53	0.10
浙江	167.92	86.78	0.18
安徽	485.03	156.81	0.42

续表

省（区、市）	生物质能源消费总量（万tce）	人均生物质能（kgce）	生物质能源比例
福建	299.13	205.73	0.35
江西	422.51	186.87	0.39
山东	795.35	180.60	0.34
河南	209.56	40.53	0.10
湖北	258.32	100.20	0.28
湖南	317.86	93.02	0.21
广东	361.10	105.21	0.33
广西	168.38	65.59	0.26
海南	20.28	48.50	0.13
四川和重庆	982.94	176.15	0.39
贵州	210.42	100.01	0.20
云南	516.91	188.17	0.58
西藏	115.34	488.74	0.70
陕西	256.44	143.18	0.13
甘肃	65.70	43.48	0.08
青海	174.12	594.26	0.49
宁夏	248.81	810.44	0.62
新疆	19.64	15.84	0.02

注：本表未包含港、澳、台地区。

　　选取生物质能源消费总量、人均生物质能源和生物质能源比例三个指标，采用模糊聚类分析方法对全国村镇生物质能源消费量进行归类和区划，使用SPSS软件中提供的系统聚类功能，采用组间联接的方法，对数据进行聚类处理。

　　对全国各省（区、市）村镇生物质能源消费总量的聚类分析方法同上。根据聚类的结果作如下分类：山东生物质能源消费总量很高，属Ⅰ类地区；四川、重庆、湖北、江苏、云南、广西、河北、河南地区生物质能源消费总量较高，属Ⅱ类地区；浙江、安徽、湖南、山西、江西、甘肃、海南、辽宁、陕西、贵州地区生物质能源消费总量一般，属Ⅲ类地区；黑龙江、西藏、广东、宁夏、新疆、北京、上海、内蒙古、吉林、青海、福建、天津地区生物质能源消费总量低，属Ⅳ类地区。

　　分析可知，全国各省（区、市）村镇生物质能源消费总量平均值为319.33万t标煤，地域差异显著，趋势明显。黑龙江地区生物质能源总量居全国首位，为1814.69万t标煤，远远超过全国平均水平。东北地区生物质能源消费总量普遍高于西北地区，其中辽宁和山东地区生物质能源总量较高。

对全国各省（区、市）村镇人均生物质能源的聚类分析方法同上。根据聚类的结果作如下分类：山东人均生物质能源很高，属Ⅰ类地区；四川、重庆、湖北、江苏、云南、广西、河北、河南地区人均生物质能源较高，属Ⅱ类地区；浙江、安徽、湖南、山西、江西、甘肃、海南、辽宁、陕西、贵州地区人均生物质能源一般，属Ⅲ类地区；黑龙江、西藏、广东、宁夏、新疆、北京、上海、内蒙古、吉林、青海、福建、天津地区人均生物质能源低，属Ⅳ类地区。

分析可知，全国各省（区、市）村镇人均生物质能源平均值为216.36kg标煤/人，地域差异显著，趋势明显。黑龙江地区人均生物质能源居全国首位，为1127.84kg标煤/人，远远超过全国平均水平。东北地区人均生物质能源普遍高于全国其他地区。

对全国各省（区、市）村镇生物质能源比例的聚类分析方法同上。根据聚类的结果作如下分类：山东生物质能源比例很高，属Ⅰ类地区；四川、重庆、湖北、江苏、云南、广西、河北、河南地区生物质能源比例较高，属Ⅱ类地区；浙江、安徽、湖南、山西、江西、甘肃、海南、辽宁、陕西、贵州地区生物质能源比例一般，属Ⅲ类地区；黑龙江、西藏、广东、宁夏、新疆、北京、上海、内蒙古、吉林、青海、福建、天津地区生物质能源比例低，属Ⅳ类地区。

分析可知，全国各省（区、市）村镇生物质能源比例平均值为28.57%，地域差异显著，趋势明显。黑龙江地区生物质能源比例居全国首位，达到了60.51%，远远超过全国平均水平。东北地区生物质能源比例较西北地区高。

综上，东北地区由于薪柴和秸秆资源丰富，且供暖、炊事方式多以薪柴等生物质的直接燃烧为主，故对生物质能的消费量较高，其中黑龙江地区在生物质能源消费总量和人均生物质能源消费量均居全国首位。西部地区尤其西藏地区由于薪柴秸秆资源丰富，经济条件落后，对生物质能源消费量的占比全国最高达70%。内蒙古、新疆地区主要以草牧业为主，因此以对薪柴和秸秆的消费量较低，上海、江苏、浙江等南方经济发达地区，主要以商品能为主，对生物质能源的直接利用较低。

4.4.5　小结

本节主要采用村镇能源消费量指标，从总量、强度和结构三个角度对总能源消费量、商品能源消费量、清洁能源消费量和生物质能消费量进行了分析，得到全国各省（区、市）村镇不同种类能源消费量的分布。总体来看，全国村镇能源消费量与消费种类主要受人口因素、气候因素、资源因素和经济因素的影响，在消费总量、消费强度和消费结构上均呈现出明显的区域差异性。

4.5　区域能源的优化配置

本节首先探讨农村户用沼气在我国的适宜性区划，随后提出秸秆能源供应生活热能的资源可行性评价方法和基于秸秆能源的村镇生活热能复合供应模式，并以黑龙江省为例进行秸秆能源供应村镇生活热能的资源可行性评价。

4.5.1　农村户用沼气在我国的适宜性区划

首先针对户用沼气区域适宜性的各影响因素，分析其与户用沼气发展水平的相关性；随后根据相关性分析结果，提出户用沼气区域适宜性的综合评价方法；最后利用该方法进行我国农村地区户用沼气的现阶段适宜性区划及预测。

4.5.1.1　户用沼气区域适宜性影响因素

（1）影响因素指标的选取

当前我国户用沼气区域适宜性的影响因素和指标如下：

1）自然因素，包含两项指标：年平均气温（℃）和日均地表太阳辐射量［kW·h/（m²·d）］。沼气的发酵与温度关系密切，一般而言，发酵温度随气温和季节温度而变化，气温越高越有利于沼气的推广应用。在一些气候条件恶劣的地区，可以充分利用当地的太阳能资源为沼气池保温。

2）资源因素，包含一项指标：户均畜禽排泄物产气量（m³）。我国农村地区沼气生产所用的发酵原料主要包括农作物秸秆及畜禽粪便，前者在投入沼气之前需要加工处理，耗费时间、人力和财力，处理后的秸秆进入沼气池后仍容易飘浮形成浮壳层（发酵死区），严重影响发酵效率，且秸秆与畜禽粪便这类富氮原料相比产气周期长，因此仅考虑畜禽粪便量的影响。

3）社会经济因素，包含三项指标：农民人均纯收入（元）、劳动力文化程度（%）、高品质商品能源比例（%）。当前我国不同地区农村的经济状况差异较大，可能存在部分地区农户由于经济收入有限而无力承担沼气建设费用的情况。部分地区农民受教育程度偏低，且从事沼气建设的技术人员较少，会影响户用沼气的推广与发展。在一些经济发达的农村，若已普及电、燃气、液化石油气等卫生便捷的商品能源，让农民放弃原有的高品质商品能源转而投资建设在短期内收益较少的户用沼气便存在一定困难。

（2）影响因素指标的计算方法

确定相关指标后，需要对指标数据进行收集。由于不同统计年鉴数据的统计方式和计算方法均存在一定差别，为保证数据的准确性与横向可比性，在选取数据时应保证同一指标数据均来源于同一统计年鉴或数据网站。

1）年平均气温：以《中国环境统计年鉴》中各省会城市的历年平均气温代表所在省级行政区的年平均气温。

2）日均地表太阳辐射量：即该地点单位面积水平面一天内接受的太阳辐射总量，单位为kW·h/（m²·d）。从美国国家宇航局（NASA）官方网站（https://eosweb.larc.nasa.gov/）收集了全国294个代表城市日均地表太阳辐射量的年平均值，将各个省级行政区代表城市的日均地表太阳辐射量的年平均值求平均，用以代表所在省级行政区的日均地表太阳辐射量。

3）户均畜禽排泄物产气量：根据《中国农业统计资料》中各地的畜禽存栏量和农村户数，用排泄系数和产气系数进行估算：

$$V = \frac{\sum n \cdot p \cdot q}{m} \qquad\qquad (4-23)$$

式中：V 为某地区户均畜禽排泄物产气量，[m³/（户·天）]；n 为该地区某种畜禽当年年末存栏量（万头，万只，万匹）；p 为该地区该种畜禽的排泄系数[kg/（天·头），只，匹]；q 为该地区该种畜禽粪便的产气速率（m³/kg）；m 为该地区农村户数（万户）。

4）农民人均纯收入（元）：来自国家统计局官方网站（http://data.stats.gov.cn/）。

5）劳动力文化程度：从《中国农村住户调查年鉴》中获得各地农村家庭劳动力中各阶层文化程度占比，以初中及以上学历的劳动力人口所占总劳动力人口的比例作为指标。

6）高品质商品能源比例：农村的生活能源多种多样，包括煤、汽油、柴油、液化石油气、天然气、电力等。将电力、天然气、液化石油气定义为高品质商品能源，将以上能源在生活用能活动中的消耗量占生活能源消耗总量的比例称为高品质商品能源比例。

（3）影响因素与发展水平相关性分析结果

本研究选定的户用沼气发展水平量化指标为户均户用沼气年末累计数（个/户），根据《中国农业统计资料》中的户用沼气年末累计数和农村户数计算：

将户均户用沼气年末累计数作为因变量，分别与6个影响因素做双变量相关性分析及回归分析，组合后的6组样本分别称为样本A1、B1、C1、D1、E1、F1。数据涉及30个省级行政区（不包括上海、台湾、香港、澳门）8年（2006～2013年）共计180～232组数据不等。相关性分析结果见表4-28。

户用沼气适宜性影响因素与户用沼气发展水平相关性分析结果　　　　表4-28

	Pearson相关性	显著性（双侧）	样本数
年平均气温	0.271**	0.000	180
日均地表太阳辐射量	−0.077	0.303	180
户均畜禽排泄物产气量	0.261**	0.000	180
农民人均纯收入	−0.355**	0.000	180
劳动力文化程度	−0.173*	0.020	180
高品质商品能源比例	−0.226**	0.003	174

注：*表示在0.05水平（双侧）上显著相关，**表示在0.01水平（双侧）上显著相关。

1）年平均气温与户均户用沼气年末累计数相关性分析

相关性分析结果表明，年平均气温与户均户用沼气年末累计数在0.01水平（双侧）上显著相关，相关系数为0.271，表明两者呈较弱的正相关关系，在一定程度上气温越高越有利于户用沼气的发展。由彩图31所示的散点图可见，红色圈注地区年平均气温均在10℃以上，但户均户用沼气年末累计数明显低于同温度其他地区。这些地区均为东南沿海或北方经济政治中心地区，经济发展水平较高。

2）日均地表太阳辐射量与户均户用沼气年末累计数相关性分析

相关性分析与回归性分析均未表明两者具有显著相关关系。由彩图32可以发现，左侧圈注区域日均地表太阳辐射量小于3.7kW·h/m²，但2008～2013年间户均户用沼气年末累计数依然逐年增高，户用沼气发展稳健；到2013年，户均户用沼气年末累计数均可达0.3个，6年内户均户用沼气年末累计数的平均值也可达0.25个。以上分析表明太阳辐射量并非户用沼气发展的必要条件。

3）户均畜禽排泄物产气量与户均户用沼气年末累计数相关性分析

根据相关性分析结果（彩图33），圈注所示的散点明显偏离大部分散点聚集区，影响了样本整体的相关关系，导致相关性分析的结果不够准确。这四个地区户均畜禽排泄物产气量高于或远高于我国其他省份，而户用沼气发展水平却与当地的资源水平并不对应。将这四个省份剔除后重新进行相关性分析与回归分析，结果如表4-29和彩图34所示。从新样本的分析结果来看，户均畜禽排泄物产气量与户均户用沼气年末累计数的相关性系数有所提高，散点分布与之前相比更加集中，正相关分布态势较为明显。

剔除离散变量前后户均畜禽排泄物产气量与户均户用沼气年末累计数相关性分析　　表4-29

项目	Pearson相关性	显著性（双侧）	样本数
离散样本剔除前	0.261**	0.000	180
离散样本剔除后	0.342**	0.000	156

4）农民人均纯收入与户均户用沼气年末累计数相关性分析

由彩图35可发现，高收入地区户用沼气发展势头较弱，低收入地区户用沼气发展有好有坏，表明目前我国农村居民收入水平基本可以负担沼气池建设费用，部分低收入地区户用沼气发展受到限制可能由其他原因造成。在彩图35中作出各省（区、市）的回归直线，可以发现各省（区、市）拟合回归线的斜率绝大多数为正，但斜率有大有小，说明我国大部分地区户均户用沼气年末累计数与人均纯收入呈正相关关系，大部分地区处在户用沼气的发展阶段，但不同地区发展速度不同。一些地区拟合线斜率较小，户用沼气发展速度较缓慢；一些地区拟合线基本为水平甚至斜率为负，表明这些地区户用沼气发展已经停滞甚至出现负增长。

5）劳动力文化程度与户均户用沼气年末累计数相关性分析

由相关性分析结果可知，劳动力文化程度与户均户用沼气年末累计数在0.05水平（双侧）上呈显著负相关关系，但相关性系数较小，仅为-0.173。散点图（彩图36）中的点分布较为分散，没有明显的形状特征，表明户用沼气的推广与发展并不受劳动力文化水平的限制。另外，图中右下方散点比较密集，农村劳动力文化程度高但户用沼气数量少，与前述人均纯收入高且户用沼气发展受制的地区一致，说明这些地区具有人均纯收入高和劳动力文化程度高的共同点。

6）高品质商品能源比例与户均户用沼气年末累计数相关性分析

由相关性分析结果可知，高品质商品能源比例与户均户用沼气年末累计数在0.01水平（双侧）上呈显著负相关关系，相关性系数较小，为-0.226。由散点图（彩图37）可见，除两个点明显偏离大部分散点聚集区外，其余省（区、市）大致可分为如圈注所示的两个部分。一为整个散点图的右下方区域，户用沼气发展水平相对较低，年末累计数小于0.1个/户，户用沼气发展较为缓慢甚至出现停滞。另一区域为整个散点图的左上方区域，该区域内各地区户均户用沼气年末累计数与高品质商品能源比例呈正相关，散点集中在高品质商品能源比例比较低的区域，表明该区域内户用沼气同高品质商品能源一样均有较大的发展潜力。

7）相关性分析结果总结及原因分析

通过对各影响因素与户用沼气发展水平的相关性分析，可以看出年平均气温、户均畜禽排泄物产气量、人均纯收入、劳动力文化程度、高品质商品能源五个指标与户用沼气发展水平有显著的相关关系。其中年平均气温、户均畜禽排泄物产气量与户均户用沼气年末累计数呈正相关关系；人均纯收入、劳动力文化程度、高品质商品能源与户均户用沼气年末累计数呈负相关关系。未发现日均地表太阳辐射量与户用沼气发展水平有显著相关关系。

对比年平均气温、人均纯收入、劳动力文化程度、高品质商品能源的散点图可以发现，散点分布较为特殊的地区比较一致，偏离拟合回归线中心的散点户均户用沼气年末累计数一般低于同水平自变量的其他地区。这些地区大致可分为两类，一类为北方政治经济中心或东南沿海地区，包括北京、天津、安徽、江苏、福建、浙江、广东。这些地区具有农民人均纯收入高、劳动力文化程度较高、高品质商品能源比例高的共同特点，分析这些地区户用沼气发展受制的原因如下：①农村生产结构中传统畜禽饲养所占比例逐渐降低，导致该地区缺少沼气发酵的主要原料；②户用沼气经营与使用需要付出一定劳动，在经济方面的优势对于人均纯收入高的地区不够突出；③电、天然气、液化石油气等在生活能源使用中所占比例较高；④经济发达农村地区"人多地少"，各家没有足够空间容纳沼气池。另一类为黑龙江、吉林、辽宁这些严寒地区，其共同特点为户均畜禽排泄物产气量高但气候寒冷，具备沼气发酵原料但需要技术支持以弥补气温不足的缺陷。

4.5.1.2　户用沼气区域适宜性综合评价方法

（1）户用沼气区域适宜性评价指标体系的建立

根据户用沼气区域适宜性影响因素的分析结论，与户用沼气发展水平显著相关的影响因素指标包括年平均气温、农民人均纯收入、劳动力受教育程度、高品质商品能源比例。其中，农民人均纯收入、劳动力受教育程度、高品质商品能源比例三个指标均为社会经济水平的体现。一般来说，某地社会经济发展水平越高，当地农民人均纯收入、劳动力受教育程度、高品质商品能源比例就越高。并且由相关性分析可知，三者与户均户用沼气年末累计数的相关关系均为负相关，因此指标体系中仅选择相关系数最大的农民人均纯收入作为社会经济指标的代表。

日均地表太阳辐射量由于与户均户用沼气年末累计数相关性不够显著，且主要对日光充足降水少的西部地区"四位一体"等特殊户用沼气形式影响较大，因此本研究暂不将其列入全国范围内户用沼气区域适宜性的评价指标。

相关性分析表明，户均畜禽排泄物产气量与户均户用沼气年末累计数无显著相关关系，主要是由于部分高户均畜禽排泄物产气量地区受其他因素影响，户用沼气发展受到限制。然而，畜禽粪便作为户用沼气最主要的发酵原料，是某一地区发展户用沼气的必要条件，因此仍将户均畜禽排泄物产气量作为户用沼气区域适宜性评价指标之一。

综上，最终选定年平均气温、户均畜禽排泄物产气量、农民人均纯收入三个指标作为户用沼气区域适宜性评价指标。评价指标体系如图4-7所示。

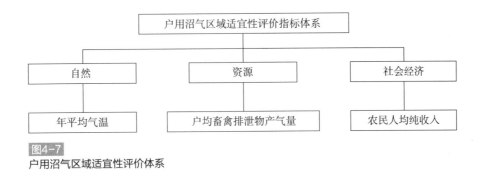

图4-7
户用沼气区域适宜性评价体系

（2）户用沼气的适宜性分区规则

户用沼气区域适宜性的三个评价指标各自独立，对户用沼气的促进与阻碍作用相互之间不可弥补，不可替代。以浙江省为例，其气候条件适宜户用沼气的发展，也具备充足的发酵原料，但该地区经济发达，农民人均纯收入高，给该地区户用沼气的发展带来了限制，这种限制是适宜的自然及资源条件无法弥补的。因此，针对指标的特殊性，以下的户用沼气区域适宜性综合评价方法采用"一票否决制"。户用沼气区域适宜性综合评价方法具体如下，相应的分区规则见表4-30。

1）根据资源因素指标一票否决不适宜地区

充足的发酵原料是发展户用沼气的必要条件。沼气的发展一般遵循因地取材的原则，因此对于资源因素指标即户均畜禽排泄物产气量达不到标准要求的地区，不论该地区其他指标条件如何优越，均一票否决该地区的户用沼气发展适宜性。

2）根据社会经济因素指标确定转变发展模式地区

对于沼气发酵原料充足的地区，理论上来说均具有发展沼气工程的潜能。但如果该地区经济发展水平较高，相应地农民人均收入、高品质商品能源比例也较高，必然会影响户用沼气的发展与推广。这些地区可以尝试转变发展模式，依托当地的经济优势，发展大中型沼气工程。大中型沼气工程发酵罐一般自带加热系统，因此对当地自然条件的影响一般不大。

3）根据自然指标确定最适宜及次适宜地区

对于资源指标及社会经济指标均满足评价标准的地区，依据自然指标是否符合评价标准划分为最适宜地区和次适宜地区。某地的自然条件（气温）一般不会发生大幅度变化。随着经济水平的发展，农村生产结构逐渐发生转变，农民收入和高品质商品能源比例逐渐提高，最适宜地区会逐渐向转变发展模式地区过渡，次适宜地区可通过一定技术措施弥补当地气温不足的缺陷，并也将逐渐向转变发展模式地区过渡。

户用沼气的适宜性分区规则   表4-30

序号	评价指标情况			评价结果
	资源因素指标	社会经济因素指标	自然因素指标	
1	满足	满足	满足	最适宜
2	满足	满足	不满足	次适宜
3	满足	不满足	满足	转变发展模式
4	满足	不满足	不满足	转变发展模式
5	不满足	满足	满足	不适宜
6	不满足	满足	满足	不适宜
7	不满足	满足	不满足	不适宜
8	不满足	不满足	不满足	不适宜

（3）户用沼气区域适宜性评价指标的量化

1）自然因素指标

目前关于户用沼气适宜性区划的研究还较少，有关评价标准确定的研究也相应较少。陈豫对我国农村户用沼气发酵温度进行了适宜性区划，毕于运等也对我国户用沼气自然适宜性进行了分区，二者虽然指标数量、评价标准、评价结果均不同，但区划结果从整体上看存在一定的相似性，且与中国建筑气候区划也存在一定相似性。因此，本研究采用建筑气候区划作为气温评价标准的参考依据。

中国建筑气候区划标准分为一级和二级。为简化户用沼气区域适宜性的自然指标评价标准，本研究以一级区划标准为参考依据。建筑气候的一级区划以1月平均气温、7月平均气温、7月平均相对湿度为主要指标。本研究将建筑气候区分为两大类，一类包括气候相对寒冷的Ⅰ、Ⅱ、Ⅵ、Ⅶ区域，另一类包括气候相对炎热的Ⅲ、Ⅳ、Ⅴ区域，将两类区域的评价指标各自整合，得到户用沼气次适宜区及最适宜区分区的标准，见表4-31。表中省略了7月相对湿度指标。

建筑气候区划标准及户用沼气适宜性区划自然指标标准   表4-31

建筑气候区划标准		户用沼气适宜性区划自然指标标准	
区域编号	主要指标	适宜性分区	分区标准
Ⅰ	1月平均气温≤-10℃ 7月平均气温≤25℃	次适宜区	1月平均气温≤0℃ 7月平均气温≤28℃
Ⅱ	1月平均气温-10～0℃ 7月平均气温18～28℃		
Ⅵ	1月平均气温0～-22℃ 7月平均气温<18℃		
Ⅶ	1月平均气温-5～-20℃ 7月平均气温≥18℃		

建筑气候区划标准		户用沼气适宜性区划自然指标标准	
III	1月平均气温0～10℃ 7月平均气温25～30℃	最适宜区	1月平均气温>0℃ 7月平均气温>18℃
IV	1月平均气温>10℃ 7月平均气温25～29℃		
V	1月平均气温0～13℃ 7月平均气温18～25℃		

2）资源因素指标

资源因素指标主要用于一票否决不适宜地区。在确定资源因素指标评价标准时需遵循"供需平衡"的原则，即生物质发酵产生的沼气量≥所需的沼气量。在计算某地户用沼气供给能力时，需利用相对产气速率因子对前文的户均畜禽排泄物产气量进行如下修正：

$$V' = V \cdot t \tag{4-24}$$

式中：V' 为户均畜禽排泄物实际产气量［m³/（户·天）］；t 为相对产气速率因子，由地下1.6m处地温决定。

关于农民生活日均用沼气量的计算方法，我国目前尚没有统一标准。本研究参考城市居民生活用气量的计算方法：

$$Q_d = \frac{N \cdot k \cdot a}{365 H_1} \tag{4-25}$$

式中：Q_d 为居民生活日均用沼气量［m³/（户·天）］；N 为户均人口（人/户）；k 为气化率（%）；a 为居民生活用气量指标［kJ/（人·年）］；H_1 为沼气的低热值（kJ/m³）。

由于缺乏农村居民生活用气量指标，暂以城镇居民生活用气量指标为参考值，在东北、华东、中南地区取2303 MJ/（人·年），北京，四川地区居民生活用气量指标取2931 MJ/（人·年）。

3）社会经济因素指标

社会经济因素评价指标主要用于在资源满足标准要求的地区中划分出经济发展水平较高，不再适合发展户用沼气，应适时转变发展模式的地区，其关键在于确定高、低收入的分界线。目前尚没有统一且公认的收入等级划分方法，国际上常用"五等分法"，我国国家统计局采用"七分法"，具体见表4-32。综合国际与我国划分收入等级的方法，将收入最高的前20%的地区定义为高收入地区，用作社会经济因素指标的评价标准。

高收入与低收入划分方法　　　　　　　　表4-32

收入段人口占总人口比例	五分法	七分法
10%	高	最高
10%		高

收入段人口占总人口比例	五分法	七分法
20%	中等偏上	中等偏上
20%	中等	中等
20%	中等偏下	中等偏下
10%	低	低
10%		最低

4.5.1.3　现阶段我国农村地区户用沼气适宜性区域规划

（1）根据资源因素指标一票否决不适宜地区

根据资源因素指标评价标准与计算方法，利用《中国统计年鉴》2008~2013年的相关统计数据，计算30个省级行政区（不包括上海、台湾、香港、澳门）户均畜禽排泄物实际产气量和户均沼气需求量，并以前者减去后者，所得差值如图4-8所示。除浙江省外，其他省（区、市）产量均大于用量，约有50%的省（区、市）产量可达用量的两倍以上，表明除浙江省（区、市）的其他省份畜禽粪便资源均较为丰富，若用于沼气发酵可以满足居民日常生活能源的消费。因此，从当前分析结果来看，暂将浙江省归至户用沼气发展的不适宜地区。

（2）根据社会经济因素指标确定转变发展模式地区

根据社会经济因素指标评价标准与计算方法，利用我国2008~2013年的相关统计数据对高收入地区进行筛选。将所有省份按家庭人均纯收入由高到低进行排序，收入最高的20%的人群为高收入人群，对应地区为高收入地区。对于转变发展模式地区，宜结合当地具体情况适时推行大中型沼气工程。大中型沼气工程设有专门的发酵罐及加热系统，一般为低温发酵或中温发酵，气候影响小，沼气产量高。由前文分析可知，浙江省由于畜禽粪便资源相对不够富足，暂将其规划至不适宜地区，但考虑到浙江省属经济发达地区，且若在当地采用大中

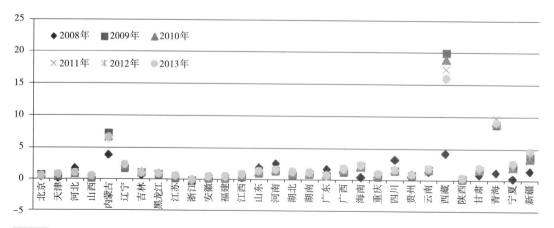

图4-8

我国农村地区2008~2013年沼气产量与消费量之差

型沼气工程则可大幅提高沼气产量，基本可以满足当地居民生活用能。因此，将浙江省归入转变发展模式地区。

（3）根据自然指标确定最适宜及次适宜地区

根据自然指标评价标准，统计了我国30个省级行政区（不包括上海、台湾、香港、澳门）各月份平均气温的2008～2013年的平均值，见彩图38。除去不适宜地区与转变发展模式地区，其余满足1月平均气温≤0℃、7月平均气温≤28℃的地区属于次适宜地区，满足1月平均气温>0℃、7月平均气温>18℃的地区属于最适宜地区。西藏地区高寒高海拔，以上两标准均不满足，将其划归到次适宜地区。

（4）我国农村地区户用沼气适宜性区划研究成果对比

本研究与陈豫在《中国农村户用沼气区域适宜性与可持续性研究》（西北农林科技大学2011年硕士学位论文）和毕于运等在《中国农村户用沼气自然适宜性区划》（发表于《资源科学》杂志2009年第8期）中的户用沼气适宜性区划结果相比，适宜区的空间分布从整体上看比较相似，但仍存在一定差异，主要体现在以下两个方面：

1）区划细致程度及区划方式不同。毕于运将全国户用沼气适宜性划分为10类，而本研究将全国户用沼气适宜性划分成4类，减少了区域划分类别的数量。这样在进行户用沼气的规划布局时，能够方便为决策者提供更简洁、明确、直接的指导意见。另外，相比陈豫的研究结果，本研究考虑了社会经济因素对户用沼气适宜性的影响，删除了"适宜"地区，增加了"转变发展模式"地区，综合各方面因素使得评价结果更加准确，同时对沼气发展的指向也更加明确。

2）区划结果不同。相关研究中，西藏与黑龙江地区一般被划归为户用沼气发展的不适宜地区，而本研究将这两个地区划归为次适宜地区。这两个地区气候条件较差，发展户用沼气主要依靠于技术的进步。随着户用沼气技术与大中型沼气工程技术的发展，这两个地区并不是没有发展沼气的可能性。

4.5.1.4　我国农村地区户用沼气区域适宜性的预测

（1）影响因素变化的预测

对自然因素的预测主要是对我国气温变化的预测。随着全球人口的激增与工业化进程的加速，气候变暖成为当下全球性的趋势。然而，气候变暖的幅度短时间内不足以造成我国气候区分布的大范围变化，且对户用沼气来说，影响池温的最直接因素为地温，而地温相比于气温的变化不仅滞后且变化幅度也更小。因此，在进行我国气温变化的预测时，可以认为我国农村地区的气温在一定时间内保持不变。

对资源因素的预测主要是对我国农村地区畜牧业发展情况的预测。目前我国关于畜禽养殖量预测的研究还比较少。根据相关研究，我国大多数省区的主要畜禽养殖量将大幅增长，集中化、专业化、规模化的大型养殖场是未来畜禽行业发展的方向。因此，未来我国农村地区用于沼气发酵的畜禽粪便资源将十分充足，而且在地域分布上也将越来越集中。

对社会经济因素变化的预测主要是对我国农民收入以及"高收入"界定标准的预测。农民收入受国家政策、农产品的产量、地区气候等众多因素的影响。随着社会经济水平的不断提高和国家政策的推进，农民收入将持续提高是不容置疑的事实。目前我国关于农民收入预测的相关研究较多，一般通过数学模型进行预测，但与实际情况均有一定偏差且只适用于短期预测。关于对"高收入"这一概念的界定标准，也与当下我国各地区农民整体的收入水平有关。因此，未来我国农民的收入将逐年提高，但具体数额以及如何界定高收入地区目前难以给出准确预测。

（2）户用沼气区域适宜性的预测

根据以上对我国农村地区自然、资源以及社会经济因素的变化情况预测，可以对我国户用沼气区域适宜性的未来发展趋势进行如下预测：

首先，由于气候的稳定性，我国户用沼气最适宜区与次适宜的空间分布短时间内不会发生大规模变化。随着技术的日渐成熟，户用沼气对当地气候条件的依赖将逐渐减弱，适宜区与次适宜区的分界线将逐渐向北移动，部分北方地区将由次适宜区向适宜区过渡。

其次，由于畜禽养殖行业的发展，户用沼气在未来将有充足的原料支持，且大中型沼气工程相比于户用沼气池将更加适宜。此外，无论从资源有效回收利用还是生态环境保护的角度来看，大中型沼气工程都将是未来我国沼气事业的发展方向。

最后，我国社会和经济的发展趋势有利于大中型沼气工程的发展。一方面，农民的生活水平不断提高，对生活品质的要求也越来越高，户用沼气的运作方式将不再适用；另一方面，经济的发展还将带动当地投资环境的发展，为大中型沼气工程的建设提供资金支持。由此可以推断，在未来的一段时间内，我国农村户用沼气与大中型沼气工程的建设将齐头并行，最终户用沼气将被大中型沼气工程取代。大中型沼气工程将在经济发达且畜禽养殖规模化的地区率先发展。

4.5.2　秸秆能源供应生活热能的资源可行性评价

农村地区拥有丰富的作物秸秆。长期以来，秸秆被农民作为供暖与炊事活动的能源，在分户炉灶中直接燃烧（以下简称"分户直燃"）。这种传统的分户直燃方式主要有以下特点：①成本低，秸秆作为农作物的副产品，可视为零使用成本；②燃烧效率低，大气污染物排放量较大；③使用性能差，主要体现在持续燃烧时间短、火焰温度不够、填料繁琐、影响室内环境、燃料收集耗时耗力等方面。由于这些缺陷的存在，随着农民收入水平的提高，农户为了便捷、清洁，宁愿购买液化石油气、燃煤等化石能源而放弃使用免费的秸秆可再生能源，从而在农村地区形成了化石能源替代可再生能源的趋势，导致越来越多的秸秆被遗弃为废物在田间焚烧，成为季节性雾霾的重要诱因，严重破坏大气环境。正因为秸秆能源具有这种"用则有利，废则有害"的特点，农村地区的可再生能源利用应以充分利用当地秸秆资源为前提。

居民日常生活的用能活动中，供暖与炊事活动所耗的能源均以热能为最终形式，可统称为"生活用热"。由于自身的密度较低等特性，秸秆不适宜长距离运输，宜通过适当的手段在农村地区就地利用，解决农民生活中最基本的能源需求。因此，本研究对秸秆能源用于生活热能供应的适宜模式进行了讨论。

4.5.2.1　秸秆能源供应生活热能的资源可行性评价指标

为评价区域秸秆能源的供需关系，进而对区域内秸秆能源进行供应侧规划，提出"秸秆能源化供应能力"的概念：在某种秸秆能源化利用方式下，某区域可用作能源的秸秆量（指每年的秸秆总产量中去除还田、饲料、食用菌基料、工业加工原料等用量及收获、存储中的自然损耗后的剩余量，以下简称"秸秆可用量"）与当地居民生活有效热所需求的秸秆量（以下简称"秸秆需求量"）的比值，其定义式为：

$$\chi = \frac{M_{avl}}{M_{dmd}} \tag{4-26}$$

式中：χ 为某种秸秆能源化利用方式在某区域的供应能力；M_{avl} 为当地各类秸秆的年总可用量，（kg/a）；M_{dmd} 为当地各类生活有效热需求的秸秆年需求量，（kg/a）。

秸秆在收获、存储中的自然损耗大多是田间收获时的废弃或留茬，可视为包含于秸秆的还田量之内。在我国大部农村地区，秸秆饲料大多转化成动物肥料还田，用作饲料的秸秆量一般小于还田所需的秸秆量，可将饲料秸秆量包含于还田量内，并且用作食用菌基料和工业原料的秸秆量一般占总量的比例也较小甚至可忽略。因此，某类秸秆的年可用量一般可简化为：

$$M_{avl} = \sum_{j=1}^{J} \left(Y_j s_j - A_{f,j} \delta_j \right) \tag{4-27}$$

式中：J 为计算区域内的秸秆种类数；Y_j 为区域内第 j 种秸秆所对应作物的年粮食产量（kg/a）；s_j 为第 j 种秸秆的草谷比（即秸秆与粮食的产量比）；$A_{f,j}$ 为第 j 种秸秆所对应作物在当地的种植面积（hm^2）；δ_j 为第 j 种秸秆的年适宜还田量 $\left[kg/ \left(hm^2 \cdot a \right) \right]$。

某区域在采用某种秸秆能源化利用方式时，生活用热（炊事以下标 c 表示，供暖以下标 h 表示）的秸秆年需求量为：

$$M_{dmd} = \sum_{i=c,h} \frac{H_i}{k_i v_i \eta_i} \tag{4-28}$$

式中：H_i 为当地炊事或供暖年热需求（MJ）；k_i 为某种利用方式的秸秆原料利用系数，即燃料产量与秸秆原料耗量的比；v_i 为某种利用方式的产品燃料热值（MJ/kg，干馏气为MJ/m^3）；η_i 为某种利用方式的产品燃料在使用时的热效率。

4.5.2.2　基于秸秆能源的村镇生活热能复合供应模式

为适应城乡一体化建设的需要，在秸秆资源充足的村镇地区，可以考虑建设覆盖当地农村与城镇、秸秆燃料热源与燃煤热源复合的集中供暖系统，以及覆盖农村与城镇区域、采用秸秆干馏气化技术的集中供燃气系统，称为村镇生活热能复合供应模式。该模式以城镇化和城乡一体化的宏观政策为导向，基于城市生活热能供应的技术基础和农村地区的发展需求，是一种现代化、规范化的生活热能供应模式。与当前模式相比，该模式名称中的"复合"有两层含义：①该模式的应用区域为以小城镇为中心、包括周边农村地区的村镇体系，属于农村—小城镇的复合区域；②该模式下的集中供暖系统以燃煤热电机组或燃煤锅炉为基本热源，秸秆锅炉为调峰热源，属于化石能源与可再生能源相结合的复合燃料集中供暖系统。

（1）村镇生活热能复合供应模式的特点

村镇生活热能复合供应模式如图4-9所示。该模式的主要特点是以秸秆能源化利用技术为核心，将村镇体系内的秸秆资源集中收集和利用，并实现集中供暖和供燃气。对各系统进行如下解释说明：

1）村镇集中供燃气系统由秸秆燃气制备、燃气管网和燃气用户三个部分构成，以干馏气化技术生产炊事燃气。秸秆干馏气化供气已有以村为单位的成功案例，因此该系统可在城镇、农村分别建设，也可建设同时覆盖城镇和农村的燃气管网，具体形式需结合当地实际情况进行经济性等方面的分析，故在燃气用户中未标明居民类别。

2）村镇复合集中供暖系统由秸秆燃料制备、热源、热网和热用户四个部分构成，覆盖城镇及周边部分农村地区。热源中，基本热源在系统热负荷足够大的情况下为燃煤热电厂，否则为燃煤锅炉房；调峰热源为秸秆锅炉房，可采用秸秆直燃锅炉或固化燃料锅炉，相应的秸秆燃料制备设备可以是固化或打捆机械，需通过经济性等方面的分析进行选择。

3）不具备集中供暖系统建设条件的农村地区，采用固化户燃（指秸秆固化燃料在农村住宅分户燃用）的供暖方式。

与当前农村与小城镇的生活热能供应模式相比，村镇生活热能复合供应模式具有如下优点：

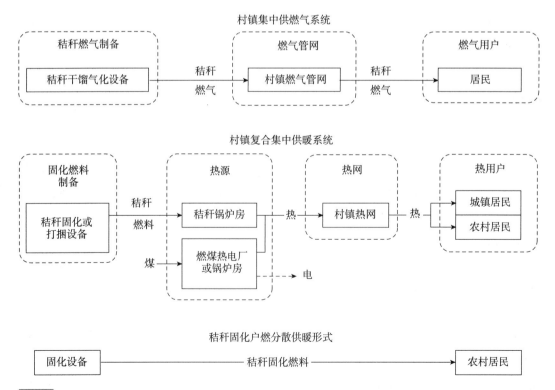

图4-9
村镇生活热能复合供应模式

1）当地居民的生活品质得到提高。秸秆干馏气化站和集中供暖系统将炊事燃气与供暖用热分别通过管网输配至用户处，不仅免去了大部分村镇居民的燃料购买或收集工作，还取代了秸秆、燃煤等固体燃料在室内的直接燃烧，改善了室内环境。集中供暖系统的末端形式可以是散热器供暖或地板供暖，在允许居住者保留火炕等供暖习惯的前提下使室内温度场更均匀，提高了热舒适性。分户燃烧时，固化燃料较直燃秸秆更便于使用，与小煤炉相比污染物排放量小，也能在一定程度上提高居民的生活品质。

2）实现化石能源替代和一次能源总量节约。秸秆燃气替代液化石油气供应炊事热需求，集中热源由单纯燃煤锅炉改为加入秸秆锅炉，分散供暖形式的燃煤则被固化燃料替代。而且，以燃煤而非液化石油气作为化石能源保障与我国"富煤、贫油、少气"的资源禀赋特点相对应，区域能源结构更加合理。此外，干馏气化的炊事热效率高于分户直燃且与液化石油气相当，固化户燃的供暖热效率高于分户直燃，秸秆锅炉和燃煤热电机组的热效率均高于小型燃煤锅炉，因此若将燃煤、液化石油气、秸秆三者作为一次能源整体考虑，复合供应模式在以可再生能源替代化石能源的同时，还可提高用能总效率，实现一次能源总量的节约。

3）实现环境效益。随着能源利用效率的提高，秸秆与燃煤两种固体燃料的污染物排放量均可显著减少，而秸秆固化户燃的污染物排放量也小于户用煤炉，从而使村镇当地的空气质量得到改善。

村镇生活热能复合供应模式除以上相对于当前模式的优点之外，秸秆干馏气化工艺还能生产秸秆炭、木焦油和木醋液；燃煤热电厂还可生产一定量的电能。这些生活热能之外的产品能带来一定的经济收益，可对系统初投资及运行成本实现一定补偿，从而降低当地居民的用能成本。

（2）村镇生活热能复合供应模式的资源可行性评价方法

评价村镇生活热能复合供应模式的资源可行性，就是将城镇地区纳入秸秆能源化供应能力定义所指的"区域"，即在分母（区域秸秆年需求量）中加入城镇居民炊事、供暖的秸秆年需求量。由于村镇复合集中供暖系统所覆盖的农村地区难以确定，因此在可行性分析中将农村地区全部以固化户燃（指秸秆固化燃料在农村住宅分户燃用）供暖形式考虑。由此可得到村镇生活热能复合供应模式的供应能力计算式为：

$$\chi = \frac{\sum_{j=1}^{J}\left(Y_j s_j - A_{\text{f},j}\delta_j\right)}{\dfrac{H_{\text{c.r}} + H_{\text{c.t}}}{k_{\text{gc}}v_{\text{gc}}\eta_{\text{gc}}} + \dfrac{H_{\text{h.r}}}{k_{\text{dh}}v_{\text{dh}}\eta_{\text{dh}}} + \dfrac{k_{\text{Qh.bb}}H_{\text{h.t}}}{k_{\text{bb}}v_{\text{bb}}\eta_{\text{bb}}}} \qquad （4-29）$$

式中：$k_{\text{Qh.bb}}$ 为秸秆锅炉在集中供暖系统中所供应的负荷比例，其他物理量的意义同前，各下标意义如下：r 表示农村地区，t 表示城镇地区，gc 表示干馏气化，dh 表示固化户燃，bb 表示秸秆锅炉。关于"小城镇"的概念范畴，我国尚未有官方的权威界定，目前一般指县城（又称"城关镇"）、建制镇、工矿区和农村集镇所组成的介于城乡之间的社区类型。因此，结合目前可获得的统计资料，将本研究的小城镇定义为镇级行政区的镇区。

4.5.2.3　黑龙江省秸秆能源供应村镇生活热能的资源可行性评价

黑龙江省位于我国最东北部，属严寒地区，冬季漫长寒冷，年供暖热需求量大。黑龙江省同时是我国农业大省，人均粮食产量常年稳居全国首位，秸秆资源十分丰富，但目前主要以分户直燃方式供应农民的生活热需求，其余大多被废弃或焚烧。因此，基于秸秆能源的村镇生活热能复合供应模式资源可行性评价以黑龙江省作为案例，具有当地居民的生活用能特点和自然资源条件两方面的考虑，对如何合理有效地利用当地大量的秸秆资源可起到关键性的指导作用。

黑龙江省最主要的作物为水稻、玉米、大豆和小麦，四者种植面积占全省总耕地面积的90%以上，对黑龙江省农村地区的秸秆能源进行供应能力评估时即考虑这四种农作物。以下计算中使用的人口、人均居住建筑面积、作物播种面积、作物产量等数据来自《黑龙江省统计年鉴》等统计资料。

（1）单一技术在黑龙江省农村地区的资源可行性评价

适宜黑龙江省自然条件，并可用于供应当地村镇居民生活热能的秸秆能源化利用技术主要是秸秆固化和干馏气化两项加工转化技术以及秸秆锅炉集中燃烧技术。暂不考虑对农村地区进行集中供暖，因此本部分不计算秸秆锅炉在农村地区的供应能力。另外，为便于同当前秸秆分户直燃利用方式作对比，计算了秸秆分户直燃的供应能力。固化户燃、干馏气化及分户直燃三种秸秆能源化利用方式在黑龙江省各农村地区的供应能力如图4-10所示，根据计算结果可做如下分析：

1）秸秆固化户燃技术供应能力最高，各地均大于1，表明该技术在保证当地农民生活有效热的供应外，还将有一定的秸秆剩余。因此，在一些秸秆资源较紧张的农村地区，采用秸秆固化户燃技术替代既有的分户直燃方式，可以利用相同总量的秸秆满足更多的生活用热需求，从而解决秸秆资源供不应求的问题。

2）秸秆干馏气化供应能力最小，各地均不足2，其中6个地区小于1，表明这些地区内无法以该技术完全满足农民的生活热需求。不过，秸秆干馏气化技术的用能环境优于分户直燃方式，而且若考虑其他干馏产物，则干馏气化对秸秆原料具有较好的综合利用效果。因此可以考

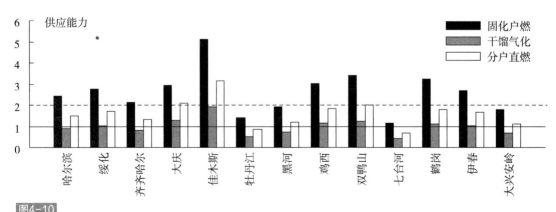

图4-10
黑龙江省各农村地区的秸秆能源化供应能力

虑将干馏气化与固化户燃结合利用,将干馏气化用于炊事,固化户燃用于供暖,从而不仅能提高当地居民的生活燃料品质,还能将其他秸秆干馏产品作为商品出售,实现秸秆资源的充分利用并获得附加经济效益。

3)传统的秸秆分户直燃方式的供应能力介于固化户燃与干馏气化之间,大庆和佳木斯大于2,牡丹江和七台河则小于1。同时,分户直燃方式还存在种种不适宜应用的缺陷,因此有必要采用秸秆能源化利用技术对其加以替代。

若以秸秆资源供应农村地区的全部生活热需求,则牡丹江和七台河地区的秸秆资源在传统的分户直燃方式下无法达到要求,需引入秸秆固化技术方可实现;哈尔滨、齐齐哈尔、黑河和大兴安岭地区的农村热需求能以分户直燃方式或固化户燃技术满足,但无法通过干馏气化技术实现;而黑龙江省其余地区秸秆资源极为丰富,同时具备在农村地区引入秸秆固化和干馏气化技术的资源条件。

黑龙江省农村地区秸秆资源量分区标准　　　　　　表4-33

分区名称	分区标准（供应能力取值范围）	满足当地农村生活热需求的条件
较贫乏区	固化户燃>1,干馏气化与分户直燃<1	仅固化户燃技术
充足区	固化户燃与分户直燃>1,干馏气化<1	固化户燃或分户直燃
丰富区	固化户燃、干馏气化、分户直燃均>1	三种秸秆利用方式均可

（2）复合供应模式在黑龙江省村镇地区的资源可行性评价

《民用建筑供暖通风与空气调节设计规范》GB 50736—2012规定,在寒冷地区和严寒地区,保障热用户室温不至过低的最低供暖量分别为设计供暖量的0.65和0.7。据此考虑到秸秆原料供应的不确定性,将秸秆锅炉在集中供暖系统中所供应的负荷比例$k_{Qh.bb}$定为0.3。黑龙江省各地村镇生活热能复合供应模式的供应能力计算结果如图4-11所示。为进行比较分析,还计算了

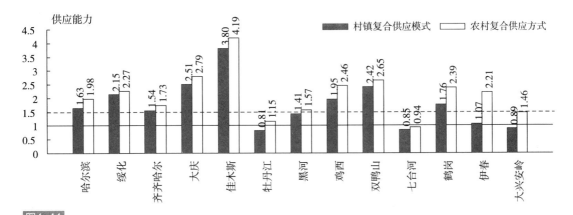

供应能力

图4-11
黑龙江省各地村镇生活热能复合供应模式的供应能力

农村地区的复合模式供应能力（即仅在农村地区采用干馏气化供炊事和固化供暖）。

由图可见：村镇生活热能复合供应模式的供应能力在黑龙江省多数地区均在1.5以上，具备资源供应的可行性。该模式的供应能力在牡丹江、七台河和大兴安岭的村镇地区不足1，表明这些地区不具备采用村镇生活热能复合供应模式的资源条件。该模式的供应能力在伊春和黑河的村镇地区大于1但小于1.5，若考虑秸秆在工业等方面的其他用途，供应村镇生活热能所需的秸秆量就可能无法满足。

将农村、村镇两组供应能力做比较，可见牡丹江和大兴安岭两地的复合供应能力在农村高于1而在村镇小于1，表明这两地可以考虑在农村地区采用秸秆能源化利用技术，但不适宜采用村镇生活热能复合供应模式。

根据图4-11的村镇生活热能复合供应模式的供应能力计算结果，将村镇生活热能复合供应模式在黑龙江省各地区的资源供应可行性划分为不适宜区、较适宜区和适宜区。各等级划分标准如表4-34所示。村镇生活热能复合供应模式在黑龙江省的资源供应可行性分区中，属于适宜区的行政区均位于西南部的松嫩平原和东北部的三江平原。这两个平原区集中了全省80%的耕地，秸秆资源最为丰富。而西北部的大兴安岭和东南部的牡丹江、七台河境内地形以山地、丘陵为主，秸秆资源相对较匮乏，不适宜在村镇地区采用生活热能复合供应模式。

村镇生活热能复合供应模式资源供应可行性分区标准 　　　　表4-34

分区名称	分区标准
不适宜区	村镇生活热能复合供应模式的供应能力小于1
较适宜区	村镇生活热能复合供应模式的供应能力大于1且小于1.5
适宜区	村镇生活热能复合供应模式的供应能力大于1.5

4.6　基于秸秆能源的村镇复合集中供暖系统规划

在我国北方地区，居民全年的供暖能源耗量一般远大于炊事能源耗量。而本书所提出的村镇生活热能复合供应模式中，集中供暖系统涉及可再生能源与化石能源的匹配问题，当以燃煤热电厂为基本热源时，系统还生产电能，其能源效益评价又涉及与当前供暖、供电模式的综合比较问题。本节以村镇生活热能复合供应模式中的集中供暖系统为对象，讨论其能源、经济、环境三方面的效益评估。以下对村镇复合集中供暖系统的研究中，如无特别说明均指以燃煤热电厂为基本热源的系统。

4.6.1　村镇复合集中供暖的能源效益评估

村镇复合集中供暖系统的能量平衡如图4-12所示。当前"城镇集中、农村分散"的供暖模式的能量平衡如图4-13所示。

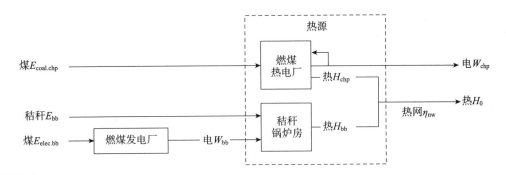

图4-12
村镇复合集中供暖系统的能量平衡

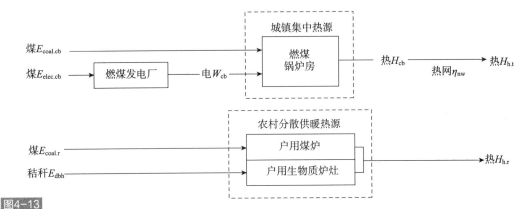

图4-13
村镇当前供暖模式的热源能量平衡

4.6.1.1　村镇复合集中供暖能源效益评估方法

（1）村镇复合集中供暖能源效益评价指标

村镇复合集中供暖系统以燃煤热电机组为基本热源，因此可参考热电联产系统的评价指标，分析其与村镇体系当前的供暖形式相比的节能性。目前国内外的热电联产系统能源效益评价指标很多，且评价的出发点和角度各不相同。廖春晖对国内外热电联产评价指标进行了综述，指出一次能源相对节约率（Relative Primary Energy Savings，RPES）更适用于评价热电联产系统的节能性。本研究选用一次能源相对节约率为村镇复合集中供暖系统一次能源节约效益的评价指标。该指标是指当热电联产系统与热电分产系统的发电量和供暖量相同时，前者比后者少消耗的一次能源量与热电分产系统消耗的一次能源量之比。对村镇复合集中供暖而言，一次能源相对节约率可表示为：

$$RPES = 1 - \frac{E_{int}}{E_{cur.h} + E_{cur.p}} = 1 - \frac{E_{coal.chp} + E_{bb} + E_{elec.bb}}{E_{coal.cb} + E_{elec.cb} + E_{coal.r} + E_{dbh} + E_{cur.p}} \qquad (4-30)$$

式中：E_{int} 为复合集中供暖系统所消耗的一次能源总量（MJ）；$E_{cur.h}$ 为村镇当前供暖所消耗的一次能源总量（MJ）；$E_{cur.p}$ 为村镇当前供电所消耗的一次能源量（MJ）；$E_{coal.chp}$ 为燃煤热电厂的耗煤量（MJ）；E_{bb} 为秸秆锅炉房的秸秆耗量（MJ）；$E_{elec.bb}$ 为秸秆锅炉房的用电折算煤耗（MJ）；

$E_{coal.cb}$ 为城镇燃煤锅炉房的耗煤量（MJ）；$E_{elec.cb}$ 为城镇燃煤锅炉房的用电折算煤耗（MJ）；$E_{coal.r}$ 为农村供暖耗煤量（MJ）；E_{dbh} 为农村供暖的直燃秸秆耗量（MJ）；$E_{cur.p}$ 为村镇当前供电所消耗的一次能源量（MJ）。

实现对当地秸秆可再生能源合理、有效的利用，是构建村镇生活热能复合供应模式的主要目的之一。因此对可再生能源与化石能源相结合的村镇复合集中供暖系统而言，其能源效益不应仅关注节能总量，更应关注秸秆对燃煤的替代作用。因此，本研究在一次能源相对节约率的基础上，提出"化石能源相对节约率"（Relative Fossil Energy Savings，RFES）作为村镇复合集中供暖系统化石能源替代效益的评价指标，具体定义为：村镇复合集中供暖系统与村镇当前热电供应系统相比，二者在相同的发电量、供暖量下，前者比后者减少的化石能源耗量与当前热电供应系统的化石能源耗量之比。根据以上定义，村镇复合集中供暖的化石能源相对节约率可表示为：

$$RFES = 1 - \frac{E_{int.f}}{E_{cur.f}} = 1 - \frac{E_{coal.chp} + E_{elec.bb}}{E_{cur.p} + E_{coal.cb} + E_{elec.cb} + E_{coal.r}} \qquad (4-31)$$

（2）村镇复合集中供暖热源的配置要求

村镇复合集中供暖系统的热源应满足可行性、可靠性等要求。这些要求可分为对热化系数的要求和对秸秆调峰锅炉的秸秆利用率的要求两类。

1）对热化系数的要求

根据《供热术语标准》CJJ/T 55—2011，在以热电厂和区域锅炉房为热源的集中供暖系统中，热化系数是指热电联产的最大供暖能力占供暖区域设计热负荷的份额，用 α 表示。为在村镇复合集中供暖系统中应用秸秆锅炉进行调峰，热电机组的额定供暖功率应小于系统设计热负荷，即有：

$$ST_1 = \alpha - 1 < 0 \qquad (4-32)$$

为满足保障供暖的要求，《民用建筑供暖通风与空气调节设计规范》GB 50736—2012规定，保障热用户室温不至过低的最低供暖量在严寒地区为设计供暖量的0.7，因此村镇复合集中供暖系统的热化系数还应满足：

$$ST_2 = 0.7 - \alpha \leqslant 0 \qquad (4-33)$$

2）对秸秆利用率的要求

本研究定义秸秆利用率为村镇居民生活用热所需的秸秆量与区域内秸秆可用量的比。其中村镇生活热能复合供应模式的秸秆利用率用 $B_{cr.int}$ 表示，当前直燃方式的秸秆利用率用 $B_{cr.db}$ 表示。村镇复合集中供暖系统在对区域内秸秆资源加以利用的同时，应为干馏气化技术供应炊事热需求预留充足的原料。因此，村镇生活热能复合供应模式的秸秆利用率应满足：

$$ST_3 = B_{cr.int} - 1 \leqslant 0 \qquad (4-34)$$

从充分利用区域内秸秆资源的角度出发，村镇生活热能复合供应模式的秸秆总耗量应不小于当前秸秆直燃供暖、炊事的总耗量，即：

$$ST_4 = B_{cr.db} - B_{cr.int} \leqslant 0 \tag{4-35}$$

（3）村镇复合集中供暖系统热源配置多目标优化模型

1）多目标优化模型的数学形式

在对村镇复合集中供暖系统的热源进行优化配置时，需同时考虑系统一次能源节约效果与化石能源替代效果，即一次能源相对节约率RPES与化石能源相对节约率RFES两个指标各自的最大化。因此该模型为多目标优化模型，其目标函数表示为向量形式：

$$\max \boldsymbol{f} = RPES, RFES^T \tag{4-36}$$

以上热源的配置要求均属于模型的约束条件。此外，热电机组台数I应为正整数，即：

$$I \in N_+ \tag{4-37}$$

综上所述，村镇复合集中供暖系统热源配置优化模型的整体形式为：

$$\begin{aligned} \max \boldsymbol{f} &= RPES, RFES^T \\ s.t. \quad & 0.7 \leqslant \alpha < 1 \\ & B_{cr.db} \leqslant B_{cr.int} \leqslant 1 \\ & I \in N_+ \end{aligned} \tag{4-38}$$

热源配置多目标优化模型中，作为决策变量的参数有两类：一类为热源设备参数，包括热电机组的型号（间接确定了机组的额定供暖、发电功率及能耗率）及其台数；另一类为区域规模参数，包括系统覆盖的城镇及农村人口数。

2）模型形式的数学处理

对多目标优化模型求解的一般思路是：根据问题的实际意义，将多目标问题转化为单目标问题，再用单目标优化模型的求解方法进行求解。其中，线性加权和法是最常用且最具普遍意义的方法。本研究结合村镇复合集中供暖系统热源配置优化模型的实际意义，将模型的目标函数以线性加权和法处理，即引入权向量$\lambda = (\lambda_1, 1-\lambda_1)$构造如下目标函数：

$$\max F = \lambda \times (RPES, RFES)^T = \lambda_1 \cdot RPES + (1-\lambda_1) \cdot RFES \tag{4-39}$$

其中权系数$0 \leqslant \lambda_1 \leqslant 1$。将该式替代原多目标模型式中向量形式的目标函数，根据多目标优化模型的相关定理，新的单目标优化模型的最优解必为原多目标优化模型的弱有效解。

当热源台数为已知参数时，模型式（4-38）中不存在最后一项约束条件，此时模型的约束条件为配置要求式（4-32）～式（4-35），且均为不等式约束。此时可利用罚函数法，将四个不等式约束条件与加权后的目标函数式相整合，构造如下目标函数：

$$\max F_{\mathrm{p}} = \lambda_1 \cdot RPES + (1-\lambda_1) \cdot RFES - \lambda_0 \max\{0, ST_1, ST_2, ST_3, ST_4\} \quad (4-40)$$

式中，λ_0为大于0的罚因子。通过以上方法，将原多目标有约束优化模型转化为单目标无约束优化模型，即可利用优化算法对其进行求解。

4.6.1.2 村镇复合集中供暖能源效益评估案例

利用村镇复合集中供暖系统热源配置多目标优化模型，可进行两类规划工作：一类是对具体系统的热源设计与可行性分析，即区域规模参数已知，计算可实现最佳能源效益的热电机组型号及其台数；另一类是对不同热源配置下能源效益的全面分析，即热源设备参数已知，分析系统覆盖的城镇、农村人口数与能源效益的对应关系。以哈尔滨地区为例进行第二类研究，具体内容包含以下三项：①在以城镇人口和农村人口为坐标轴的平面直角坐标系中，绘出不同机组配置的可行域，确定模型的可行解范围；②在各机组配置对应的可行域内，计算所有可行解对应的RPES和RFES值，通过两个指标在可行域内各自的等值线特征，分析可行解对应的一次能源节约效益和化石能源替代效益；③在各机组配置对应的可行域内，计算所有可行解对应的综合能源效益，并求解综合能源效益最优时的城镇与农村人口数，即模型的最优解。

（1）案例基本设置

以下的分析将村镇体系所在地设为哈尔滨地区。对单个村镇体系而言，区域内作物种类一般较为单一，因此算例分析取作物种类为水稻。根据《严寒和寒冷地区居住建筑节能设计标准》JGJ 26—2010及目前热电联产系统实践经验，取热电机组台数$I=2 \sim 3$台，且每台机组容量相同。

限于当前黑龙江省小城镇的人口规模，作为村镇复合集中供暖系统基本热源的热电机组一般采用容量较小的背压式机组即可。尽管背压式热电机组相对于其他形式的热电机组具有容量小、效率低、运行受环境影响大等缺陷，但相对于村镇当前所使用的户用供暖煤炉和小型燃煤锅炉而言，仍具有较高的燃煤利用效率。考虑到供暖系统的规模，考察的背压式机组额定容量应较小，因此选定机组型号为B12（12MW）、B25（25MW）、B50（50MW）。

（2）不同机组配置的可行域

在案例条件下，以城镇和农村人口为坐标轴，绘制模型不等式约束条件在等号成立时（即$ST_1 \sim ST_4 = 0$）的曲线，并确定对应的可行域，如图4-14~图4-16所示。图中竖直虚线表示当前黑龙江省镇级行政区的镇区人口数最大值（1.8×10^5人）。各可行域顶点对应的人口数如表4-35所示。

各可行域顶点处人口数（万人）   表4-35

机组配置	左顶点A		右顶点B		上顶点C		下顶点D	
	城镇	农村	城镇	农村	城镇	农村	城镇	农村
B12×2	4.8	4.9	10.7	1.9	5.8	8.3	7.7	1.2
B12×3	7.1	7.4	16.1	2.9	8.7	12.5	13.2	2.0

续表

机组配置	左顶点A		右顶点B		上顶点C		下顶点D	
	城镇	农村	城镇	农村	城镇	农村	城镇	农村
B25×2	8.8	9.1	19.8	3.6	10.7	15.4	16.3	2.5
B25×3	13.2	13.7	29.7	5.4	16.1	23.1	22.3	3.4
B50×2	17.9	18.6	40.3	7.3	21.8	31.4	33.1	5.0
B50×3	26.8	27.9	60.5	11.0	32.8	47.1	43.3	6.5

由图4-14～图4-16和表4-35所示的计算结果可见:

①可行域面积随机组总容量(即单台容量×台数)的提高而增大,表明机组总容量越大,系统规模在理论上的可选范围越广。

②在图示坐标系中,随着机组总容量的提高,各可行域整体逐渐向右上方偏移,城镇与农村人口数的下限均变大。图4-16中,农村人口可行下限已达5万以上。考虑到当前黑龙江省农村住区的分布特征,集中供暖系统覆盖如此规模的农村人口难度很大。

③根据图4-16,B50机组下的可行域整体在$n_t=1.8\times10^5$的右侧,即城镇人口的可行限超出了当前黑龙江省内镇级行政区的最大镇区人口数。

根据以上第2、3点分析,B50机组不满足复合集中供暖系统在黑龙江省村镇地区的可行性,因此后续仅研究B12、B25机组。

(3)热源配置的单一能源效益

在图4-14、图4-15中所示的可行域内各点处,模型的约束条件均成立。首先考虑权向量$\lambda=(0,1)$和$\lambda=(1,0)$的两种特殊情况。

1)不同热源配置下的化石能源替代效益

在$\lambda=(0,1)$,即$\lambda_1=0$时,模型以$RFES$最大为目标,此时$RFES$在可行域内的变化情况如

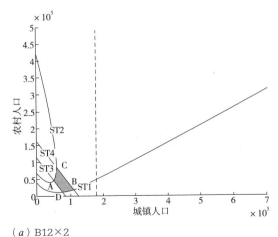

(a)B12×2

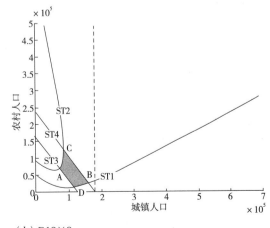

(b)B12×3

图4-14
B12机组人口可行域

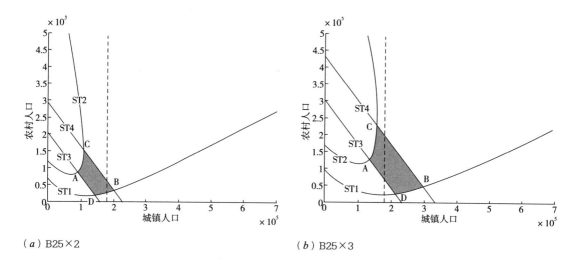

（a）B25×2   （b）B25×3

图4-15
B25机组人口可行域

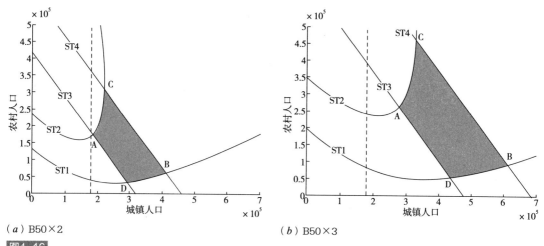

（a）B50×2   （b）B50×3

图4-16
B50机组人口可行域

图4-17、图4-18所示。图中*RFES*的等值线以虚线表示。考虑黑龙江省镇区人口的最大值，在B25机组对应的图4-18中仅考虑了城镇人口在1.8×10^5以下的可行域部分。

由图4-17、图4-18可知：

①各可行域内的*RFES*值范围为0.109 ~ 0.327，表明对于某村镇复合集中供暖系统，只要系统覆盖人口与机组配置间满足可行域要求，就一定可实现化石能源替代效益，且相对当前村镇的供暖、供电形式可节约10.9% ~ 32.7%的化石能源。

②图4-17中两组等值线取值分别在0.187 ~ 0.327和0.183 ~ 0.323之间，而图4-18中两组等值线取值分别在0.118 ~ 0.238和0.109 ~ 0.169之间，表明B12机组配置的化石能源节约效益高于B25机组。

③同一可行域内的等值线间隔均匀，近似垂直，且自左至右递增，表明在各种机组配置

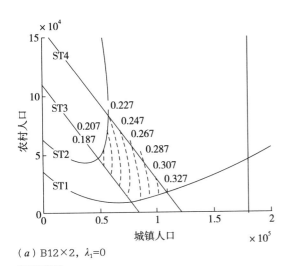

（a）B12×2，$\lambda_1=0$

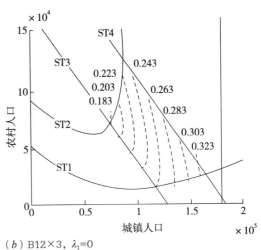

（b）B12×3，$\lambda_1=0$

图4-17

*RFES*在B12机组可行域内等值线图

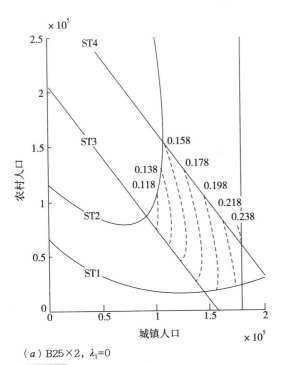

（a）B25×2，$\lambda_1=0$

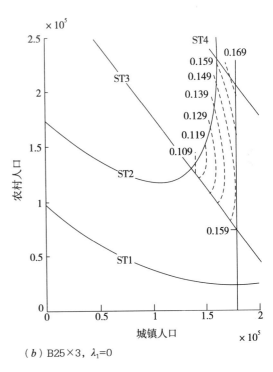

（b）B25×3，$\lambda_1=0$

图4-18

*RFES*在B25机组可行域内等值线图

下，*RFES*值随系统中城镇人口数的增加而均匀增大，与农村人口数的相关性则较弱。

2）不同热源配置下的一次能源节约效益

在**λ**=（1，0），即$\lambda_1=1$时，模型以*RPES*最大为目标，此时*RPES*在可行域内的变化情况如图4-19、图4-20所示。

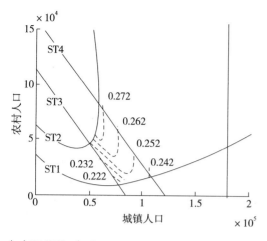

（a）B12×2，$\lambda_1=1$

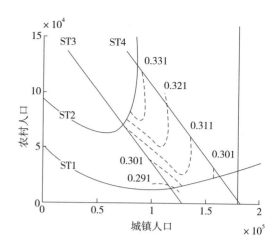

（b）B12×3，$\lambda_1=1$

图4-19
*RPES*在B12机组可行域内等值线图

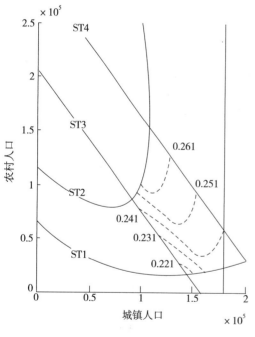

（a）B25×2，$\lambda_1=1$

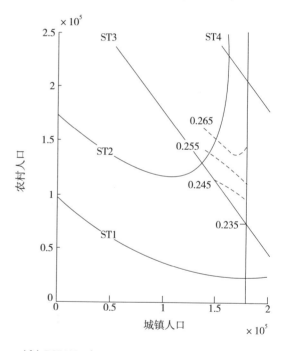

（b）B25×3，$\lambda_1=1$

图4-20
*RPES*在B25机组可行域内等值线图

由图4-19、图4-20可知：

①各可行域内的*RPES*值范围为0.221～0.331，表明村镇复合集中供暖系统只要其覆盖人口与机组配置满足可行域要求，就一定可实现一次能源节约效益，且相对当前村镇的供暖、供电形式可节约22.1%～33.1%的一次能源。

②图4-19中两组等值线取值分别在0.286～0.326和0.291～0.331之间，而图4-20中两组等

值线取值分别在0.221～0.271和0.235～0.275之间，表明B12机组配置的一次能源节约效益高于B25机组。

③各可行域内的$RPES$等值线具有明显的弧度，且大致自左上至右下递减，越靠近秸秆利用率下限的约束线ST2则系统的$RPES$值相对越大，其最大值在秸秆利用率等于下限时取得。此时，系统与当前供暖模式所使用的秸秆量相同，虽然实现了节能效益，但未能实现区域内秸秆资源的充分利用。因此，村镇复合集中供暖系统在方案设计时不宜单纯追求能源总量的节约。

④在一定的城镇人口下，随着农村人口的增加，系统的$RPES$值先有较快升高而后升幅较小；而一定的农村人口下，随着城镇人口的增加，系统的$RPES$值则先升高后降低。这表明在城镇热负荷一定时，系统内农村热负荷的增加有利于系统的节能性，而在农村热负荷一定时，城镇热负荷增加至一定范围之外则将降低系统的节能性。

综合以上图4-17～图4-20所显示的目标函数变化特征可见，各种机组配置的可行域内，村镇复合集中供暖系统只要满足可行性条件，就可相对当前村镇的供暖、供电形式节约10.9%～32.7%的燃煤化石能源及22.1%～33.1%的燃煤和秸秆一次能源，且B12机组配置的综合能源效益高于B25机组。然而，村镇复合集中供暖系统的化石能源替代效益和一次能源节约效益的消长趋势相反。

（4）热源配置的综合能源效益

在$0<\lambda_1<1$时，模型目标函数为$RPES$和$RFES$两种能源效益的综合指标。以下首先对$0<\lambda_1<1$时模型的值域变化特征进行分析，随后在不同权系数λ_1下求取模型的最优解。

1）不同热源配置下综合能源效益随权重的变化

对图4-14机组型号分别为B12、B25，台数分别为2、3时，模型目标函数式（4-39）在不同λ_1下的值域进行了计算。以下为便于分析，仅将机组配置为B12×2，λ_1=0.7、0.75、0.8、0.85的情况示于图4-21中。

由图4-21可知：

①随着λ_1的增大，目标函数的等值线呈现逆时针旋转的趋势，左侧等值线较密集的区域逐渐下移，而右下方逐渐出现凹点并逐渐抬升，从而使目标函数的等值线分布自图4-17偏转为图4-19的形式。

②在图4-21中的λ_1变化范围内，等值线在可行域靠近ST3的位置明显较密集，且越靠近ST3，等值线数值越小，表明在λ_1=0.7～0.85范围内，目标函数值在系统热化系数α增大到接近1时迅速下降。对比图4-17、图4-18来看，$RFES$的等值线无此特征，而图4-19、图4-20中的$RPES$等值线特征与此类似。可见，当目标函数中$RPES$的权重较大时，系统在设计中应尽量避免使热化系数过大。

2）不同热源配置下综合能源效益最优值随权重的变化

利用粒子群优化算法计算了权系数λ_1=0～1变化时，目标函数在各可行域内相应的最优值。计算结果发现：①在$\lambda_1\leq0.7$时，最优点均为曲线ST4在可行域的最右端；②在λ_1=0.7～1时，最优点在可行域上沿自右向左移动，即沿ST4逐渐移至ST2上。

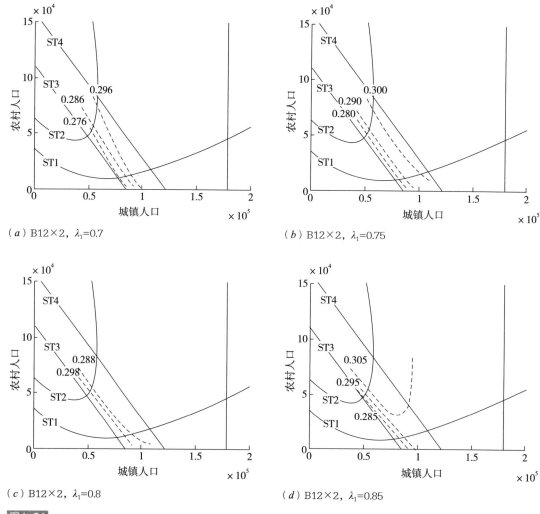

图4-21
B12×2机组配置下线性加权目标函数特征

以B12机组为例，最优点的位置在λ_1=0.7~1、步长为0.03时如图4-22所示。在λ_1=0.7时，最优点尚位于可行域最右端，至λ_1=0.79时最优点已移至ST2与ST4的交点处，并在此后随λ_1的增大沿ST2向可行域左下方移动。

通过以上现象可知：

①最优点总位于可行域上沿，可见不论能源总量节约效益和化石能源替代效益间的比重如何，系统都应尽量实现较小的热化系数，即令秸秆锅炉房供暖量在总热负荷中所占比例尽可能大。

②权系数$\lambda_1 \leqslant 0.7$时的最优点均位于曲线ST4的最右端，说明除十分强调能源总量节约效益（即$RPES$）的情况外，村镇复合集中供暖系统的热化系数越小、城镇人口越大，系统的综合能源效益越好。

③权系数λ_1在0.8以上时，最优点在曲线ST2上，表明系统的秸秆耗量与当前供暖形式的秸

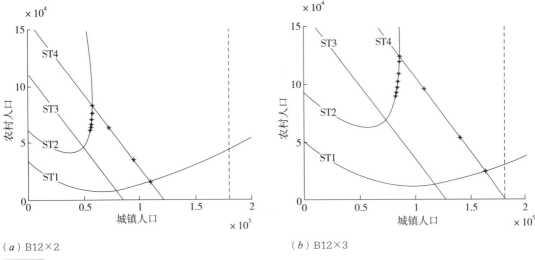

图4-22
B12机组在 λ_1=0.7~1时目标函数最优值特征

秆耗量相等，未能对区域内剩余的秸秆资源实现有效利用。因此除特殊情况（如区域内秸秆资源可有其他有效利用途径）外，村镇复合集中供暖系统不应过分强调能源总量节约效益。

4.6.2　村镇复合集中供暖系统的热网适宜形式

　　村镇复合集中供暖系统中，各农村住区相互之间距离较大，形成若干较孤立的负荷区域，农村住区间将存在较长的管段。同时，农民长期以来的分散供暖习惯会导致农村地区的热负荷在供暖期内出现难以预知的波动。此外，调峰热源所用的秸秆燃料主要出产于农村住区周边。基于以上特征，村镇复合集中供暖热网适宜将一级网干线按农村与城镇分别设置，以便于根据农村热用户的实际热需求或自主调节行为及时调整二级网的供暖量，保持系统的动态热平衡；秸秆调峰锅炉同时还可布置在农村热力站处，形成农村二级网调峰形式，以便于秸秆燃料的收集和运输。该种热网的结构如图4-23所示。

　　根据图4-23所示的热网结构可知，在供暖期内，城镇用户的热需求始终由基本热源提供，农村用户的热需求在系统热负荷小于等于热电厂额定供暖量时仅由基本热源提供，在系统热负荷大于热电厂额定供暖量时则由基本热源和调峰热源共同提供。因此，在农村二级网调峰形式的系统中，农村设计热负荷应大于系统调峰热源设计热负荷，即：

$$Q_r^{'} > \eta_{nw}Q_{bb}^{'} \qquad (4-41)$$

　　式中：$Q_r^{'}$ 为农村地区的总设计热负荷，W；η_{nw} 为热网的输送效率；$Q_{bb}^{'}$ 为秸秆锅炉的总设计供暖功率，W。采用黑龙江省的能源效益分析案例，在其机组配置可行域图4-14、图4-15中加入上式等号成立时的曲线，得到农村二级网调峰形式的可行域，如图4-24、图4-25中阴影所示。新增的约束条件对应的曲线在图中以ST5编号，其中B25×3的机组配置下该线位于最大镇区人口线（横坐标为1.8×10^5）的右侧，因此在图4-25b中可行域右边界为最大镇区人口。

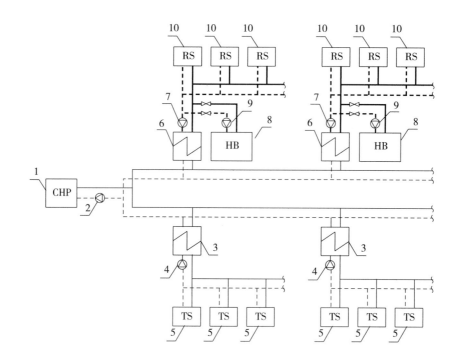

1—燃煤热电机组；2——一级网循环泵；3—城镇热力站换热器；4—城镇二级网循环泵；5—城镇热用户；
6—农村热力站换热器；7—农村二级网循环泵；8—秸秆调峰锅炉；9—秸秆调峰锅炉循环泵；10—农村热用户

图4-23
农村二级网调峰系统

可见，ST5在图中为竖直线，除图4-25b外均位于最大镇区人口（1.8×10^5）的左侧，表明在对应的机组配置下，农村二级网调峰形式的可行域小于图4-14～图4-16所示的可行域。

当村镇体系的城镇人口数与热源配置之间不满足以上条件时，复合集中供暖热网即适宜采用传统供热系统的一级网集中调峰形式，如图4-26所示。

4.6.3 村镇复合集中供暖系统的经济效益评估

经济效益是影响村镇复合集中供暖系统可行性的重要因素。村镇复合集中供暖系统中，秸

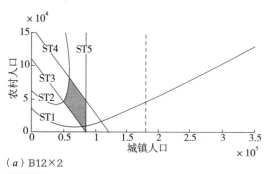

（a）B12×2

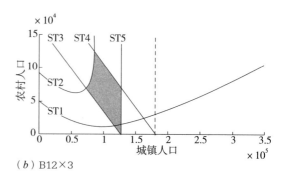

（b）B12×3

图4-24
B12机组下农村二级网调峰系统可行域

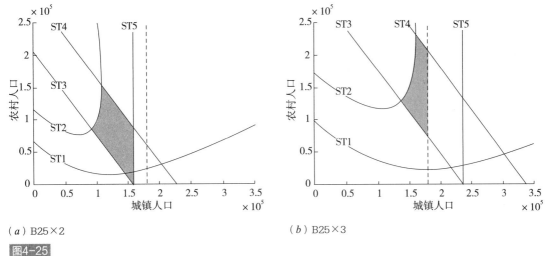

（a）B25×2　　　　　　　　　　　　　（b）B25×3

图4-25
农村二级网调峰系统对应B25机组的可行域

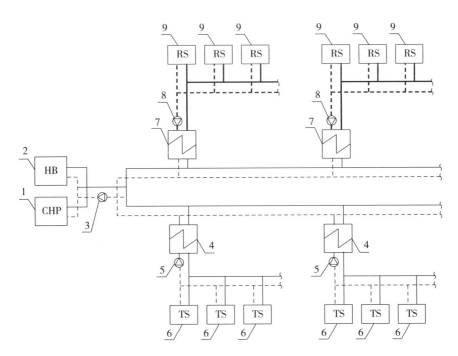

1—燃煤热电机组；2—秸秆调峰锅炉；3—一级网循环泵；4—城镇热力站；5—城镇二级网循环泵；6—城镇热用户；
7—农村热力站；8—农村二级网循环泵；9—农村热用户

图4-26
一级网集中调峰系统

秆锅炉可采用直燃秸秆或固化秸秆作燃料，热网有农村二级网调峰或一级网集中调峰两种形式，且由于农村热用户与城镇之间存在长距离管线，农村热力站有靠近农村住区和靠近城镇两种布置方式。因此，村镇复合集中供暖系统在设计时可选择多种方案。此外，村镇复合集中供暖系统与城镇集中供暖系统相比改变了热源，对农民则改变了其供暖方式，因此应将其经济效益与当前供暖模式进行对比。

4.6.3.1 村镇复合集中供暖系统经济效益评估方法

（1）村镇复合集中供暖系统年计算费用模型

反映村镇复合集中供暖系统整体供暖成本的参数为系统的年计算费用。按图4-9所示，村镇复合集中供暖系统可分为秸秆燃料制备、热源、热网和热用户四个部分，其中热用户一般不产生费用，系统的年计算费用可表示为其他三者的年计算费用之和，即：

$$C_{int} = C_f + C_s + C_n \tag{4-42}$$

式中：C_{int}为村镇复合集中供暖系统的年计算费用（万元/a）；C_f为秸秆燃料制备的年计算费用（万元/a）；C_s为热源的年计算费用（万元/a）；C_n为热网的年计算费用（万元/a）。

1）秸秆燃料制备年计算费用

秸秆燃料制备的年计算费用C_f可表示为投资折算年费和年运行费用之和：

$$C_f = C_{f.in} + C_{f.op} \tag{4-43}$$

式中：$C_{f.in}$为秸秆燃料制备的投资折算年费（万元/a）；$C_{f.op}$为秸秆燃料制备的年运行费用（万元/a）。

投资折算年费是对购买设备等初投资费用按照系统生产期或设备寿命期折算。年运行费用主要包括设备维修费、原料收购费、生产动力（电或燃油等）费、人工费等。其中，秸秆原料的收购费用包含了秸秆原料的运输费用。秸秆燃料制备的年运行费用$C_{f.op}$可表示为：

$$C_{f.op} = C_{fc} + C_{fb} + C_{fe} + C_{fh} \tag{4-44}$$

式中：C_{fc}为秸秆燃料制备设备的维修费（万元/a）；C_{fb}为秸秆原料收购费用（万元/a）；C_{fe}为秸秆燃料制备动力（燃油或电力）费用（万元/a）；C_{fh}为秸秆燃料制备人工费（万元/a）。

2）热源年计算费用

热源的年计算费用C_s可表示为投资折算年费和年运行费用之和：

$$C_s = C_{s.in} + C_{s.op} \tag{4-45}$$

式中：$C_{s.in}$为热源的投资折算年费（万元/a）；$C_{s.op}$为热源的年运行费用（万元/a）。

村镇复合集中供暖系统的热源是将既有的燃煤锅炉房改为燃煤热电厂和秸秆锅炉房。作为基本热源的热电厂同时生产电能和热能，其经济成本也应分摊为供电成本和供暖成本两部分。热源的初投资C_{s0}即为热电厂初投资中供暖分摊部分与秸秆锅炉房初投资之和。热源的年运行费用$C_{s.op}$主要包括其维修费、燃料费、电费、水费、人工费、污染物排放收费及其他费用等：

$$C_{s.op} = C_{sc} + C_{sf} + C_{se} + C_{sw} + C_{sh} + C_{sp} + C_{so} \tag{4-46}$$

式中：C_{sc}为热源设备的维修费（万元/a）；C_{sf}为热源燃料费（万元/a）；C_{se}为热源电费，（万元/a）；C_{sw} 为热源水费（万元）；C_{sh} 为热源运行的人工费（万元/a）；C_{sp} 为热源排污费，（万元/a）；C_{so} 为热源运行其他费用（万元/a）。

村镇复合集中供暖系统的燃料包括燃煤和秸秆燃料。其中，获取秸秆燃料的费用即秸秆燃料制备的年运行费用 $C_{f.op}$，不重复计入，因此热源的燃料费应为热电厂每年购买供暖燃煤（总煤量中的供暖分摊部分）的费用。

3）热网年计算费用

热网年计算费用 C_n 也可表示为投资折算年费和年运行费用之和：

$$C_n = C_{n.in} + C_{n.op} \tag{4-47}$$

式中：$C_{n.in}$ 为热网的投资折算年费（万元/a）；$C_{n.op}$ 为热网的年运行费用（万元/a）。

对已建有集中供暖系统的城镇，系统的热网初投资主要是将其扩建至城镇附近的农村地区。该部分扩建可视为由各住区之间的管线初投资、热力站初投资、农村住区内的管网初投资三部分组成：

$$C_{n0} = C_{n.lp} + C_{n.ss} + C_{n.vp} \tag{4-48}$$

式中：$C_{n.lp}$ 为各住区之间管线的初投资（万元）；$C_{n.ss}$ 为农村热力站初投资（万元）；$C_{n.vp}$ 为农村住区内管网的初投资（万元）。

热网的年运行费用 $C_{n.op}$ 主要包括管网的维修费用和循环泵电费：

$$C_{n.op} = C_{nc} + C_{ne} \tag{4-49}$$

式中：C_{nc} 为热网维修费（万元/a）；C_{ne} 为热网循环泵电费（万元/a）。

（2）农村与城镇当前供暖年计算费用模型

村镇复合集中供暖系统一般是在既有城镇集中供暖系统的基础上进行热源的改建和热网的扩建，因此城镇既有集中供暖系统的年计算费用不包括热源和热网的初投资项目。此外，村镇复合集中供暖系统中的热网维护费用以扩建部分为准，未计入既有城镇管网的维护费用，因此在城镇既有集中供暖系统的年计算费用（用 C_t 表示）中也不计入此项。其计算式即为：

$$C_t = C_{sc} + C_{sf} + C_{se} + C_{sw} + C_{sh} + C_{sp} + C_{so} + C_{ne} \tag{4-50}$$

当前农村与城镇的供暖形式不同，供暖成本的计算方法也不同。农民当前为分散供暖方式，因此其年计算费用设定以户为单位。农村分户供暖的年计算费用即为农户每年购买供暖燃煤的费用。

4.6.3.2　村镇复合集中供暖系统经济效益评估案例

以严寒地区某典型村镇体系为例，首先对村镇复合集中供暖系统在不同方案下的经济效益进行对比，随后将村镇复合集中供暖系统的经济效益与当前农村和小城镇居民的供暖成本进行对比。

（1）案例基本设置

案例所在地的某村镇体系，其卫星遥感地图如彩图39所示。图中红线内为城镇住区，黄线内为各农村住区（以字母"V"编号，共65个）。蓝色四边形及线段表示原城镇集中供暖系统的热源和热网干线。该区域内的城镇和农村人口分别为12.03万人、3.98万人。将该区域的人口数对应于图4-12、图4-13的可行域，发现其位于图4-12b所示的可行域内，即机组型号为B12，台数为3。此时对应的秸秆调峰锅炉总设计供暖功率为32MW。

秸秆锅炉可采用直燃秸秆或固化秸秆作燃料，而秸秆燃料的不同可影响秸秆燃料制备和热源两个部分，具体有如下两种方案：

①秸秆锅炉燃料为直燃秸秆。该方案下，秸秆在田间打捆收集，秸秆燃料制备的能耗与成本较小，但需配备专用的生物质锅炉，因此秸秆锅炉房的初投资相对较高。

②秸秆锅炉燃料为秸秆固化燃料。该方案下，秸秆在田间收集后送至固化站点进行固化。为便于系统的建设和管理，可将固化设备布置在几个主要的农村热力站处，使固化站和热力站同址。该方案的秸秆燃料制备的能耗和成本将较高，但秸秆固化燃料的燃烧性能接近于燃煤，对小型燃煤锅炉通过改造其炉排、送风等设备即可用于燃烧秸秆固化燃料，因此秸秆锅炉房的初投资较小。

村镇复合集中供暖系统的热网可有农村二级网调峰或一级网集中调峰两种形式，且农村热力站的位置也可有靠近农村住区和靠近城镇两种情况。将该体系的城镇与农村人口对应于图4-24、图4-25，可见其满足图4-24b的可行域，表明该村镇体系满足农村二级网调峰系统的可行条件。因此对本算例的热网可提出四种方案。其中农村热力站的布置方案如下：

①农村热力站近村布置，仅将部分规模较小、位置较接近的农村住区整合入相同的二级网，如图4-27所示。图中省略了城镇内既有的热力站、二级网以及农村二级网在住区内的部分。可见，此布置方案对65个农村住区设置57个热力站，站数较多。

②农村热力站近镇布置，将大致处于同一方位的多个农村整合入相同的二级网，如图4-28所示。可见，此布置方案对65个农村住区设置16个热力站，站数较少。

综上所述，村镇复合集中供暖系统在彩图39所示的村镇体系中可有8种方案，各方案的编号及说明如表4-36所示。

村镇复合集中供暖系统设计方案　　　　　　　　　　　表4-36

方案编号	秸秆燃料形式	热网形式	农村热力站布置形式
方案1	直燃打捆	农村二级网调峰	近村（共57个）
方案2	直燃打捆	农村二级网调峰	近镇（共16个）
方案3	直燃打捆	一级网集中调峰	近村（共57个）
方案4	直燃打捆	一级网集中调峰	近镇（共16个）
方案5	固化燃料	农村二级网调峰	近村（共57个）

续表

方案编号	秸秆燃料形式	热网形式	农村热力站布置形式
方案6	固化燃料	农村二级网调峰	近镇（共16个）
方案7	固化燃料	一级网集中调峰	近村（共57个）
方案8	固化燃料	一级网集中调峰	近镇（共16个）

（2）复合集中供暖系统各方案的供暖成本对比

根据村镇复合集中供暖系统的经济效益模型和本算例设置，计算得到村镇复合集中供暖系统各方案的费用分项及最终的年计算费用。其中，年计算费用结果如图4-29所示。将计算结果对照表4-36的方案说明可见，在本例的村镇复合集中供暖系统各方案中，采用秸秆固化燃料、农村二级网调峰、农村热力站近村布置的方案5经济效益最佳，其年计算费用为10926.0万元。

（3）复合集中供暖系统与当前供暖模式的经济效益对比

村镇复合集中供暖系统与当前供暖模式的经济效益对比分析中，应分别考虑其与城镇既有

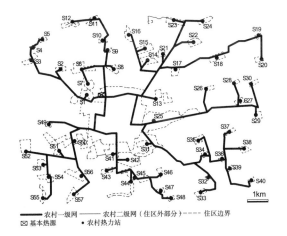

图4-27
农村热力站近村布置方案

图4-28
农村热力站近镇布置方案

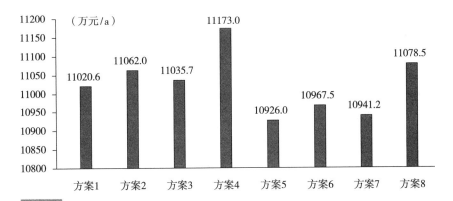

图4-29
村镇复合集中供暖系统各方案年计算费用

集中供暖系统和农村分散供暖的对比。然而由于三者的设计热负荷不同，故不应以年计算费用作为指标。目前集中供暖企业采用的热量计价方式有单位面积供暖成本和单位热量供暖成本两种。为使经济效益的对比更具直观性和参考价值，以下的分析同时计算这两项成本并将其作为经济效益指标。村镇复合集中供暖系统与当前供暖模式的经济效益对比如表4-37所示。其中，农村分户供暖的供暖面积、供暖量、年计算费用均为彩图39所示的村镇体系内所有农村住区的合计值。

村镇复合集中供暖系统与当前供暖模式费用项目对比　　　　表4-37

供暖模式		供暖面积（m²）	供暖量（MJ）	年计算费用（万元/a）	单位面积供暖成本[元/（m²·a）]	单位热量供暖成本（元/GJ）
村镇复合集中供暖模式		4.10×10^6	1.93×10^9	10926.0	26.66	56.73
当前供暖形式	城镇	3.11×10^6	1.54×10^9	10164.6	32.68	66.20
	农村	9.89×10^5	3.60×10^8	1032.8	10.45	28.70

由表4-37可见：①村镇复合集中供暖系统的年计算费用相对于城镇既有集中供暖系统增加了761.5万元/a，但供暖面积扩大近100万m²，相应的单位面积供暖成本和单位热量供暖成本分别降为既有系统的81.6%和85.7%，表明村镇复合集中供暖系统的供暖成本实际上较城镇既有集中供暖系统有所降低；②村镇复合集中供暖系统相对于农村分户供暖而言，单位面积供暖成本由10.45元/（m²·a）增至26.66元/（m²·a），单位热量供暖成本则由28.70元/GJ增至56.73元/GJ，二者分别为原来的2.6倍和2倍；③相对于农村和城镇当前的供暖年计算费用，村镇复合集中供暖系统的年计算费用降低271.3万元，经济效益显著。

此外，虽然村镇复合集中供暖系统的供暖成本相对农村当前分户供暖明显有提高，但其免除了分户供暖所需的时间和劳动量，提高了供暖质量并改善了室内空气环境，因此对城镇周边的农村地区，村镇复合集中供暖系统在经济性方面应具有一定可接受性。

4.6.4　村镇复合集中供暖系统的环境效益评估

村镇复合集中供暖系统的热源同当前供暖模式的热源相比，各类污染物的排放因子大多明显降低，因此可减少污染物的排放量，实现区域大气环境效益。然而，污染物的区域浓度分布情况如何，是否满足环境空气质量标准的规定，则需进行进一步量化检验。

4.6.4.1　村镇复合集中供暖系统环境效益评估方法

评价对象：在我国大部分村镇地区，不论复合集中供暖系统或当前供暖模式，供暖热源的主要燃料均为煤和秸秆，所排放的主要污染物均为SO_2、NO_x和TSP（总悬浮颗粒物）。因此村镇复合集中供暖系统的环境效益评估应以这三种污染物作为评价对象。

评价指标：以上三种污染物均属于大气污染物，应以污染物浓度作为环境评价指标。《环境空气质量标准》GB 3095—2012中规定的环境空气污染物浓度限值包括年平均、24小时平均、1小时平均三种指标，其中对SO_2和NO_x分别规定了以上三种浓度指标的限值，而对TSP则仅规定了年平均和24小时平均。由于供暖系统不属于全年运行，因此村镇复合集中供暖系统的环境效益评价应以污染物的24小时平均浓度（以下简称"日均浓度"）作为指标。

评价时段：根据我国北方供暖地区日平均室外温度的变化规律，评价时段一般应选为12月下旬至次年1月下旬。在该时段，供暖负荷等于或接近设计值，供暖燃料耗量最大，对大气环境的影响一般也最明显。评价时段的具体起止日期根据实际气象资料确定。

分析工具：环保部发布的《环境影响评价技术导则大气环境》HJ 2.2—2008（以下简称"环评导则"）中推荐的大气环境影响预测模式包括估算模式、进一步预测模式和大气环境防护距离计算模式等。其中进一步预测模式可基于被评价区域的气象、地形等特征，模拟单个或多个污染源排放的污染物在不同平均时限内的浓度分布，适用于村镇复合集中供暖系统的环境效益分析。《环评导则》对进一步预测模式推荐了AERMOD、ADMS、CALPUFF三种模式系统，不同的模式系统有其不同的数据要求及适用范围。其中，AERMOD适用于评价范围小于等于50km的区域，可模拟预测多种、多个排放源（包括点源、面源和体源等）排放的污染物在短期、长期的浓度分布，适用于乡村或城市、平坦或复杂地形、地面或高架污染源等多种情形，在小尺度范围有其他模型无法比拟的准确性。相对于其他两种预测模式，AERMOD的特点与村镇复合集中供暖系统的区域尺度和污染物排放特征更为匹配，因此村镇复合集中供暖系统的大气环境影响模拟推荐选用AERMOD模式。

污染源参数的确定：《环评导则》将污染源分为点源、面源、线源、体源四种类别。污染源类别不同，其输入AERMOD模式的参数具体内容及其确定方法也有差异。燃煤热电厂、秸秆锅炉房及燃煤锅炉房均属于点源，污染源参数包括污染物排放速率以及烟囱出口的烟气温度和流速，其中污染物排放速率根据燃料消耗速率及其污染物排放因子计算。在单个农村住区内，所有供暖小煤炉和秸秆直燃炉为一定面积下密集分布的多个点源，可将其作为面源处理，污染源参数包括平面尺寸、排放高度和单位面积污染物排放速率。

4.6.4.2 村镇复合集中供暖系统环境效益评估案例

（1）案例基本设置

以经济效益分析中所采用的彩图39所示的严寒地区某村镇体系为例，对村镇复合集中供暖系统的环境效益进行分析和评价。

村镇体系中可根据秸秆燃料形式、热网形式及农村热力站布置的差异设计如表4-36中的8种复合集中供暖系统方案。这些方案中，影响大气环境效益的因素主要是污染源的位置及排放强度，因此相应的大气环境影响模拟共有三种情景，分别对应一级网集中调峰方案以及农村二级网调峰的近村、近镇方案。此外，为进行对比，还对村镇当前供暖模式的大气环境影响进行了模拟。因此本环境效益分析案例共包括四种模拟情景，如表4-38所示。表中的"城镇污染源"、"农村污染源"仅指污染源所在的位置，与污染物的影响范围无关。由于燃煤相对秸秆热

各情景污染源情况　　　　　　　　　　　　　　表4-38

情景编号	城镇污染源			农村污染源		
	类型	址数	位置	类型	址数	位置
1	燃煤热电厂和秸秆锅炉房	1	主热源	—	—	—
2	燃煤热电厂	1	主热源	秸秆锅炉房	57	图4-27农村热力站
3	燃煤热电厂	1	主热源	秸秆锅炉房	16	图4-28农村热力站
4	燃煤锅炉房	1	主热源	户用小煤炉	住区数：65	农村住区

值较高且燃烧较持久，黑龙江省农村一般在供暖期内热负荷较大的时期使用燃煤，而在热负荷较小的时期使用秸秆。根据模拟期的设定，在情景4中农村的供暖燃料定为燃煤。

本次模拟采用的地表常规气象数据来自研究区域附近的气象站，选取12月20日~1月20日作为模拟时段。根据《环评导则》中网格点设置的规定，本次模拟选用直角坐标网格，采用近密远疏法，距离源中心≤1000m的网格距取100m，距离源中心>1000m的网格距取500m。

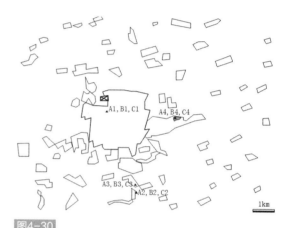

图4-30
各污染物日均浓度极值所在位置

（2）各情景下污染物浓度极值

以"日均浓度极值"表示区域内各日期、各节点的日均浓度总最大值，根据模拟结果，将情景1~4下的3种污染物日均浓度极值示于表4-39中，极值点在区域内的位置如图4-30所示，编号见表4-39。此外，表4-39还列出了《环境空气质量标准》规定的各污染物在二类区（居住区、商业交通居民混合区、文化区、工业区和农村住区）的日均浓度限值。

各污染物日均浓度极值　　　　　　　　　　　　表4-39

污染物	情景	日均浓度极值（μg/m³）	极值点编号	标准规定限值（μg/m³）
SO₂	1	2.11	A1	150
	2	4.59	A2	
	3	4.71	A3	
	4	162.53	A4	

续表

污染物	情景	日均浓度极值（μg/m³）	极值点编号	标准规定限值（μg/m³）
NOₓ	1	7.59	B1	100
	2	10.83	B2	
	3	11.01	B3	
	4	58.83	B4	
TSP	1	3.34	C1	300
	2	4.43	C2	
	3	4.49	C3	
	4	69.51	C4	

由图4-30和表4-39可见，村镇复合集中供暖情景（情景1~3）的污染物日均浓度极值较接近，且均较当前供暖情景（情景4）有显著降低。复合集中供暖情景的SO_2、NO_x、TSP浓度在情景3中最高，分别为4.71、11.01和4.49μg/m³，也仅为当前供暖情景的3%、19%和7%。可见，村镇复合集中供暖系统可显著降低污染物浓度水平。

对照《环境空气质量标准》规定的浓度限值可见，当前供暖情景下，SO_2的日均浓度极值已达162.53μg/m³，超过规定限值150μg/m³，超标区域在图4-30中以阴影表示。可见，极值点A4附近农村住区内的居民健康将受到SO_2浓度超标所带来的危害。相比之下，复合集中供暖情景下各污染物浓度极值均远小于其对应限值。

（3）区域内污染物浓度分布

根据模拟结果，同一情景下SO_2、NO_x、TSP三种污染物浓度极值点位置相同且浓度分布特征相似，因此以下以SO_2为代表进行分析。复合集中供暖的情景1~3中，SO_2日均浓度在极值出现日的区域分布如彩图40~彩图42所示。

将彩图40~彩图42对比可以看出，复合集中供暖情景的污染物浓度分布具有以下主要特征：①情景1中，单一点源（即燃煤热电机组和秸秆锅炉组成的集中热源）的污染物浓度扩散呈带状分布，靠近污染源的区域浓度最高但面积较小；②情景2、3中，污染物的高浓度区域位于情景1的污染物带状扩散区域内，且附近有较集中的几个点源（即分散的秸秆调峰锅炉房），即出现了多个污染源的叠加作用；③对比三种情景的污染物浓度等值区域可见，相对于农村热力站分散调峰的情景2、3，一级网集中调峰的情景1环境效益最佳，但三者的污染物浓度分布特征相似且浓度数值均较低，因此可以认为村镇复合集中供暖系统在不同的设计方案下环境效益无明显差别。

当前供暖的情景4在SO_2日均浓度出现极值时的浓度分布如彩图43所示。

由彩图43可见，当前供暖情景的污染物浓度分布具有以下主要特征：①污染物日均浓度远高于复合集中供暖的各情景，且浓度分布呈面状，覆盖面积相对更大，表明村镇复合集中供暖系统较当前供暖模式可显著改善污染物在整个区域内的分布状况；②图中无法分辨出点源（即燃煤锅炉房）所排放的污染物浓度分布区域，且污染物浓度极值位于城镇东侧规模最大的农村住区处，表明当前供暖情景下，农村的分户小煤炉是影响区域大气环境的主要污染源，体现了改变农村分户供暖模式、实现村镇复合集中供暖的必要性。

第5章

生态村镇生物燃气能源利用关键技术研究与示范

5.1 村镇清洁能源的现状和利用

5.1.1 村镇清洁能源概述

清洁能源也称绿色能源，是指不排放污染物、能够直接用于生产生活的能源，它包括核能和"可再生能源"。可再生能源，是指原材料可以再生的能源，消耗后可得到恢复补充，不产生或极少产生污染物。如水力发电、风力发电、太阳能、生物能（沼气）、地热能（包括地源和水源）海潮能这些能源。可再生能源不存在能源耗竭的可能，因此，可再生能源的开发利用，日益受到许多国家的重视，尤其是能源短缺的国家。

清洁能源是对能源清洁、高效、系统化应用的技术体系。含义包括三点：第一清洁能源不是对能源的简单分类，而是指能源利用的技术体系；第二清洁能源不但强调清洁性同时也强调经济性；第三清洁能源的清洁性指的是符合一定的排放标准。

可再生能源是最理想的能源，可以不受能源短缺的影响，但也受自然条件的影响，如水能、风能、太阳能需要有水力、风力、太阳等资源，而且最主要的是投资和维护费用高，效率低，所以发出的电成本高；而生物能是太阳能以化学能形式贮存在生物中的一种能量形式，是一种以生物质为载体的能量，它直接或间接地来源于植物的光合作用，在各种可再生能源中，生物质是独特的，它是贮存的太阳能，更是一种唯一可再生的碳源，可转化成常规的固态、液态和气态燃料。所有生物质都有一定的能量，而可作为能源利用的主要是农林业的副产品及其加工残余物，也包括人畜粪便和有机废弃物。生物质能为人类提供了基本燃料。甜高粱是主要的生物质能，我国甜高粱最早是科学家于1965年开始培育的雅津系列甜高粱品种，甜高粱耐涝、耐旱、耐盐碱，适合从海南岛到黑龙江地区种植，糖锤度为18%～23%，每4亩甜高粱秸秆可生产1t无水生物乙醇。我国汽油中的甜高粱生物乙醇比例占10%。我国生物质能储量丰富，70%的储量在广大的农村，应用也是主要在农村地区。

我国农村地区清洁能源的利用及其相关研究主要集中于太阳能、风能和生物燃气等，但生物燃气是农村地区应用最为广泛的清洁能源，具有分布广、上马快、不受规模限制、有利于保护生态环境等优点。目前已经有相当多的地区正在推广和示范农村沼气技术，技术因其简单成熟而正在逐步得到推广。

5.1.2 村镇有机废弃物

在快速城镇化与工业化的发展背景下，我国村镇经济取得了蓬勃发展，同时也对村镇自然生态环境产生了不同程度的负面影响，主要表现为：村镇建成区用地面积不断扩大，造成大量自然景观的人为阻断和基质破碎化，生物多样性减少，并导致村镇特有的自然风貌和乡土特色逐渐消失；村镇企业生产与居民生活产生的污染物总量不断增大，导致环境容量承载压力逐渐升高，村镇资源禀赋和生态服务功能逐渐弱化。

目前我国共有60多万个行政村、250多万个自然村，居住生活着2亿多农户，近8亿人。由于生存、生产、生活方式与经济发展等多方面的发展和改变，村镇的有机废弃物已经成为农村环境的重要污染源。2015年，住房和城乡建设部对全国部分村庄的调查显示，96%的村庄没有排水沟渠和污水处理系统，89%的村庄将生活垃圾堆放在房前屋后、坑边路旁，甚至水源地、泄洪道、村内外池塘等场地，无人负责垃圾收集与处理。由于农村有机废弃物产生的源点多产量大，组分复杂，布局分散，故不利于收集。每年产生的农业及农村废弃物数以亿t计，同时发生的污染事件也在逐年增加。从调查的情况分析，村镇有机废弃物容易受燃料种类、局部开发、节令变化、集市贸易等因素的影响，在产量和组分上存在较强的波动。此外，由于我国幅员辽阔，地区间经济发展、生活习惯、自然地理、气候情况等差距较大，造成不同区域村镇生活垃圾产生状况与组分有其各自的特点，这决定了村镇生活垃圾处理技术和管理模式的多样性和复杂性。

村镇废弃物已经成为农村面源污染的主要来源，其处置与污染防治管理问题的紧迫性日益凸显。合理利用村镇废弃物资源，通过适当的技术方法和管理手段，真正实现村镇废弃物变"污染源"为"资源"，实现废弃物的减量化、无害化和资源化，对农业可持续发展和建设生态村镇具有重大意义。

5.1.2.1　有机废弃物的分类

村镇有机废弃物是指在农业生产和农村居民生活中不可避免的一种非产品产出，是农业生产和再生产链环中资源投入和产出在物质和能量上的差额，它是某种物质和能量的载体，是一种特殊形态的资源，受技术和人类认识水平的限制，尚未能加以利用的物质和能量。村镇有机废弃物资源种类繁多，按照来源可以将其分为4个大类：

（1）植物类废弃物资源

植物类废弃物资源即农业生产过程中所产生的植物类残余废弃物资源，包括农田和果园残留物，如作物秸秆、蔬菜尾菜、杂草以及果树的树皮、落叶、果实外壳等附属废物。秸秆作为我国农村传统生活能源，依然是我国农村传统生活的主要能源。2015年，我国农村秸秆能源消费量为15960万tce，占农村生活用能按能源品种构成变化32.6%。薪柴消费量为10310万tce，占农村生活用能按能源品种构成变化21.2%。煤炭消费量为16684万tce，占农村生活用能按能源品种构成变化34.3%。电力消费量为3398万tce，占农村生活用能按能源品种构成变化7.0%。天然气、沼气等2345万tce，占农村生活用能按能源品种构成变化4.7%。目前秸秆大部分以直接燃烧的方式提供能源。秸秆产量与秸秆消费量的相关系数仅为0.275，两者之间并不存在明显相关关系。这是由于我国农村地区基本生活能源需求已经得到了满足，作为低级能源的秸秆供应量的增加并不能满足农民对更高生活质量的需求，因此秸秆产量的增加并不能带来其消费的大量增加。

目前对秸秆利用主要关注点为秸秆气化、秸秆生产固体燃料、秸秆燃烧发电，以上几种模式经过实践证明，均存在技术或者原料收集方面的问题，难以在广大农村全面推广。近年各级管理部门和专家开始关注秸秆的沼气资源化利用，但是研究的重点仍停留在秸秆单一原料的沼气资源化技术。以秸秆为重要原料，与农村其他有机废弃物原料因地制宜进行灵活配比，进行有机废弃物的综合资源化利用，是解决秸秆资源化利用的一种重要的有效途径。

（2）动物类废弃物资源

动物类废弃物资源即渔业和畜牧业生产过程中所产生的畜禽粪污、病死牲畜、栏圈垫物等附属杂物。近年来，随着养殖业规模的不断扩大，畜禽粪便和其他废弃物也不断增多，而由此对农业生态环境带来的影响也不容小觑。统计资料显示，畜禽粪便中，不仅含有大量的氮、磷等元素，同时还有多种重金属元素，这些污染物若处置不当，会对环境造成很大的威胁。然而现状是多数畜禽粪污经过简单处理，使用作农作物肥料，有时甚至直接排放到土壤和沟渠等水体中。随着畜禽养殖业生产规模化、集约化的迅速发展，养殖场粪污排放物越来越多，2014年我国畜禽粪污排放量达26亿t，已达工业固体废物产生量的2.2倍，进入水体的流失率高达25%～30%。全国养殖场的COD（化学耗氧量，是表示水质污染程度的一个重要指标）约占全国COD污染负荷的36.5%，高于工业废水和生活废水。

粪污处理方式以沼气厌氧发酵、高温堆肥处理为主要处理方式，以粪污作为单一原料的传统养殖场沼气工程近年来发展较快，但存在原料稳定性差、沼气产品出路受限、运行效率总体较为低下等问题。因此村镇及周边畜禽养殖场粪污作为村镇有机废弃物的重要原料联合其他有机废弃物进行综合处理是一种高效率、低成本、可持续的资源化利用模式。

（3）农业加工业类废弃物资源

主要来源是农副产品加工过程中产生的目标性产品以外的剩余物。

（4）村镇生活垃圾废弃物资源

主要来源于农村居民生活的废弃物，如厨房、洗衣、盥洗、洗浴、粪便污水及其他生活垃圾等等。

我国村镇生活垃圾处理现状一般有以下几种情况：①大多数村镇没有生活垃圾收运处理设施，生活垃圾随处乱堆，甚至直接倾倒在村镇的河流里，严重污染农村环境。②部分村镇设有生活垃圾收集点，但收集点较为简陋，缺少有效的密封和清洁措施，生活垃圾大多在收集点附近进行简易填埋，很少采取防渗措施，对于周边人居环境、土壤、地下水等环境资源造成较大危害；一些基础条件较好的村镇，将生活垃圾从收集点直接运至简易填埋场进行处理，在运输和处理过程中容易造成二次污染，这些简易填埋场在技术、管理方面达不到卫生填埋场的要求，这种方式对农村环境的破坏仍然比较显著；另有一些村镇，采用焚烧和堆肥的简化工艺处理生活垃圾；焚烧一般利用普通的锅炉或废弃砖窑，条件稍好的地方也自行建造小型焚烧炉，在解决生活垃圾出路的同时，制造了新的污染，也未实现焚烧热能的回用。堆肥一般将混合收集的生活垃圾经过简单分拣即进行堆置（粗堆肥），肥料产品灰分高、杂质多、质量差、出路难。

虽然我国"全国城镇环境卫生'十二五'规划"中没有对村镇环境卫生进行规划，但在各地方编制的环卫规划中，近年来逐步增加了农村环卫相关内容，但由于缺少相关村镇生活垃圾设施标准规范、处理技术政策等，一般仅达到原则要求的深度。随着村镇环境污染引发的问题逐渐增多，各级主管部门和业内专家已经开始对村镇生活垃圾处理技术、规划、标准规范等进行了探索和研究。

经过论证，生活垃圾彻底的无害化处理，采用城市模式在村镇难以实施，而有机废弃物资源化综合利用的模式是村镇生活垃圾无害化的理想出路。

5.1.2.2　有机废弃物的特点

目前，随着社会经济和现代科技的快速发展，农村经济的发展改变了传统的农业模式，打破了传统农业中对废弃物的循环利用环节和方式，导致传统的农业物质循环链条中断，出现了村镇废弃物处理不当、利用效率不高以及资源浪费等诸多问题；同时村镇废弃物的过渡积累也使其成为生态环境污染的重要来源，不仅造成了农业生态环境质量不断恶化，同时也导致大量附加值高的有用成分和养分资源流失，造成了土壤质量下降，极大地削弱了我国现代农业的可持续发展能力。目前我国村镇废弃物的利用率不是很高，农作物秸秆焚烧和集约化养殖带来的畜禽粪污污染对环境的影响日趋严重，很大程度上是源于有机废弃物自身的特点：

（1）产量大，分布广

村镇废弃物是一类具有巨大潜力的资源库。作为一个农业大国，以农作物秸秆、畜禽粪便等为主的农业废弃物产出量也呈现出快速增长的态势，每年大约产出40亿t，同时随着工农业生产的迅速加快和人口不断增加及农村经济的发展，我国的村镇废弃物产量以5%～10%的速度递增。预计到2020年，我国村镇废弃物产生量将超过50亿t。

种植业类废弃物资源来自于农业生产过程中产生的残余物，主要为农作物秸秆。2011年，我国农作物秸秆理论资源量达到8.63亿t，可收集资源量约为7亿t，其中，稻草2.11亿t、麦秆1.54亿t、玉米秆2.73亿t、棉秆0.26亿t、油料作物秸秆0.37亿t、豆类秸秆0.28亿t、薯类秸秆0.23亿t。我国秸秆还田面积总计5.24亿亩。全国农林剩余物直燃发电装机容量达340万kW，年利用农林剩余物约0.27亿t。2013年，我国秸秆可收集量约为8.3亿t，综合利用量约6.4亿t，综合利用率达77.1%。新增机械化秸秆还田面积3600万亩以上，新增秸秆粉碎还田机4.2万台、秸秆捡拾压捆机0.4万台。秸秆直接还田约为2.4亿t，占总量的28.7%。由于农业生产的迅速发展和人口不断增加，这些废弃物具有巨大的资源容量和潜力。国家发展改革委、农业部、环保部联合发布了《关于加强农作物秸秆综合利用和焚烧工作的通知》。农业部、财政部制定了《2013年土壤有机质提升补贴项目实施指导意见》。秸秆腐熟还田面积不断增加，同时积极开展秸秆压块成型、秸秆气化等秸秆生物质能源技术及其他技术，大力发展秸秆养畜。开展高粱秸秆发酵、工农复合纤维类生物质废物处理与资源化研究。

养殖业类废弃物资源来自于牧、渔业生产过程中产生的残余物，主要来自圈养的牛、猪和鸡3类畜禽粪便，畜禽粪便是畜禽排泄物的总称，它是其他形态生物质（主要是粮食、农作物秸秆和牧草等）的转化形式，包括畜禽排出的粪便、尿及其与垫草的混合物。目前，我国畜禽养殖废弃物年产生量约38亿t，处理率约42%。2013年，通过中央预算内投资支持，建设户用沼气47.8万户、大中型沼气540处、养殖小区和联户沼气8520处、乡村服务网点7251处。全国新增农村沼气用户80万户左右。截止到2013年年底，全国沼气用户达4300万户，年处理畜禽养殖废弃物2亿t左右，规模化沼气工程已发展到10万处，年可处理粪污17亿t。

农产品加工业类废弃物资源来自于农林牧渔业加工工程中产生的残余物，其中，林业剩余物一部分来源于林区采伐剩余物和木材加工剩余物，另一部分来自各类经济林抚育管理期间育林剪枝所获得的薪材量。2013年，我国林业三剩物及次小薪材产生量约为2.1亿t，其中采伐剩余物约占15%、造材剩余物约占5%、木材加工剩余物约占50%，综合利用量为2亿t，综合利用率达到95%以上。主要用于造纸、生产人造板、养殖食用菌和生物质能源化利用等方面。林业剩余物能源化利用取得较大进展，现已形成以成型燃料、液体燃料、热电联产、气体燃料等为主的多元化格局。生物合成液体燃料先进技术取得重大突破，以灌木平茬物为燃料的林业生物质热电联产机组已投产运营，木质纤维素转化乙醇技术研发取得较大进展。

（2）村镇废弃物粗放低效利用且闲置状况严重

目前我国大部分村镇废弃物多采用一次性和粗放式的利用方式，工艺简单，技术落后，利用率低，处理能力和利用规模也十分有限。农作物秸秆是农作物收货后的副产品，含有大量的有机碳和各种营养物质，作为村镇废弃物资源之一，是重要的有机肥来源。农民将农作物秸秆用作燃料，能量只利用了1/10，大多数的能量、矿物盐类、脂肪和粗蛋白等物质均被浪费，田间焚烧农作物秸秆，仅利用所含钾量的1/3，其余氮、磷、有机质和热能则全部消失。畜禽粪污未经处理直接还田，属于一次利用，它严重污染周边的水域、土壤等环境，造成农副产品产量和品质下降，最终影响人体健康。据分析，鸡鸭等禽类粪便中含有30%左右的粗蛋白以及一定量的营养元素，这些营养在一次利用中并没有发挥作用。

首先，村镇废弃物资源的粗放低效利用，不仅导致农副产品产量和品质下降，而且严重污染周边的水域、土壤等环境，影响人体健康。2011年，我国秸秆综合利用量为5亿t，综合利用率约为71%，其中，作为饲料使用约2.18亿t，占32%；作为肥料使用1.07亿t，约占15.6%；作为种植食用菌基料0.18亿t，占2.6%；作为燃料使用1.22亿t，占17.8%；作为造纸等工业原料0.18亿t，约占2.6%。

其次，村镇废弃物资源闲置状况较为严重。随着农村经济的发展，农民收入的增加，地区差异正在逐步扩大，农村生活用能中商品能源（如煤、液化石油气等）的比例正在以较快的速度增加。实际上，农民收入的增加与商品能源获得的难易程度都能成为他们转向使用商品能源的契机与动力。在较为接近商品能源产区的农村地区或富裕的农村地区，商品能源已成为其主要的炊事用能。以传统方式利用的农作物秸秆首先成为被替代的对象，致使被弃于地头田间直接燃烧的秸秆逐年增大，许多地区废弃秸秆量已占总秸秆量的60%以上，大量闲置的村镇废弃物既给生态环境带来了危害，又导致了严重的资源浪费。而我国农业部关于农业科技发展"十二五"规划发展目标中明确指出要显著加强农业资源利用和生态环境保护，因此，村镇废弃物成为最大的搁置资源之一。

（3）村镇废弃物的资源化利用技术与产业化水平滞后

虽然我国具有利用村镇废弃物资源的传统，但是由于长期以来人们对村镇废弃物资源认识不清，同时由于技术落后、投入不足等诸多因素，对村镇废弃物开发利用还比较落后，创新的技术少，拥有自主知识产权的技术和具有较好使用性能以及推广价值的技术更少，一些废弃物加工生产设备及其配套利用设备等在技术方面尚未有大的突破，原有的堆肥技术、沼气技术等传统技术几乎没有发展，仅有的技术也没有知识产权和推广价值。国外的先进技术不能完全掌握，技术上的不足在很大程度上影响了村镇废弃物资源的有效利用：如废弃物气化中的焦油问题，高效生物有机肥工业化生产设备的引进、消化吸收及国产化问题，废弃物饲料的优化配置问题等，目前，我国农作物秸秆因缺乏相应的技术和设备来加以利用，其中的2/3只能废弃或焚烧。

同时，由于对村镇废弃物资源化产品开发的主攻方向不明确，导致我国的农村废弃物转化产品品种少、质量差、利用率低、商品价值低，而且产业化进程滞后，村镇废弃物资源化的最终目标难以实现，因此无论在国内还是在国际市场上都缺乏竞争力。除此之外，在废弃物资源化设备的投入上，由于资金缺乏，一些很好的技术在产业化过程中得不到推广和应用，许多技术在低水平上重复，不能适应农业现代化发展的需求。

综上所述，切实有效地实现村镇废弃物的资源化高效综合利用和无害化处理，同时延长农业生态产业链，促进资源、能源的梯级利用已成为我国循环农业发展过程中亟须解决的问题。

（4）村镇废弃物利用方式造成环境污染

我国对村镇废弃物传统的处理方式主要是将其作为有机肥直接还田，这在促进物质能量循环方面和培肥地力方面都发挥了很大的促进作用，但是现在农民开始逐步改变了传统的生活用能和生产用肥方式，使得农业与农村废弃物相对过剩问题日益突出，村镇废弃物随意丢弃或者排放到环境中，不能被作为资源利用，将造成严重的空气污染、水污染、固体废弃物污染，成为生态环境的重要污染源，给人们的身体健康带来很大危害。

首先，村镇废弃物的不断堆积占据了大量的耕地，农民大多采取焚烧的方式来解决问题，但是焚烧会使表层土壤5cm处温度达到65～90℃，抑制土壤中微生物生长，阻断农田生态系统的物质循环，影响农作物养分的转化和供应，部分地块由于秸秆的集中燃烧而造成大量有机质流失，土壤结构遭到破坏，肥力减弱。

其次，村镇废弃物燃烧过程中还产生大量氮氧化物、SO_2、碳氢化合物及烟尘，直接污染大气，经过太阳光照作用产生的有害物质又进一步造成二次污染，形成大量烟雾，严重影响人类生存环境，并影响到航空运输等交通事业。没有被焚烧或利用的废弃物则被随意丢弃在村头、路边，长期得不到有效处理，从而腐烂变质，散发出恶臭招惹蝇蚊，传播病菌，污染生活环境。

最后，畜禽粪便含有过量矿物元素、致病菌和寄生虫，畜禽粪便未经过处理直接还田，会产生大量有毒的化学物质，这些有害成分能够直接或间接进入地表水体，严重污染周边的水域、土壤等环境，导致河流严重污染，水体严重恶化，致使公共供水中的硝酸盐含量及其他各项指标严重超标，而污水会引起传染病和寄生虫的蔓延，传播人畜共患病，造成农副产品产量和品质下降，直接危害人体的健康。

综上所述，我国村镇废弃物资源非常丰富，但是由于其利用技术较为落后及其处理方式不科学，使绝大多数村镇废弃物并没有被作为一种资源利用，反而被丢弃或排放到环境中成为污染源，对农业立体生态环境造成了极大影响。良好的村镇生态环境是经济社会发展的资源来源，更是农村、农业和农民发展的命脉所在。以村镇农民生活和农业生产产生的废弃物为对象，开发废弃物高效循环利用的集成技术和设备，满足我国农村集中供热、供气，生产高附加值生物燃气，满足施肥以及水肥灌溉的需要，采取分布式能源站管理模式，以多能联产互补方式系统解决农村能源与环境问题，按照可持续发展的要求，实现节能减排、促进村镇经济社会持续发展非常急迫。

5.1.3　村镇生物燃气发展的必要性

我国村镇地区拥有丰富的生物质能资源，据统计，目前每年产生约27亿t畜禽养殖粪便、4亿t生活垃圾，2亿t食品和农产品加工废弃生物质、8亿t秸秆。目前，这些废弃物多以填埋、排放、焚烧等方式进行处理，不仅浪费了资源，且在处理过程中对环境造成严重污染。

有机垃圾的厌氧发酵是目前国内外比较通行的处理方法，能够利用微生物的作用高效降解有机物质，通过厌氧发酵产生大量沼气，并且发酵以后的沼渣可以加工成肥料。利用有机垃圾厌氧发酵制备沼气为缓解我国能源问题和解决我国环境问题提供了新思路，采用厌氧发酵产生清洁能源——沼气，具有成本低、环境效率高及可持续发展等特点。沼气除直接燃烧用于发电、供暖和气焊等外，还可作家用燃料、内燃机的燃料以及生产甲醇等化工原料。

利用有机废弃物生产生物燃气清洁能源符合可持续发展理念，有其独特的必要性，如：

（1）发展区域农村清洁能源是改善村镇环境污染的有效措施

随着农村经济快速发展，农村有机废弃物产生量剧增，环境污染日益严重。村镇环境污染防治是近年来我国环境保护的重点，也是国务院《关于推进社会主义新农村建设的若干意见》中加强农村人居环境建设的重要内容。2006年1月1日实施的《中华人民共和国可再生能源法》以法律形式提出"国家鼓励清洁、高效地开发利用生物能源"，并相继制定《全国农村沼气工程建设规划（2006～2010年）》、《农业生物质能产业发展规划（2007～2015年）》、《全国农村沼气服务体系建设方案（试行）》等政策法规，支持我国生物燃气等可再生能源的发展。

我国村镇环境污染的治理尚处于初级阶段，村镇污水污染严重，每年有超过2500万t的生活污水大部分没有经过任何处理直接排放，造成河流、水塘污染，全国有3.6亿农村人口喝不上符合饮用水质标准的水，严重威胁农村人口的身体健康。广大农村地区的垃圾收运处理设施简陋甚至缺乏，每年仅31%的行政村有生活垃圾收集点；农业生产过程中产生27亿t以上畜禽粪便，无害化处置率不到29%；而农村焚烧秸秆的现象还比较普遍，不仅造成资源的浪费而且带来极大的安全隐患，各种有机废弃物的堆积和肆意排放，已对农村土地、水体和生态环境造成了严重的污染。发展生物燃气清洁能源，整治农村环境污染，改善农民生活环境，是新农村建设中的一项重要任务。

（2）村镇有机废弃物资源化利用可为绿色生态村镇提供清洁能源

现有的有机废弃物处理设施，不但建设运行成本高，而且造成资源浪费，推广困难。事实上，有机废弃物对农民来说都是很好的生产资料，把城市有机废弃物的处理方法和单独处理模式，转移到农村是不科学的。应转变观念，变"处理"为"利用"，开发村镇有机废弃物综合利用技术和设备，为绿色生态村镇提供清洁能源，同时也是提高生物燃气产业利用效率的一项重要工作。

1）解决农村生产生活用能问题

受经济条件和地理位置所限，我国广大农村基本没有铺设天然气管网，尤其是远离城市的偏远农村大都还以薪柴为主要生活能源的来源。而分布广泛、遍及农村的农作物秸秆、畜禽粪污、果蔬废渣等生物质恰是良好的生物燃气原料，建设以生物能源为主体的分布式能源站，以集中供气（沼气）为主，也可转化成热和电，同太阳能、风能、地热能等可再生能源一起，就可满足我国农村大部分生产生活用能的需要。

村民生活用能包括炊饮、供暖、用电、机械与车辆燃料等；农村用能包括小学、医院、饭店、商场、物业的供电供热等；农业用能包括耕种、施肥、喷洒、收割、加工等的供电。如果将多种清洁能源有效开发出来，则可实现农村能源的自给自足，原料可实现就地取材、就地利用、就地还田，缓解工业和城市用能的危机，可做到三农不与工业和城市争能源。

2）满足循环农业发展用肥需求

随着化肥和农药使用量的不断增加，农药残留等问题浮现，农产品及食品安全问题日益受到关注。而沼渣、沼液中有机质和腐殖质含量高，肥效显著，且含有甘宁酸、赤霞素等杀菌物质，有利于提高土壤的肥效、增加土地的含水能力、减少农药的使用量，可以大力促进循环农业的发展，为城乡食品安全提供有效的保障。

3）带动村镇产业结构的调整

村镇有机废弃物的资源化利用和产业化实施，可以带动有机废弃物收集、资源化处置、沼气多元化利用、有机肥生产、生态农业等相关产业的发展，推动农村房地产和相关基础设施建设的发展，促进传统农业向循环农业和生态农业的转变。

（3）村镇清洁能源利用可满足居民生活水平不断提高的需求

我国大部分村镇还没有燃气入户、集中供暖、生活污水和粪便收集的管网系统，也缺乏生活垃圾处理等基础设施，要提高村镇居民生活水平，建设社会主义新农村，不但需要大量资金，而且更重要的是建设投资融资模式的创新。

因地制宜建设新农村能源站，可以实现生活污水粪便综合收集、生活垃圾资源化处理、农业生产有机废弃物收集处理，不但节省或简化了生活污水和垃圾处理设施，避免了资源浪费和环境污染，而且还提供了三农用水、用肥（有机肥）和用能的产品或生产资料，促进了循环农业和低碳经济的发展。即，把生活污水处理、生活垃圾处理、农产品加工、有机废弃物和废水处理、水利灌溉、有机肥生产和施肥、能源站建设和供应等，多种设施合为一体，大大降低了投资和运行管理成本，经济、社会、环境效益并存，起到一举多效的作用。

村镇有机废弃物的资源化利用，伴随而来的是农村经济发展和文化发扬，城市文化和生活元素也会传播到农村，必然引发农村生活方式的变革，村镇居民从吃饱到吃好，从有住到住好，从人行到车行。村镇有机废弃物资源化利用不但是循环农业产业体系中的重要一环，而且也与人类吃穿住行息息相关，可以说牵一发动全身，因此，建设新农村能源站是促进"三农"发展和农村生活方式变革的一个重要切入点。

5.2   生物燃气的利用模式

5.2.1   集中供户模式及工程应用

进入21世纪以来，沼气建设作为农村的一项基础设施建设，以其日趋成熟的技术和科学实用的模式，实现了家居温暖清洁化、庭院经济高效化、农业生产无害化。随着重视程度的全面提升、社会认同呼声的全面增强、群众参与热情的全面高涨，沼气迎来了新的历史发展机遇，现已成为一项牵动农村能源革命、保护农业环境、增加农民收入、促进结构调整、加速农村社会发展的功德事业。推广农村沼气集中供气，对促进资源节约、发展清洁能源、环境保护和农民增收成效显著，对推进节能减排、建立低碳农村将发挥极其重要的作用。

5.2.1.1   集中供户模式简介

随着能源需求不断增加，能源紧缺问题将长期存在。农村需要廉价清洁能源，面对用能日趋紧张，价格上涨，农村大量使用商品化清洁能源是不可能的。从发展趋势看，各国都十分注重生物质能源的开发利用。发展以沼气厌氧技术为核心，以有机废弃物为原料生产沼气，可以将废弃物资源变废为宝，解决农村生活炊事用能，改善农村能源结构，提高农村清洁能源利用率，同时，开发利用农村清洁能源可以更好地保护农村生态资源和生态环境。

农村户用沼气的大力发展，很好地解决了农村养殖户的粪污处理和能源利用问题。但是也要清醒地看到，随着养猪规模化趋势，农村分散养殖农户的比例逐年降低，粪便原料严重缺乏，户用沼气池面临着粪便原料危机，许多农户因为缺少原料而影响使用效果，一些农村也因缺少养殖而放弃了户用沼气的发展，另外，山区农村也普遍存在无场地建沼气池的困难局面，尽管他们对沼气的发展始终充满期待，但是，在发展模式上不做一些改变，农民的诉求就难以实现。

近年来，随着户用沼气建设逐渐萎缩，一些地区调整了农村沼气发展思路，由户用沼气向整村沼气集中供气转变。村级沼气集中供气工程是指在畜禽养殖密集、秸秆丰富地区，建设以自然村为单元的沼气工程，利用畜禽粪便、农作物秸秆、有机废弃物等通过厌氧发酵转化为沼气，通过管网集中供农户生活用能。与户用沼气相比，村级沼气集中供气有以下一些优势：①可实现沼气商品化。村级沼气集中供气把沼气生产者与使用者分开，沼气用户只需缴费就能用上清洁、方便的管道沼气，享受现代文明生活方式。②有利于后续管理。千家万户建沼气，面广而分散，后续服务成本高，农户自己又缺乏维护技能，影响了沼气正常使用。村级沼气集中供气实行专业化生产管理，用户没有后顾之忧，解决了后续服务难的问题。③拓展了发展空间。村级沼气集中供气可满足无场地、无原料不能建池的农户的用气愿望，扩大沼气覆盖面，通过模式的更新拓宽了农村能源发展空间。实践证明，在山区农村以自然村为单元的沼气集中供气，能促进农村面源污染的治理，实现农业资源再生增值和多级利用，改善农村用能结构和生态环境，提高农民健康生活水平，对推进农村可再生能源发展是一个重要举措，具有广阔的发展前景。

5.2.1.2   案例1：生物燃气集中供户工程应用

该村级沼气集中供气站所在镇，周边农业生物质资源丰富，是该市高科技农产品示范区，已建设蔬菜大棚上千座。为处理农村环境污染，改变农村能源利用结构，通过厌氧处理将农业废弃物、蔬菜加工废弃物、人畜粪便、生活有机垃圾等污染物转化成生物质能源。根据对项目现场物料的调研确定采用"预处理+二段式厌氧反应"为核心的中温处理工艺，停留时间为25天，采用图5-1所示工艺流程处理废弃物：

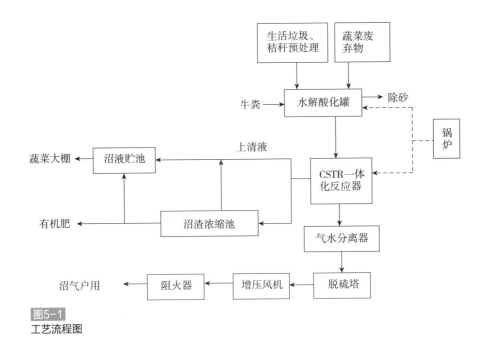

图5-1
工艺流程图

　　把蔬菜垃圾、蔬菜秧子及生活垃圾、青储秸秆经过破碎预处理后与粪便混合，以粪便：尾菜：青储＝50：5：15的干重比混合后投入螺旋上料机中，由上料机将其投入水解酸化池中。池内设浆式搅拌机，使投入的原料与回流沼液充分混合水解，调配均匀停留半天后放入沉沙渠沉沙后自流进入调节池，池内设除砂机一套用于定期排砂。酸化水解后的原料经管道粉碎机由螺杆泵泵入一体化厌氧反应器，厌氧反应器利用厌氧微生物的新陈代谢作用，大部分有机物有效去除，同时以日产气量大于800m³的产气率产生大量沼气，产生的沼气进入顶部气柜，后经气水分离器去除冷凝水，脱硫罐去除硫化氢，经增压风机加压后输送到各农户家户用。

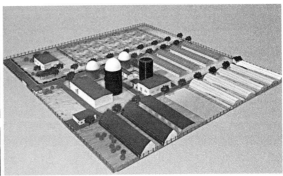

图5-2
项目沼气工程项目现场及布局图

发酵后沼液和沼渣的日产气量分别为25t和5t，厌氧反应器产生的沼液一部分回流，其他自流进入沼液贮池，用泵输送到各蔬菜大棚做有机蔬菜使用；沼渣经浓缩后被固液分离机分离用于制作有机肥，项目现场实体如图5-2所示，项目运行成本及收益分析如表5-1所示。

项目运行成本及收益分析 表5-1

分类及明细		经济指标	备注
运行成本	原料费	8.76万元/年	外购原料畜禽粪污40元/t
	电费	1.83万元/年	电费0.67元/度
	燃煤费	10.95万元/年	5～8月，每月锅炉燃烧1次，每月燃煤3t；3～5月、9～11月，每月锅炉燃烧2次，每月燃煤6t；冬季12～2月份，每月锅炉燃烧3～4次，每月燃煤12t。燃煤价格：1200元/t
	人工费	4.27万元/年	3名管理人员，5名工人
	折旧费	7.74万元/年	按企业自筹资金90万，20年折旧
	其他	1.20万元/年	沼液运输燃料费
	合计	34.75万元/年	
收益分析	沼气	10.73万元/年	集中供气收费价格：1.5元/m³
	沼液	10.73万元/年	沼渣沼液：72元/t
	沼渣		
	其他	20万元/年	环保补贴
	合计	41.46万元/年	
盈利分析	年净收益	6.71万元/年	
	投资回收期	11.86年	

5.2.1.3 案例2：生物燃气集中供户工程应用

本案例为某国家级农业产业化重点龙头企业和省级高新技术企业，拥有当地最大的规模化养猪场，"国家家畜工程中心"试验（示范）猪场，全国长白种猪生产基地。猪场年出栏活猪3万头，常年生猪存栏数约为1.5万头。该规模化养猪场采用干清粪方式，每天产生50吨固体粪便、冲洗废水约270m³/d，这些粪污绝大部分均直接或间接排入地下沟，严重污染了周边环境。建设沼气能源环境工程，将粪污无害化处理，转化为能量（沼气燃用供暖或发电）和优质有机肥料，从而根本上解决农村的用能和用肥问题，取得良好的生态、环境和社会综合性效益。

根据养殖场当地的特点，选择采用全混式中温两级发酵技术，一方面将其中20t猪粪和20m³冲洗废水经过全混式厌氧发酵罐（CSTR）进行发酵，日产沼气1200m³，产气量满足了附近828户村民一日三餐用气和厂区用气需求，剩余约30t猪粪用于其有机肥厂深加工作为有机肥外售，沼渣沼液不做分离，直接施用于周边农田作肥料。另一方面，养殖场产生的其余250m³

冲洗废水沉淀后进入二次发酵池在全混状态下经过厌氧处理后一并作为沼液肥，满足附近农田用肥需求。本项目为中温两级厌氧发酵工艺，采用两级厌氧、一体化式双层柔性膜式气柜的项目。该沼气集中供气工程2009年建成，实际向本村及邻近村庄1200多户村民提供日常炊用沼气量，输气管网总长度达14km，最远端达到4km之外，这在当时是全国规模最大的村级集中供气项目，具体工艺流程和沼气利用情况如图5-3至图5-5所示。

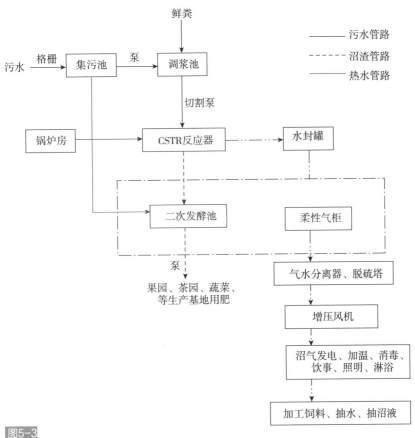

图5-3
全混式中温两级发酵技术工艺流程

图5-4
管网设计图

图5-5
沼气入户

该养殖场所实施的养殖污染物资源化利用型生态养猪场建设，是清洁生产技术，建设沼气项目前，养殖场排放的污水、牲畜粪便等对环境造成极大的污染，严重污染了养殖场周边土壤、空气和水体，特别是地下水污染严重影响着人们的身体健康。建设沼气站后，这些污染物作为原料经过厌氧发酵转变成能源，并且在发酵过程中杀灭病菌，降低污染。剩余沼渣沼液作为肥料施用与农田，把对环境的污染降到最低，实现了良好的环境效益。同时，全部村民日常使用沼气作为生活用气，让村民都用上了清洁能源，产生了社会效益。该项目年产有机肥1万t，产值300万元；年产沼气54.75万m^3，年产值82.125万元；年产沼液肥8.7万t，年产值70.08万元。合计年产值452.205万元，利润189.17万元。

5.2.2　热电联产模式及工程应用

5.2.2.1　热电联产模式简介

世界经济的快速增长以及全球人口数量迅速增加，致使能源大幅度消耗，伴随的是环境问题的日趋严重。大气中二氧化碳含量的不断增加给我们的生存和发展提出了严重的挑战。低碳经济是以低能耗、低排放、低污染为基础的经济模式，是在将环境问题推向一定高度提出的继工业文明后的又一次改革。是以技术创新为核心的改革方案，旨在提高能源利用率、建立清洁的能源结构。2012年我国发电设备总产量1.27亿kW，其中非化石能源发电设备产量4567.91万kW，仅占36.02%，主要还是靠煤炭能源，此外利用煤炭发电利用率仅三成，效率十分低下。热电联产对不同品质的能量梯度利用，高品位热能用于发电，低品位热能用于供暖，不仅提高了能源的利用率，而且减少了碳化物和有害气体的排放，具有良好的经济效益和社会效益，是发展低碳经济的一大举措。

21世纪早期，各国注重经济的发展，且纯发电规模能产生显著的效益，热电联产没有得到很好的发展，直到环境问题越来越显著和资源问题越来越紧张，热电联产开始得到政府和学者的强烈关注。美国将区域供热列入政府节能计划，英国国会将热电联产区域供热作为减少国家能耗的重要手段，而法国更是以立法的形式推动热电联产的发展，日本以热电联产系统为热源的区域供热系统，是仅次于燃气、电力的第三大公共事业，欧洲的热电联产发电量也已占其总发电量的20%。发达国家几乎均对热电联产有一定的扶持政策，主要包括：给予热电项目减免税的待遇、缩短热电资产的折旧年限、给热电项目给予低息贷款年利率和一定的额度补贴。基于政策上的各项支持，国外热电联产已经比较普及，应用到很多企业中，并用一系列统计数字和图表分析出了热电联产给企业带来的效益。此外，国外还一直在用仿真技术分析热电联产的可行性。

随着我国电力体制的不断改革以及电力市场的逐步开放，政府对热电联产的政策支持给热电联产的发展带来很大的影响。总体趋势上我国热电联产发展是十分迅速的，但也存在一些问题，总结目前国内热电联产存在的问题，主要有以下几点：①资金不足，热电联产的改造费或建设费比较昂贵，因此短时间内不会普及热电联产；②总体规划不够健全，热电联产需要根据各个省市的特点制定一套符合实际的分期建设规划；③政策支持度不足，由于热能价格相对低廉，且热网损失偏大而投资热电联产需要的代价较大，政府需要针对热电联产有一定的财税优惠政策，并且目前的热电联产缺乏有效的监督和鼓励，致使现在很多地方政府为了上项目，假借热电之名，许诺的供热负荷不给予落实。

根据上面出现的问题，提出建立小规模热电联产系统，针对企业、小区、学校、医院、村庄等小范围内部实际需求，构建相对应的热电联产机组。这就解决了上面提出的几种问题，小规模热电联产需要的资金少，便于管理，而且避免了长距离运输，减少了能源损失。

5.2.2.2　案例：生物燃气热电联产的工程应用

本案例的良种牛扩繁及秸秆育肥基地大型沼气综合利用工程占地面积3430m²。公司依托基地年出栏肉牛9000头的养殖规模，利用大型沼气工程项目解决畜禽粪污对环境污染的问题并回收生物质能源。

该工程采用中温CSTR一体化反应器工艺为核心的沼气制备和利用技术，CSTR反应器容积为1000m³，以牛粪为原料制备沼气，350m³的柔性气柜一体化一座，集沼气的生产、净化、收集、输送应用于一体。产生的沼气用于发电，安装一台80kW的沼气发电机，沼液沼渣作为农肥用于周边农田，采用的工艺流程如图5-6所示。

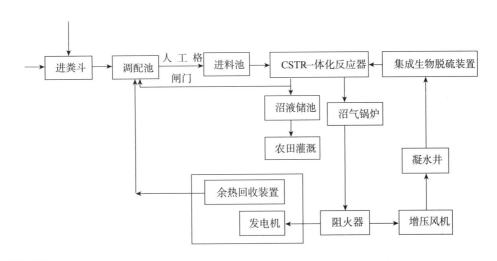

图5-6
生物燃气热电联产工艺流程

粪源与污水在调配池内搅拌均匀，利用进料泵打入CSTR厌氧反应罐体发酵产生沼气，产生的沼气存于柔性气柜储存，用气时沼气经生物集成脱硫装置、凝水井处理后，利用增压风机向用气设备供气。CSTR罐体溢流的沼液一部分用于调配粪源，另一部分自流入沼液储池用于灌溉农用。本项目投产后，实现日处理粪污17.78t，日产沼气1000m³，年处理粪尿量11315t，年产沼气36.5万m³、沼渣肥2522t、沼液肥14501t，年增收节支146万元。其中，依据国家发改委生物质发电电价0.75元/kW计算，发电收入为77.51万元，使养殖场达到了"零排放"，实现能源生产、环境治理和经济、生态、社会可持续发展。

5.2.3 热电肥联产模式及工程应用

5.2.3.1 热电肥联产模式简介

农作物秸秆是成熟农作物的茎叶（穗）部分的总称，作为一种农业固体废弃物，其数量巨大。据联合国环境规划署报道，全球秸秆年产量29亿多t，我国年产秸秆7亿多t，其中约占总量33%的秸秆被露天焚烧，大部分未能得到有效的资源化利用，造成资源的严重浪费、环境污染、生态损伤以及火灾等后果。为了改善这一现状，各类秸秆综合利用技术得到了长足的发展，在这些综合利用技术中，沼气工程可以很好地实现秸秆生物质能的资源化转化。"气热电肥联产"模式是在常规沼气工程的基础上进行了深化，可以转化出沼气、热能及电能，同时将发酵后的固体产物加工为有机肥，对农作物增产、农业节能减排和生态环境建设发挥了积极作用，促进了生态农业的建设与整个体系的产业化发展，我国是当前深入应用农业沼气的研究热点，具有广阔的发展前景。一些发达国家已经形成了新的产业链，如荷兰和丹麦也出现了大批绿色能源公司，德国沼气工程则普遍实施了专业化的设计和建设，由专业公司经营一条龙服务，欧洲兴建的沼气工程90%为热电联产，并能实行电力上网。

5.2.3.2 案例1：生物燃气热电肥联产模式的工程应用

本案例项目所在地地势较为平坦，农田覆盖范围较大，且相对集中。该项目周边约有5000亩的农田，以种植水稻为主，大部分只种一茬中季稻，为每年的5～10月份。其余时间大部分农田闲置，只有部分用于种植油菜或者时令蔬菜。因此该方案拟在农田周边建立几个沼液中转池，通过泵抽送和沟渠灌溉的形式将沼液输送到农田中，通过还田的方式进行消纳，同时方便农户操作。通过运行此项目，工程每天可为厂区节省约400t水，按照目前工业用水3元/t，每天可节省0.12万元，每年可为项目节省43.8万元。即通过沼液中水回用项目，不仅可以解决整个项目的沼液处理问题，还可以为整个厂区带来0.84万元/年的效益，图5-7和图5-8分别为沼液和沼渣制沼肥的利用情况。

5.2.3.3 案例2：大型生物燃气热电肥联产工程项目

本案例项目占地面积为400200m^2（合600亩），周围主要为村庄、农田和荒地。育成猪仔2万头，育肥猪4万头，年出栏15万头，日产鲜粪量160t左右，日均粪污水总量1000t。该猪场采

图5-7
沼液制沼肥的利用情况

图5-8
沼渣制沼肥的利用情况

用水泡粪工艺，粪污排放量会出现不均衡现象，连续三天最大猪粪、猪尿及污水量合计3000t。根据猪粪产气特性，确定水力停留时间为25天，需要2500m³的发酵罐4座，猪粪的含固率为18%，进料浓度需调配至8%，设两个调配池。沼渣进入浓缩池，总产气量约为8000m³，发电机按发电1.5kW、工作负荷80%、运行24小时，选择两台400kW的沼气发电机，项目处理粪污的现场和具体流程如图5-9、图5-10所示。

图5-9
项目工程现场图

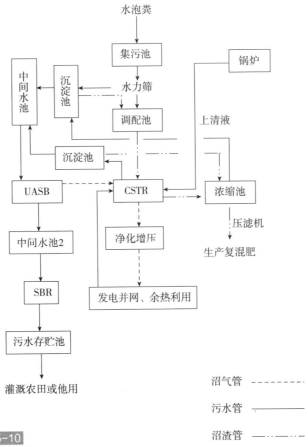

图5-10
工艺流程图

通过运用生态系统、物质循环、食物链、立体种养、持续经营等理论和技术，形成优化的生态农业模式，遵循循环经济的理念，坚持"再循环、再利用、减量化"的原则，通过沼液还田的方式解决养殖业沼液排放问题；同时种植各类果林，利用树木既挡风沙又产出氧气的功能，绿化美化养殖场环境，有利于创建国内一流养殖业与生态农业高效循环利用示范基地。

5.2.4　生产车用燃气（CNG）模式及工程应用

5.2.4.1　生产CNG模式简介

为了应对温室效应的加剧和化石能源的减少，全球开展了大量研究，寻找替代能源和清洁能源。目前使用较广泛的替代燃料有压缩天然气、液化石油气、乙醇燃料、生物柴油、二甲醚等。而这些替代能源是以消耗资源为代价的，部分替代能源的产业化有相当的难度。沼气是一种可再生的清洁能源，它利用人畜粪便、有机垃圾物等，经过发酵而产生，沼液、沼渣还可综合利用，是很好的无污染有机肥。沼气的利用尤其是作为车用燃料的应用已引起包括中国在内的许多国家的重视。

瑞典是目前沼气应用发展最迅速的国家。瑞典沼气的年总产量为1400GW·h，主要产自200多家市政污水处理厂的污泥消化池，其产量约占总产量的60%，其余为垃圾填埋场（约占30%）以及工业污水处理厂和混合消化厂产生的沼气（约占10%）。瑞典已经成功将沼气作为车用燃料应用于汽车、火车，并建设了一批沼气动力汽车加气站。例如瑞典东南部城市林雪平（Linkoping）沼气厂每年处理各种有机废物，产生的沼气量约为20～30GW·h，自2001年开始，提纯后的沼气通过地下管道直接提供给2km外的供热站以及车用沼气供应站，满足当地近400辆公共汽车的燃料需求。林雪平有世界第一列纯沼气动力列车；林雪平城内所有的公共汽车都采用沼气驱动，并有9个可给轿车充沼气的加气站。瑞典人口900万，目前已经有40多家沼气提纯工厂投入运营，全国沼气消费量已经超过天然气。目前，瑞典的轻型沼气动力车数量正在以50%的速度增长。到2020年瑞典将建立150座沼气加气站、拥有10万辆沼气动力车辆以及实现相当于1500GW·h的沼气销量。

我国沼气产业发展已经历了50年的历程，尤其是最近10年得到快速发展，我国政府对发展沼气产业已累计投入240亿元，且呈现不断加大的趋势。截至2009年，我国户用沼气已达3507万户，各类沼气工程5.7万个，沼气年生产能力已达140亿。目前我国的沼气主要用于农民的日常生活（做饭、照明、取暖等），部分用于发电，但不能并入电网。我国沼气生产能力为发展沼气车用燃料提供了良好的现实基础。据有关专家分析，我国目前的养殖业粪便和垃圾可产沼气500亿m^3，工业有机物废渣、废水及城市垃圾可产沼气100亿m^3，秸秆利用可产沼气1000亿m^3。沼气作为可再生的清洁能源，是一种很好的现有能源的替代品，既可缓解能源紧张问题，又可变废为宝，有效减少环境污染问题。一方面利用城市和农村各种污染废弃物生产沼气，可有效治理环境污染问题；另一方面利用沼气作为车用燃料，产生的温室气体大大低于石油、天然气等常规能源，可明显减少汽车尾气排放。就经济性而言，国外的对比资料表明，沼气为动力的机械使用成本低廉，具有市场竞争力。沼气作为车用燃料具有热值高、抗爆性好、温室气体排放低等优点，大力推广沼气作为车用燃料不失为解决环境污染、缓解能源危机的一种途径。因此，沼气作为车用燃料在我国具有广阔的发展前景。

5.2.4.2　模式：生物燃气生产CNG工程应用项目

该生物能源大型车用沼气工程是国内首座大型商业化车用沼气工程。该项目生产原料主要包括城市公厕粪污、屠宰垃圾、牛粪猪粪、厨余垃圾。该项目采用3座2800m³的高温型CSTR消化反应器、3座3000m³的二次发酵池、3组2500m³的沼气储柜、1座3000m³的CNG储柜。日产沼气14000m³、车用燃气9000m³。项目建成后，可实现销售收入1000万/年。工程投资回收期5～6年。图5-11为该项目工艺流程和现场情况。

该项目核心工艺采用高温CSTR有机废弃物联合消化工艺，工程的主要技术特点如下：

（1）高温消化（55℃），单元产气率高达1.7m³/m³；

（2）采用二次发酵、气柜一体化技术，产气率提高10%～15%；

（3）应用生物脱硫技术，运行成本低；

（4）采用全智能自动监控技术，实现互联网远程监控；

（5）采用化学吸收法技术实现沼气提纯净化，出气达到车用燃气（CNG）标准。

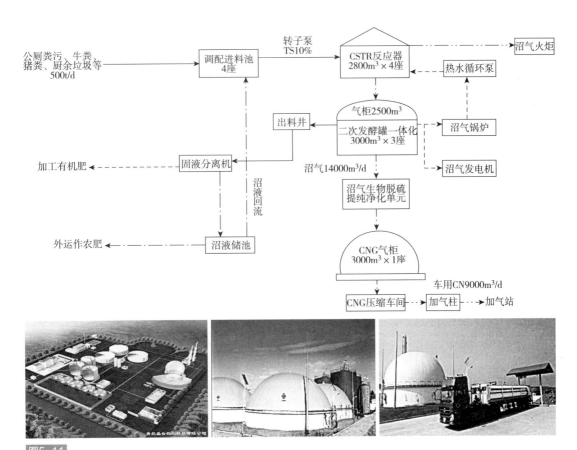

图5-11
项目工艺流程图、景观布局图、实景图、加气车运气图

5.2.5 气肥利用模式及工程应用

5.2.5.1 气肥利用模式简介

近年来，随着我国沼气工程在农村的大规模推广，利用沼气灯释放的CO_2作为新型气肥源来补充温室内亏缺的CO_2，在提高温室大棚作物产量和品质上有着明显的效果。实验证明，影响日光温室蔬菜产量的三大要素（光照、有效积温、CO_2浓度）中，CO_2浓度对产量形成的贡献最大，作物产量增加，品质改善。因此，利用密闭性温室结构进行CO_2施肥是实现设施栽培高产高效的有效途径。

5.2.5.2 案例：农场沼气气肥工程应用

本案例的沼气工程是当地企业遵循循环经济理念，治理污染并实现污染物"资源化、无害化"而投资建设的一项环境能源工程。该项目响应了国家推行环境综合治理政策和新能源政策要求，一方面彻底解决了畜禽粪污对环境的污染问题，同时还回收了生物质能源，解决了农场的污染问题，变废为宝，同时为农场的经营提供新能源，实现了"一举多效，一劳多得"，为当地的团场建设树立了示范。

该农场存栏大约为1000头猪、100头肉牛、75头奶牛、2.0万羽鸡鸭，采用干清粪工艺，排放粪便7.5t/d，冲洗废水7.5m³/d。农场采用如图5-12的工艺流程处理粪污和污水：污水经格栅

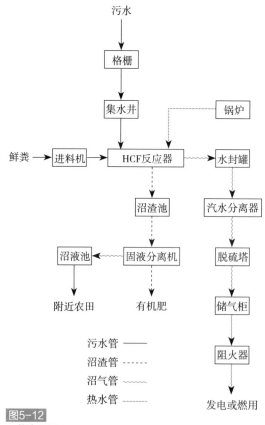

图5-12
工艺流程图

去除其中的草等大颗粒物后和粪便一起进入反应器，内设搅拌器，确保反应顺利进行。经反应器出来的沼气经脱水、脱硫等处理后进行沼气利用；出来的沼渣经过沼渣池后进入固液分离机，经浓缩后制成沼渣肥；固液分离机以及沼渣池分离出的沼液进入沼液池，可直接用于附近农田。经调试，农场实现日产气量300m³以上，同时供两个大棚冬季取暖。

图5-13为该项目现场情况。采用沼气灯给大棚增温，每10m²设沼气灯1台，每盏沼气灯每小时耗气0.1m³，日产沼气300m³，所产沼气能满足2个大棚的增温。该大型沼气工程属于新能源开发项目，整治环境的同时实现了生物能的回收利用，为企业带来了可观的经济效益和环境效益，同时有利于维护农场良好的社会形象，创建和谐社会。

图5-13
该农场的蔬菜大棚

5.3　村镇生物燃气制备的关键技术研究

5.3.1　村镇厌氧发酵技术现状

5.3.1.1　国外现有技术、知识产权和标准现状

在相关法规和政策的引导下，欧盟生物燃气产业化发达，为提高生物燃气项目的盈利水平，相关企业重视技术创新，在发酵原料方面、发酵工艺和设备方面、生物燃气工程目标产物利用方面均进行了深入研究，成功开发了高效厌氧反应工艺和设备，生物燃气净化提纯和热电联产技术取得长足进步，发酵原料供应与沼渣沼液利用形成产业化，为生物燃气工程项目的高效、稳定运行提供了保障。

在发酵原料方面，随着国际生物燃气产业的发展，发酵原料的使用和供应也呈现新的发展趋势。在已有畜禽粪便的基础上，增加农产品加工废弃物、生活垃圾等，除以能源作物为主外，开始将各种废弃物纳入进来，同时保证新能源作物的开发持续进行。德国制备生物燃气的原料主要为能源植物和畜禽粪便，多采用高浓度混合存储气一体化发酵罐体。其沼气工程的选址靠近原料产地，原料供应充足稳定，可通过使用复合原料和签长期协议措施来保证。原料供应产业开始形成，一般是以一种原料为主，供应相对稳定；二至三种原料为辅，供应有一定灵活性。半径15km内的原料充足，最远不超过50km，主要是玉米秸秆和其他能源作物，使用方式是全株青贮后再作发酵原料。

在项目运行方面，工艺复杂程度及能耗降低，自动化水平及产气率较高，工艺复杂程度的降低和自动化水平的提高以理论依据为指导，建立在大量试验数据基础之上，出发点是降低能耗及提高设备运行稳定性，目的是提高生物燃气产率。目前以能源作物为发酵原料的生物燃气工程容积产气率已有达到3m³/（m³·天）的报道，有些生物燃气工程已进入智能化全过程系统控制和优化的阶段。

在能源供应和利用模式上，多采用多能互补的分布式能源供应模式。水电、风能、化石能源在储量及利用方式上都有一定的限制，唯有太阳能的获取相对是无限的，但是太阳能的存储技术近期难有突破，且传统的太阳能存储技术和设备的生产和使用伴随环境的污染和其他能源消耗的问题。在生物质的各种转化形式中，生物燃气的物质和能量循环利用效率是最高的，被欧盟定位为国家能源体系中不可缺少的组成部分。

在与农村生活设施结合方面，欧盟国家充分利用了已存在的相关物流和公用基础设施，如天然气管网、加气站和区域电网等，以热电联产模式为例，每立方米生物燃气的发电量和供热量分别为2kW·h和4kW·h左右，其中可用于出售的热量为总热量的1/3，方便地通过电网和管网售出。

欧洲各国生物燃气工程朝向大型化、集中化发展，生物燃气已成为化石能源的重要替代品，生物燃气工程项目已成为具有现代化内涵的"新型能源-环保型"产业。

近年来，有机废弃物厌氧发酵技术在德国、瑞士、奥地利、芬兰、瑞典等国家发展迅速，日本也从欧洲引进技术，建设了部分厌氧发酵工程。传统的单相厌氧消化技术是目前生物质垃圾资源化的首选，在欧洲占90%以上，但存在处理成本高、发酵周期长、物料转化效率低等问题。目前我国厌氧消化技术还存在设备落后等问题，为数不多生物质垃圾的厌氧消化处理设施主要采用进口技术和设备，自主研发能力亟待提高。高固体厌氧消化工艺是20世纪80年代发展起来的新技术，80年后，世界能源危机与市政废物资源化的需求促进了固体发酵技术发展。目前，国外运行的典型有机废物高固体发酵工艺有：美国实验工厂工艺、法国VALOGRA工艺、丹麦Carl Bro工艺、美国加州大学厌氧好氧工艺等，处理的物料均是针对城市垃圾中有机组分（OFMSW）进行。

欧盟在生物燃气设备、工程、目的产物质检控制体系方面建立了完整的法规和标准，如欧盟机械指南、德国工业标准、安全操作规程、农业贸易协会规程等。另外欧盟在质量和安全方面制定了严格的培训和监督检查制度，国家通过相关立法强制进入，确保生物燃气工程项目上下游产业健康、安全的持续发展。

5.3.1.2　国内现有技术现状

我国与欧盟相比，除在政策法规和技术方面需要有完善和提高的地方外，在生物燃气产业基础方面，我国与欧盟之间也有不小的差距，值得深入分析和探讨。

（1）我国在技术创新意识方面落后于欧盟

目前已在国内普遍应用的连续搅拌罐厌氧反应器技术（CSTR）和一体化厌氧发酵装置最

早起源于欧盟，该技术的开发为欧盟生物燃气工程的大规模和高效率产出生物燃气作出了重要贡献；共发酵技术和工艺条件研究使生物燃气工程的原料范围大幅度扩大，生物燃气生产潜力进一步提高；沼气净化提纯技术的发展使生物燃气被直接加工成等同于天然气的能源气体成为可能；欧盟在沼渣沼液深度处理利用方面进行了深入研究，将其加工成为价值高的颗粒复合肥。上述一系列实用性生物燃气技术创新均来自欧盟，提高了生物燃气工程项目的经济效益，有利于吸引资金从事生物燃气产业的建设和发展。

（2）我国专业承建生物燃气工程的企业水平落后于欧盟

欧盟培养了一批专业承建生物燃气工程的企业，较著名的有EnviTee公司、Schmach公司、EON公司等，这些公司社会化服务到位，具有承建大型生物燃气"交钥匙工程"的能力，从工程设计到项目运营，均有丰富的数据支持和理论基础。相较之下，我国生物燃气工程承建公司依据"网络数据"设计项目的水平和可靠性距欧盟企业差距巨大。

（3）我国生物燃气基础设施建设落后于欧盟

欧盟现已有总长度超过140万km的天然气管道网，100多万辆天然气车辆和3000多座车用燃气加气站，确保了生物燃气的储运、分配和销售的畅通。我国一方面在基础设施硬件的建设上落后于欧盟，另一方面在基础设施利用的软件方面（相关政策、行业保护等）距欧盟也有很大差距。

生物燃气工程专用的储气、搅拌等装置已经存在部分专利，国家科技支撑计划"农村住宅污染物处置与排放标准"初步提到农村住区垃圾收集与资源化技术，但是还只是停留在生活垃圾收集、分类及处理的中间阶段，距离工程示范和技术推广尚存在较大差距。与农村有机废弃物发酵制沼气相关的专利技术包括：①农业部沼气科学研究所，垃圾沼气资源化利用方法和装备（CN02133320.3）；②农业部沼气科学研究所，上推流秸秆沼气发酵工艺及装置（CN200910058653.4）；③魏吉山，连续自动进排料沼气干发酵装置、工艺及增保温方法（CN200610077501.5）；④北京市植保站，生活垃圾太阳能无害处理装置（CN200520023294.6）；⑤江南大学，利用厨余物、秸秆、畜禽粪污和活性污泥为原料的沼气生产技术（CN200510094483.7）等。

总体来说，通过这几年的发展，我国有大量关于农村生物燃气工程的专利，但进入实际应用且应用效果较好被普遍推广的专利技术比较缺乏。国内现有的法规和技术标准规范主要针对城市地区的生活垃圾的收集、转运、处理处置设施建设及运行管理、环境污染控制及管理等，缺少村镇有机废弃物资源化领域和清洁能源利用方面的法规和技术标准规范。

5.3.1.3　预期分析

通过对国内外生物燃气产业相关分析，生物燃气行业预期有以下几个发展趋势：

一是明显的商业化趋势。目前，大中型生物质燃气工程难以依靠自身能力进入常规的能源市场，生物燃气工程产业发展很大程度依赖于政府各方面的政策支持和补助。政府可以包办、管建、管投，但运营方面的工作依然需要依靠企业执行，自发探寻盈利模式。不论任何国家，其政策都具有阶段性，如果生物燃气产业不能够实现商业化，其未来发展必然会因政府政策的转移而衰退。所以商业化也是生物燃气产业发展的唯一正确途径。

二是适宜的规模化趋势。技术和成本是生物燃气产业化发展的关键，生物燃气工程的投资和运行同样符合规模经济的原则。以生物燃气发电最为成功的德国为例，生物燃气工程的平均池容大约为2000m³/处（我国池容在1000m³以上的大型生物燃气工程仅占9%左右），且规模还在逐年增加。

三是精细的专业化趋势。生物燃气系统和其他生物质利用方式一样，是非常复杂的系统，从原料收集到生产过程再到副产品的利用消纳都必须保证中间环节的畅通，甚至在必要的时候对产业链进行分化。目前，我国生物燃气工程是作为养殖厂的附属设施来建设，养殖业主的知识结构不但达不到运行的要求，在原料不稳定和沼液沼渣销路上也经常出现问题，无暇顾及沼气工程的运营。成立沼气专业化运营企业是一条有效途径。首先，有利于规避由于微利的养殖业带来的原料风险；其次，企业可更专注于自身发展，包括技术进步、产品质量保证、队伍建设等；再次，政府的政策支持也更有针对性和操作性，有利于规范市场。

四是规范的标准化趋势。任何产业的商业化都伴随着设备的标准化与管理的规范化，生物燃气工程大量使用非标设备以及管理机制欠缺，这是导致当前生物燃气工程成本高、质量差、运行不稳定的主要原因。长此以往，生物燃气工程建设也将形成恶性循环。只有设备的标准化才能摆脱非标设备制作的质量不稳定、周期长、成本高等障碍，从而统一质量、缩短工期、降低成本；只有管理规范化才能建立有章可循的技术规范和管理机制，做到设计标准化、队伍专业化、施工规范化、验收统一化、管理物业化，保障工程质量、稳定运行管理。因此，设备的标准化和管理规范化是引导生物燃气产业步入正轨、引导产业成熟的正确途径。

5.3.1.4　技术难点重点分析

根据对目前国内外厌氧发酵技术多方面的调研，结合任务要求，分析出实现主要的技术重点和难点如下：

（1）提高生物燃气原料利用率，开发适合村镇多种生物质原料的联合发酵处理工艺

单一原料的厌氧生物处理目前已经广泛应用，受村镇规模和范围所限，目前单一原料难以满足村镇用能用气的需要，还需要结合生物质原料多元化的特点，开发联合发酵工艺技术。首先应对农村常见原料的特性调查了解清楚，如生活垃圾成分杂、餐厨垃圾黏稠度高，这是预处理进料时均存在的问题。因此，开发出能同时将以上有机废弃物有效混合，并进行联合发酵的工艺技术非常重要。

（2）提高混合发酵生物燃气产气率

粪便、垃圾、秸秆等单一原料厌氧发酵均已有经验数据可查，粪便一般在20～50m³/t，垃圾一般在100～200m³/t，秸秆约在150～200m³/t。我国现有的厌氧发酵设备以池容产气率来算在0.8～1.2，基本上没有经济效益，以政府投资为主；丹麦、德国等国家厌氧发酵设备池容产气率可以达到3～5，有较稳定的经济效益，以民间资本投资为主。欧洲与我国厌氧发酵技术和设备主要不同之处：一方面在于开发了复合原料配比技术，使反应器内的营养成分达到厌氧微生物生长所需的最佳状态，微生物活性高，原料降解彻底，产气率高；另一方面在于高效厌氧

发酵工艺和设备的开发，关键技术主要是搅拌和破壳，包括侧搅拌、斜搅拌等，使原料混合均匀，发酵完全，提高产气率。因此，开展混合原料发酵工艺和与之配套的搅拌、破壳以及自动控制的研究，确定最佳原料配比，对提高厌氧发酵设备的效率具有重要意义。

（3）提高生物燃气产品的利用率

传统单一原料厌氧发酵沼气工程普遍存在负效益、运行不持续的问题。解决此问题的关键，除了提高产气率外，就是提高产品的附加值，增加收益。包括：沼气实现小规模的车用、户用、发电综合利用，以及同其他能源的互补。提高产品利用率的主要措施是制定产品补贴政策。德国是生物燃气产业最发达的国家之一，通过调整产品补贴额调控产业发展速度，其产品补贴政策以发电为主，具体到不同的原料和规模。我国以供气为主，鼓励发展分布式能源站和对大能源传统供气网络的补充。鉴于各地的气候和生产条件差别较大，国家层面可制定补贴额的范围，包括能源作物的购买价、废弃物的补贴价、每立方米生物燃气的补贴价等。

5.3.2　关键技术研究

绿色生态村镇要求采用高效利用村镇复合有机废弃物（主要包括畜禽粪便、秸秆、生活垃圾等）生产生物燃气的关键技术，满足村镇集中供热供气和施肥需要，系统解决村镇能源与环境问题，推动绿色生态村镇和美丽乡村建设快速发展。

首先调研了村镇复合有机废弃物概况及主要种类，收集村镇有机废弃物，对村镇复合有机废弃物进行理化性质分析。村镇复合有机废弃物成分复杂，以固态物质为主，且其中砂石含量较高，传统的湿式发酵工艺和技术设备虽然已比较成熟，但该工艺需要大量的调配用水同时产生大量沼液沼渣，并且其中的砂石对于设备磨损较大，与我国村镇目前的发酵原料种类及形态、农业生产方式和意识形态水平等实际情况不相适应，不利于环境保护和节约水资源。结合发酵底物状态分析现有的生产燃气方面的技术，通过大量的文献研究及国内外现状调研，确定较适宜村镇复合有机废弃物生产生物燃气方面的关键技术为干式厌氧发酵技术。

5.3.2.1　节能干式发酵技术

干式厌氧发酵工艺技术设备用于固体（高浓度）有机废弃物减量化、无害化和资源化利用，可利用餐厨废弃物、生活垃圾、畜禽粪污、农产品加工废弃物及秸秆等有机质制取生物燃气，消化后的发酵残余物含水量低、有机质含量高，经简单处理后可直接还田或进一步深加工制作有机肥料，不会产生二次污染。

欧美等发达国家在大型生物燃气工程的工艺技术和相关装备的开发和研制方面较我国起步早，尤其在村镇复合生物质原料干式厌氧发酵工艺方面水平相对较高。在充分调研和分析国外同类技术的发展水平和特点的基础上，根据我国废弃生物质的理化性质和相关特点对国外技术进行消化吸收，开展相关技术研究和装备研制。

（1）国内外干发酵的研究进展

目前欧洲的干法沼气反应器主要有：车库型、仓筒型、气袋型和干湿联合型等几种类型，按照进料运行方式可分为批量式进料干法发酵和连续式进料干法发酵。

1）车库型干法厌氧发酵

德国从20世纪90年代起，开始致力于批量式干法沼气发酵技术及工业化装备的研发，到2002年，德国BIOFERM公司等厂家研发的车库型工业级装备已投入实际运行。该系统采用车库型混凝土密闭发酵室结构，高精度的液压驱动门保证沼气不外泄，高灵敏度的自动监控装置保证系统安全运行。该法通常以28天为一个沼气发酵周期，一般设置28～30个沼气厌氧发酵室。厌氧发酵室设有供热装置，使发酵室温度保持在38℃左右；设有温水喷淋和回收装置，可喷入带有厌氧发酵菌的温水。该系统还设有与厌氧发酵室面积相当的好氧发酵预处理车间和好氧发酵后处理车间。该系统的工作流程是：将秸秆或畜禽粪便等物料首先送入好氧发酵预处理车间，待物料开始发酵，温度上升到70℃左右时，用装载机将物料移至沼气厌氧发酵室，同时用装载机运进厌氧发酵室的还有50%左右的厌氧残余物，作为菌种返混。混合物料在38℃左右厌氧发酵产生沼气。为促进厌氧发酵，喷淋装置将带有厌氧发酵菌的温水喷洒在物料表面，经过料层后，再将喷淋水回收重复利用。产气高峰过后，发酵剩余物再用装载机移至好氧发酵后处理车间，充分腐熟后，即成为有机肥料。所产沼气进入集气罐用作发电或供气。图5-14为车库式干发酵的实物图和工艺流程图。

本工艺技术优势为：①进出料方便，运行管理简单，能耗低；②处理垃圾种类多；③高精度的液压驱动密封门，密封性好；④不设搅拌装置，主要靠沼液喷淋搅拌；⑤多室模块化设

（a）发酵仓内部　　　　　　　　　　（b）发酵仓外型

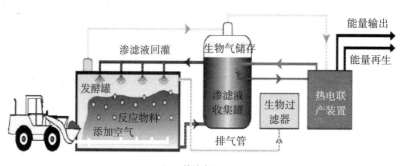

（c）工艺流程

图5-14
德国BIOFerm工艺

计，适合大规模化沼气工程。技术缺点：①无机械或气体搅拌装置，仅靠沼液回流搅拌，效果不好；②对设备密封要求较高，装置利用率低；③沼气产量不稳定，单室发酵沼气输出量呈波浪形变化，在工业运用中需采用多室模块化设计。④产气量小，一般为98m³/t垃圾。

2）仓筒型立式干法发酵

法国VALORGA INTERNATIONAL S.A.S公司的连续式仓筒型多级干法发酵系统（图5-15）已在荷兰Barcelona生活垃圾处理厂应用。该反应器为一直径6m、高22m的立式仓筒，经过筛分分选后的可发酵有机物从反应器顶部加入，采用中温（37℃）厌氧消化，一天进料一次，物料滞留期大约30天，从厌氧罐底部注入0.5MPa的沼气流用作混合搅拌，厌氧罐底部大约有200个气流射入点。反应器进料干物质含量55%~58%，经循环液稀释后为40%，通入蒸汽加温。每吨原料产气量大约为160m³，其中甲烷含量约63%，二氧化碳35%，硫化氢2000~3000ppm，经生化脱硫处理后的气体供锅炉燃烧供热或发电机发电。仓筒形干法发酵的主要优势为：①适用于村镇有机垃圾、工业有机垃圾；②沼气质量高，含硫量只有50~300ppm；③干物质含量可达30%~50%，发酵时间为28~30天；④没有搅拌器和管道，系统的可靠性很高；⑤发酵室为模块化结构，易扩展，并且几乎没有污水排放。缺点是采用柱塞泵进料，进料量较小，易于调整诸如温度、pH值等沼气发酵运行参数，但设备投资和运行成本均较高。

3）Kompogas卧式推流发酵工艺

Kompogas系统采用一个卧式的厌氧发酵反应器（图5-16）。其技术优势：①卧式推流厌氧发酵反应器的设备结构更加简单而且故障率显著降低；②通过旋转叶轮机械搅拌，搅拌效果好；③在高温55℃环境下发酵，有助于杀死植物种子和病菌；④停留时间短，HRT一般为15~22天；⑤含固率高，进料TS为30%~45%，反应器内TS=23%，工艺水来自发酵产物的脱水。

和欧洲同类技术发展趋势相同，我国随着发酵物料来源日益广泛，依据物料本身特性和干

图5-15
VALORG工程实例

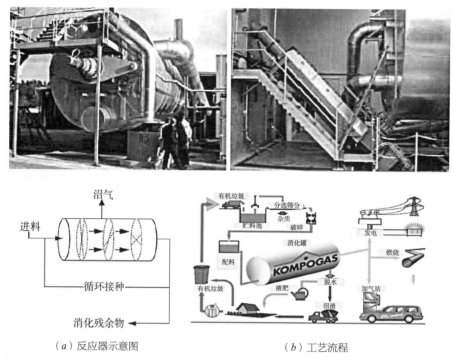

（a）反应器示意图   （b）工艺流程

图5-16
Kompogas卧式推流发酵工艺

法发酵调控技术需求，研发连续式进料干法发酵技术已经成为当前主要研究方向。近年来，干法发酵技术在国内越来越得到广泛重视，既有国内学者自主研发的研究成果，如MCT反应器，也有对国外干法发酵技术的消化吸收和引进，如采用车库型干法发酵的项目已有建成的案例。

其一，覆膜槽式干法反应器：

我国自主研发的覆膜槽干法沼气技术已获得中国、韩国、美国的发明专利（一种干法发酵的设备及其方法，专利号ZL200510082723.1）。该覆膜槽式干法反应器的操作过程是：先使用装载机将物料按一定比例加入反应器槽内，再利用翻堆设备搅拌物料，加入接种物并搅拌均匀后覆膜，即进入沼气发酵阶段。在MCT反应器的底部、槽侧墙外部铺设保温材料，反应器覆膜后，依靠产生的沼气，在物料表面和柔性膜之间形成气体保温层。21天沼气发酵期内，单体MCT反应器日均产沼气53.8m³，有效容积产气率为0.73m³/（m³·d），甲烷含量55%～60%。MCT反应器的技术要点和结构形式如图5-17所示。

其二，国内车库型干法厌氧反应器：

国内的车库型干法厌氧发酵技术是在对德国的车库型干法厌氧发酵技术进行消化吸收的基础上而形成的，主要是将部分配套设备实现了国产化，并根据国内物料的特性对技术进行了一定改进。国内的车库型干法厌氧发酵装置一般由干发酵系统和渗滤液循环回流系统组成，干发酵系统包括：车库式发酵仓、密封门、沼气出口、渗滤液喷淋头、渗滤液收集系统等。密封门利用充气式密封装置，在气缸的推拉下实现上下旋转式关闭和开启；沼气出口设在车库式发酵仓的顶部；渗滤液收集系统设在车库式发酵仓的底部；渗滤液喷淋头设在车库式发酵仓的顶

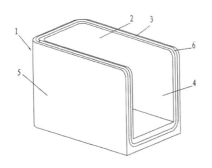

（1）未密封的发酵槽

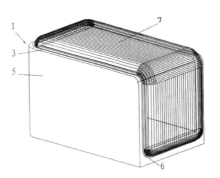

（2）密封后的发酵槽

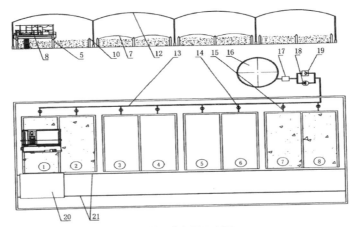

（3）多个发酵槽体进行等时段顺序发酵操作的工艺布置示意图

图5-17

覆膜槽式干法反应器的结构形式

1—发酵槽；2—顶不开口部分；3—密封连接装置；4—侧面进出料开口部分；5—槽体；6—接触区域；
7—柔性密封膜；8—翻搅车；9、10—轨道；11、12—温室；13—集气总管；14—截止阀；
15—集气支管；16—气柜；17—沼气净化器；18—空压机；19—单向止回阀；20—移槽机；21—轨道

部；渗滤液循环利用滤液收集罐和循环泵进行循环喷淋。

（2）自主干发酵技术的研发

本工艺系统核心设备由液压柱塞式干式进料系统和卧式滚筒仓干发酵系统组成，发酵原料经预处理系统处理后，利用干式进料系统输送至干式厌氧发酵反应器，经过一定时间（不同的物料其停留时间亦有所不同，但一般以15～20天计）的厌氧反应后，产生的沼气一般用于供热、发电或者深加工成车用燃气，产生的沼渣含水率一般高于85%，其中的病原微生物、臭气等有害因素已基本消除殆尽，可直接还田，或者经过一定的处理制成有机肥加以销售。

1）液压柱塞式干式进料系统

传统的农业废弃物的进料方式为将物料粉碎后加水调配至较低浓度，然后利用大功率泵体或者压力泵打入反应器，但对于进料浓度较高的干发酵并不适用。研究前期采用了固体泵进料方式，采购了输送混凝土的摆管泵（图5-18），该设备功率较高，示范项目能耗过高，且S形摆管容易磨损，通过试运行，最终放弃了该进料泵。

　　在借鉴国外复合原料进料技术的基础上，针对干式发酵高浓度的特征进行了改进，自主研制出了一套液压柱塞式进料系统。液压柱塞式注料机进料系统工作流程为：将经过粉碎处理后满足一定粒径要求的物料经过好氧自升温后直接通过铲车加入到柱塞式干式进料设备的料仓内，通过料仓内设备的搅拌机对不同原料进行搅拌复混，同时搅拌机产生向下的作用力，再通过底部水平输送螺旋将物料输送至前端的液压柱塞式进料泵，利用压力站提供的动力通过柱塞缸体将干式物料直接打入厌氧反应器。本课题采用液压柱塞式进料系统，取代了传统的调配池、进料泵、搅拌机等设备，实现了无堵塞进料，保证了物料进料的稳定性，图5-19为液压柱塞式进料系统的实物图。

　　2）卧式滚筒仓干发酵系统

　　干发酵反应器采用卧式滚筒发酵仓设计，相继研制出了6m³、8m³、100m³干发酵装置及配套设备3套，发酵仓的设计和实物如下图5-20～图5-23所示。该装置利用滚筒翻转以实现物料的均匀搅拌，避免了国内外其他干式发酵装置高固态进料、高扬程提升输送以及高强度内部沼气搅拌产生的能耗，实现了节能并确保了稳定运行。

图5-18
用于固态物料进料的摆管泵

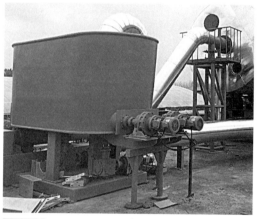

图5-19
液压柱塞式进料系统实物图

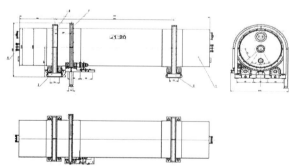

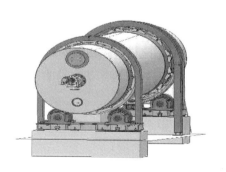

图5-20
卧式滚筒仓干发酵系统设计图

图5-21
6m³卧式滚筒干发酵装置

图5-22
8m³卧式滚筒干发酵装置

图5-23
100m³卧式滚筒干发酵装置

3）卧式滚筒干发酵系统自升温试验研究

现有沼气工程一般采用外加热源加热，使发酵物料温度达到中温沼气发酵条件，致使沼气工程的运行成本居高不下。利用固体有机物料好氧发酵快速升温的特性，获得适合中温沼气发酵的初始温度，实现无外加热源条件下的中温沼气发酵是本工艺的重点研究内容之一。在开展牛粪、餐厨干发酵试验的同时，就好氧发酵预处理对干法厌氧发酵产气效果的影响问题进行了分析研究，以探究好氧自升温预处理工艺的可行性。

由图5-24、图5-25可知，采用好氧发酵预处理有助于改善原料的组织结构，提高原料的产气速率，缩短产气周期。但经好氧发酵处理的试验组总产气量均低于未经好氧发酵处理的对照组。

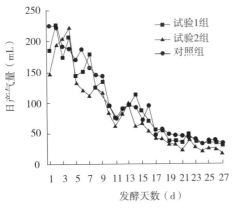

图5-24
日产气量

图5-25
累计产气量

注：试验1组为35℃好氧发酵2d预处理；试验2组为35℃好氧发酵2d再55℃好氧发酵2d预处理；对照组为无好氧发酵预处理。

试验组和对照组每瓶所加接种物相同，TS质量分数均为4.5%的中温沼液50mL。接种物的产气量忽略不计，试验1组总产气量为2592mL，相当于每克混合原料（含水率60%）产气26.8mL；对照组总产气量为2719mL，相当于每克原料产气28.1mL。试验1组比对照组每克原料少产气1.3mL，能量损失4.6%。

基于好氧自升温预处理基础试验研究结果，将好氧自升温预处理技术与干发酵耦合开发出节能型干法厌氧发酵工艺，即：原料经好氧堆制自升温处理后由装载机投入混料仓，按照比例接种发酵后料液（沼液）于混料仓中混合，由液压柱塞式进料系统输送至干式发酵罐进行发酵。反应生成的沼气经凝水器后，进入气柜暂存备用，发酵沼渣由柱塞式出料泵输送至沼渣暂存池或送至有机肥车间生产有机肥。

物料经1~2d好氧发酵预升温，一方面可达到厌氧发酵温度，另一方面可将有机大分子物质分解为短碳链等易利用的小分子有机物，提高后续厌氧微生物的利用效率。本工艺充分结合好氧发酵工艺升温快、传质效果好以及干式厌氧发酵工艺发酵残余物含水率低的优势，二者工艺衔接度极高，进出料系统和干式发酵系统通过好氧-厌氧的有序链接，实现了有机废物的高值化利用，干发酵工艺流程如图5-26所示。

该工艺发酵残余物利用方式如下：

①一部分发酵残余物按照一定的回流比输送至双螺旋混料机进行物料调配；

②一部分发酵残余物输送至沼渣堆场随同现有工程产生的沼渣一同处理；

③该发酵残余物降解率较低，且经过水解酸化反应，是很好的湿式发酵原料，可输运至现有项目调配池，作为现有生物燃气工程项目发酵原料。

因此，与其他工艺相比干发酵工艺具有以下优势：

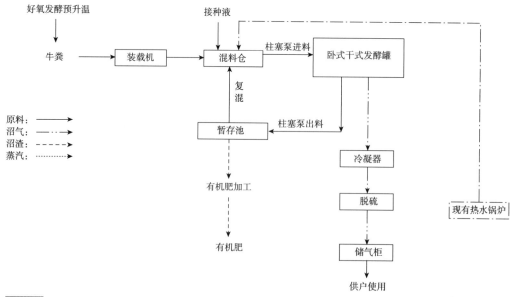

图5-26
节能型干法厌氧发酵工艺流程图

①自身耗能低，冬季仅耗用自身产生的能量10%～15%；

②可以直接处理农作物秸秆和城市垃圾等固体有机物，节省了预处理成本；

③沼气质量高（含硫量远远低于湿法沼气，只有50～300ppm），发酵物出气率高；

④建设和运营成本随规模增长很慢，占地省；

⑤进料出料可使用通用的装载机等工程机械，设备效率高，通用性强；

⑥由于发酵剩余物无湿法发酵的沼液，所以不用脱水处理，发酵剩余物经简单的过筛和短时间的堆肥即可用作园林肥料或农作物肥料，因而存储和后处理费用低，价值高；

⑦耗水量比起湿法大大降低，污水排放也相对较少，节省了水费和污水处理费。

4）卧式滚筒干发酵系统密封性模拟

厌氧发酵对设备密封性要求较高，解决旋转式反应器与固定沼气出气管这个矛盾是该装置研究的重要问题。设计采用了一套机械密封系统来解决上述问题，为验证在运行过程中卧式滚筒干发酵设备的气体泄漏情况，还对卧式滚筒干发酵设备的密封系统进行了模拟分析。

①静态模拟

机械密封系统描述：

滚筒干发酵设备密封圈由三层盘根组成，单个盘根截面为40mm×40mm；

盘根与转轴及基座各表面粗糙度$Ra=6.3\mu m$；

大气压为101.325kPa；

筒体内压力103.325kPa。

两贴合表面的粗糙度均为6.3μm，则假设泄漏通道为半径6.3μm的圆管通道。气体泄漏由筒体内外压差驱动。如下图5-27所示。

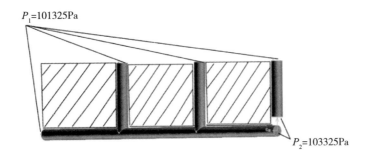

$P_1=101325Pa$

$P_2=103325Pa$

图5-27
滚洞干发酵仓密封的剖面图

结果分析：

a. 三叉通道泄漏量

通过彩图44的模拟计算得出三个出口体积流率总和为$1.53068\times10^{-12}m^3/s$，则一个泄漏通道一天的泄露量为$1.3225\times10^{-7}m^3$。

上述计算结果为1个通道，在静态过程中，密封圈围绕整个圆周均为粗糙表面贴合面，粗糙度为6.3μm。

假设密封圈圆周上泄露通道间隔距离为25.2μm，示意图见彩图45。

密封圈内侧周长为：

$$C = 2\pi r = 2 \times 3.1415926 \times 203 = 1275.5mm$$

假设气体泄漏通道间距25.2μm，则通道数为：

$$n = \frac{C}{d} = \frac{1275.5}{2.52 \times 10^{-2}} = 50615$$

则整个圆周的三叉通道一天的泄漏量为

$$V_1 = n \times v = 50615 \times 1.3225 \times 10^{-7} = 0.006694m^3$$

b. 短通道泄漏量

通过彩图46的模拟计算得出口体积流率为$3.361 \times 10^{-12}m^3/s$，则一个泄漏通道一天的泄露量为$2.904 \times 10^{-7}m^3$。

同样取密封圈整个圆周泄漏通道数$n = 50615$，则整个圆周一天的泄漏量为

$$V_2 = n \times v = 50615 \times 2.904 \times 10^{-7} = 0.014698m^3$$

密封装置一天总的静态泄漏量为：

$$V_1 + V_2 = 0.006694m^3 + 0.014698m^3 = 0.021392m^3$$

②动态模拟

对工程问题进行简化，做机理研究：

第一，气体通过缝隙泄漏时，压力损失沿轴向均匀减小。

原压差2000Pa，原长度120mm，模拟时取长度为0.1mm。

则模拟中压差为$0.1 \div 120 \times 2000Pa = 1.6666666Pa$。

第二，缝隙相对轴径非常小，则狭缝相当于平板间的缝隙，把轴径按比例缩小，将转速按同比例增大，则狭缝间气体流动状态相同。此模拟将模型缩小400倍，转速提到400倍。

半径缩小400倍，$r = 0.5075mm$

转速提高400倍，$n = 41.88rad/s（400r/min）$

通过彩图47、彩图48的模拟计算得出出口体积流率为$3.8594 \times 10^{-10}m^3/s$，则滚筒转动情况下，间隙一天的泄露量为$0.01347m^3$。

根据《罐体安装施工规范》，使罐顶部少量空间达到2kPa压力，停放24小时后，气压下降不超过3%（1.94kPa），为合格。依此计算得出100m³的罐体24小时泄漏量不超过0.059215m³即为合格。

综上所述，卧式滚筒发酵装置气体泄漏量在允许范围内，所设计的机械密封系统的密封性较好。实际运行效果验证了上述分析。

采用柱塞式干式注料机，取代传统的调配池、进料泵、搅拌机等设备，不仅可以实现无堵塞进料，保证物料进料的稳定性，同时也能够降低预处理能耗。

采用卧式转筒发酵仓设计，利用转筒翻转可实现物料的均匀搅拌，避免了国内外其他干式发酵装置高固态进料、高扬程提升输送以及高强度内部沼气搅拌产生的能耗，实现了节能并确保了设备的稳定运行。

卧式干发酵装备产气产肥效益并重，可降低沼气工程运行成本，提高经济效益，使沼气工程获得造血机能和生命力，干发酵技术的推广应用，将促成城镇环境的整治和生物质能行业的发展，提供大量的就业岗位，产生良好的经济效益、环境效益和社会效益。

5.3.2.2　生物脱硫技术

沼气生物脱硫成套设备是一种专门用来进行沼气净化脱硫的沼气工程配套设备，可净化不同原料（如：畜禽粪污、作物秸秆、果蔬废渣、餐厨垃圾、高浓度有机废水、工业有机废弃物等）厌氧发酵所产生的沼气，净化后沼气中H_2S浓度可降至200ppm以下，进一步用于发电、户用、锅炉助燃、脱碳提纯制取车用燃气等。

沼气生物脱硫成套设备是一种三相生物反应器，内部填加具有高空隙率、高缓冲能力和高持水量的生物填料层，以确保具有脱硫特性的微生物可以在上面附着生长。通过反应器顶部设置的营养液循环喷淋装置进行内部循环喷淋，利用其中富含的微生物以及营养元素培养脱硫菌群，从而使得沼气中的H_2S通过生物化学反应转变为硫单质，并进一步氧化生成硫代硫酸盐、硫酸盐等产物，从而达到去除H_2S的目的。

在生物脱硫反应器中发生以下生物化学反应：

$$2H_2S + O_2 \longrightarrow 2H_2O + 2S$$

$$2S + 3O_2 + 2H_2O \longrightarrow 2H_2SO_4$$

沼气生物脱硫成套设备装置图如图5-28所示：

沼气生物脱硫成套设备主要由以下几部分组成：生物脱硫反应器本体系统、外曝气循环系统、沼气分析检测系统。

生物脱硫反应器本体系统由塔体、填料、循环喷淋系统三部分组成。

外曝气循环系统包括鼓风机、曝气池、曝气器。

沼气分析检测系统通过在线式沼气分析仪检测生物脱硫系统进出气体成分，检测系统运行状况。

图5-28
沼气生物脱硫成套设备

图5-29、图5-30所示为该技术设备在具体工程中应用的现场情况。

5.3.2.3　沼气净化提纯技术

（1）提纯净化技术现状

沼气是有机物质在厌氧条件下经多种微生物协同发酵产生的可燃混合气体，主要成分是甲烷（CH_4）和二氧化碳（CO_2）。甲烷占50%~70%，二氧化碳占30%~50%，还有少量氢、一氧化碳、硫化氢、氧和氮等气体。

甲烷是天然气的主要成分，容易燃烧、热值较高，燃烧时不会产生烟尘，是一种清洁能源。对沼气进行提纯处理，使之达到与天然气一样的品质，可实现与天然气的互联互通。提纯后的沼气中CH_4含量为95%~98%，CO_2含量为2%~5%。

国内天然气紧缺，很大一部分需要依靠进口才能解决，因此沼气提纯将成为解决我国天然气紧缺现状的一种途径和切实可行的方法。

第一，我国生物质原料丰富，但利用率很低。我国每年产生畜禽粪便约40亿t，作物秸秆

图5-29
生物能源大型车用燃气项目生物脱硫设备（15000m³/d）

图5-30
大型车用燃气项目沼气生物脱硫设备（50000m³/d）

约7.8亿t。农产品加工有机废弃物近亿吨，具有5000亿m³以上的沼气生产潜力，相当于2011年全国天然气消费总量的2.5倍，能够全面替代农户家庭商品用能和部分替代农机、车船燃料。虽然生物质能源原料丰富，但目前开发利用率仅占10%左右。

第二，发展特大型沼气工程可有效缓解能源短缺，保护生态环境。经过长期实践，农业部门积累了丰富的沼气工程建设经验，培养了一大批建设管理人才，技术逐渐成熟，为发展特大型沼气工程奠定了坚实基础。如果建设上万个池容2万m³的特大型沼气工程，年产沼气1100亿m³，可为1.8亿农户供气，能替代原油5500万t，相当于两个胜利油田的全年原油产量，年可创造产值1100亿元；可减排二氧化碳2亿t，相当于"十二五"国家二氧化碳减排任务的13%，对缓解能源紧缺和保护生态环境将起到积极作用。

上文摘自2012年6月份由七名有关领导、院士、专家联名向温家宝、李克强呈上《关于大力推进特大型沼气工程建设的建议》文中内容，引起两位领导高度重视，并开始了市场调研。

随着国家领导人和相关专家对我国发展大型沼气工程的重视程度的提升，将会有更多的有力措施来推动大中型沼气工程的发展，因此大型沼气工程的发展将会带动沼气净化提纯替代天然气，弥补目前我国天然气短缺的问题。因此，沼气净化提纯技术的市场需求将会迅速攀升。

沼气净化提纯有很多种方式：胺法（贞元已经成功应用）、PSA（变压吸附，代表厂家加拿大Xebec）、压力水洗法（代表厂家德国Malmberg）。这些主流的方法往往具有设备比较庞大、占地面积大、安装周期长、能耗高等缺点。目前国外（例如德国、荷兰、丹麦、美国等国家）有些沼气公司开始使用膜法沼气净化提纯设备，该设备具有结构简单、能耗低、运行稳定、占地面积小、集装箱化、安装简单等特点，开始被广泛应用。如图5-31所示为膜法沼气净化提纯设备外形和结构图。

从国内外市场调研来看，膜法沼气净化提纯设备结构简单，技术指标能够满足国内市场需求，便于设备化，可以转化成公司的核心产品，满足公司设备化转型的需求，因此膜法沼气净化提纯设备的开发非常必要。

图5-31
膜法沼气净化提纯外形和结构图

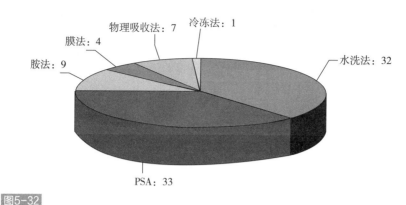

图5-32
欧洲沼气净化提纯设备的应用状况

　　图5-32为欧洲沼气净化使用技术的状况，从图中可以看出膜法沼气净化提纯设备已在国外逐渐推广，应用于畜禽粪便沼气和生活垃圾沼气的甲烷气体提纯上。通过调研发现，国外很多公司的沼气净化提纯设备逐渐倾向于膜法，原因在于膜法沼气净化提纯设备便于集成撬装化、占地面积小、能耗低等特点逐渐被业界认可。

　　（2）沼气净化提纯膜法的研发

　　沼气膜法净化提纯设备是一种利用先进的中空纤维气体分离膜技术，将二氧化碳从沼气（或填埋气）中去除的沼气工程配套设备，适用于沼气和垃圾填埋气的净化提纯。沼气净化后可作为天然气替代产品使用，甲烷浓度可达到95%以上，通过压缩/加气一体化装置同步加压后可提供标准的25MPa车用燃气（CNG）产品，或者增压至天然气管网的压力标准后可就近接入当地燃气管网。

　　膜法沼气净化提纯设备是基于气体膜对混合气体中各组分渗透速率不同的特点进行开发设计的，图5-33显示了气体膜对混合气体中各组分选择性渗透的情况。沼气的成分主要是甲烷和二氧化碳，沼气净化提纯主要就是将沼气中的二氧化碳气体分离去除，从图中可以看出沼气中CO_2渗透速率要高于CH_4气体，利用气体膜选择性渗透的特性可对沼气中的CH_4和CO_2等成分进行快速分离，从而达到沼气净化提纯的目的。

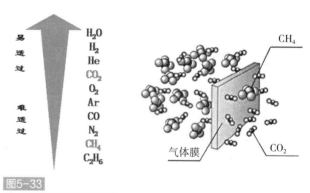

图5-33
气体分离膜的选择性渗透

　　膜法沼气净化提纯工艺流程如图5-34所示，整套设备结构简单，除初级压缩机外无其他动力设备，故障率与整体能耗均较低。

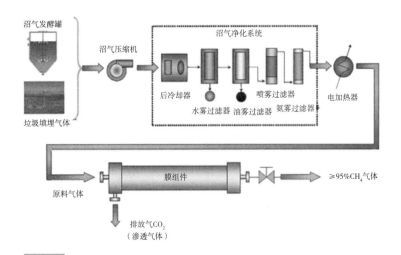

图5-34
膜法沼气净化提纯工艺流程图

沼气膜法净化提纯设备（图5-35、图5-36）构成如下：沼气压缩系统、膜前气体净化系统、膜组分离系统、生物燃气增压系统、加气系统等。

沼气压缩系统：为了实现膜组的最佳分离效果，原料气必须被压缩到适合膜组工作的工艺压力。该系统采用无油润滑压缩机，保证沼气不被润滑油二次污染，为膜分离单元提供洁净的气体。

膜前气体净化系统：沼气中除甲烷和二氧化碳等气体外，一般还包含多种自由液体、固体颗粒和微生物等杂质，气体净化系统进一步将沼气中的水、油、固体颗粒等杂质去除，从而达到膜组分离系统的运行要求。气体净化系统是保证净化装置稳定工作的条件，并可提高膜组分离系统的使用寿命。

膜组分离系统：采用世界上最先进的进口膜组件，将沼气中含有的二氧化碳气体和水蒸气分离出来，得到较高纯度的甲烷气体。通过科学设计的多级分离工艺，膜组分离系统出口的甲烷纯度可达95%以上，甲烷回收率可达98%以上。

膜组分离系统的应用为沼气提纯工艺提供最佳性能，具有如下特点：

①相比其他物理法沼气提纯技术，具有更高效的回收率；

②膜组分离系统本身不消耗能源，无须再生；

③膜组分离系统配有压力超控安全装置和进气关闭系统，在遇到紧急情况时，进气被自动关闭来保护纤维膜组件；

④在膜组分离系统出口，通过单向阀防止回流和压力过高等问题。

生物燃气增压系统：为保证净化后的生物燃气达到车用燃气或者其他用气端的压力要求，需要对净化后的生物燃气进一步增压，系统采用运行稳定可靠的压缩机，可将生物燃气增压到25MPa或者其他用气端的压力要求。

加气系统：系统配置加气柱1台，将生物燃气增压系统排出的高压气体输送给CNG集装管束车进行储存，当管束车加气压力达到设定压力时，生物燃气增压系统自动停止压缩供气。

图5-35
沼气膜法净化提纯设备（脱碳/压缩/加气一体化装置）

图5-36
沼气膜法净化提纯设备内部组件（局部）

5.3.2.4　物联网管控平台

为了满足各级部门政府的监管需求，实现企业降低成本提高效率的需求同时促进有机废弃物的综合利用，自2014年以来，积极响应国家"互联网+"行动计划，通过将环境保护、生物能源与物联网跨界融合，打造了中国生物质能物联网管控平台（www.zgswn.com），如图5-37所示。

实现生物质原料的及时收运和生物能工程运行过程管控，利用手机端APP实现过程管控，实现专家诊断与远程技术支持，实现安全因素的预感知和及时预防，促进农业废弃物资源化利用行业向信息化、智能化、产业化方向纵深发展，也为政府监管、决策提供准确丰富的大数据，为企业和公众提供信息服务平台发挥积极的推动作用。

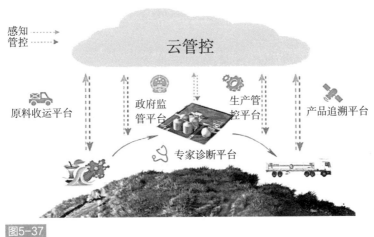

图5-37
中国生物质能物联网管控平台展示

5.3.2.5　IS智能安防系统

（1）技术背景

有机垃圾资源化综合利用和无害化处理工程项目首先要注重项目安全。作为沼气项目，现场存在危险气体爆炸、有毒气体中毒、外来人员闯入破坏、生产工艺人为事故等威胁到项目安全生产等多种隐患，详见表5-2。虽然现场配有隐患报警装置。但接到报警后的人员必须到现场察看，极有可能引起察看人员中毒、受伤或应对不力引发二次伤害。

沼气工程现场事故隐患因素　　　　　　　　　　　表5-2

序号	因素
1	厂区周边存在人员闯入，造成人员受伤、设备受损的安全风险
2	脱硫系统在低压、无风状态下，存在硫化氢积聚、人员中毒的安全风险
3	厌氧罐区在低压、无风状态下，存在硫化氢积聚、人员中毒的安全风险
4	独立气柜区域在低压、无风状态下，存在硫化氢积聚、人员中毒的安全风险
5	独立气柜存在甲烷爆燃、爆炸危险，属重大危险区域，需严禁火种、严格限制人员接近
6	现场卸料斗周边存在人员闯入误伤的安全风险
7	配电室内存在电器火灾安全风险
8	沼气发电机房内存在硫化氢积聚人员中毒、甲烷爆燃、爆炸的安全风险
9	污泥浓缩间存在甲烷爆燃、爆炸，硫化氢积聚导致人员中毒的安全风险
10	垃圾渗滤液泵房内存在甲烷爆燃、爆炸，硫化氢积聚导致人员中毒的安全风险
11	预处理间内在低压、无风状态下，存在硫化氢积聚、人员中毒的安全风险
12	火炬无可燃气体爆炸检测报警装置，在多次点火不着的情况下，存在爆燃、爆炸危险

为了避免上述隐患造成的人员伤亡和财产损失，技术团队开发出一套智能安防系统，有效解决隐患，为项目安全运行保驾护航。

（2）智能安防系统研发

IS智能安防系统主要产品是安防盒子、摄像头、报警器、人员定位系统、手持智能终端以及其他配套设备。它是一个融合事故预警和联动处置、视频图像监控、人员定位、高速网络传输等技术的智能系统（图5-38）。具体的作用有以下3点：①预感知：在沼气工程危险区域，设置高灵敏度的传感器，准确检测到生产事故隐患，实现提前预警。②智能联动：系统发出事故报警信号后，轴流风机等安全应急设备按照既定程序联动启动，开始自动排除险情，同时，项目现场隐患点开始启动自动广播驱离。事故隐患发现地的监控视频自动突出显示，便于现场人员及远程专家查看现场情况，方便事故隐患的人工干预及指挥调度，确保将沼气工程安全事故隐患消灭在萌芽状态。③实时互动：项目现场人员可与远程管理者、远程专家进行远程视频互动，高效排除险情。

项目现场有危险，可以通过人员定位系统可视化组织危险区域人员撤离；为每个单元制定需要采集记录的巡检内容，每个巡检内容遇事故隐患、设备异常时，可以实现现场描述的量化，以巡视数据、运行状况、现场图像等形式对巡检点进行描述。

5.3.2.6　VR虚拟工厂

随着计算机图形学、计算机系统工程等科学技术的高速发展，虚拟现实（VR）技术得到了很广泛的应用。通常，人们会认为广告是最常规的产品推广和宣传方式，但是广告的使用也

图5-38
视频监控、隐患预警和人员定位多合一系统

是分对象的。在工程项目类，为了让人们更好地了解项目现场和项目运行情况、感受项目厂区的景点和设备等等，首次将VR虚拟工厂技术应用到沼气工程中，在VR虚拟工厂建设过程中，将技术与内容完美结合。

在PC上，可通过键盘与鼠标控制漫游中左右与前进、后退，虚拟体验过程中，有对当前项目及车间的声音解说，管路中显示工艺流程的介质走向动画。在项目规模大、设备数量多、平行管线布置复杂的情况下，通过虚拟工厂的媒介走向动画功能，能更加直观地了解整个站区的介质流动情况，便于参观演示、远程操作及技术培训（图5-39）。

在使用VR头盔（HTC VIVE、Google Daydream）时，用户可以看到整个工厂运行的实际场景，并可以操控手柄让角色在虚拟工厂中移动，如同真实的检修员一样。当用户需要查看某个设备的详细信息时，可以点击VR手柄，选择虚拟工厂中正在"工作"的设备，然后屏幕会在相应位置弹出对话框菜单，显示详细信息，或允许用户进行进一步的操控（图5-40、图5-41）。

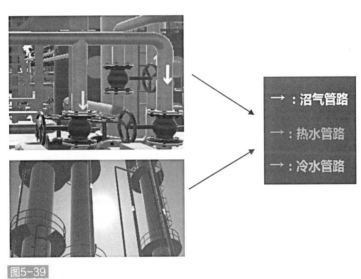

图5-39
项目应用-动态介质流向标识

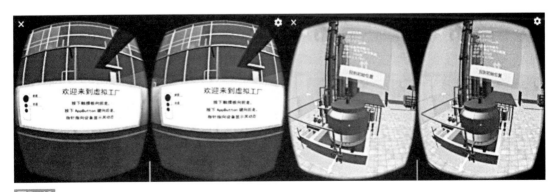

图5-40
VR头盔欢迎界面展示

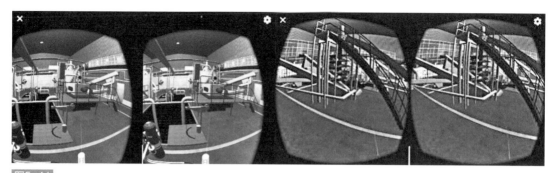

图5-41
VR头盔设备状态信息展示

　　虚拟工厂中的设备，均是按照实际工厂中的设备制作的模型，并根据设备的实际工作状态制作了不同的动画，如传送带的运输、气膜膨胀与收缩的变形、机械臂的运转、管道内液体流向的箭头指示等等。通过数据库中传输的设备实际运行情况的参数，我们将模型动画和真实的设备"匹配"起来，做到实时、真实、直观的设备状态展示。

　　由于程序与数据库相连，服务器可以实时获取设备的相关信息，再通过大数据分析系统，将实时的分析结果传递给虚拟工厂程序。

　　当设备出现需要通知或警告用户的情况时，程序会在屏幕的醒目位置显示通知或警告信息，并将相关的设备模型以蓝色（通知）或红色（告警）的高亮边缘不断闪烁，以提示用户设备的位置（图5-42）。

　　当用户点击（鼠标或VR手柄）虚拟工厂中正在"工作"的设备，屏幕会在相应位置弹出对话框菜单，显示详细信息，其中包括仪表数据等等，或允许用户进行进一步的操控。

　　通过虚拟场景客户端，可以直接对阀门、设备进行控制。在场景中选择点击设备，弹出选择控制面板，进行控制选择，远程端的设备现场就会根据控制进行相应的操作。同时虚拟场景中设备完成相应的动画动作，与现场设备实现状态一致。项目远程仪表、自动阀门数量较多，对自控系统的要求较高，能否实现便捷操作对整个项目的后期运行影响很大。设备控制功能状态表如表5-3所示。

图5-42
VR头盔仪表与异常报警信息展示

设备控制状态表　　　　　　　　　　　　　　　　　表5-3

名称	状态项	设备	备注	误差
控制设备功能模块	启动	泵、开关、阀门、电机等	启动或打开状态时，"启动"或"打开"状态为高亮。反之，则"停止"或"关闭"状态为高亮	≤0.1秒
	停止			
	打开			
	关闭			
状态反馈功能模块	运行	泵、开关、阀门、电机等，设备指示灯、数码显示管等	实际设备状态信号反馈后，在场景中根据反馈将状态同步显示为高亮	≤0.1秒

显示管路流体走向，客户端实时进行数据读取，设备的运行状态属性值实时更新，点击场景中的设备模型，即可在窗口右上角弹出实时状态值（图5-43）。

与传统上位机上查看设备运行状态运行参数相比，VR虚拟工厂状态显示方便快捷，可直接读出数据含义。Web版与手机移动端定制，无论何时何地，只要有网络，打开web浏览器或者手机客户端，足不出户可24小时全天候巡视监控设备现场（图5-44）。

当设备运行值超出设定范围时，设备颜色发生警示变化（具体警示色调变化再根据技术要求来定，参考色：高亮的红色，见彩图49）。

项目规模大，进出料方式复杂，对于操作工人职业技术要求特别高，通过模拟故障区域提前预警，即可提前知道哪些是易故障区域，做到针对性预防。预警功能除了设备颜色警示，还可以设定报警器声音报警。报警的同时，在屏幕右下方弹出报警设备提示框，点击报警设备名称或编号，自动跳转到故障设备面前。对于较大的整体厂区，VR系统可以将现场监控及安防系统接入，通过方便的摄像头调用，确保整个厂区无死角（图5-45）。

图5-43
项目应用——设备信息实时显示

图5-44
Web段和手机端VR显示画面

故障检测模块包括回放、暂停功能键，通过对模拟运行的回放以及暂停，可直观捕捉异常画面。通过程序判定以及与设备运行日志的对比，找出故障点和故障发生的原因。

将两个设备的核心部件，进行模拟对比，如图5-46所示。点击设备并选择设备部件对比；然后选择对比设备并选择部件。在弹出面板框中输入模拟属性值，可以进行设备运行状态的模拟。同时也可以通过对设备的状态模拟进行寿命评估等。

5.3.3　生物燃气能源综合利用项目

5.3.3.1　当地清洁能源利用现状

（1）现状调查

本案例所在村镇总面积120km²，辖66个村庄，人口6万人，耕地10.5万亩。据调查，全镇居民可用的主要清洁能源有太阳能、清洁煤、沼气、天然气或煤气及相关电器（假设电是用风能发电或水能发电，也是低污染或无污染）。在受调查的居民中，有4户居民家中有太阳能，占调查人口的8%；有8户使用清洁煤，占调查人口的16%；有5户使用沼气，占调查人口的10%；有47户使用电磁炉、电热水器等相关电器，占调查人口的94%；有13户使用天然气，占总人数的26%。在清洁能源方面的花费为每月从10元到100元不等，平均每户每月花费50元，每年不超过1000元。农村建设一座沼气池平均花费2000多元，政府补助800多元，占总花费的40%。农村户口购买大型家用电器，政府每户补贴电器总费用的13%。从政府的总体政策来看，大趋势是十分鼓励农民使用清洁能源的。政府的相关措施在一定程度上解决了农民经济上的问题，减少了农民的经济负担，受到了广大人民群众的大力支持，为促进农村经济的发展和社会的稳定起到了积极作用。

（2）存在的问题

1）该镇的经济条件有限，不是每一户农民家庭都能使用太阳能、沼气、天然气等相对昂贵的清洁能源。大多数居民都是使用电磁炉、电热水器等。

2）政府对加强环保意识的宣传环节相对薄弱，农民对清洁能源的认识不强。导致对环境的污染和生态的破坏等。

3）由于修建沼气池对部分农村家庭来说耗时耗力耗资，大部分家庭没有沼气池，造成大量的沼气资源浪费。

图5-45
项目应用—现场监控调用

图5-46
核心部件模拟对比

（3）对加强使用清洁能源的建议

1）加强对本镇的经济建设，依靠科技，发展新型农业，增加农民收入，让人民的生活越来越好。

2）政府应加强对低碳环保意识和清洁能源利用的宣传，使环保意识深入人心，更好地保护环境和保障人们的身体健康。

3）加强政府监管，确保各项惠民资金的安全，保证各项资金落实到位，发挥其应有的作用，改善人民生活。

4）加强人们对天然气安全使用的认识，防范使用时发生的危险。

5）政府统一规划沼气池的建设，争取将其建设成为制度化的项目，既利民惠民又充分利用了资源。

5.3.3.2 项目地概况

（1）现场情况

该工程所在村镇大约有400农户，周边农业生物质资源丰富，是该市高科技农产品示范区，已建设蔬菜大棚上千座，可消纳沼渣、沼液。原料方面有大量的牛粪、蔬菜废弃物和青储秸秆，原料充足。目前该项目用到的原料主要是畜禽养殖粪污（主要是牛粪），另还有蔬菜废弃物、有机生活垃圾和青贮秸秆等废弃生物质可供利用。产出的生物燃气用于周边村庄供气，沼渣沼液直接供农产品示范区使用。本项目的原料主要包括蔬菜秧、菜叶、人畜粪便、温室蔬菜根茎及生活垃圾。具体如下：

1）蔬菜秧子、烂菜叶等

目前该项目主要可供利用的是蔬菜废弃物。所在村周围2km范围内，约有蔬菜大棚500余亩，且该村距离蔬菜批发交易市场仅8km，每天有大量腐烂及丢弃的蔬菜叶子、烂菜等。由业主与蔬菜交易市场管理部门协商，每天清洁工将市场的烂菜全部清理到指定位置，由业主将其拉到沼气站。按照目前配比每天需要烂菜约5t，一辆大三轮车一次就可满足，运输来回约20km，运费40元，人工装车50元，故蔬菜废弃物每天运到沼气站的成本是90元。

2）人畜粪便

该村周围散布4个村落，人的粪便收集并不固定，暂时属不稳定来源。可稳定利用的原料是周边养殖场集中养殖的动物粪便，主要是牛粪。

3）温室蔬菜根茎及生活餐厨垃圾

村里已经设置有生活餐厨垃圾的分类回收垃圾桶，有集中收集分类地点，但是量非常少，目前属不稳定来源。图5-47为厂区内整体情况。

（2）关键技术及装备的研发和应用

生物燃气工艺技术涉及的环节较多，相应的装备也比较复杂，其中有很多装备在其他行业目前已有成熟应用，如粉碎设备、筛分设备、燃气净化提纯设备等，但因生物燃气工程涉及的原料和产品有其特殊性，不能直接使用。本项目的实施在充分调研国外同类技术发展水平和特

（a）场区内养鸡场

（b）场区内蔬菜大棚

图5-47
场区情况

（c）鸡舍西旁空地

（d）场区大门、办公区、太阳能利用区域

图5-47（续）
场区情况

点的基础上，根据当地废弃生物质的理化性质和特点并通过试验对国外技术进行消化吸收。实施过程中与相关技术和装备的技术单位进行合作，联合开发适用于生物燃气工程尤其是本项目的技术及相关装备，为提高本项目的实施效率打好了基础。项目研究思路和总体方案如图5-48所示。

　　根据上述路线进行了一系列研究，最终形成了一套适宜于村镇复合有机废弃物生产生物燃气的干发酵技术和高效率的沼气净化提纯技术，并研制了一套处理规模100m³的连续卧式滚筒仓干发酵装置和一套撬装式的膜净化提纯系统，前端连接进料系统，同时出料端设置有消化残余物出料及复混输送系统，可实现自动控制。

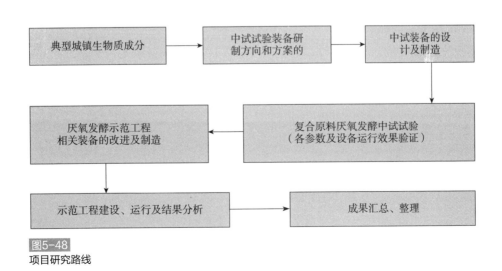

图5-48
项目研究路线

　　工艺流程如图5-49所示，发酵原料首先运输到原料堆场（根据现场情况，鸡舍之间的场地比较合适，约为45m×4.5m，可用作原料好氧自升温场地），将发酵残余物和原料通过一定的比例（即回流比，该比例根据不同情况有所变动），利用装载机装填至上料螺旋，通过上料螺旋提升至混料进料一体机，混匀后泵送至卧式干发酵厌氧反应罐（图5-50）中。

　　其中，混料进料一体机的混料设置有热水喷孔，如果好氧自升温工艺技术受制于场地条件无法使用，则可通过在此处加热水为原料升温，过程为：将发酵原料首先装载至混料进料一体机中，利用热水升温至设计温度并调配至合适含水量，然后将发酵残余物按照一定的比例通过上料螺旋输运至混料进料一体机，将发酵残余物和发酵原料混合并输送至卧式厌氧发酵罐中。另外，干发酵原料也可用来自湿式发酵项目的发酵残余物在混料进料一体机处进行复配，然后输送至卧式发酵罐进行发酵。

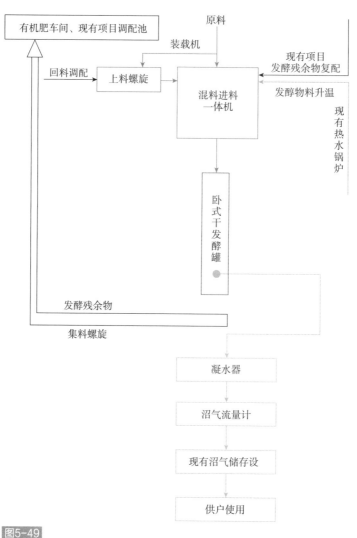

图5-49
工艺流程图

图5-50
100m³ 的干发酵装置

项目产品为沼气和沼渣。其中，沼气的利用方式为：产生的沼气并入到现有沼气工程储存系统，供当地农户使用；发酵残余物利用方式有：①一部分发酵残余物按照一定的回流比输送至双螺旋混料机进行物料调配，②一部分发酵残余物输送至沼渣堆场随同现有工程产生的沼渣一同处理，③因该发酵残余物降解率较低，且经过水解酸化反应，应是很好的湿式发酵原料，可输运至现有项目调配池，作为现有生物燃气工程项目发酵原料。

（3）卧式干发酵效益分析

因本项目是在原基础上进行改造建设，除卧式干发酵项目产生一定的效益外，原项目产生的沼气经提纯后也亦可提高附加值，分析如下：

1）收入分析

①沼气收入

提纯后的车用燃气售价按照4.2元计算，本项目车用燃气年收入为：

$$I_1 = 100 \times 60\% \times 360 \times 4.2 = 9.07 万元$$

②沼肥收入

当地为蔬菜种植示范区，厌氧发酵后的发酵残余物经处理后，预计售价为300元/t，本项目沼肥年收入为：

$$I_2 = 3.6 \times 360 \times 300 = 38.88 万元$$

收入合计：

$$I = I_1 + I_2 = 9.07 + 38.88 = 47.95 万元$$

2）费用分析：

①牛粪费用

当地牛粪价格约为50元/t，年购牛粪费用为：

$$C_1=10×360×50＝18.00万元$$

②电耗费用

该项目主要设备装机功率和平均日耗电量如表5-4所示。

项目装机容量和平均日耗电量一览表　　　　　　　　　表5-4

序号	设备名称	功率（kW）	数量	装机功率（kW）	日运行时间	日总耗电量（kW·h）
1	混料进料一体机	22.0	1	22.0	1.0	22
2	出料螺旋	1.5	1	1.5	1.0	1.5
3	滚筒驱动电机	22.0	1	22.0	0.5	11.0
4	集料螺旋机	5.5	1	5.5	1.0	5.5
5	上料螺旋	4.0	1	4.0	1.0	4.0
6	热水泵	2.2	1	2.2	1.0	2.2
7	撬装式膜净化装置	55.0	1	55.0	1.0	55.0
合计				112.2		101.2

项目每天运行耗电量为101.20kW·h，当地电费约为0.8元左右，项目年耗电费用为：

$$C_2=101.20×360×0.8＝2.91万元$$

③燃煤费用

根据现场测算，原项目日处理牛粪20t，每年用煤费用约为3万元，本项目日处理费用约为10t，运行费用为：

$$C_3=1.00万元$$

④人工费

项目运行需要在现有基础上增加一个人工，当地人工费用为：

$$C_4=3.00万元$$

⑤维修费用

预计项目年维修费用约为10万元。

$$C_5=10.00万元$$

费用合计：

$$C=C_1+C_2+C_3+C_4+C_5=18+2.91+1+3+10=34.91万元$$

项目年收益

$$E=I-C=47.95-34.91=13.04万元$$

3）总体经济性分析

卧式干发酵建成后，原项目能够增加的收入主要是沼气净化提纯增加的附加值。原项目日产沼气约800m³，外售价格为1.5元/m³，提纯后的车用燃气售价按照4.2元计算，本项目车用燃气年收入增加额为：

$$I=800×60\%×360×4.2-800×360×1.5＝29.37万元$$

撬装式膜净化装置处理原项目产生的沼气每天耗电量增加电费，原项目日产沼气800m³，处理时间8小时，年费用增加额度为：

$$C=55×8×360×0.8=12.67万元$$

因撬装式设备的运行能够为原项目增加的年收益为$E=I-C=29.37-12.67=16.70万元$

（1）项目总投资：306.24万元

（2）项目运行年收益：13.04＋16.70＝29.74万元

（3）项目投资回收期为：306.24÷29.74＝10.29年

附录A　"绿色生态村镇环境指标评价体系"专家打分问卷

本问卷调查属"十二五"国家科技支撑计划课题"绿色生态村镇环境指标体系与实施机制研究"的主要研究内容。

感谢您百忙之中抽出时间填写本问卷，您的知识与经验将为"绿色生态村镇环境指标评价体系"的构建作出巨大贡献！

本指标体系分为4大类，14小类，体系结构如下图所示：

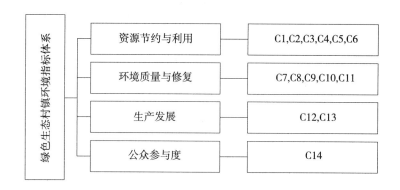

请对每个问题中的各个指标的重要程度进行打分。打分规则为：

重要程度	得分	说明
不太重要	1	该指标对"绿色生态环境"贡献不大
稍重要	2	该指标对"绿色生态环境"稍有贡献
重要	3	该指标对"绿色生态环境"有贡献
很重要	4	该指标对"绿色生态环境"有明显贡献
绝对重要	5	该指标对"绿色生态环境"有非常明显贡献

例如，在"村镇用地选址及功能分区"类目中，您认为"公共服务设施完善度"绝对重要，"人均休闲娱乐用地面积"稍重要，"公共交通便利性"稍重要，则填写如下：

4. 在"村镇用地选址与功能分区"类目中，您认为下列指标的重要程度为：

	重要程度（不必排序，可相同）
公共服务设施完善度	★★★★★
人均休闲娱乐用地面积	★★☆☆☆
公共交通便利性	★★☆☆☆

1. 您的专业背景为（单选题　*必答）

○ 环境　　　○ 暖通　　　○ 建筑　　　○ 城市规划　　　○ 土木　　　○ 经济学

○ 管理学　　○ 国土　　　○ 资源　　　○ 农林　　　　　○ 其他

2. 本次调研专门针对"环境"，但其他指标对环境是有作用的，可能影响程度即权重不同。例如，在"资源节约与利用"大类中，"废弃物处理与资源化"显然是村镇环境直接影响指标，权重较大，而"村镇用地选址与功能分区"不是村镇环境直接影响指标，权重会小。请问您是否理解了本次调研的意图？（单选题　*必答）

○ 是　　　　　　　○ 否

下列3~9题所述指标隶属于资源节约与利用大类

3. 在"土地规划"类目中，您认为下列指标对绿色生态环境的重要程度为：（矩阵打分题请填1~5数字打分*必答）

	重要程度（不必排序，可相同）
村镇规划、用地的合理性	
受保护地区占国土面积比例	

4. 在"村镇用地选址与功能分区"类目中，您认为下列指标对绿色生态环境的重要程度为：（矩阵打分题请填1~5数字打分*必答）

	重要程度（不必排序，可相同）
公共服务设施完善度	
人均休闲娱乐用地面积	
公共交通便利性	

5. 在"社区与农房建设"类目中，您认为下列指标对绿色生态环境的重要程度为：（矩阵打分题请填1~5数字打分*必答）

	重要程度（不必排序，可相同）
农村卫生厕所普及率	
绿色农房比率	
绿色建材使用比率	

6. 在"清洁能源利用与节能"类目中，您认为下列指标对绿色生态环境的重要程度为：（矩阵打分题请填1~5数字打分*必答）

	重要程度（不必排序，可相同）
农村生活用能中清洁能源使用率	
农作物秸秆综合利用率	
节能节水器具使用率	

7. 在"水资源利用"类目中，您认为下列指标对绿色生态环境的重要程度为：（矩阵打分题请填1～5数字打分*必答）

	重要程度（不必排序，可相同）
地表水环境质量（内陆）、近岸海域水环境质量（沿海）	
集中式饮用水水源地水质达标率（城镇）、农村饮用水卫生合格率（农村）	
农业灌溉水有效利用系数	
非传统水源利用率	

8. 在"废弃物处理与资源化"类目中，您认为下列指标对绿色生态环境的重要程度为：（矩阵打分题请填1～5数字打分*必答）

	重要程度（不必排序，可相同）
生活垃圾定点存放清运率	
生活垃圾资源化利用率	
城镇生活垃圾无害化处理率	
农用塑料薄膜回收率	
集约化畜禽养殖场粪便综合利用率	
建筑旧材料再利用率	

9. 综合3～8题，在"资源节约与利用"大类中，您认为下列指标对绿色生态环境的重要程度为：（矩阵打分题请填1～5数字打分*必答）

	重要程度（不必排序，可相同）
土地规划	
村镇用地选址与功能分区	
社区与农房建设	
清洁能源利用与节能	
水资源利用	
废弃物处理与资源化	

下列10～15题所述指标隶属于"环境质量与修复"大类

10. 在"污水处理"类目中，您认为下列指标对绿色生态环境的重要程度为：（矩阵打分题请填1～5数字打分*必答）

	重要程度（不必排序，可相同）
化学需氧量（COD）排放强度	
城镇生活污水集中处理率	
城镇污水再生利用率	

11. 在"环境修复"类目中，您认为下列指标对绿色生态环境的重要程度为：（矩阵打分题请填1～5数字打分*必答）

	重要程度（不必排序，可相同）
森林覆盖率	
城镇人均公共绿地面积	
退化土地恢复率	
化肥施用强度（折纯）	
农药施用强度	

12. 在"空气质量"类目中，您认为下列指标对绿色生态环境的重要程度为：（矩阵打分题请填1～5数字打分*必答）

	重要程度（不必排序，可相同）
主要大气污染物浓度	
空气质量满意度	

13. 在"声环境"类目中，您认为下列指标对绿色生态环境的重要程度为：（矩阵打分题请填1～5数字打分*必答）

	重要程度（不必排序，可相同）
环境噪声达标区的覆盖率	

14. 在"生态景观"类目中，您认为下列指标对绿色生态环境的重要程度为：（矩阵打分题请填1～5数字打分*必答）

	重要程度（不必排序，可相同）
物种多样性指数	
河塘沟渠整治率	

15. 综合10～14题，在环境质量与修复大类中，您认为下列指标对绿色生态环境的重要程度为：（矩阵打分题请填1～5数字打分*必答）

	重要程度（不必排序，可相同）
污水处理	
环境修复	
空气质量	
声环境	
生态景观	

下列16～18题所述指标隶属于"生产发展与管理"大类

16. 在"清洁生产与低碳发展"类目中，您认为下列指标对绿色生态环境的重要程度为：（矩阵打分题请填1～5数字打分*必答）

	重要程度（不必排序，可相同）
村民年人均可支配收入	
城镇居民年人均可支配收入	
特色产业	
单位GDP能耗	
单位GDP水耗	
单位GDP碳排放量	

17. 在"生态环保产业"类目中，您认为下列指标对绿色生态环境的重要程度为：（矩阵打分题请填1～5数字打分*必答）

	重要程度（不必排序，可相同）
环境保护投资占GDP比重	
主要农产品中有机、绿色及无公害产品种植面积的比重	

18. 综合16～17题，在"生产发展与管理"大类中，您认为下列指标对绿色生态环境的重要程度为：（矩阵打分题请填1～5数字打分*必答）

	重要程度（不必排序，可相同）
清洁生产与低碳发展	
生态环保产业	

下列19题所述指标隶属于"公共服务与参与"大类

19. 在"公共服务与参与"类目中，您认为下列指标对绿色生态环境的重要程度为：（矩阵打分题请填1～5数字打分*必答）

	重要程度（不必排序，可相同）
公众对环境的满意率	
环保宣传普及率	
遵守节约资源和保护环境村民的农户比例	

20. 综上所述，对于整个绿色生态村镇环境指标评价体系，您认为下列指标对绿色生态环境的重要程度为：（矩阵打分题请填1～5数字打分*必答）

	重要程度（不必排序，可相同）
资源节约与利用	
环境质量与修复	
生产发展与管理	
公共服务与参与	

附录B 绿色生态村镇环境评价指标（条文）分值设置表

类型	项目	指标		评分方法
一、资源节约与利用	1. 土地规划	（1）村镇规划、用地的合理性		规划不符合指标解释中提出的要求，0分；规划符合指标解释中提出的要求基础上，有其他特色措施酌情给分，直至满分5分
		（2）受保护地区占国土面积比例	山区及丘陵区	山区及丘陵区<20%时0分，平原地区<15%时0分；比例每增加15%加1分，直至满分5分
			平原地区	
	2. 村镇用地选址与功能分区	（3）公共服务设施完善度	学校服务半径与覆盖比例	服务半径>300m，所覆盖的用地面积占居住区总用地面积的比例<30%，0分；服务半径≤300m，30%≤覆盖比例<35%，1分；覆盖比例每增加5%加1分，直至满分5分
			养老服务半径与覆盖比例	服务半径>500m，所覆盖的用地面积占居住区总用地面积的比例<30%，0分；服务半径≤500m，30%≤覆盖比例<35%，1分；覆盖比例每增加5%加1分，直至满分5分
			医院服务半径与覆盖比例	服务半径>500m，所覆盖的用地面积占居住区总用地面积的比例<60%，0分；服务半径≤500m，60%≤覆盖比例<65%，1分；覆盖比例每增加5%加1分，直至满分5分
			商业服务半径与覆盖比例	服务半径>500m，所覆盖的用地面积占居住区总用地面积的比例<60%，0分；服务半径≤500m，60%≤覆盖比例<65%，1分；覆盖比例每增加5%加1分，直至满分5分
		（4）人均休闲娱乐用地面积		无符合合定义要求的活动室时，0分；每建有一个符合合定义要求的活动室加1分，直至满分5分
		（5）公共交通便利性		镇区不足60%的生活区和工作区在公交站点500m半径覆盖范围之内时，0分；镇区的生活区和工作区60%~70%在公交站点500m半径覆盖范围之内，1分；镇区的生活区和工作区比例每增加10%加1分，直至满分5分

续表

类型	项目	指标	评分方法	
一、资源节约与利用	3. 社区与农房建设	（6）农村卫生厕所普及率	<100%，0分	100%，满分5分
		（7）绿色农房数	每有一幢增加1分，直至满分5分	
		（8）绿色建材使用比率	<30%时0分；30%~40%，1分；比例每增加10%加1分，直至满分5分	
	4. 清洁能源利用与节能	（9）农村生活用能中清洁能源使用率	<60%时0分；比例每增加10%加1分，直至满分5分	
		（10）农作物秸秆综合利用率、裸野焚烧率	农作物秸秆综合利用率<95%，或裸野焚烧率不为0时，0分	农作物秸秆综合利用率≥95%，裸野焚烧率为0时，5分
		（11）节能节水器具使用率	<100%，0分	100%，满分5分
		（12）地表水环境质量，近岸海域水环境质量	未达到功能区标准，0分；达到功能区标准的基础上，有其他改善措施的情给分，满分5分	
	5. 水资源利用	（13）集中式饮用水水源地水质达标率、农村饮用水卫生合格率	<100%，0分	100%，满分5分
		（14）农业灌溉水有效利用系数	<0.55，0分；0.55~0.6，1分；每增加0.05，增加1分，直至满分5分	
		（15）非传统水源利用率	<5%，0分；5%~6%，1分；比例每增增加1%加1分，直至满分5分	
	6. 废弃物处理与资源化	（16）生活垃圾定点存放清运率	<100%，0分	100%，满分5分
		（17）生活垃圾资源化利用率 东部	<90%，0分	≥90%，满分5分
		中部	<80%，0分	≥80%，满分5分
		西部	<70%，0分	≥70%，满分5分
		（18）村镇生活垃圾无害化处理率	<100%，0分	100%，满分5分
		（19）农用塑料薄膜回收率	<90%，0分	≥90%，满分5分

续表

类型	项目	指标	评分方法
一、资源节约与利用	6. 废弃物处理与资源化	(20) 集约化畜禽养殖场粪便综合利用率	<95%, 0分; ≥95%, 满分5分
		(21) 建筑旧材料再利用率	<30%时0分; 30%~45%, 1分; 比例每增加15%加1分, 直至满分5分
	7. 污水处理	(22) 化学需氧量（COD）排放强度	≥5.5kg/万元GDP, 0分; <5.5kg/万元GDP, 5分
		(23) 村镇生活污水集中处理率	<70%, 0分; 70%~80%, 1分; 80%~90%, 3分; ≥90%, 5分
		(24) 村镇污水再生利用率	<80%, 0分; 80%~90%, 3分; ≥90%, 5分
二、环境质量与修复	8. 环境修复	(25) 森林覆盖率　山区	<75%, 0分; 75%~80%, 1分; 比例每增加5%加1分, 直至满分5分
		(25) 森林覆盖率　丘陵区	<45%, 0分; 45%~55%, 1分; 比例每增加10%加1分, 直至满分5分
		(25) 森林覆盖率　平原地区	<18%, 0分; 18%~30%, 1分; 比例每增加15%加1分, 直至满分5分
		(25) 森林覆盖率　高寒区或草原区林草覆盖率	<75%, 0分; 75%~80%, 1分; 比例每增加5%加1分, 直至满分5分
		(26) 村镇人均公共绿地面积	<12m²/人, 0分; 12~13m²/人, 1分; 每增加1m²/人加1分, 直至满分5分
		(27) 退化土地恢复率	<90%, 0分; ≥90%, 满分5分
		(28) 化肥施用强度（折纯）	≥250 kg/hm², 0分; 240~250 kg/hm²加1分, 每减少10 kg/hm²加1分, 直至满分5分
		(29) 农药施用强度	>3kg/hm², 0分; 2.5~3kg/hm², 1分; 2~2.5kg/hm², 3分; <2kg/hm², 5分

续表

类型	项目	指标		评分方法
二、环境与质量修复	9. 空气质量	（30）主要大气污染物浓度	二氧化硫	>500μg/m³（1h平均值），0分；400～500μg/m³（1h平均值），1分；每减少100μg/m³（1h平均值）加1分，直至满分5分
			氮氧化物	>200μg/m³（1h平均值），0分；150～200μg/m³（1h平均值），1分；每减少50μg/m³（1h平均值）加1分，直至满分5分
		（31）空气质量满意度		<80%，0分；80%～90%，3分；≥90%，5分
	10. 声环境	（32）环境噪声达标区的覆盖率	昼间	<90%，0分；≥90%，满分5分
			夜间	<80%，0分；≥80%，满分5分
	11. 生态景观	（33）物种多样性指数、珍稀濒危物种保护率		<0.9，0分；≥0.9，满分5分
		（34）河塘沟渠整治率		<90%，0分；≥90%，满分5分
三、生产与发展管理	12. 清洁生产与低碳发展	（35）农民年人均纯收入	经济发达地区	<11000元，0分；11000～16500元，1分；16500～22000元，2分；22000～27500元，3分；27500～33000元，4分；≥33000元，5分
			经济欠发达地区	<8000元，0分；8000～12000元，1分；12000～16000元，2分；16000～20000元，3分；20000～24000元，4分；≥24000元，5分
		（36）城镇居民年人均可支配收入	经济发达地区	<24000元，0分；24000～36000元，1分；36000～48000元，2分；48000～60000元，3分；60000～72000元，4分；≥72000元，5分
			经济欠发达地区	<18000元，0分；18000～27000元，1分；27000～36000元，2分；36000～45000元，3分；45000～54000元，4分；≥54000元，5分

续表

类型	项目	指标	评分方法
三、生产与发展管理	12. 清洁生产与低碳发展	（37）特色产业	有一种模式的特色产业，1分；至少有一种模式的特色产业基础上，酌情给分，满分5分
		（38）单位GDP能耗	>1.2tce/万元，0分；≤1.2tce/万元，且单位地区生产总值能耗低于所在省（市）目标且相对基准年的年均进一步降低0.3%~0.4%，1分；每增加0.1%加1分，直至满分5分
		（39）单位GDP水耗	>150m³/万元，0分；≤150m³/万元，且单位地区生产总值水耗低于所在省（市）目标且相对基准年的年均进一步降低0.3%~0.4%，1分；每增加0.1%加1分，直至满分5分
		（40）单位GDP碳排放量	未达到所在地的减碳目标，0分；达到所在地的减碳目标基础上，有其他改善措施酌情给分，满分5分
	13. 生态环保产业	（41）环境保护投资占GDP的比重	<10%，0分；10%~15%，1分；比例每增加5%加1分，直至满分5分
		（42）主要农产品中有机、绿色及无公害产品种植面积的比重	<60%，0分；60%~70%，1分；比例每增加10%加1分，直至满分5分
四、公共服务与参与	14. 公众参与度	（43）公众对环境的满意率	<95%，0分；≥95%，满分5分
		（44）环保宣传普及率	<85%，0分；85%~90%，1分；90%~95%，3分；≥95%，5分
		（45）遵守节约资源和保护环境村民的农户比例	<95%，0分；≥95%，满分5分
五、创新项	15. 创新项	（46）创新项	酌情给分，满分10分

参考文献

第1章

[1] 蔡士魁，施问超，吴鸿吉. 江苏省董徐村生态村建设与研究成果 [J]. 生态经济，1989（6）：24-29.

[2] 范涡河，史进，王法尧，等. 安徽淮北平原建设"生态村"途径的探讨 [J]. 农业现代化研究，1986（3）：30-32.

[3] 华永新. 生态村建设与可持续发展 [J]. 可再生能源，2000（1）：28-29.

[4] 陈亚松，杨玉楠. 我国生态村的建设与展望 [J]. 北方环境，2011，23（6）：71-74.

[5] Felicie A L. Global Ecovillage Network [J]. Salv kegina University，2012，4（6）：11-15.

[6] Wendy A，Kellogg W. Dennis Keating. Cleveland's Eco-village：Green and Affordable Housing through a Network Alliance [J]. Housing Policy Debate，2011，21（1）：69-91.

[7] 朱跃龙，吴文良，霍苗. 生态农村——未来农村发展的理想模式 [J]. 生态经济，2005（3）：64-66.

[8] 张京祥，张小林，张伟. 试论乡村聚落体系的规划组织 [J]. 人文地理，2002，17（1）：85-88.

[9] 姜秀娟. 新农村建设中的生态村庄规划研究 [D]. 中南大学，2007：23-45.

[10] Bausch D G，Schwarz L. Outbreak of Ebola Virus Disease in Guinea：Where Ecology Meets Economy [J]. Plos Neglected Tropical Diseases，2014，8（7）：337-338.

[11] Luo K Y. Research on Functional Characteristics of Karst Eco-economic Compound System in Guizhou Province [J]. Asian Journal of Agricultural Research，2011，3（3）：113-119.

[12] Jarzebski M P，Tumilba V，Yamamoto H. Application of a Tri-capital Community Resilience Framework for Assessing the Social‐ecological System Sustainability of Community-based Forest Management in the Philippines [J]. Sustainability Science，2016，11（2）：307-320.

[13] Costanza R. Ecological Economics：The Science and Management of Sustainability [J]. American Journal of Agricultural Economics，1991（2）：33-35.

[14] 杜祥琬，温宗国，王宁，等. 生态文明建设的时代背景与重大意义 [J]. 中国工程科学，2015，17（8）：8-15.

[15] Yeon S H. Application Methods of the Natural Topography and Environmental Facts for Building Optimum Eco-village [J]. American Journal of Agricultural Economics，2015，18（4）：59-67.

[16] 杨洋. 陕西省生态村发展模式研究 [D]. 西安建筑科技大学，2014：23-34.

[17] 吴志冲. 我国沿海地区发展生态循环农业的范例——上海市崇明县前卫村模式 [J]. 上海农村经济，2004（3）：19-21.

[18] 赵常兴. 社会转型期城中村形成的制度性因素探析 [J]. 当代经济，2011（24）：94-95.

[19] 吴文良. 我国不同类型区生态农业县建设的基本途径与典型模式 [J]. 中国生态农业学报，2000（2）：5-9.

[20] 许娟，霍小平，刘加平. 城市近郊旅游生态村规划研究 [J]. 小城镇建设，2010（12）：48-52.

[21] 李丹. 天津地区生态村空间布局研究 [D]. 河北工业大学，2015：29-43.

[22] 崔愷. 田园建筑：让乡村美起来 [J]. 小城镇建设，2015（12）：120-121.

[23] 邱童，徐强，陈易，等. 农村既有居住建筑节能改造技术研究——以上海崇明岛瀛东村为节能改造试点 [J]. 住宅科技，2010，30（12）：5-8.

［24］Yi Y. Discussion of the Eco-village Planning Method Based on Human Settlements Environment［J］. Urbanism & Architecture，2013（2）：210-211.

［25］郭建明. 浅谈生态村景观规划设计——以句容为例［J］. 江苏城市规划，2012（2）：87-89.

［26］Davis A M，Pearson R G，Kneipp I J，et al. Spatiotemporal Variability and Environmental Determinants of Invertebrate Assemblage Structure in An Australian Dry-tropical River［J］. Freshwater Science，2015，34（2）：634-647.

［27］Miller E，Bentley K. Leading a Sustainable Lifestyle in a "Non-Sustainable World"：Reflections from Australian Ecovillage and Suburban Residents.［J］. Journal of Education for Sustainable Development，2012，6（1）：137-147.

［28］Bragg E A. Towards Ecological Self：Deep Ecology Meets Constructionist Self-theory［J］. Journal of Environmental Psychology，1996，16（2）：93-108.

［29］Nathan L P. Ecovillages，Values，and Interactive Technology：Balancing Sustainability with Daily Life in 21st Century America［C］. ACM，2008：3723-3728.

［30］石山. 生态经济思想与新农村建设［J］. 河北学刊，1986（6）：32-38.

［31］卞有生. 留民营生态农业系统［J］. 科学，1987（4）：33-35.

［32］Wagner B L. Beneath the Surface：Critical Essays in the Philosophy of Deep Ecology［J］. Environmental Ethics，2001，23（3）：331-334.

［33］张海燕，袁新敏. 从国家级生态村建设成果看新农村生态建设的重点［J］. 农村经济，2009（5）：91-93.

［34］冯艳芬，胡月明，曹学宝. 揭西县生态村镇建设的可行性分析［J］. 广州大学学报（自然科学版），2004，3（4）：342-345.

第2章

［1］王洪林. 严寒地区绿色村镇评价指标体系构建研究［D］. 哈尔滨工业大学，2015.

［2］杨伟. 严寒地区绿色村镇住宅建设评价指标构建的博弈分析［D］. 哈尔滨工业大学，2015.

［3］李昂，周怀东，刘来胜，等. 村镇生态系统健康研究——以重庆市开县岳溪镇为例［J］. 中国水利水电科学研究院学报，2014，12（4）：431-436.

［4］戴添华. 贵阳市生态文明城市评价指标体系构建研究［J］. 心事，2014（16）：288-288.

［5］申振东. 建设贵阳市生态文明城市的指标体系与监测方法［J］. 中国国情国力，2009（5）：13-16.

［6］Rejith P G，Jeeva S P，Vijith H，et al. Determination of Groundwater Quality Index of a Highland Village of Kerala（India）Using Geographical Information System.［J］. Journal of Environmental Health，2009，71（10）：51-58.

［7］许力飞. 我国城市生态文明建设评价指标体系研究［D］. 中国地质大学，2015.

［8］莫霞，王伟强. 适宜技术视野下的生态城指标体系建构——以河北廊坊万庄可持续生态城为例［J］. 现代城市研究，2010，25（5）：58-65.

［9］李丽. 小城镇生态环境质量评价指标体系及其评价方法的研究［D］. 华中农业大学，2008.

［10］Gong D，Yang X，Wang S. Survey on the Evaluation Index System of a Green Village in a Cold Region［J］. World & Chongqing，2015.

［11］王从彦，潘法强，唐明觉，等. 浅析生态文明建设指标体系选择——以镇江市为例［J］. 中国人口资源与环境，2014（S3）：149-153.

［12］刘建文，卫旭方，周跃云. 长株潭城市群"两型"低碳村镇建设评价指标体系构建［J］. 湖南工业大学学报：社会科学版，2013，18（2）：5-9.

［13］鲍婷. 基于灰色-AHP法的绿色村镇综合评价研究［D］. 哈尔滨工业大学，2015.

［14］秦伟山，张义丰，袁境. 生态文明城市评价指标体系与水平测度［J］. 资源科学，2013，35（8）：1677-1685.

［15］Rajkumar A P，Brinda E M，Duba A S，et al. National Suicide Rates and Mental Health System Indicators：An Ecological Study of 191 Countries［J］. International Journal of Law & Psychiatry，2013，36（5-6）：339-342.

［16］郑琳琳. 安徽省生态乡镇建设指标体系研究［D］. 合肥工业大学，2012.

［17］谭洁. 天津市城镇生态社区评价指标体系构建［D］. 天津师范大学，2012.

［18］王蔚炫. 资源型小城镇可持续发展评价指标体系研究［C］// 第X届城市发展与规划大会2014. 2014.

［19］Li X，Pan J. China Green Development Index Report 2011［R］. Springer Berlin Heidelberg，2013.

［20］姜莉萍. 县域可持续发展指标体系的研究与评价［D］. 北京林业大学，2008.

［21］曹蕾. 区域生态文明建设评价指标体系及建模研究［D］. 华东师范大学，2015.

［22］李健斌，陈鑫. 世界可持续发展指标体系探究与借鉴［J］. 理论界，2010，2010（1）：53-55.

［23］William C Clark，Nancy M Dickson. Sustainability Science：The Emerging Research Program［J］. PNAS，2003，100（14）：8059-8061.

［24］Thomas M P，Robert W K. Characterizing a Sustainability Transition：Goals，Targets，Trends，and Driving Forces［J］. PNAS，2003，100（14）：8068-8073.

［25］Turner B L，Kasperson R E，Matson P A. et al. A Framework for Vulnerability Analysis in Sustainability Science［J］. PNAS，2003，100（14）：8074-8079.

［26］Turner B L，Matson P A，McCarthy J J. et al. Illustrating the Coupled Human-environment System for Vulnerability Analysis：Three Case Studies［J］. PNAS，2003，100（14）：8080-8085.

［27］国家生态文明建设示范村镇指标（试行）［S］. 环境保护部. 2015.

［28］国家级生态乡镇建设指标［S］. 环境保护部. 2010.

［29］绿色低碳重点小城镇建设评价指标（试行）［S］. 住房城乡建设部. 2012.

［30］绿色农房建设导则（试行）［S］. 住房城乡建设部. 2013.

［31］中国城市科学研究会绿色建筑与节能专业委员会. CSUS/GBC 06-2015绿色小城镇评价标准［S］. 北京. 2015.

［32］全国环境优美乡镇考核标准（试行）［S］. 环境保护部. 2002.

［33］生态县、生态市、生态省建设指标（修订稿）［S］. 环境保护部. 2007.

［34］中国美丽村庄评鉴指标体系［S］. 中国村社发展促进会特色村工作委员会联合亚太环境保护协会. 2012.

［35］Norman M，Jennifer K. New Consumers：The Influence of Affluence on the Environment［J］. PNAS，2003，100（8）：4963-4968.

［36］William C C. Sustainability Science：A Room of Its Own［J］. PNAS，2007，104（6）：1737-1738.

［37］Carpenter S R，Mooney H A，Agard J，et al. Science for Managing Ecosystem Services：Beyond the Millennium Ecosystem Assessment［J］. PNAS，2009，106（5）：1305-1312.

［38］李天星. 国内外可持续发展指标体系研究进展［J］. 生态环境学报，2013（6）：1085-1092.

［39］王婧. 村镇低成本能源系统生命周期评价及指标体系研究［D］. 同济大学机械工程学院同济大学，2008.

［40］卢求. 德国DGNB——世界第二代绿色建筑评估体系［J］. 世界建筑，2010（1）：105-107.

［41］张新端. 环境友好型城市建设环境指标体系研究［D］. 重庆大学，2007.

［42］王娜，梁冬梅. 长春市生态环境指标体系的建立及综合评价［J］. 安徽农业科学，2011，39（7）：4151-4152.

［43］陈洁，曹昌盛，侯玉梅，等. 绿色生态村镇环境指标体系构建研究［J］. 建设科技，2016（10）：

38-40.

［44］蔡萍萍，章勤俭，倪震海. 烟草商业企业物流配送满意度模糊评价［J］. 中国烟草学报，2012，18（5）：66-72.

［45］王光辉，肖圣才，刘小燕，等. Delphi专家评分法在景观桥梁方案比选中的应用［J］. 湖南理工学院学报：自然科学版，2011，24（3）：79-82.

［46］朱仕斌，张峰晓. 调查和专家打分法在风险评估中的应用［J］. 山西建筑，2006（22）：274-275.

［47］葛世伦. 用1—9标度法确定功能评价系数［J］. 价值工程，1989（1）：33-35.

［48］郭金玉，张忠彬，孙庆云. 层次分析法的研究与应用［J］. 中国安全科学学报，2008，18（5）：148-153.

［49］邓雪，李家铭，曾浩健，等. 层次分析法权重计算方法分析及其应用研究［J］. 数学的实践与认识，2012，42（7）：93-100.

［50］李丽，张海涛. 基于BP人工神经网络的小城镇生态环境质量评价模型［J］. 应用生态学报，2008，19（12）：2693-2698.

［51］丁维，盛锦石. 江苏省海门县农村生态环境评价方法［J］. 生态与农村环境学报，1994，10（2）：38-40.

［52］曹新向，梁留科，丁圣彦. 可持续发展定量评价的生态足迹分析方法［J］. 自然杂志，2003，25（6）：335-339.

［53］王祥荣. 上海浦东新区持续发展的环境评价及生态规划［J］. 城市规划学刊，1995（5）：46-50.

［54］曹连海，郝仕龙，陈南祥. 农村生态环境指标体系的构建与评价［J］. 水土保持研究，2010，17（5）：238-240.

［55］李南洁，姜树辉. 村镇土地节约和集约利用评价指标体系研究［J］. 南方农业，2008，2（3）：69-71.

［56］Huang L, Shao C, Sun Z, et al. Study of the Index Evaluation System for Beautiful Village［J］. Ecological Economy，2015.

［57］Zhang T, Hu Q, Fukuda H, et al. The Evaluation Method of Gully Village's Ecological Sustainable Development in the Gully Regions of Loess Plateau［J］. Journal of Building Construction & Planning Research，2016，04（1）：1-12.

［58］Luo X Y, Ge J, Lu M Y. The Evaluation System of Ecological and Low-carbon Village in Zhejiang Province［J］. Lowland Technology International，2015，17（1）：39-46.

第3章

［1］刘征，郑艳侠，赵志勇. 生态功能区划方法研究［J］. 石家庄学院学报，2008，10（3）：54-59.

［2］Weber T, Sloan A, Wolf J. Maryland's Green Infrastructure Assessment：Development of a Comprehensive Approach to Land Conservation［J］. Landscape and Urban Planning，2006（02）：94-110.

［3］Weber T. Maryland's Green Infrastructure Assessment：A Comprehensive Strategy for Land Conservation and Restoration［M］. Maryland：Maryland Department of Natural Resources，2003：93-96.

［4］郭一令，韩金益，高晓兰，等. 常熟市农村分散污水收集处理技术与运行管理调查研究［J］. 安徽农业科学，2014（8）：241-244.

［5］才大伟. 村镇绿地规划研究［D］. 哈尔滨：东北林业大学，2010：36-64.

［6］冯艳芬，胡月明，曹学宝. 揭西县生态村镇建设的可行性分析［J］. 广州大学学报（自然科学版），2004，3（4）：342-345.

［7］Sanderson J, Harris L D. Landscape Ecology［M］. London：Lewis Publishers，2010：157-167.

［8］　白梅. 合理发展自行车交通［J］. 工业建筑，2005，35（z1）：64-65.

［9］　John L. B, Planning and Financing Open Space Resource Protection – Pittsford's Greenprint Initiative, American Institute of Certified Planners, Planners' Casebook, Spring/Summer 1999：3-5.

［10］　卢小丽，基于生态系统服务功能理论的生态足迹模型研究［J］，中国人口. 资源与环境，2011（12）：39-43.

［11］　庄荣，陈冬娜. 他山之石——国外先进绿道规划研究对珠江三角洲区域绿道网规划的启示［J］. 中国园林，2012，28（6）：25-28.

［12］　赵士洞，张永民. 生态系统与人类福祉——千年生态系统评估的成就、贡献和展望［J］. 地球科学进展，2006（9）：89-90.

［13］　冯娴慧. 城市近地面层的风场特征与导风体系构建的研究——以广州、江门为例［D］. 广州：中山大学，2006（3）：88-91.

［14］　高云飞. 理想风水格局村落的生物物理环境计算机分析［J］. 建筑科学，2007，23（6）：19-23.

［15］　Chris B. Green Transportation Hierarchy：A Guide for Personal and Public Decision-Making［M］. London：Lewis Publishers，2009：146-148.

［16］　Ahern J. Greenways As a Planning Strategy［J］. Landscape and Urban Planning，1995（33）：131-155.

［17］　刘春艳，彭兴黔，赵青春. 沿海城市住宅小区风环境研究［J］. 福建建筑，2010：15-17.

第4章

［1］　Chen Y, Yang H, Wang X, et al. Biomass-based Pyrolytic Polygeneration System on Cotton Stalk Pyrolysis：Influence of Temperature. Bioresource Technology［J］，2012，107：411-418.

［2］　Cui H, Wu P, Ma Y, et al. Review and Prospective Challenges on Niomass Densification Technologies and Processes［J］. International Agricultural Engineering Journal，2014，23（1）：30-38.

［3］　Ma P, Liu H, Liu S. Development of Straw Briquette Boiler. Advanced Materials Research［C］. //2nd International Conference on Energy, Environment and Sustainable Development，EESD 2012.

［4］　Michel A. B, Bernard B. Pumping Energy and Variable Frequency Drives［J］. ASHRAE Journal，1999，41（12）：37-40.

［5］　Sartor K, Restivo Y, Ngendakumana P, et al. Prediction of SOx and NOx Emissions from a Medium Size Biomass Boiler［J］. Biomass and Bioenergy，2014，65（3）：91-100.

［6］　Wang H, Jiao W, Risto L. Atmospheric Environmental Impact Assessment of a Combined District Heating System［J］，Building and Environment. 2013，64（4）：200-212.

［7］　Yuan Y, Zhao J. Study on the Supply Capacity of Crop Residue as Energy in Rural Areas of Heilongjiang Province of China［J］. Renewable and Sustainable Energy Reviews，2014，38：526-536.

［8］　Yuan Y, Zhao J. Survey of Rural Household Energy-using Characteristics in Heilongjiang Province of China［C］. //13th International Conference on Sustainable Energy Technologies（SET2014），August 25-28，2014，Geneva，Switzerland.

［9］　Zhao J, Yuan Y, Ren Y, Wang H. Environmental Assessment of Crop Residue Processing Methods in Rural Areas of Northeast China［J］. Renewable Energy, 2015，84：22-29.

［10］　毕于运，高春雨，王亚静，等. 中国秸秆资源数量估算［J］. 农业工程学报，2009（12）：211-217.

［11］　毕于运，高春雨，王亚静，等. 中国农村户用沼气自然适宜性区划［J］. 资源科学，2009（8）：1272-1279.

［12］　陈百明，张正峰，陈安宁. 农作物秸秆气化利用技术与商业化经营案例分析［J］. 农业工程学报，

2005（10）：124-128.

［13］陈豫. 中国农村户用沼气区域适宜性与可持续性研究［D］. 西北农林科技大学，2011.

［14］陈正宇，张雷，陆辛，等. 生物质成型燃料在我国的发展与应用［J］. 锻压技术，2012（5）：129-132.

［15］樊峰鸣. 我国农村秸秆成型燃料规模化技术研究［D］. 郑州：河南农业大学，2005.

［16］方开泰，潘恩沛. 聚类分析［M］. 北京：地质出版社，1982.

［17］高新波. 模糊聚类分析及其应用［M］. 西安：西安电子科技大学出版社，2004.

［18］耿春梅，陈建华，王歆华，等. 生物质锅炉与燃煤锅炉颗粒物排放特征比较［J］. 环境科学研究，2013（6）：666-671.

［19］郭继平，丁尚辉，马庆元，等. 生物质连续干馏制气工艺试验研究［J］. 可再生能源，2008（4）：62-63.

［20］黄莺. 夏热冬冷地区绿色生态村镇能源资源潜力分析［D］. 哈尔滨：哈尔滨工业大学，2016.

［21］李岑. 严寒地区绿色生态村镇能源资源潜力分析［D］. 哈尔滨：哈尔滨工业大学，2017.

［22］李光全，聂华林，杨莉丽. 中国农村生活能源消费的区域差异及影响因素［J］. 山西财经大学学报，2010，32（2）：68-73.

［23］李延庆. 中国农村家庭能源消费结构研究［D］. 大连：大连理工大学，2013.

［24］廖春晖. 燃煤热电联产区域供热系统热源优化配置研究［D］. 哈尔滨：哈尔滨工业大学，2014.

［25］龙惟定，白玮. 城区需求侧能源规划和能源微网技术［M］. 北京：中国建筑工业出版社，2016.

［26］宁旭艳，张旭，高军. 不同气候区典型村镇生活用能现状及影响因素分析［J］. 建筑科学，2013，29（12）：98-102.

［27］彭芳春，黄志杰. 农村能源区划的原理和方法［J］. 能源，1984（2）：33-37.

［28］汤云川，张卫峰，马林，等. 户用沼气产气量估算及能源经济效益［J］. 农业工程学报，2010，（3）：281-288.

［29］田宜水，张鉴铭，陈晓夫，等. 秸秆直燃热水锅炉供热系统的研究设计［J］. 农业工程学报，2002，02：87-90.

［30］王红彦. 秸秆气化集中供气工程技术经济分析［D］. 北京：中国农业科学院，2012.

［31］王维. 广东地区绿色生态村镇能源资源潜力分析［D］. 哈尔滨：哈尔滨工业大学，2015.

［32］王效华，冯祯民. 运用聚类分析法进行中国农村家庭能源消费的区域划分［J］. 南京农业大学学报，2001，24（4）：103-106.

［33］王效华. 江苏农村家庭能源消费研究［J］. 中国农学通报，2012，28（26）：196-200.

［34］王亚静，毕于运，高春雨. 中国秸秆资源可收集利用量及其适宜性评价［J］. 中国农业科学，2010（9）：1852-1859.

［35］温娟，骆中钊，李燃. 小城镇生态环境设计［M］. 北京：化学工业出版社，2011.

［36］闫艳艳. 严寒地区村镇生活用能特征及绿色评价体系研究［D］. 哈尔滨：哈尔滨工业大学，2015.

［37］杨飞，吴根义，诸云强，等. 中国各省区未来主要畜禽养殖量及耕地氮载荷的预测［J］. 水土保持研究，2013，（3）：289-294.

［38］袁野. 基于秸秆能源的黑龙江省村镇生活热能复合供应模式研究［D］. 哈尔滨：哈尔滨工业大学，2015.

［39］张崇磊. 寒冷地区绿色生态村镇能源资源潜力分析［D］. 哈尔滨：哈尔滨工业大学，2016.

［40］张建国，刘海燕，张建民，等. 节能项目节能量与减排量计算及价值分析［J］. 中国能源，2009（5）：26-29+25.

［41］张林海，侯书林，田宜水，等. 生物质固体成型燃料成型工艺进展研究［J］. 中国农机化，2012（5）：87-91+100.

［42］张明明，于沧海. ArcGIS10.1超级学习手册［M］. 北京：人民邮电出版社，2015.

［43］张田，卜美东，耿维. 中国畜禽粪便污染现状及产沼气潜力［J］. 生态学杂志，2012，31（5）：
1241-1249.

［44］张秀萍，郑国璋. 中国农村能源消费研究［J］. 山西师范大学学报. 2016，30（1）：93-95.

［45］赵立欣，孟海波，姚宗路，等. 中国生物质固体成型燃料技术和产业［J］. 中国工程科学，2011，
02：78-82.

［46］朱红. 生物质气化过程运行工况研究［D］. 北京：华北电力大学，2011.

［47］朱松丽. 发展中国家农村民用炉灶的温室气体和污染物排放因子研究［J］. 可再生能源，2004（2）：
16-19.

［48］清华大学建筑节能研究中心. 中国建筑节能年度发展研究报告［M］. 北京：中国建筑工业出版社，
2006.

［49］中华人民共和国农业部. 农业和农村节能减排十大技术［M］. 北京：中国农业出版社，2007.

［50］中国能源统计年鉴2016［G］. 北京：中国统计出版社，2016.

［51］中华人民共和国国家标准 GB/T 18710—2002 风电场风能资源评估方法［S］. 2006.

［52］中华人民共和国气象行业标准 QX/T 89—2008 太阳能资源评估方法［S］. 2008.

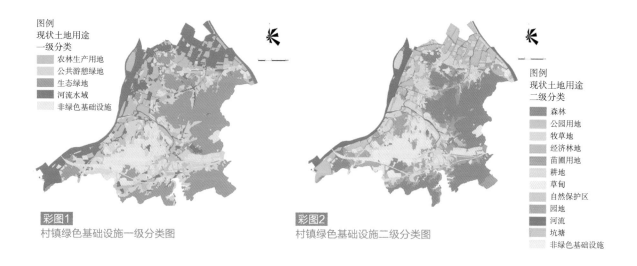

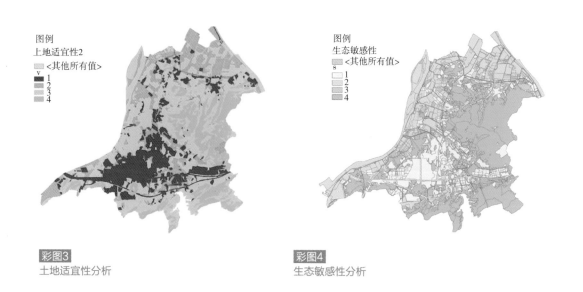

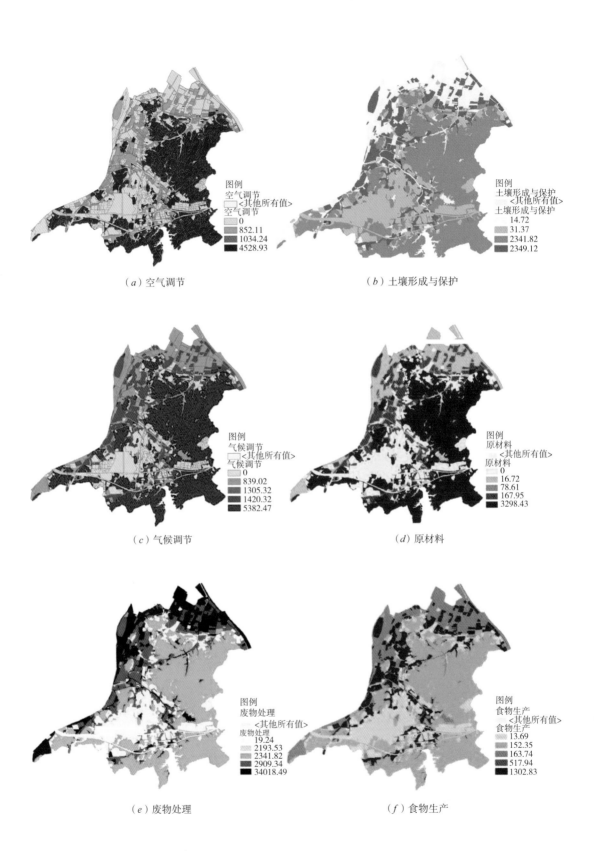

图例
空气调节
☐ <其他所有值>
空气调节
☐ 0
☐ 852.11
☐ 1034.24
■ 4528.93

（a）空气调节

图例
土壤形成与保护
☐ <其他所有值>
土壤形成与保护
☐ 14.72
☐ 31.37
☐ 2341.82
■ 2349.12

（b）土壤形成与保护

图例
气候调节
☐ <其他所有值>
气候调节
☐ 0
☐ 839.02
☐ 1305.32
☐ 1420.32
■ 5382.47

（c）气候调节

图例
原材料
☐ <其他所有值>
原材料
☐ 0
☐ 16.72
☐ 78.61
☐ 167.95
■ 3298.43

（d）原材料

图例
废物处理
☐ <其他所有值>
废物处理
☐ 19.24
☐ 2193.53
☐ 2341.82
☐ 2909.34
■ 34018.49

（e）废物处理

图例
食物生产
☐ <其他所有值>
食物生产
☐ 13.69
☐ 152.35
☐ 163.74
☐ 517.94
■ 1302.83

（f）食物生产

彩图5
单因子生态服务功能价值图

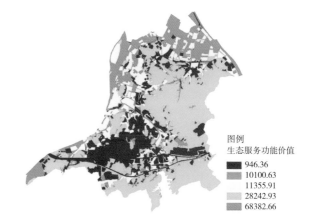

彩图6
生态系统服务价值分布图

图例
生态服务功能价值

- 946.36
- 10100.63
- 11355.91
- 28242.93
- 68382.66

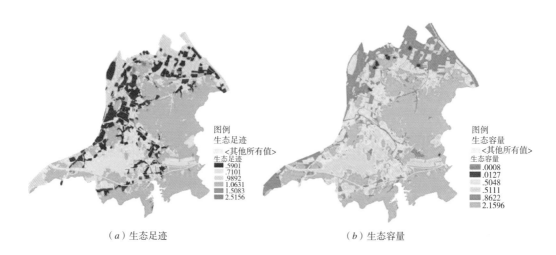

图例
生态足迹
<其他所有值>
生态足迹
- .5901
- .7101
- .9892
- 1.0631
- 1.5083
- 2.5156

图例
生态容量
<其他所有值>
生态容量
- .0008
- .0127
- .5048
- .5111
- .8622
- 2.1596

（a）生态足迹　　　　　　　　　　　　　　　　　　　（b）生态容量

彩图7
生态足迹与生态容量

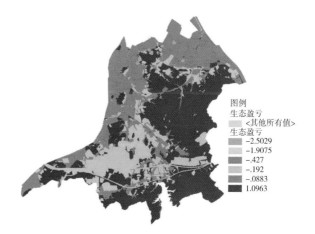

图例
生态盈亏
<其他所有值>
生态盈亏
- −2.5029
- −1.9075
- −.427
- −.192
- −.0883
- 1.0963

彩图8
生态盈亏图

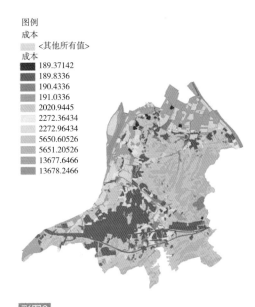

图例
成本
<其他所有值>
成本
189.37142
189.8336
190.4336
191.0336
2020.9445
2272.36434
2272.96434
5650.60526
5651.20526
13677.6466
13678.2466

彩图9
绿色基础设施成本图

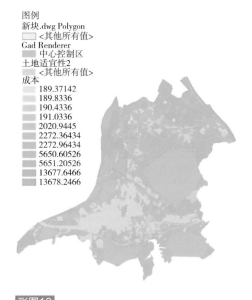

图例
新块.dwg Polygon
<其他所有值>
Gad Renderer
中心控制区
土地适宜性2
<其他所有值>
成本
189.37142
189.8336
190.4336
191.0336
2020.9445
2272.36434
2272.96434
5650.60526
5651.20526
13677.6466
13678.2466

彩图10
绿色基础设施中心控制区

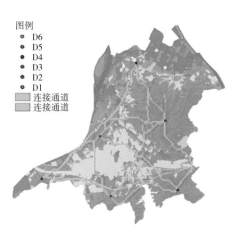

图例
○ D6
○ D5
○ D4
○ D3
○ D2
○ D1
连接通道
连接通道

彩图11
绿色基础设施连接通道

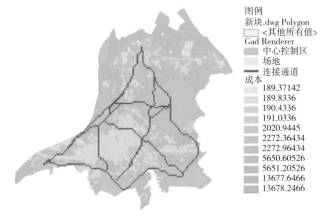

图例
新块.dwg Polygon
<其他所有值>
Gad Renderer
中心控制区
场地
连接通道
成本
189.37142
189.8336
190.4336
191.0336
2020.9445
2272.36434
2272.96434
5650.60526
5651.20526
13677.6466
13678.2466

彩图12
基础设施规划图

图例
一级优先区
二级优先区
三级优先区
四级优先区
五级优先区

彩图13
村镇绿色基础设施优先保护区

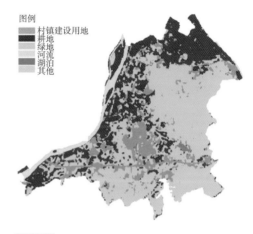

图例
村镇建设用地
耕地
绿地
河流
湖泊
其他

彩图14
年景观生态分类（1994年）

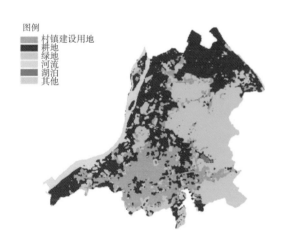

图例
村镇建设用地
耕地
绿地
河流
湖泊
其他

彩图15
景观生态分类（2005年）

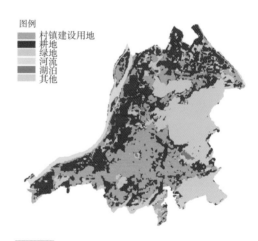

图例
村镇建设用地
耕地
绿地
河流
湖泊
其他

彩图16
景观生态分类（2014年）

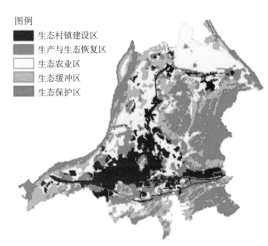

图例
■ 生态村镇建设区
■ 生产与生态恢复区
□ 生态农业区
■ 生态缓冲区
■ 生态保护区

彩图17
村镇景观生态分区

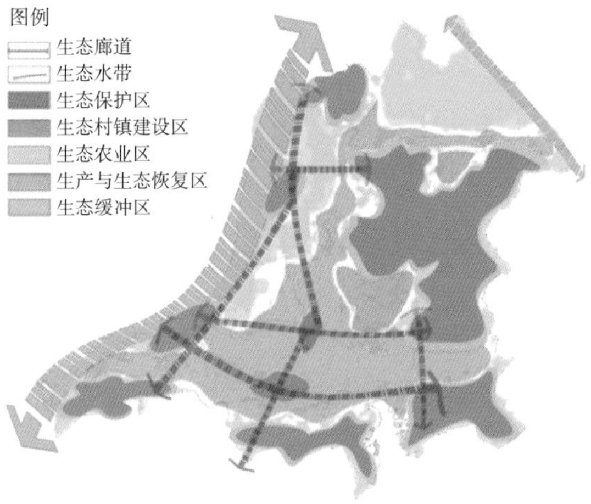

图例
▨ 生态廊道
▨ 生态水带
■ 生态保护区
■ 生态村镇建设区
□ 生态农业区
■ 生产与生态恢复区
■ 生态缓冲区

彩图18
村镇景观生态格局图

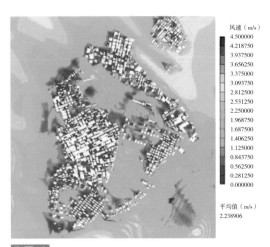

风速（m/s）
4.500000
4.218750
3.937500
3.656250
3.375000
3.093750
2.812500
2.531250
2.250000
1.968750
1.687500
1.406250
1.125000
0.843750
0.562500
0.281250
0.000000

平均值（m/s）
2.238906

彩图19
东南风向近地表风速分布云图

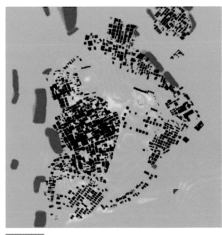

温度（℃）
50.00000
48.25000
46.50000
44.75000
43.00000
41.25000
39.50000
37.75000
36.00000
34.25000
32.50000
30.75000
29.00000
27.25000
25.50000
23.75000
22.00000

平均值（℃）
34.81246

彩图20
近地表温度分布云图

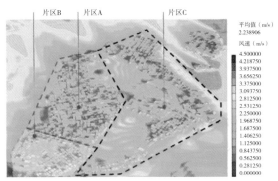

彩图21
甲村片区划分轴测图

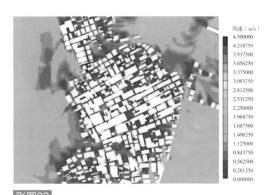

彩图22
片区A东南风向风速分布云图

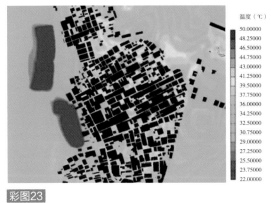

彩图23
片区A东南风向温度分布云图

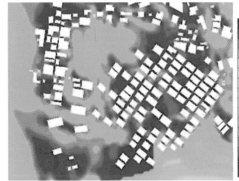

彩图24
片区B东南风向风速分布云图

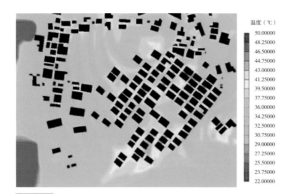

温度（℃）
50.00000
48.25000
46.50000
44.75000
43.00000
41.25000
39.50000
37.75000
36.00000
34.25000
32.50000
30.75000
29.00000
27.25000
25.50000
23.75000
22.00000

彩图25
片区B主导风向东南温度分布云图

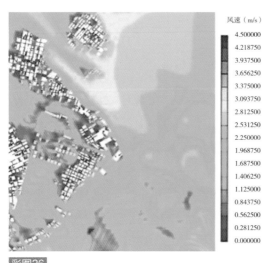

风速（m/s）
4.500000
4.218750
3.937500
3.656250
3.375000
3.093750
2.812500
2.531250
2.250000
1.968750
1.687500
1.406250
1.125000
0.843750
0.562500
0.281250
0.000000

彩图26
片区C主导风向东南风速分布云图

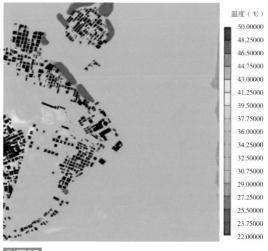

温度（℃）
50.00000
48.25000
46.50000
44.75000
43.00000
41.25000
39.50000
37.75000
36.00000
34.25000
32.50000
30.75000
29.00000
27.25000
25.50000
23.75000
22.00000

彩图27
片区C主导风向东南的温度分布云图

（a）三维风速图

（b）三维温度图

彩图28

甲村三维风速和温度分布图

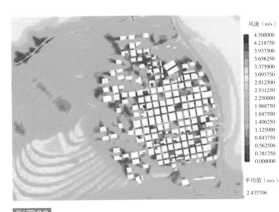

彩图29

乙村东南风向近地表面风速分布云图

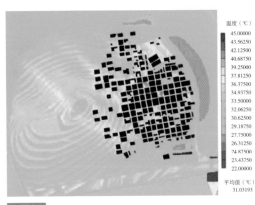

彩图30

乙村东南风向近地表面温度分布云图

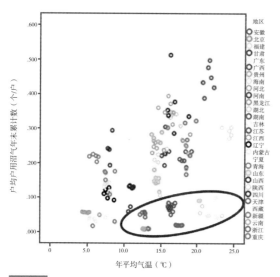

彩图31
分地区的年平均气温与户均户用沼气年末累计数散点图

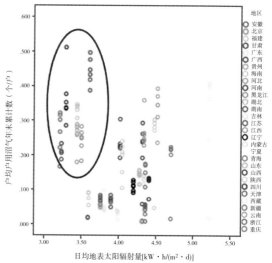

彩图32
分地区的日均地表太阳辐射量与户均户用沼气年末累计
数散点图

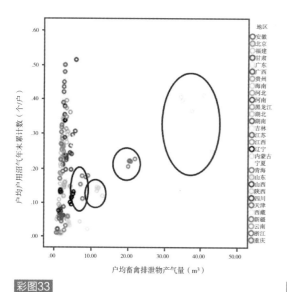

彩图33
分地区的户均畜禽排泄物产气量与户均户用沼气年末累
计数散点图

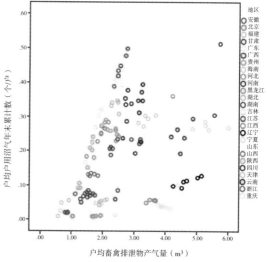

彩图34
剔除偏离变量后分地区的户均畜禽排泄物产气量与户均
户用沼气年末累计数散点图

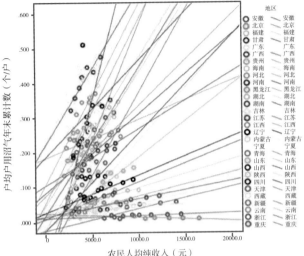

彩图35

分地区的农民人均纯收入与户均户用沼气年末累计数回归
分析图

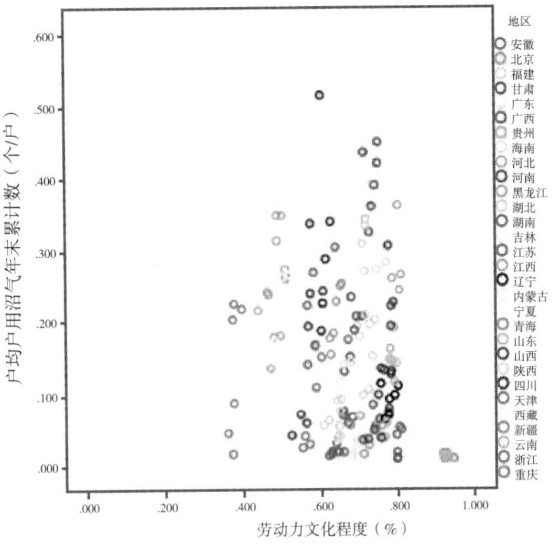

彩图36

分地区的劳动力文化程度与户均户用沼气年末累计数
散点图

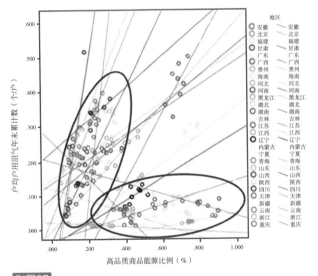

彩图37

分地区的高品质商品能源比例与户均户用沼气年末
累计数回归分析图

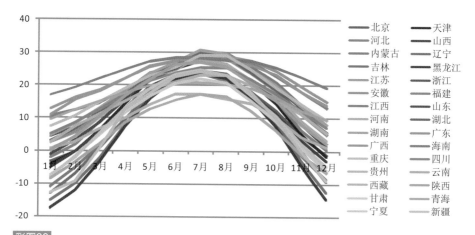

彩图38

我国农村地区2008～2013年月均气温平均值统计表

彩图39

哈尔滨地区某村镇体系卫星遥感地图

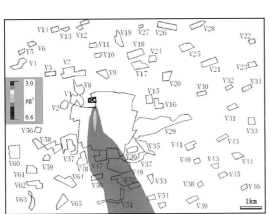

彩图40

情景1中SO₂日均浓度在极值出现日的分布

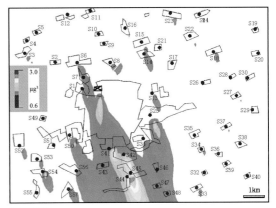

彩图41

情景2中SO₂日均浓度在极值出现日的分布

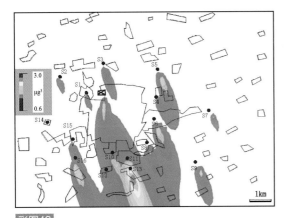

彩图42

情景3中SO₂日均浓度在极值出现日的分布

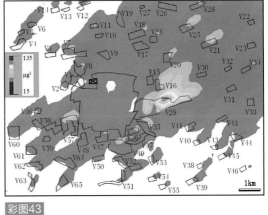

彩图43

情景4中SO₂日均浓度在极值出现日的分布

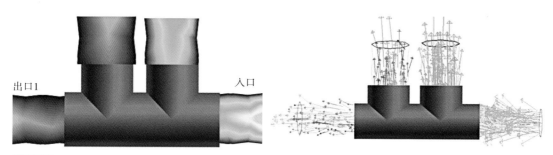

出口1 入口

彩图44
静态模拟速度云图和矢量图

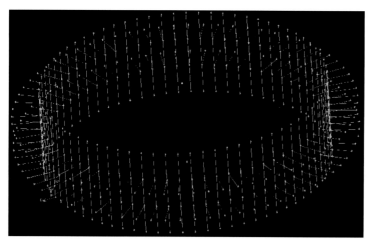

彩图45
密封圈圆周上泄露通道模拟

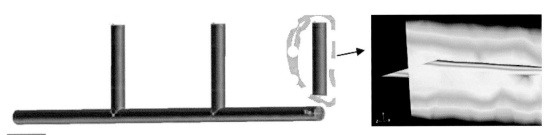

短通道泄漏模拟图

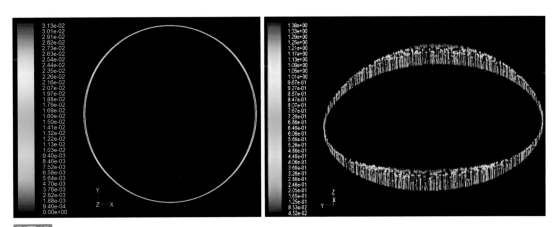

径向速度云图与矢量图

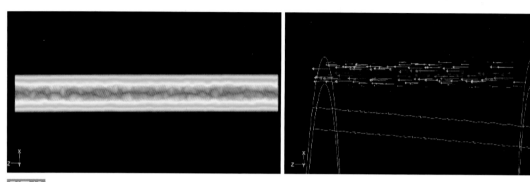

彩图48
轴向速度云图与矢量图

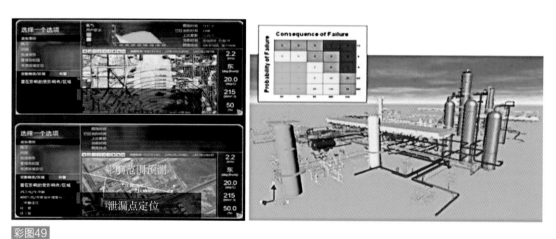

彩图49
项目应用——模拟故障区域